中国海洋发展报告

China's Ocean Development Report

（2018）

国 家
海洋局 海洋发展战略研究所课题组

U0202154

海洋出版社

2018 年 · 北京

图书在版编目（CIP）数据

中国海洋发展报告.2018/国家海洋局海洋发展战略研究所课题组编著.—北京：海洋出版社，2018.8

ISBN 978-7-5210-0180-8

Ⅰ.①中⋯　Ⅱ.①国⋯　Ⅲ.①海洋战略-研究报告-中国-2018　Ⅳ.①P74

中国版本图书馆 CIP 数据核字（2018）第 190952 号

责任编辑：高朝君　常青青
责任印制：赵麟苏

海洋出版社　出版发行

http：//www.oceanpress.com.cn

北京市海淀区大慧寺路 8 号　邮编：100081

北京朝阳印刷厂有限公司印刷

2018 年 8 月第 1 版　2018 年 8 月北京第 1 次印刷

开本：787mm×1092mm　1/16　印张：23.25

字数：455 千字　定价：200.00 元

发行部：62132549　邮购部：68038093

总编室：62114335　编辑室：62100038

海洋版图书印、装错误可随时退换

《中国海洋发展报告（2018）》
编辑委员会

编 写 说 明

　　2006 年以来，海洋发展战略研究所组织编写了关于中国海洋发展的系列年度研究报告。报告立足全面论述中国海洋事业发展的国际与周边环境、海洋战略与政策、法律与权益、经济与科技、资源与环境等方面的理论与实践问题，客观评价海洋在实现"两个一百年"、实施可持续发展战略中的作用，系统梳理国内外海洋事务的发展现状，向有关部门提出关于中国海洋事业发展的对策和建议，为社会公众普及海洋知识、提高海洋意识提供阅读和参考读本。

　　每年《中国海洋发展报告》的框架和结构大体不变。在《中国海洋发展报告（2018）》年度报告中，我们在既往篇章的基础上进行了调整，围绕党的十九大报告提出的"坚持陆海统筹，加快建设海洋强国"，结合 2017 年海洋事业的发展和海洋领域的重要事件，从中国海洋发展的宏观环境、海洋政策与管理、海洋经济与科技、海洋环境与资源、海洋法律与权益、全球海洋治理六个部分展开论述。《中国海洋发展报告（2018）》还对社会和公众关注的一些海洋热点和难点问题进行了论述，并增加了2017 年海洋形势综述的内容。

　　海洋发展战略研究所的科研人员承担了《中国海洋发展报告（2018）》的研究和撰写工作，各部分负责人和各章执笔人如下：

第一部分　中国海洋发展的宏观环境　　　　　张海文
　第一章　国际海洋事务的发展　　　　　　　付玉　密晨曦
　第二章　中国海洋发展的周边环境　　　　　疏震娅
　第三章　推进"一带一路"建设　　　　　　李明杰
第二部分　海洋政策与管理　　　　　　　　　王芳
　第四章　中国的海洋政策与管理　　　　　　罗刚　王芳
　第五章　中国的海洋督察　　　　　　　　　刘堃　吴竞超
　第六章　中国的海洋执法　　　　　　　　　张小奕　赵骞
第三部分　海洋经济与科技　　　　　　　　　徐贺云
　第七章　中国海洋经济发展　　　　　　　　姜祖岩　张平
　第八章　中国海洋产业发展　　　　　　　　刘堃
　第九章　中国海洋科技创新　　　　　　　　刘明

第四部分 海洋环境与资源　　　　　　　郑苗壮

　第十章　中国海洋生态环境保护　　　　郑苗壮

　第十一章　中国海洋资源开发利用　　　朱璇

　第十二章　中国海洋防灾减灾　　　　　裘婉飞

第五部分　海洋法律与权益　　　　　　　吴继陆

　第十三章　中国的海洋法律　　　　　　张颖

　第十四章　中国的海洋权益　　　　　　吴继陆

　第十五章　中国的海洋安全　　　　　　张丹

第六部分　全球海洋治理　　　　　　　　于建

　第十六章　全球海洋治理的现状与发展　徐贺云　郑苗壮

　第十七章　中国与全球海洋治理　　　　徐贺云

附　件　　　　　　　　　　　　　　　　徐贺云　姜祖岩

中国海洋发展系列报告的研究和编写工作得到了国家海洋局各级领导的大力支持。我们对国家海洋局各级领导的指导和关心，对全体编撰人员的辛勤劳动和贡献表示最诚挚的谢意。

我们希望把《中国海洋发展报告》做成一部面向广大社会公众和国家决策层的科学、权威的海洋国情咨文，做成全面记载、客观反映和专业评述中国海洋事业发展进程和成就的系列报告。

本年度海洋发展报告中的述评仅是课题组的认识，不代表任何政府部门和单位的观点。囿于编写人员的知识和水平，本报告作为学术研究成果，难免有不足之处，敬请读者批评指正。

《中国海洋发展报告（2018）》编辑委员会

2018 年 4 月

2017 年海洋形势综述

2017 年，中国采取了一系列措施维护地区稳定，引导海上局势向好发展。全球海洋治理的多边机制不断推进，中国主动作为，提出中国方案，积极参与全球海洋治理国际规则制定。国内海洋管理更加注重可持续发展，注重协调海洋开发与保护的关系。

一、中国周边海洋形势总体稳定，但消极因素依然存在

2017 年，中国周边海洋形势总体朝稳定向好的方向发展。中国与南海周边各国致力于推动海洋合作和制定地区规则，在东海和黄海，各方在坚持各自主权和海洋权益立场的同时，均有所克制。在南海，美国、日本、澳大利亚和印度等域外国家则不甘心中国在周边地区影响力的上升，不断强化海上军事存在，不断抛出各种负面论调，挑动地区争议。

（一）南海地区局势总体稳定，规则制定进程有所进展

中国同东盟国家恢复并巩固了通过当事国对话协商和平解决争议的共识，推进了地区国家共同制定南海规则的进程。中国和东盟国家于 2017 年 5 月提前达成了 "南海行为准则" 框架文件，11 月共同宣布启动 "准则" 实质性文案的具体磋商。中国与东盟国家海上紧急事态 "外交高官热线" 已经启动，充分展现了地区国家通过对话协商妥处分歧、维护南海和平稳定的共同意愿。中国和菲律宾建立了南海问题双边磋商机制，有助于双方管控和防止海上事件、加强海上对话合作、促进双边关系稳定发展。中国同越南保持了改善关系的势头，2017 年中越高层互访频繁，双方发布了《中越联合公报》及《中越联合声明》，重申坚持通过友好协商谈判解决争端，继续推进共同开发和低敏感领域合作。由中国承建的联合国教科文组织政府间海洋学委员会南中国海区域海啸预警中心（SCSTAC）于 2018 年年初开展业务化试运行，为南海周边国家提供地震海啸监测预警服务。一年来南海地区也存在一些消极动向，一些国家在争议区单方面油气开发，越南通过发行西沙、南沙群岛邮票宣示所谓 "主权"，南海地区的争议复杂状态或将长期存在。

（二）东海形势总体稳定，但依旧暗流涌动

2017 年中日关系开始走出低谷，呈现重新接触的新态势。安倍个人曾提出考虑在推动"印太战略"的前提下，与"一带一路"倡议开展更广泛的合作。第八轮中日海洋事务高级别磋商就建立并启动防务部门海空联络机制取得积极的进展，就开展海洋垃圾合作达成多个共识。中国海警编队继续在钓鱼岛海域开展巡航。但日本不会放弃加强美日同盟以抗衡中国的基本政策，安倍政府继续强调修宪，延续扩张性防卫政策。日本外务省继续强化对所谓钓鱼岛主权、历史问题和安全等方面的宣传，在向政府提交的 2017 财年预算案中，"对外战略传播"项目申请预算约 5 亿美元。日本还反复炒作中国军用舰机突破"第一岛链"，进入太平洋，鼓吹"中国威胁论"。日本同时拉拢澳大利亚、印度加入遏华同盟，并长期鼓动东盟国家在南海问题上一致对华。

（三）黄海地区态势出现缓和，有效管控矛盾分歧成为共识

中韩关系经历了因"萨德"问题而降至冰点到重回友好合作的历程，黄海地区局势总体缓和。韩国文在寅总统就任后，选择了对华友好合作，对外作出了不考虑追加"萨德"系统、不加入美国反导体系、不发展韩美日三方军事同盟的重要表态，双方就阶段性处理"萨德"问题达成一致。2017 年 11 月 11 日习近平主席在越南岘港会见韩国总统文在寅，双方同意继续加强两国高层交往和各领域交流合作。中韩海域划界谈判工作稳步推进，海上合作机制平稳运行。8 月，中韩海域划界谈判司局级磋商在北京举行，保持了两国通过谈判解决海域划界问题的势头。中韩海洋科技合作联委会第 14 次会议，探讨了新的合作项目；召开了中韩黄海环境联合研究 2017 年政府间专家组会议，签署了《2017 年中韩黄海环境联合研究科学协议》。2017 年中韩在黄海的渔业纠纷较 2016 年有所减少，未发生比较突出的暴力对抗事件。中韩渔业联合委员会第 17 届年会议定，2018 年双方各自许可对方国进入本国专属经济区管理水域作业的渔船数减少至 1 500 艘，捕捞配额仍为 57 750 吨。与此同时，韩方继续强化对苏岩礁海域的管控，驱赶在该海域开展科研调查的中国船只，意图在将来的划界谈判中掌握主动。

（四）海峡两岸关系复杂严峻，美日借台湾问题牵制中国

2017 年是两岸开启交流交往大门 30 周年。民进党拒不接受"九二共识"及其核心意涵"一中原则"，两岸联系和商谈机制停摆，各领域交流合作遭到严重冲击，海洋领域交流与合作也深受影响。两岸海上执法热线、搜救演习、培训项目等已经中断。美国公开介入台海事务，特朗普上台后，意图将台湾问题作为中美关系博弈的一个筹码。6 月，美参议院军事委员会表决通过一项新法案，允许美国海军舰艇定期停靠台湾港

口。日本也欲借台海问题从中渔利。民进党上台后，与安倍政府相互勾结，启动了"海洋事务对话"会议，签署了海难搜索救助合作备忘录等文件。

（五）美、日、澳、印等域外国家推行"印太战略"，强化在南海的军事存在

美、日、澳、印四国加紧抱团，提出所谓"印太战略"，积极拉拢印度，提升在印度洋上的军事基地和军事设施的地位和作用，增加我国在西太平洋—印度洋海域的安全风险。2017 年 11 月澳大利亚发布《外交政策白皮书》，重点关注印度洋—太平洋地区事务，同时也和其他地区的国家建立和强化联系。印度实现地区战略从"东向政策"到"东向行动政策"的升级，加强与东南亚国家间的经贸联系和军事合作，意图进一步对中国周边事务施加影响。这些国家还利用东盟外长会议、七国集团峰会、香格里拉对话等平台继续搅局南海。2017 年 3 月 15 日，美国两党议员共同推出《2017 年南海和东海制裁法案（参议院第 659 号）》，为美国强力介入东海和南海争端、遏制中国海上行动创造法律依据。2017 年美国 4 次在南海进行所谓的"自由航行"行动，一改以往单纯抵近航行的做法，进行了挑衅性更强的军事操练。日本海上自卫队则多次与美国海军在南海地区进行联合巡航训练，增强在南海的实际存在，提升在亚太安全事务中的影响力。

二、以规则制定与相互协作为核心的全球海洋治理问题日益受到各国重视

海洋可持续开发利用与环境保护、新资源、新疆域的开发是国际社会全球海洋治理的重要内容。公海治理、国际海底矿产资源开发、国家管辖范围以外海域海洋生物多样性问题已经超出了国家管理的边界，需要包括各国政府、国际组织、企业等在内的行为体相互协调合作，处置和管理共同面临的威胁和危机。各国围绕这些问题的规则制定展开激烈竞争和博弈。

（一）联合国首次就海洋可持续发展举办高级别会议，将海洋治理列入重要议程

联合国于 2017 年 6 月 5 日至 9 日在美国纽约联合国总部举办了支持落实有关海洋的第 14 项可持续发展目标的重要会议。这是联合国首次就推进 2030 年可持续发展议程中的单一目标召开会议，被誉为"海洋治理历史性大会"。联合国 193 个成员国代表、10 余位国家元首与政府首脑、70 多名部长以及商界、学术界、民间团体、海洋专家等近 5 000 人参加大会和会间各类活动。经成员国协商一致通过了会议成果文件《行动呼吁》；由伙伴关系对话会联合主席起草了对话会概念文件和对话总结；以各国政府、政

府间组织、非政府组织、学术机构、民间团体的名义登记了 1 400 余项自愿承诺。会议将对全球海洋及其资源的保护和可持续利用进程产生重要影响。

大会期间，中国的国家海洋局联合葡萄牙和泰国的涉海部门和国际组织共同主办了主题为"构建蓝色伙伴关系，促进全球海洋治理"的边会。中国还积极参与了此次大会的各项活动，向国际社会展现了中国积极参与全球海洋治理、共同承担全球海洋治理责任的意愿。

（二）国家管辖范围以外海域海洋生物多样性国际协定谈判进入新阶段

各国就国家管辖范围以外海域海洋生物多样性养护与可持续利用问题进行磋商，有望制定《联合国海洋法公约》的第三个执行协定。各方在国家管辖范围以外海域海洋生物多样性国际协定（BBNJ 国际协定）框架上达成初步共识，形成向联合国大会提交审议的 BBNJ 国际协定草案要素。经过长达 14 年的谈判磋商，BBNJ 国际协定谈判特设工作组和预委会的任务已全部完成。支持谈判制定新国际文书的力量壮大，绝大多数国家希望尽早启动和完成谈判，但各方关于自身利益在海洋遗传资源制度、能力建设和海洋技术转让的资金和技术等方面的立场分歧严重。可以预见，未来谈判中围绕规则制定的博弈将更加激烈。

（三）海洋垃圾受到国际社会的高度重视，各国纷纷采取措施予以应对

2017 年 2 月，联合国环境规划署发起"清洁海洋"运动，呼吁各国消除化妆品的塑料微粒成分和一次性塑料制品，督促相关行业减少塑料包装用量并重新设计产品，呼吁消费者改变随意丢弃垃圾的习惯。11 月，在厦门召开的 APEC 沿海城市海洋垃圾管理国际研讨会上，多个国家介绍了在对待海洋垃圾问题上所做的积极努力。智利加强对润滑油、电子设备、汽车电池、包装材料、轮胎等产品的垃圾管控，减少垃圾产生，增加循环利用。印度尼西亚政府在各地设立"垃圾银行"，民众将漂流的塑料垃圾或其他垃圾等通过"垃圾银行"换取大米、学费等。中国从 2018 年 1 月 1 日开始禁止进口 24 类垃圾回收物。韩国开展了以清理海岸线垃圾为目标的项目，清理范围从海岸带拓展到海面和海底。中国香港成立了跨部门海岸带清洁工作组，引入了生产者责任计划，设立 24 小时渔船垃圾回收服务等，同时监控海岸生态系统、当地水文环境、清洁程度、清洁频率等。2017 年各国对海洋垃圾和微塑料的监测、治理及排放控制进入实质化阶段。海洋垃圾和微塑料的污染调查范围更广，调查海域跨越了大洋，到达亚北极和北极。海洋垃圾和微塑料的监测技术标准化工作进一步推进，监管的相关技术、方法和管理对策等研究相继展开。2017 年 9 月，"海洋垃圾和微塑料研究中心"在中国的国家海洋环境监测中心成立，为深度开展全球海洋垃圾和微塑料治理提供技术支撑

和公益性服务。

（四）全球性公海保护区制度尚未形成，但在区域层面有所推进

在《南极海洋生物资源养护公约》框架下，继 2016 年建立罗斯海保护区之后，2017 年各缔约国就新的保护区提案展开讨论，澳大利亚、法国和欧盟提出了东南极海洋保护区提案，智利与阿根廷向会议提出西南极半岛保护区初步提案，欧盟提出威德尔海保护区提案。由于涉及复杂的科学问题，这些新的保护区提案并没有在 2017 年会议上得到通过。公海保护区的设立可能对包括渔业在内的多种活动产生影响，并可能涉及现有管理机构间的协调，关系到各国在国家管辖范围以外海域的核心利益，各国尚未就具体要素达成一致，将在 2018 年启动的 BBNJ 政府间谈判中展开新一轮博弈。

（五）深海矿产资源开发规章的制定进入关键时期

拟定深海矿产资源开发规章是国际海底管理局和各国的重要工作。为促进"区域"矿产资源承包者从勘探转向开采，国际海底管理局将拟定关于"区域"内矿产资源开采规章作为近期优先事项，为未来商业开发活动打好法律基础。开采规章的拟定工作自 2014 年正式启动以来，经历了征集信息、规章框架和工作草案等环节。2017 年 8 月，国际海底管理局第二十三届会议审议并发布了开采规章正式草案，进一步征求成员国和利益攸关方的意见。该草案是涉及开采、采矿监察和环境事务的综合规章，包括 14 个部分、94 条以及 10 个附件。草案主要内容包括开采计划的申请、开采合同、环境问题、合同义务、开采工作计划的审议和修改，开采合同的财务条款，信息收集与处理，管理费以及争端解决等。未来，各国就国际海底区域的资源开发与环境保护问题展开深入讨论，统筹协调各方利益和开发与保护的关系，是在新疆域进行全球治理的重要内容。

（六）南北极治理问题不断向深度发展，中国首次发布南北极国家政策

2017 年，国际上围绕科学考察、环境保护与开发等问题的南北极治理多边机制活动频繁。第四届国际北极论坛，探讨了北极发展与环境话题。在北京召开了第四十届南极条约协商会议，各协商国围绕南极条约体系运行、南极科学考察、旅游、环境影响评估、气候变化影响、南极特别保护区和管理区等展开讨论。北极理事会第十届部长级会议，将环境保护、互联互通、气象合作和教育作为 4 个优先事项，签署了《费尔班克斯宣言》，新接纳了 7 个观察员国。11 月，北冰洋公海渔业政府间第六轮磋商会议在美国华盛顿举行，中国等 10 个国家和地区就《防止中北冰洋不管制公海渔业协定》文本达成一致。鉴于北极海域的商业捕捞活动尚未开启，目前不具备建立北冰洋公海渔业管理组织的成熟条件，但不排除未来建立北冰洋公海渔业管理组织的可能性。在南极条约协商国会议期间，中国首次发布了白皮书性质的《中国的南极事业》，提出了中国政府在国际南极事务中的基本立场、中国南极事业的未来发展愿景和行动纲领。2018 年 1 月中国首次发布《中国的北极政策》白皮书，阐明了中国参与北极事务的基本立场和政策主张。

三、"21 世纪海上丝绸之路" 建设稳步推进

2017 年，"21 世纪海上丝绸之路建设"向深度发展。中国与沿线国家间的设施联通和贸易畅通进一步拓展，中俄"冰上丝绸之路"稳步推进。

（一）"一带一路"高峰论坛确认了海上合作的一系列成果

2017 年 5 月，"一带一路"高峰论坛在北京召开。各国政府、地方和企业等达成一系列合作共识、重要举措和务实成果，形成高峰论坛 5 大类，共 76 大项、270 多项具体成果。为进一步与沿线国加强战略对接与共同行动，国家发展改革委和国家海洋局制定并发布了《"一带一路"建设海上合作设想》。该设想围绕构建互利共赢的蓝色伙伴关系，提出创新合作模式，搭建合作平台，共同制订若干行动计划，实施一批具有示范性、带动性的合作项目。论坛还确认了中国同沿线国家开展海洋合作的一系列具体成果，包括中国国家海洋局与柬埔寨环境部签署关于建立中柬联合海洋观测站的议定书、中国政府与阿富汗政府签署关于海关事务的合作与互助协定等。

（二）沿线国家设施联通不断加强，贸易畅通不断提升

中国坚持公开透明和互利共赢的原则，与有关国家合作建设支点港口，发挥中国的经验优势，帮助东道国发展临港产业和腹地经济。中巴经济走廊是共建"一带一路"的旗舰项目，中国和巴基斯坦两国政府高度重视，积极开展远景规划的联合编制工作，中巴经济走廊包括瓜达尔港口、经济园区等 19 个项目正按照时间表有序进行。2017 年 12 月，中国招商局集团获得斯里兰卡汉班托塔港经营管理权，中斯两国合力将汉班托塔港打造成斯里兰卡乃至整个南亚地区的贸易和运输枢纽，有助于斯里兰卡整个国家的经济和社会发展。2017 年 6 月 2 日，中国与欧盟启动了"中国–欧盟蓝色年"及行动，双方在海洋治理、蓝色经济、海洋保护和海洋观测等方面开展了交流合作，并探索建立长期、稳定、务实、高效的"中欧蓝色伙伴关系"。

（三）中俄两国共同打造"冰上丝绸之路"

2017 年，中俄两国领导人达成共同打造"冰上丝绸之路"共识，作为"一带一路"建设和欧亚经济联盟对接合作的重要方向予以推动。中俄北极开发合作取得了积极进展，两国交通部门正就签署《中俄极地水域海事合作谅解备忘录》进行商谈，不断完善北极开发合作的政策和法律基础。中俄两国企业积极开展北极地区的油气勘探开发合作，商谈北极航道沿线的交通基础设施建设项目。中国商务部和俄罗斯经济发展部正在探讨建立专项工作机制，统筹推进北极航道开发利用、北极地区资源开发、基础设施建设、旅游和科考等全方位合作。12 月，中俄能源合作重大项目——亚马尔液化天然气项目正式投产，这是中国提出"一带一路"倡议后实施的首个海外特大型项目，将成为"冰上丝绸之路"的重要支点。

四、国内海洋经济平稳向好发展，海洋综合管理日益加强

随着中国海洋领域供给侧结构性改革措施深入推进，2017 年海洋经济效益和质量明显提升。海洋产业作为实现海洋经济向质量效益转变的基本载体，结构调整成效初显。海洋科技创新对经济发展的支撑明显增强。

（一）海洋产业结构调整成效初显，转型升级势头良好

海洋传统产业优化升级加速。海洋渔业稳中向好，质量和效益同步提升，海洋捕捞作业结构进一步优化，单位养殖面积产出效益呈现增长。海洋油气勘探开发进一步向深远海拓展，可燃冰试采创纪录。海洋船舶工业生产实现恢复性增长，高端船舶和特种船舶的新接订单有所增加，但产业结构调整仍面临较大压力。海盐综合开发利用产业链不断拓展，具有节能环保特点的新型工艺已成为大型盐化工企业推行的主要生产工艺。

海洋新兴产业总体保持较快发展。海洋工程装备制造业产能结构性过剩形成倒逼，产业转型迈向深水、高端化。海洋生物医药领域政策扶持和投入力度逐步加大，产业集聚程度不断提升。海水利用规模不断增大，海水淡化技术与装备能力显著提升。海洋能开发利用技术和成果整体水平迅速提升，区域布局和产业链条已现雏形。

海洋服务业多元化发展态势更趋明显。邮轮、游艇等新业态快速发展，全域旅游成为带动海洋旅游业升级的新理念、新模式。海洋文化产业已成为沿海城市发展的软实力与城市形象的重要支撑，众多海洋文化品牌受到越来越多的人关注。涉海金融服务也快速起步，金融促进海洋经济发展的态势不断拓展。2018 年 1 月 26 日，中国人民

银行、中国银监会、中国证监会、中国保监会、国家海洋局、国家发展改革委、工业和信息化部及财政部八部委联合印发了《关于改进和加强海洋经济发展金融服务的指导意见》，围绕推动海洋经济高质量发展，明确了银行、证券、保险、多元化融资等领域的支持重点和方向，推动海洋经济向质量效益型转变。

（二）国内地区海洋经济发展保持稳中有进和稳中提质发展态势

据初步估算，2017 年我国海洋生产总值达到 7.8 万亿元。海洋经济运行总体平稳，海洋产业发展势头良好，产业结构持续优化。2017 年，国家以海洋经济创新示范城市、海洋经济发展示范区、海洋高技术产业基地、海洋科技兴海基地等作为抓手，进一步优化海洋产业空间发展格局，促进三大海洋经济区和沿海省市健康、绿色、高效发展。由辽宁、天津、河北、山东组成的北部海洋经济区岸线绵长，良港众多，海洋科技发达，是中国最重要的海洋化工、海洋盐业、海洋船舶、海洋工程装备、海水利用、海水养殖产业集聚区，岸线利用程度高，临港工业布局密集。该地区汇集了较多的交通、能源、石化、钢铁等产业项目，海洋经济发展以投资和海域资源投入驱动为主。东部海洋经济区包含江苏省、浙江省以及上海市，该区域岛屿众多，滩涂广袤，在远洋渔业、海洋交通运输业、海洋船舶工业和海洋工程装备制造业方面处于领先地位，是中国主要的海洋工程装备及配套产品研发与制造基地、大宗商品储运基地。综合来看，东部海洋经济区内各省海洋经济发展水平相对均衡。南部海洋经济区包括福建、广东、海南、广西三省一区，在海洋渔业、滨海旅游、海洋交通运输、海洋工程建筑、海洋医药和生物制品等领域具有较强的竞争力。区内各地海洋经济发展各具特色，差异较为显著。

（三）海洋科技创新对经济发展的支撑作用明显增强

2017 年，中国海洋科技实力显著提升，海洋科技创新对经济发展的支撑明显增强。在国家创新驱动战略和科技兴海战略的指引下，中国海洋科技在深水、绿色、安全的海洋高技术领域取得重大进展，在推动海洋经济转型升级过程中急需的核心技术和关键共性技术方面取得了突破。目前，中国已基本实现浅水油气装备的自主设计建造，部分海洋工程船舶已形成品牌，深海装备制造取得了突破性进展，部分装备已处于国际领先水平。中国首套 6 000 米级遥控潜水器圆满完成首次深海试验，"蛟龙"号圆满完成为期 5 年的试验性应用航次，"高分三号"卫星正式投入使用。第 34 次南极科学考察和第 8 次北极科学考察及大洋科学考察成功开展，获得了极地大洋海域大量的地质、生物、深海水体样品和高清海底视频资料。"海洋石油 982"成功下水，标志着中国深水钻井高端装备规模化、全系列作业能力的形成。中国海域天然气水合物试采成功，标志着天然气水合物资源勘探技术体系的成熟。一系列的海洋科技领域创新性成果有效地拓展了中国蓝色经济发展空间，在创新引领海洋事业科学发展中取得了重要进展。

（四）海洋生态文明建设进一步深化

2017 年，落实海岸线保护、围填海管控等中央深改任务的一系列配套制度密集出台，推动海洋生态文明建设更加深入开展。2017 年年初，中央办公厅、国务院办公厅印发《关于划定并严守生态保护红线的若干意见》，引导全国生态保护红线划定工作。3 月 31 日，国家海洋局发布《海岸线保护与利用管理办法》，在管理体制上强化了海岸线保护与利用的统筹协调，在管理方式上确立了以自然岸线保有率目标为核心的倒逼机制。国家海洋局起草完成了《海洋生态红线监督管理办法》。国家还实施了最严格的围填海管控，取消区域建设用海、养殖用海规划制度。国家海洋局印发了《全国海岛保护工作"十三五"规划》，将"生态+"的思想贯穿于海岛保护全过程，进一步加强海岛保护与管理。按照《关于全民所有自然资源资产有偿使用制度改革的指导意见》对海域海岛有偿使用制度作出的具体安排，国家完善海域海岛有偿使用制度，坚持生态优先，严格落实海洋空间的生态保护红线制度。

表 0-1 沿海省（市、区）自然岸线保有率管控目标（2020 年）

省（市、区）	辽宁	河北	天津	山东	江苏	上海	浙江	福建	广东	广西	海南
保有率	≥35%	≥35%	≥5%	≥40%	≥35%	≥12%	≥35%	≥37%	≥35%	≥35%	≥55%

（五）开启海洋环境治理新模式

2017 年 9 月，国家海洋局印发《关于开展"湾长制"试点工作的指导意见》，确定了"湾长制"试点的基本原则、职责任务和保障措施，推动"湾长制"试点工作在更大范围内、更深层次上加快推进。党的十八届五中全会提出开展蓝色海湾整治行动的重要部署。2017 年，国家海洋局先后分两批组织开展 18 个实施城市的现场检查，在检查项目实施进度、资金使用情况、整治修复效果的同时，相关监督管理制度体系逐步完善。在此基础上，国家海洋局组织编制《"蓝色海湾"整治工程规划（2017—2020）》，将规划目标细化到沿海各省（市、区），组织编制专项奖补资金项目管理办法、项目绩效评价管理暂行办法，规范蓝色海湾整治行动的申报、评审、实施、评价等全过程。《中华人民共和国环境保护税法》于 2018 年开始实施，对大气污染物、水污染物、固体废物和噪声四类污染物，由过去环保部门征收排污费改为税务部门征收环保税，有利于倒逼企业转型升级，确立海洋环境污染防治的法律保障。

（六）国家首次海洋督察如期完成

2017 年，国家海洋局组建国家海洋督察组，分两批对辽宁、河北、江苏、福建、广西、海南 6 个省（区）和广东、上海、浙江、山东、天津 5 省（市）开展海洋督察工作。国家海洋督察组重点督察党的十八大以来省政府贯彻落实国家海洋资源开发利用和生态环境保护决策部署、解决突出资源环境问题、落实主体责任情况。督察发现的共性和突出问题，一是节约集约利用海域资源的要求贯彻得不够彻底；二是违法审批，监管失位；三是近岸海域污染防治不力，陆源入海污染源底数不清，局部海域污染依然严重。海洋督察的实施，有力查摆了沿海地方海洋资源环境方面的突出问题，全面深化了依法治海的实践，为加快建设海洋强国提供了强有力的支撑和保障。

2017 年，中国为维护周边和平稳定、推动海洋合作付出大量努力，积极倡导和平谈判解决争端，避免了因菲律宾仲裁案引发地区局势紧张。国际上围绕全球海洋治理展开前所未有的磋商与协调。中国国内海洋工作针对发展中面临的问题，不断改革创新，走出发展瓶颈，进一步顺应国际上对海洋综合管理和可持续开发与利用的潮流。2018 年，中国将继续秉承睦邻、安邻、富邻与和平发展的理念，积极推动共建周边命运共同体，并积极倡导共商、共建、共享的原则，更加深入地参与全球海洋治理，确保海洋可持续开发与保护。

目　录

第一部分　中国海洋发展的宏观环境

第一章　国际海洋事务的发展 ························· （3）

一、国际海洋法的发展 ····························· （3）

二、海洋环境保护 ······························· （9）

三、海洋生物资源开发与养护 ························ （12）

四、国际海事 ································· （16）

五、海洋科学技术 ······························ （18）

六、极地事务 ································· （19）

七、小结 ·································· （22）

第二章　中国海洋发展的周边环境 ····················· （23）

一、中国海洋发展的形势背景 ························ （23）

二、中国周边海洋形势 ··························· （24）

三、中国积极推动周边合作机制建设 ···················· （30）

四、小结 ·································· （31）

第三章　推进"一带一路"建设 ······················· （32）

一、"一带一路"建设总体进展情况 ···················· （32）

二、发布《"一带一路"建设海上合作设想》 ················ （36）

三、稳步推进"21世纪海上丝绸之路"建设 ················ （38）

四、小结 ·································· （43）

第二部分　海洋政策与管理

第四章　中国的海洋政策与管理 ······················ （47）

一、稳步提升海洋综合管理能力 ······················ （47）

　　二、加大海洋经济与科技发展的政策支持 ················· （54）

　　三、持续加强海洋生态环境与资源保护力度 ··············· （58）

　　四、小结 ··· （60）

第五章　中国的海洋督察 ······································· （61）

　　一、督察概述 ··· （61）

　　二、海洋督察 ··· （63）

　　三、海洋督察的实践 ·· （65）

　　四、小结 ··· （68）

第六章　中国的海洋执法 ······································· （69）

　　一、海洋执法队伍 ··· （69）

　　二、海洋执法依据 ··· （70）

　　三、海洋执法能力建设 ·· （71）

　　四、海洋执法实践 ··· （73）

　　五、小结 ··· （81）

第三部分　海洋经济与科技

第七章　中国海洋经济发展 ···································· （85）

　　一、中国海洋经济总体发展 ··· （85）

　　二、区域海洋经济发展 ·· （93）

　　三、蓝色经济 ··· （97）

　　四、小结 ·· （103）

第八章　中国海洋产业发展 ·································· （104）

　　一、海洋传统产业 ·· （104）

　　二、海洋新兴产业 ·· （108）

　　三、海洋服务业 ·· （113）

　　四、小结 ·· （115）

第九章　中国海洋科技创新 ·································· （116）

　　一、海洋科技政策与规划 ··· （116）

　　二、海洋科研能力发展 ·· （118）

　　三、海洋调查和科学考察 ··· （120）

　　四、海洋高技术及相关设备 ·· （124）

五、小结 ………………………………………………………… （133）

第四部分　海洋环境与资源

第十章　中国海洋生态环境保护 …………………………………… （137）

一、海洋环境质量及其变化 ……………………………………… （137）

二、陆源污染物排放 ……………………………………………… （143）

三、海洋生态健康状况及其变化 ………………………………… （149）

四、海洋生态环境保护和管理 …………………………………… （152）

五、小结 …………………………………………………………… （159）

第十一章　中国海洋资源开发利用 ………………………………… （161）

一、中国的主要海洋资源 ………………………………………… （161）

二、海洋资源开发利用 …………………………………………… （164）

三、推进海洋资源可持续利用 …………………………………… （170）

四、小结 …………………………………………………………… （173）

第十二章　中国海洋防灾减灾 ……………………………………… （174）

一、海洋灾害概述 ………………………………………………… （174）

二、中国海洋防灾减灾体系建设进展 …………………………… （183）

三、海洋防灾减灾国际合作 ……………………………………… （188）

四、小结 …………………………………………………………… （190）

第五部分　海洋法律与权益

第十三章　中国的海洋法律 ………………………………………… （193）

一、海洋立法发展 ………………………………………………… （193）

二、行政诉讼和海事司法 ………………………………………… （203）

三、海洋法律制度的未来发展 …………………………………… （207）

四、小结 …………………………………………………………… （210）

第十四章　中国的海洋权益 ………………………………………… （211）

一、海上形势总体趋稳 …………………………………………… （211）

二、美国持续介入中国领土及海洋争端 ………………………… （216）

三、中国关注管辖海域以外权益问题 …………………………… （217）

四、小结 ……………………………………………………… (221)

第十五章　中国的海洋安全 ………………………………… (222)

一、中国海洋安全形势发展 ………………………………… (222)

二、中国海洋安全观发展 …………………………………… (226)

三、维护海洋安全的政策和举措 …………………………… (228)

四、小结 ……………………………………………………… (235)

第六部分　全球海洋治理

第十六章　全球海洋治理的现状与发展 …………………… (239)

一、全球海洋治理概述 ……………………………………… (239)

二、全球海洋治理的法律机制框架与涉海国际组织 ……… (241)

三、全球海洋治理的发展趋势 ……………………………… (242)

四、全球海洋治理的重要行动——联合国支持落实可持续发展目标 14 会议

………………………………………………………… (245)

五、小结 ……………………………………………………… (253)

第十七章　中国与全球海洋治理 …………………………… (254)

一、中国参与全球海洋治理的理念 ………………………… (254)

二、中国深入参与联合国海洋可持续发展大会 …………… (255)

三、中国参与全球海洋治理的其他活动 …………………… (258)

四、小结 ……………………………………………………… (264)

附　件

附件 1　中国领海基线示意图（部分）………………………… (267)

附件 2　党的十九大报告中的涉海问题论述摘录 …………… (268)

附件 3　中共中央关于深化党和国家机构改革的决定 ……… (270)

附件 4　深化党和国家机构改革方案 ………………………… (281)

附件 5　习近平关于深化党和国家机构改革决定稿和方案稿的说明 … (300)

附件 6　2017 年国家社会科学基金涉海项目简表 …………… (311)

附件 7　北极考察活动行政许可管理规定 …………………… (313)

附件 8　南极活动环境保护管理规定 ………………………… (321)

附件 9　南极考察活动环境影响评估管理规定 ┈┈┈┈┈┈┈┈┈┈┈┈ （325）

附件 10　2017 年中国南北极科学考察任务及成果 ┈┈┈┈┈┈┈┈┈┈ （330）

附件 11　国家海洋调查船队成员船信息一览表 ┈┈┈┈┈┈┈┈┈┈┈ （331）

附件 12　深海海底区域资源勘探开发样品管理暂行办法 ┈┈┈┈┈┈┈ （334）

附件 13　深海海底区域资源勘探开发资料管理暂行办法 ┈┈┈┈┈┈┈ （340）

附件 14　我国海洋维权执法 35 年（1983—2018） ┈┈┈┈┈┈┈ （347）

第一部分
中国海洋发展的宏观环境

第一章 国际海洋事务的发展

海洋对人类社会生存与发展具有重要意义。国际社会高度关注人类活动和气候变化对海洋造成的重大压力，正在多个领域采取措施予以妥善应对，加强全球海洋治理，促进海洋可持续发展。2017 年，国际海洋事务在国际海洋法、海洋环境保护、海洋生物资源开发与养护、国际海事、海洋科学和技术以及极地事务等领域取得不同程度的进展。

一、国际海洋法的发展

1982 年《联合国海洋法公约》（以下简称《公约》）是当代国际海洋法律制度的主体，在维护和加强海洋和平、安全、合作以及可持续开发利用等方面发挥关键作用。[1]《公约》及其执行协定缔约方数量继续增加，普遍适用性不断增强。截至 2017 年 12 月 31 日，《公约》缔约方达到 168 个（包括欧盟），1994 年《第十一部分执行协定》缔约方为 150 个，1995 年联合国《鱼类种群协定》缔约方为 87 个，[2] 2017 年，《鱼类种群协定》新增加纳、泰国和贝宁 3 个缔约国。[3]

随着各国相互联系日趋密切以及人类对海洋的认知和利用程度不断提高，为应对海洋法领域出现的新问题和新趋势，国际海洋规制正处于快速发展变革期。联合国大会及其下设的工作组、《公约》缔约国会议、国际海底管理局、国际海洋法法庭和大陆架界限委员会等机构和机制所开展的活动，反映了各国和国际组织在海洋和海洋法问题上的立场和动向，是推动海洋法渐进发展的重要平台。

---

① 联合国秘书长：《海洋和海洋法报告》，A/70/74/Add. 1，2015 年 9 月 1 日，第 4 段，第 3 页，http：//un-docs. org/zh/A/72/70/Add. 1，2017 年 11 月 20 日登录。

② Division for Ocean Affairs and the Law of the Sea, "Chronological lists of ratifications of, accessions and successions to the Convention and the related Agreements", http：//www. un. org/Depts/los/reference_files/chronological_lists_of_ratifications. htm#The United Nations Convention on the Law of the Sea, 2017-12-02.

③ Division for Ocean Affairs and the Law of the Sea, "Chronological lists of ratifications of, accessions and successions to the Convention and the related Agreements", http：//www. un. org/Depts/los/reference_files/chronological_lists_of_ratifications. htm#The%20United%20Nations%20Convention%20on%20the%20Law%20of%20the%20Sea, 2018-04-02.

（一）《公约》所设机构及其工作进展

1. 国际海底管理局

国际海底管理局（International Seabed Authority，以下简称"海管局"）是根据《公约》和《第十一部分执行协定》设立的独立国际组织，负责管理国际海底区域（以下简称"区域"）内的活动和资源。此外，海管局还承担其他具体职责，包括负责向《公约》缔约国转交来自沿海国 200 海里以外大陆架资源开发活动的缴款或缴纳的实物，并负责防止、减少和控制"区域"内活动对海洋环境的污染与损害。

为促进"区域"矿产资源承包者从勘探转向开采，海管局近期的优先事项为拟定关于"区域"内矿产资源开采的规章，是未来商业开发活动的法律基础。开采规章的拟定工作自 2014 年正式启动以来，经历了征集信息、规章框架和工作草案等环节。2017 年 8 月，海管局第 23 届会议审议并发布了开采规章草案，进一步征求成员国和相关利益攸关方的意见。该草案是涉及开采、采矿监察和环境事务的综合规章，共包括 14 个部分、94 条以及 10 个附件。草案主要内容包括开采计划的申请，开采合同、环境问题、合同义务、开采工作计划的审议和修改，开采合同的财务条款，信息收集与处理，管理费以及争端解决等。[①] 很多代表团发言欢迎该草案的公开发布。澳大利亚强调在完善草案过程中透明度的重要性，对于只有少数几个成员国对 2016 年的工作草案提出反馈表示关切，敦促海管局秘书处给成员国充足的反馈时间；非洲集团对成员国之间针对草案较低的互动提出关切，询问在磋商过程中的沟通是否充分。[②]

海管局第 23 届会议审议通过了根据《公约》第一五四条对"区域"制度运行情况进行定期审查的最终报告。该报告提出了 19 项建议，最重要的建议有：制定指导海管局未来工作的一项战略计划；加强海管局大会在政策制定方面的作用；增强海管局各机构运行的透明度；加强秘书处的内部沟通；修改会期提升成员国参与度。[③] 中国代表团在海管局会议上指出，"区域"商业开发不仅是技术问题，还取决于全球经济和金属市场总体形势，并涉及复杂的制度安排、法律责任和海洋环保等问题，相关工作不可能一蹴而就；有关工作应本着协商一致、循序渐进的原则，在客观分析国际海底资源

---

① "Draft Regulations on Exploitation of Mineral Resources in the Area", ISBA/23/LTC/CRP. 3, 2017-08-08.

② "Summary of the Twenty-third Annual Session of the International Seabed Authority", 8-18 August 2017, *Earth Negotiations Bulletin*, Vol. 25 No. 151, p. 3, http://enb.iisd.org/isa/2017/, 2018-04-02.

③ 《2017 年 2 月 3 日大会所设根据〈联合国海洋法公约〉第一五四条的规定定期审查"区域"的国际制度的委员会主席给国际海底管理局秘书长的信》，ISBA/23/A/3，2017 年 2 月 8 日，金斯敦，https://www.isa.org.jm/sites/default/files/files/documents/isba-23a-3_0.pdf，2017 年 11 月 20 日登录。

开发趋势的前提下，踏实有序地推进。①

2. 国际海洋法法庭

国际海洋法法庭（International Tribunal for the Law of the Sea，ITLOS。以下简称"法庭"）是根据《公约》设立的独立司法机构，对有关《公约》解释和适用的争端具有管辖权。法庭除对《公约》缔约方开放外，还对符合规定的其他国家、组织和实体开放。

法庭设海底争端分庭、简易程序分庭、特别分庭和专案分庭。常设特别分庭包括：渔业争端分庭、海洋环境争端分庭和海洋划界争端分庭。专案分庭是法庭经当事各方请求为处理特定争端而设立的。法庭由《公约》缔约国选举产生的21名法官组成。自法庭法官于1996年10月在德国汉堡正式就职至2017年12月，共有25个案件提交法庭审理。对于根据《公约》的规定就国家管辖范围外区域海洋生物多样性的保护和可持续利用问题拟订具有法律约束力的国际文书，法庭认为该文书的争端解决机制应包含可要求法庭就新协议所产生的事项提供咨询意见的内容。② 2017年，法庭没有接到新的诉讼或者咨询意见申请。2017年9月，特别分庭对科特迪瓦与加纳的海洋划界案作出判决。

为填补将于2017年9月30日任期届满的法官席位，第二十七次《公约》缔约国会议于2017年6月14日选举了7名法官。所选7个席位按照地理区域分配：非洲国家集团两个席位，亚太国家集团两个席位，东欧国家集团一个席位，拉丁美洲和加勒比国家集团一个席位，西欧和其他国家集团一个席位。③

---

① 《中国常驻国际海底管理局代表牛清报大使在海管局第23届会议大会"秘书长报告"议题下的发言》，中国大洋矿产资源研究开发协会，http：//www.comra.org/2017-11/07/content_40059689.htm，2017年11月20日登录。

② 《第二十七次缔约国会议的报告》，SPLOS/316，2017年6月12日至16日，纽约，第17段，第5页，https：//documents-dds-ny.un.org/doc/UNDOC/GEN/N17/209/80/PDF/N1720980.pdf？OpenElement，2017年10月20日登录。

③ 新当选的7名法官为：Boualem Bouguetaia（阿尔及利亚）、Óscar Cabello Sarubbi（巴拉圭）、Neeru Chadha（印度）、José Luis Jesus（佛得角）、Kriangsak Kittichaisaree（泰国）、Roman A. Kolodkin（俄罗斯）和 Liesbeth Lijnzaad（荷兰），任期9年，自2017年10月1日至2026年9月30日。参见《第二十七次缔约国会议报告》，SPLOS/316，2017年6月12日至16日，纽约，第71-76段，第11-12页，http：//undocs.org/zh/SPLOS/316，2018年1月2日登录。

表 1-1 国际海洋法法庭受理案件

序号	当事国/机构	案件	案由	受理时间
1	圣文森特和格林那丁斯诉几内亚	"塞加"号案	迅速释放	1997 年
2	圣文森特和格林那丁斯诉几内亚	"塞加"号案（2）	临时措施 实质问题	1998 年
3	新西兰诉日本	南方蓝鳍金枪鱼案	临时措施	1999 年
4	澳大利亚诉日本	南方蓝鳍金枪鱼案	临时措施	1999 年
5	巴拿马诉法国	"卡莫科"号案	迅速释放	2000 年
6	塞舌尔诉法国	"蒙特·卡夫卡"号案	迅速释放	2000 年
7	智利/欧盟	养护和可持续开发东南太平洋剑旗鱼种群案	实质问题	2000 年
8	伯利兹诉法国	"大王子"号案	迅速释放	2001 年
9	巴拿马诉也门	"契斯雷·雷夫2"号案	迅速释放	2001 年
10	爱尔兰诉英国	MOX 工厂案	临时措施	2001 年
11	俄罗斯诉澳大利亚	"奥尔加"号案	迅速释放	2002 年
12	马来西亚诉新加坡	新加坡在柔佛海峡围海造地案	临时措施	2003 年
13	圣文森特和格林那丁斯诉几内亚比绍	"朱诺商人"号案	迅速释放	2004 年
14	日本诉俄罗斯	"丰进丸"案	迅速释放	2007 年
15	日本诉俄罗斯	"富丸"案	迅速释放	2007 年
16	孟加拉/缅甸	孟加拉与缅甸孟加拉湾海洋边界划界争端案	海域划界	2009 年
17	国际海底管理局	个人和实体的担保国对"区域"内活动的责任和义务	请求海底争端分庭提供咨询意见	2010 年
18	圣文森特和格林纳丁斯诉西班牙	M/V "Louisa"号案	迅速释放 临时措施	2010 年
19	巴拿马/几内亚比绍	M/V "Virginia G"号案	实质问题	2011 年

序号	当事国/机构	案件	案由	受理时间
20	阿根廷诉加纳	"ARA Libertad"号案	临时措施 实质问题	2012 年
21	次区域渔业委员会	相关渔业问题	咨询意见	2013 年
22	荷兰诉俄罗斯	"北极日出"号案	临时措施	2013 年
23	加纳诉科特迪瓦	在大西洋的海洋划界争端案	海域划界	2014 年
24	意大利诉印度	"Enrica Lexie"号海轮事件案	临时措施	2015 年
25	巴拿马诉意大利	M/V "Norstar"号案		2015 年

资料来源：国际海洋法法庭网站，https://www.itlos.org/fileadmin/itlos/documents/cases/REF_cases_citations_1-25_.pdf，2017 年 12 月 2 日登录。

3. 大陆架界限委员会

大陆架界限委员会（Commission on the Limits of the Continental Shelf，CLCS。以下简称"委员会"）是根据《公约》设立的三个机构之一，负责审议沿海国 200 海里以外大陆架的外部界限。委员会于 1997 年 6 月开始工作，由 21 名委员组成。委员会的主要职能包括两项：第一，审议沿海国提出的 200 海里以外大陆架划界案，并提出建议；第二，经沿海国请求为沿海国准备外大陆架划界案提供科学和技术咨询意见。委员会于 2017 年 3 月 10 日举行公开会议，纪念委员会成立 20 周年。截至 2017 年 12 月，委员会共收到 78 项划界案申请①，47 项"初步信息"②；委员会已举行 45 届会议③，共提

---

① "Submissions, through the Secretary-General of the United Nations, to the Commission on the Limits of the Continental Shelf", pursuant to article 76, paragraph 8, of the United Nations Convention on the Law of the Sea of 10 December 1982, http://www.un.org/Depts/los/clcs_new/commission_submissions.htm，2018 年 3 月 8 日登录。划界案的数量采用联合国网站的数据，不再单独统计划界案的修正案。

② "Preliminary information indicative of the outer limits of the continental shelf beyond 200 nautical miles", http://www.un.org/Depts/los/clcs_new/commission_preliminary.htm，2018-03-08.

③ 《大陆架界限委员会的工作进展：主席的声明》，CLCS/100，2017 年 7 月 24 日至 9 月 8 日，纽约，https://undocs.org/zh/CLCS/100，2017 年 12 月 30 日登录。

出了 29 项划界案建议，共涉及 28 个国家。① 委员会主席在第二十七次《公约》缔约国会议上指出，沿海国如果不同意委员会核准的建议，有权根据《公约》附件二第八条提出经修订或新的划界案。关于因现有纠纷而推迟的划界案，主席鼓励沿海国与有关国家联系，以获得委员会议事规则附件一规定的同意意见。②

2017 年，委员会举行了第 43 届、第 44 届及第 45 届共三届会议。委员会通过了对阿根廷部分订正划界案，南非大陆领土 200 海里以外大陆架划界案，密克罗尼西亚、巴布亚新几内亚和所罗门群岛联合划界案等三项 200 海里以外大陆架外部界限建议。2017 年，小组委员会审议了俄罗斯联邦提交的北冰洋部分订正划界案和巴西南部区域部分订正划界案等，对多项划界案开展了科学和技术审查工作。小组委员会编写的关于挪威提交的布韦岛和毛德皇后地划界案的建议草案没有通过委员会表决，委员会将继续非公开审议该案。③

第二十七次《公约》缔约国会议于 2017 年 6 月 14 日选举了 20 名委员会委员，东欧国家集团的第三个席位因没有提出候选人而空缺。新当选的委员会成员任期 5 年，自 2017 年 6 月 16 日至 2022 年 6 月 15 日。中国的吕文正委员续任。④

（二）争端解决

《联合国宪章》和《公约》规定了和平解决与海洋法有关争端的途径和机制，包

---

① "Submissions, through the Secretary-General of the United Nations, to the Commission on the Limits of the Continental Shelf", pursuant to article 76, paragraph 8, of the United Nations Convention on the Law of the Sea of 10 December 1982, http：//www. un. org/Depts/los/clcs_new/commission_submissions. htm, visited on 2018-03-08；"Preliminary information indicative of the outer limits of the continental shelf beyond 200 nautical miles", http：//www. un. org/Depts/los/clcs_new/commission_preliminary. htm, 2018-03-08.

② 《第二十七次缔约国会议的报告》，SPLOS/316，2017 年 6 月 12 日至 16 日，纽约，第 62 段，第 10 页，https：//documents-dds-ny. un. org/doc/UNDOC/GEN/N17/209/80/PDF/N1720980. pdf？OpenElement，2017 年 10 月 20 日登录。

③ 《大陆架界限委员会的工作进展：主席的声明》，CLCS/100，2017 年 7 月 24 日至 9 月 8 日，纽约，第 27-28 段，第 6 页，https：//undocs. org/zh/CLCS/100，2017 年 12 月 30 日登录。

④ 此次当选委员包括：Adnan Rashid Nasser al-Azri（阿曼）、Lawrence Folajimi Awosika（尼日利亚）、Aldino Campos（葡萄牙）、Wanda-Lee de Landro-Clarke（特立尼达和多巴哥）、Ivan F. Glumov（俄罗斯联邦）、Martin Vang Heinesen（丹麦）、Emmanuel Kalngui（喀麦隆）、吕文正（中国）、Mazlan bin Madon（马来西亚）、Estevão Stefane Mahanjane（莫桑比克）、Jair Alberto Ribas Marques（巴西）、Marcin Mazurowski（波兰）、Domingos de Carvalho Viana Moreira（安哥拉）、David Cole Mosher（加拿大）、Simon Njuguna（肯尼亚）、朴永安（韩国）、Carlos Marcelo Paterlini（阿根廷）、Clodette Raharimananirina（马达加斯加）、山崎纯（日本）和 Gonzalo Alejandro Yáñez Carrizo（智利）。参见《第二十七次缔约国会议的报告》，SPLOS/316，2017 年 6 月 12 日至 16 日，纽约，第 77-84 段，第 12-13 页，https：//documents-dds-ny. un. org/doc/UNDOC/GEN/N17/209/80/PDF/N1720980. pdf？OpenElement，2017 年 10 月 20 日登录。

括谈判、调查、调停和司法解决等以及各国自行选择的其他和平方法。① 国际法院和上节中述及的国际海洋法法庭是国际海洋领域的主要司法机构。国际法院是联合国主要司法机构，在和平解决海洋争端方面发挥重要作用。

2016 年 11 月，法庭对巴拿马诉意大利的 M/V"Norstar"号海轮案作出管辖权裁决，拒绝了意大利的反对请求，裁决法庭对该案具有管辖权，继续审理案件。② 2017 年 9 月，国际海洋法法庭特别分庭对科特迪瓦与加纳的海洋划界案作出判决，划定两国间的领海、专属经济区、大陆架和 200 海里以外大陆架的界限。

2017 年 9 月，法庭对科特迪瓦与加纳的海洋边界争端作出了判决。科特迪瓦与加纳的海洋边界争端由来已久，并随着该海域发现大型油气田而迅速升温。2014 年 12 月，两国在谈判无果后将争端诉至国际海洋法法庭特别分庭。2015 年，法庭对该案件作出初步判决：要求加方在该法庭作出最终判决前，采取一切必要措施，在争议海域内停止新的钻探工作。2017 年 9 月，国际海洋法法庭特别分庭对该案作出判决，划定两国间的领海、专属经济区、大陆架和 200 海里以外大陆架的单一界限。法庭在划定边界时采用的方法为首先划设临时等距离线，然后根据有关情况（relevant circumstances）进行调整。法庭考虑的有关情况包括：地理因素、资源所处的位置（尤其是油气资源）和各方行为等。③

2017 年，国际法院审理的涉海案件包括：关于加勒比海主权权利和海洋空间受侵犯的指控（尼加拉瓜诉哥伦比亚）、关于尼加拉瓜在边界海域开展的某些活动案（哥斯达黎加诉尼加拉瓜）、印度洋海洋划界案（索马里诉肯尼亚）。

二、海洋环境保护

海洋环境保护是海洋可持续发展的三大支柱之一，受到国际社会的持续关注。海洋环境受到人类活动和气候变化的多重影响。联合国大会和有关组织不断加大力度，应对塑料（含微塑料）垃圾污染、全球海洋变暖和海洋酸化等问题。

---

① 《联合国宪章》，第 33 条。

② International Tribunal for the Law of the Sea, Press Release, "The M/V 'Norstar' Case (Panama V. Italy)", Itlos/Press 254 *, 4 November 2017, https：//www. itlos. org/fileadmin/itlos/documents/press_releases_english/PR_254_EN. pdf，2017-12-20.

③ International Tribunal for the Law of the Sea, "Judgement on Dispute Concerning Delimitation of the Maritime Boundary Between Ghana and Côte D'ivoire in the Atlantic Ocean", 23 September 2017, https：//www. itlos. org/fileadmin/itlos/documents/cases/case_no. 23_merits/C23_Judgment_23. 09. 2017_corr. pdf，2017-12-30.

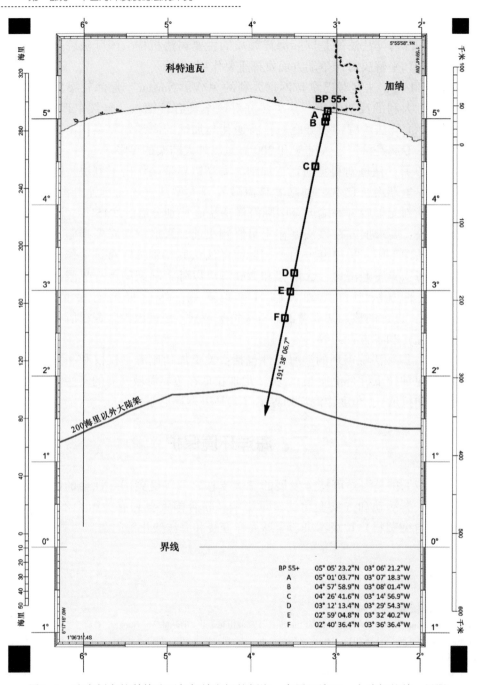

图1-1　法庭划定的科特迪瓦与加纳之间的领海、专属经济区、大陆架的单一界限

（一）海洋环境保护举措

2017年6月5日至9日，各国元首和政府首脑以及高级代表，在联合国举行海洋可持续发展大会，支持落实《2030年可持续发展议程》中海洋可持续发展目标。会议通过了题为《我们的海洋、我们的未来：行动呼吁》的宣言，各国承诺保护和可持续利用海洋和海洋资源。[①] 联合国大会于2017年7月6日通过一项决议，支持并呼吁落实海洋可持续发展目标，保护和可持续利用海洋和海洋资源。[②]

第一次全球海洋综合评估报告指出，当今不断增加的人口数量和工农业生产使流入海洋的有害物质增加，塑料垃圾等问题直接危害海洋环境。联合国环境规划署资料显示，每年至少有800万吨塑料垃圾进入海洋，威胁海洋生物的生存，破坏渔业和旅游业，严重损害整个海洋生态系统。化妆品中的塑料微粒成分和过量使用的一次性塑料制品是海洋垃圾的主要来源。[③] 联合国在大会决议中呼吁各国加快行动，预防并显著减少包括海洋废物、塑料（含微塑料）在内的各种海洋污染，明确要求各国执行长期而有力的战略，减少塑料的使用，特别是塑料袋和一次性塑料，解决塑料袋的生产、销售和使用问题。[④]

2017年2月，联合国环境规划署宣布发起一项大规模全球海洋行动——"清洁海洋"，确定在今后5年将主要针对不可回收和一次性塑料的生产和消费，解决海洋垃圾的根源问题。在具体行动方面，联合国环境规划署敦促各国出台减少塑料制品使用的政策，督促相关行业减少塑料包装用量并重新设计产品，以避免对海洋造成不可逆转的影响。[⑤]

（二）海洋与气候变化和海洋酸化

联合国文件反复明确指出，海洋变暖和海洋酸化是气候变化影响海洋的主要方式[⑥]。海洋在全球气候变化中发挥重要作用，吸收了大量额外热量和二氧化碳。据估

① 《联合国海洋大会开幕——扭转趋势、促进海洋可持续发展》，联合国新闻，https：//news. un. org/zh/story/2017/06/276872，2018年4月2日登录。

② 联合国大会：《我们的海洋、我们的未来：行动呼吁》，A/RES/71/312，2017年7月6日大会决议，htp：//undocs. org/zh/a/res/71/312，2017年12月30日登录。

③ 联合国环境规划署，http：//cleanseas. org/，2017年11月14日登录。

④ 联合国大会：《我们的海洋、我们的未来：行动呼吁》，A/RES/71/312，2017年7月6日大会决议，第4页，http：//undocs. org/zh/a/res/71/312，2017年12月30日登录。

⑤ 联合国环境规划署，http：//cleanseas. org/about，2017年11月20日登录。

⑥ 联合国秘书长：《海洋和海洋法报告》，A/72/70，2017年3月6日，第3段，第3页，http：//undocs. org/zh/A/72/70，2017年11月20日登录。

计，海洋在 1971 年至 2010 年间吸收了地球所有额外热量的 93%；吸收了排放到大气中二氧化碳的 30%。[①] 同时，海洋自身也受到全球气候变化的深刻影响。预计海洋在本世纪将继续变暖，热带地区和北半球亚热带地区的海洋表面升温幅度最大。[②] 海洋吸收二氧化碳正在对海水的化学性质造成重大影响，导致海洋日益酸化。海洋变暖和海洋酸化对海洋和人类社会造成包括海平面上升、生命和财产损失、海岸线侵蚀加剧、鱼类种群洄游以及珊瑚漂白和其他生态系统退化等严重影响。[③]

为有效应对气候变化对海洋的影响，联合国大会呼吁制定和执行有效的适应和减缓措施，帮助提高和支持对海洋和沿海酸化、海平面上升和海洋温度升高的复原能力，并减轻气候变化对海洋、沿海和蓝碳生态系统造成的其他有害影响，如红树林、潮汐沼泽、海草和珊瑚礁，切实履行相关义务和承诺。[④] 联合国秘书长强调有效执行关于气候变化的《巴黎协定》对于保持海洋健康、生产力和复原力至关重要。[⑤] 联合国海洋和海洋法问题不限成员名额非正式协商进程于 2017 年 5 月举行第十八次会议，专题讨论了气候变化对海洋的影响，凸显了气候变化议题在全球海洋治理中的重要性。[⑥]

三、海洋生物资源开发与养护

联合国有关文件认为，世界渔业可持续发展仍然面临重大挑战。联合国粮食及农业组织统计显示，2006 年至 2016 年，高度洄游鱼类种群和跨界鱼类种群总体状况没有改善，很多种群状况持续恶化。[⑦] 管理不善和能力不足，非法、未报告和不受管制的捕捞活动，捕捞能力过剩，毁灭性捕捞方法等造成过度捕捞。为了实现海洋可持续发展，

[①] 联合国："第一次世界海洋评估"，第 5 章，第 2.3 节。转引自联合国秘书长：《海洋和海洋法报告》，A/72/70，2017 年 3 月 6 日，第 4 段，第 3—4 页，http：//undocs. org/zh/A/72/70，2017 年 12 月 30 日登录。

[②] 气候专委会："决策者摘要"，出自《2013 年气候变化：物理科学依据》，第 263 和 278 页。转引自联合国秘书长：《海洋和海洋法报告》，A/72/70，2017 年 3 月 6 日，第 5—6 段，第 4 页，http：//undocs. org/zh/A/72/70，2017 年 11 月 20 日登录。

[③] 联合国秘书长：《海洋和海洋法报告》，A/72/70，2017 年 3 月 6 日，第 8 段，第 5 页，http：//undocs. org/zh/A/72/70，2017 年 11 月 20 日登录。

[④] 联合国大会：《我们的海洋、我们的未来：行动呼吁》，A/RES/71/312，2017 年 7 月 6 日大会决议，第 4 页，http：//undocs. org/zh/a/res/71/312，2017 年 12 月 30 日登录。

[⑤] 联合国秘书长：《海洋和海洋法报告》，A/72/70/Add. 1，2017 年 9 月 6 日，第 15 段，第 5 页，http：//undocs. org/zh/A/72/70/Add. 1，2017 年 11 月 20 日登录。

[⑥] 《联合国海洋和海洋法问题不限成员名额非正式协商进程第十八次会议的报告》，2017 年 6 月 16 日发布，A/72/95，http：//undocs. org/zh/A/72/95，2017 年 12 月 1 日登录。

[⑦] 联合国秘书长：《海洋和海洋法报告》，A/72/70/Add. 1，2017 年 9 月 6 日，第 57 段，第 11 页，http：//undocs. org/zh/A/72/70/Add. 1，2017 年 11 月 20 日登录。

国际社会在全球和区域各级均做出了重大努力。

（一）海洋渔业资源养护和管理

为加强海洋渔业资源养护和管理，国际社会继续加大对非法、未报告和不受管制捕鱼活动的打击力度，并推动取消或规范"有害的"渔业补贴。

1. 促进渔业可持续发展的全球行动

联合国大会通过决议，要求各国加强可持续渔业管理，采取科学的管理措施，酌情采用预防性方法和生态系统方式，争取在最短时间内将鱼类种群恢复到最大可持续产量水平；酌情通过区域渔业管理组织、机构和安排等渠道，加强合作与协调；禁止破坏性捕捞方式以及非法、不报告和不受管制的捕鱼活动，剥夺这些活动的收益，有效履行船旗国和港口国的相关义务；加快制订相互适用的捕捞文件计划和鱼产品可追溯性工作。[①]《关于港口国预防、制止和消除非法、不报告和不受管制捕鱼的措施协定》缔约方第一次会议和根据协定第 21 条设立的特设工作组第一次会议讨论了发展中缔约国在执行该协定方面的主要要求和优先事项。[②] 2017 年，为了响应大会在 2013 年发出的呼吁，粮农组织还通过了《渔获量记录计划自愿准则》。[③]

联合国文件认为一些渔业补贴可能直接或间接助长了捕捞能力过剩和非法、不报告和不受管制的捕鱼活动。关于渔业补贴的谈判在 2017 年 12 月世界贸易组织第十一次部长级会议上进行。世贸组织规则谈判小组审议了关于渔业补贴新规定的书面提议。联合国大会决议强调各国要采取果断行动，禁止某些造成产能过剩和过度捕捞的渔业补贴，取消造成非法、不报告和不受管制捕鱼活动的补贴，不提供新的补贴，完成世界贸易组织关于渔业补贴问题的谈判，同时确认对发展中国家和最不发达国家的适当和有效的特殊待遇和差别待遇应该是这些谈判的组成部分。[④]

---

① 联合国大会：《我们的海洋、我们的未来：行动呼吁》，A/RES/71/312，2017 年 7 月 6 日大会决议，第 4 页，http：//undocs. org/zh/A/72/70/Add. 1，2017 年 12 月 30 日登录。

② 《粮农组织：具有里程碑意义的〈港口国措施协定〉有助于消除非法捕鱼》，2017 年 6 月 1 日，联合国新闻，https：//news. un. org/zh/story/2017/06/276662，2018 年 3 月 1 日登录。

③ "Guidelines on keeping illegally caught fish from global supply chains near 'finish line' -UN agency", UN News, https：//news. un. org/en/story/2017/04/555262-guidelines-keeping-illegally-caught-fish-global-supply-chains-near-finish-line#. WZonP-kpCUk, 2018-03-03.

④ 联合国大会：《我们的海洋、我们的未来：行动呼吁》，A/RES/71/312，2017 年 7 月 6 日大会决议，第 5 页，http：//undocs. org/zh/A/72/70/Add. 1，2017 年 12 月 30 日登录。

2. 促进渔业可持续发展的区域行动

区域渔业管理组织继续采取措施加强区域性渔业管理，落实《鱼类种群协定》审查会议提出的各项建议。《2017 年西北大西洋渔业未来多边合作公约修正案》于 2017 年 5 月生效，推动落实在渔业管理中实行基于生态系统的管理方式。[①] 区域渔业管理组织和安排日益强调港口国措施。

3. 北冰洋公海渔业捕捞国际协定的磋商成果

2017 年 11 月 28 日至 30 日，北冰洋公海渔业政府间第六轮磋商会议在美国华盛顿举行。[②] 中国、美国、俄罗斯、加拿大、丹麦、挪威、冰岛、日本、韩国以及欧盟 10 个国家和地区的政府代表，就《防止中北冰洋不受管制公海渔业协定》文本达成一致，为最终签署通过奠定了重要基础。该协定鼓励各方开展联合北极渔业科学研究与监测，允许进行探捕鱼活动，认为通过科学研究与监测和探捕渔业，可以收集关于北冰洋公海鱼类资源的科学数据，为未来管理商业性渔业活动提供科学依据，但相关活动要受到严格限制。鉴于北极的商业捕捞尚未开启，目前不具备建立北冰洋公海渔业管理组织的成熟条件，但不排除未来建立此类组织的可能性。[③]

（二）海洋生物多样性养护

海洋生物多样性对于人类福祉至关重要，支撑着生命赖以生存的生态系统服务。海洋生态系统和生物多样性，包括国家管辖范围以外区域的海洋生态系统和生物多样性，为全世界数十亿人口提供生计来源。现有证据表明，气候变化、海洋酸化、海洋污染和过度捕捞等对海洋生物多样性造成的压力不断增加，国际组织和各国继续采取多种举措予以应对。[④]

---

① 联合国大会决议："通过 1995 年《执行 1982 年 12 月 10 日〈联合国海洋法公约〉有关养护和管理跨界鱼类种群和高度洄游鱼类种群的规定的协定》和相关文书等途径实现可持续渔业"，A/72/L.12，2017 年 11 月 22 日，第 152 段，第 23 页，http://undocs.org/zh/a/res/72/72，2017 年 2 月 23 日登录。

② 周超：《国际磋商各方就〈防止中北冰洋不受管制公海渔业协定〉文本达成一致》，载《中国海洋报》，2017 年 12 月 5 日，第 A4 版。

③ 中国海洋在线：《国际磋商各方就〈防止中北冰洋不受管制公海渔业协定〉文本达成一致》，2017 年 12 月 5 日，http://www.oceanol.com/guoji/201712/05/c70695.html，2017 年 12 月 20 日登录。

④ 联合国秘书长：《海洋和海洋法报告》，A/72/70/Add.1，2017 年 9 月 6 日，第 63 段，第 11 页，http://undocs.org/zh/A/72/70/Add.1，2017 年 11 月 20 日登录。

1. 全球海洋生物多样性养护行动

联合国大会决议强调各国应根据现有的最佳科学成果，鼓励支持各利益攸关方参与，采取预防性办法和生态系统方式，遵循国际法和国家立法，使用包括海洋保护区以及海洋空间规划和沿海区域综合管理等有效的管理工具和办法，增强海洋的抵御能力，更好地保护和可持续利用海洋生物多样性。① 近期在政府间层面采取了一些行动和措施，应对人为水下噪音、潮汐能和波浪能装置、多氯联苯、使用炸药和渔业兼捕等活动的影响。

2017 年 9 月 8 日生效的《国际船舶压舱水及沉积物控制和管理公约》有望大力加强国际社会控制船舶压舱水转移有害水生有机体和病原体问题。目前，国际海事组织正在编写一部用以核准压舱水管理系统的规则以及上述管理公约的修正草案，以便使规则具有强制性。《生物多样性公约》缔约方大会通过了有关防止和减少海洋废弃物对海洋生物多样性及生境影响的自愿实践指南。②

2. 国家管辖范围以外区域的海洋生物多样性

联合国大会在 2015 年 6 月作出第 69/292 号决议，决定根据《公约》就国家管辖范围以外区域海洋生物多样性的养护和可持续利用问题拟订一份具有法律约束力的国际文书。该决议决定设立筹备委员会，任务是向联合国大会提出该国际文书的案文草案要点。2017 年 7 月 21 日，筹备委员会在召开四届工作会议后通过了向联合国大会提交的报告，完成了工作任务。③ 该报告列出了各国意见较为一致的讨论要点和主要分歧点；敦促大会尽快作出决定，是否在联合国主持下召开一次政府间会议，以审议筹备委员会关于要点的建议并根据《公约》的规定拟订具有法律约束力的国际文书案文。纵观历届会议情况，除少数国家以外，支持谈判制定新国际文书的力量在壮大，绝大多数国家希望尽早启动和完成文书谈判。

关于该国际文书的内容，各国在以下领域仍未达成一致：国家管辖范围以外区域

---

① 联合国大会决议："通过 1995 年《执行 1982 年 12 月 10 日〈联合国海洋法公约〉有关养护和管理跨界鱼类种群和高度洄游鱼类种群的规定的协定》和相关文书等途径实现可持续渔业"，A/72/L. 12，2017 年 11 月 22 日，http：//undocs. org/zh/a/res/72/72，2017 年 2 月 23 日登录。

② 联合国秘书长：《海洋和海洋法报告》，A/72/70/Add. 1，2017 年 9 月 6 日，第 65~67 段，第 12 页，ht-tp：//undocs. org/zh/A/72/70/Add. 1，2017 年 11 月 20 日登录。

③ 《大会关于根据〈联合国海洋法公约〉的规定就国家管辖范围以外区域海洋生物多样性的养护和可持续利用问题拟订一份具有法律约束力的国际文书的第 69/292 号决议所设筹备委员会的报告》，2017 年 7 月 31 日，A/AC. 287/2017/PC. 4/2，第 2 页，http：//www. un. org/ga/search/view _ doc. asp？symbol ＝ A/AC. 287/2017/PC. 4/2&referer＝/english/&Lang＝C，2017 年 12 月 30 日登录。

海洋生物多样性养护与利用应适用人类共同财产原则还是公海自由原则；在包括惠益分享的海洋遗传资源问题上，文书是否应当对海洋遗传资源的获取进行规制、这些资源的性质、应当分享何种惠益、是否处理知识产权问题；在包括海洋保护区的划区管理工具等措施方面，何为最适当的决策和体制安排，以期增进合作与协调；在环境影响评估方面，该进程由各国自行开展或者实施"国际化"的程度问题以及文书是否应当处理战略性环境影响评估；在能力建设和海洋技术转让方面，海洋技术转让的条款和条件；体制安排以及国际文书建立的制度与相关全球、区域和部门机构之间的关系；争端解决机制。①

四、国际海事

航运仍然是世界经济增长和发展的引擎，全球贸易量的 80% 以上和贸易价值的 70% 以上通过海运完成。② 航运业面临世界船队运力过剩和法律制度有效实施等方面的挑战。

（一）航运

联合国贸发组织最新统计数据显示，世界航运业近期增速加快，但仍低于过去 40 年的历史平均值。2016 年世界航运量达到 103 亿吨，增加 2 600 多万吨，其中约一半的增幅为油轮贸易。③ 国际海事组织继续重点推动海上安全方面国际文书的有效执行，鼓励各国批准各项国际文书，保护海洋环境不受船舶污染。2018 年至 2023 年期间海事组织的具体战略方向包括：改进执行工作、在监管框架中结合新技术和先进技术、应对气候变化、参与海洋治理、推动国际贸易、加强监管效率和机构工作效率。④

---

① 《大会关于根据〈联合国海洋法公约〉的规定就国家管辖范围以外区域海洋生物多样性的养护和可持续利用问题拟订一份具有法律约束力的国际文书的第 69/292 号决议所设筹备委员会的报告》，2017 年 7 月 31 日，A/AC. 287/2017/PC. 4/2，第 2 页，http：//www. un. org/ga/search/view _ doc. asp？symbol = A/AC. 287/2017/PC. 4/2&referer＝english/&Lang＝C，2017 年 12 月 30 日登录。

② 联合国秘书长：《海洋和海洋法报告》，A/72/70/Add. 1，2017 年 9 月 6 日，第 32 段，第 7 页，http：//undocs. org/zh/A/72/70/Add. 1，2017 年 11 月 20 日登录。

③ "United Nations Conference on Trade and Development, Review of Maritime Transport 2017", Executive Summary, http：//unctad. org/en/PublicationsLibrary/rmt2017_en. pdf, 2017-12-30.

④ IMO COUNCIL, 117th session 5-9 December 2016, C 117/D, http：//www. iadc. org/wp-content/uploads/2017/01/C-117-D-Summary-Of-Decisions-Secretariat. pdf, 2017-12-27.

（二）海事安全

2017 年，全球范围内海盗和抢劫船舶事件减少，但个别地区的袭击数量增加，例如索马里海盗活动重新抬头，2017 年上半年发生了七起事件（包括三起劫持事件）。[①] 为保障海事安全，有关区域继续采取多种措施打击海盗活动。印度尼西亚、马来西亚和菲律宾于 2017 年 6 月 19 日启动了一项三方海上巡逻协议，在三国共同边界沿线打击海盗活动、持械抢劫船只、在海上绑架船员以及其他跨国犯罪。西印度洋和亚丁湾的 12 个国家也采取综合性措施打击海上犯罪。2017 年 1 月，修订后的《关于打击西印度洋和亚丁湾海域海盗和武装抢劫船只的吉布提行为守则》获得通过。[②] 该"守则"除了涵盖海盗和持械抢劫船只等活动外，增加了"海事领域的跨国有组织犯罪"以及非法、不报告和不受管制的渔业捕捞活动。"守则"修正案提出了登船检查、分享信息、报告、援助及培训等方式进行自愿合作的广泛框架。[③]

（三）海上人员

国际社会在改善海员工作和生活条件方面取得一些重要进展。《海员身份证件公约》修订本于 2017 年 6 月生效。这一条约有望大力促进海员获得上岸休假、中转和过境的权利，同时通过使用安全和国际公认的文件，加强港口和边境安全。《海事劳工公约规则》的 2014 年修正案于 2017 年 1 月生效，确保在出现海员被遗弃情况时，迅速提供有效的金融安全体系协助海员，并确保在发生工伤、疾病或危险导致海员死亡或长期残疾的情况时，对根据合同提出的索赔要求进行赔偿。《2007 年渔业工作公约》（第 188 号）于 2017 年 11 月生效，将有助于确保渔业部门工人享有体面的工作条件。国际劳工组织制定了《关于船旗国检查渔船上工作和生活条件的准则》，协助船旗国履行《2007 年渔业工作公约》规定的义务。劳工组织还推出了《制止海上强迫劳动和贩运渔民行为全球行动纲领》。[④]

海上非法移民和人口贩运等问题继续引发国际社会关切，存在搜索和救援工作不足、对寻求庇护者和难民保护不够等问题。2016 年至 2017 年期间有近 50 万难民和移

① 联合国秘书长：《海洋和海洋法报告》，A/72/70/Add.1，2017 年 9 月 6 日，第 36 段，第 7 页，http://undocs.org/zh/A/72/70/Add.1，2017 年 11 月 20 日登录。

② 联合国秘书长：《海洋和海洋法报告》，A/72/70/Add.1，2017 年 9 月 6 日，第 38 段，第 8 页，http://undocs.org/zh/A/72/70/Add.1，2017 年 11 月 20 日登录。

③ 联合国秘书长：《海洋和海洋法报告》，A/72/70/Add.1，2017 年 9 月 6 日，第 37-38 段，第 8 页，http://undocs.org/zh/A/72/70/Add.1，2017 年 11 月 20 日登录。

④ 详见 www.ilo.org/wcmsp5/group/public/---ed_norm/---declaration/documents/publication/wcms_429359.pdf，2017 年 11 月 20 日登录。

民穿越地中海前往欧洲，约有 7 000 人在海上死亡或失踪。2017 年利用地中海中部路线的难民和移民人数增加了 26%。①

五、海洋科学技术

　　科学技术是海洋开发与养护的基础。联合国大会呼吁各国和国际组织不断加强海洋科学研究，增进对海洋，特别是对深海生物多样性和生态系统的认知。联合国大会强调在海洋科学技术领域开展国家间、区域和国际合作的重要性，并在全球层面推动大型海洋科学研究项目的开展。目前联合国大会确定的重点合作研究领域为人类活动对海洋生态系统健康的影响，包括海洋垃圾、船只碰撞、水下噪音、持久性污染物、沿海开发活动、油污泄漏和废弃渔具等。②

　　国际社会继续采取多种措施促进海洋科学研究、加强各国研究能力和支持科学与政策互动。联合国大会决议呼吁各国为海洋科学研究提供更多的资源，加强跨学科研究和持续的海洋监测，收集和共享包括传统知识在内的数据和知识，更好地了解气候与海洋健康和生产力之间的关系，加强开发极端天气事件和现象的协调预警系统，促进基于现有最佳科学的决策，鼓励科学技术创新，加强海洋生物多样性对发展中国家的发展特别是小岛屿发展中国家和最不发达国家发展的贡献。③ 联合国教科文组织政府间海洋学委员会将联合国海洋科学促进可持续发展国际十年（2021—2030）——"我们希望的未来所需要的海洋"作为行动框架，促进海洋可持续发展，共同应对海洋和气候变化，启动新的旗舰研究项目。该委员会还推出了《全球海洋科学报告》（第一版），评估了世界各地海洋科学能力的现状和趋势。④ 联合国大会第 71/251 号决议决定设立一个最不发达国家技术银行。⑤

---

　　① 联合国秘书长：《海洋和海洋法报告》，A/72/70/Add. 1，2017 年 9 月 6 日，第 28 - 29 段，第 7 页，http：//undocs. org/zh/A/72/70/Add. 1，2017 年 11 月 20 日登录。

　　② 联合国大会：《海洋和海洋法》，A/RES/71/257，2016 年 12 月 23 日大会决议，2017 年 2 月 20 日发布，第 270 段，第 42 页，https：//documents - dds - ny. un. org/doc/UNDOC/GEN/N16/466/64/PDF/N1646664. pdf? OpenElement，2017 年 10 月 16 日登录。

　　③ 联合国大会：《我们的海洋、我们的未来：行动呼吁》，A/RES/71/312，2017 年 7 月 6 日大会决议，第 4 页，http：//undocs. org/zh/a/res/71/312，2017 年 12 月 30 日登录。

　　④ 联合国秘书长：《海洋和海洋法报告》，A/72/70/Add. 1，2017 年 9 月 6 日，第 45 - 48 段，第 9 页，http：//undocs. org/zh/A/72/70/Add. 1，2017 年 11 月 20 日登录。

　　⑤ 联合国秘书长：《海洋和海洋法报告》，A/72/70/Add. 1，2017 年 9 月 6 日，第 56 段，第 10 页，http：//undocs. org/zh/A/72/70/Add. 1，2017 年 11 月 20 日登录。

六、极地事务

南北两极地理位置和生态环境极为特殊，对全球气候变化和人类生存发展具有重要影响。全球性的公约或条约也适用于南北两极，但是南极地区和北极地区的治理又各有特点。南极条约协商会议是对南极事务进行议事和决策的主要平台，是南极治理中最重要的多边机制。在北极，没有专门的法律体系适用于这一地区。北极治理在一定程度上呈参与主体和适用法律多元化的特征。其中，北极理事会在北极事务中的作用和影响力日益凸显，截至 2017 年已公布了三个有拘束力的协定。

（一）南极事务

南极洲，位于南极点四周，为冰雪覆盖的大陆，周围岛屿星罗棋布。在地理学上，南极（也称南极洲）是指南纬 66.32°（即南极圈）以南的大陆及周围的岛屿。在国际法上，南极地区也称"南极条约地区"，是指 1959 年《南极条约》第 6 条规定的南纬 60°以南地区，包括一切冰架。南极洲气候恶劣，除少数科学家外，是地球上唯一无固定居民的大陆。

《南极条约》确立了南极治理的基本法律框架，开启了人类合作协商南极事务的新时代。1958 年 5 月，美国邀请 11 个国家协商讨论缔结南极国际条约，以求用政治方式解决争端。参加会议的 12 个国家中，有 7 个曾提出主权要求、有 5 个在南极积极活动或从事科学研究。与会国起草了条约文本，确定条约的适用范围，审慎考虑了为和平目的而使用军事人员和武器的可能性，并预见到应定期会晤以向各国建议实施条约的措施。1959 年 12 月 1 日，作为南极条约体系核心的《南极条约》诞生，并于 1961 年正式生效。

2017 年 5 月 23 日，第 40 届南极条约协商会议在北京开幕，中国首次成为南极条约协商会议的东道国。本届协商会议的主要议题是讨论南极条约体系运行、南极视察、南极旅游、南极生态、环境影响评估、气候变化影响、南极特别保护区和管理区以及未来工作等。《南极条约》44 个缔约国和 10 个国际组织约 400 人参加会议。原中共中央政治局常委、国务院副总理张高丽出席开幕式并致辞。张高丽强调，一个和平、稳定、绿色、永续发展的南极符合全人类共同利益，是我们对子孙后代的承诺。张高丽提出五点倡议：一是坚持以和平方式利用南极，增强政治互信，强化责任共担，努力构建人类命运共同体；二是坚持遵守《南极条约》体系，充分发挥南极条约协商会议的决策和统筹协调作用，完善以规则为基础的南极治理模式；三是坚持平等协商互利共赢，拓展南极合作领域和范围，促进国际合作的长期化、稳定化和机制化，把南极打造成国际合作的新疆域；四是坚持南极科学考察自由，加强对南极变化和发展规律的认识，进一步夯实保护与利用南极的科学基础；五是坚持保护南极自然环境，把握好南极保护与利用的合理平衡，维护南极生态平衡，实现南极永续发展。①

（二）北极事务

北极中央是浩瀚的海洋，大部分海域处于冰封的状态。位于北极中心的北冰洋，由美国、俄罗斯、加拿大、挪威和丹麦 5 个沿岸国环绕，芬兰、瑞典和冰岛也有部分岛屿和领海进入北极圈。北极治理具有多元化的特点，国际法、区域协定、双边条约和国内法并存，软法和硬法并施。

北极理事会在北极治理中的作用凸显。2017 年 5 月，北极理事会第十届部长级会议在美国阿拉斯加州费尔班克斯市召开。本届会议宣布，芬兰接替美国成为北极理事会的轮值主席国。作为新任轮值主席国，芬兰在会议召开之前即已公布任职期间的 4 个优先事项，分别为环境保护、互联互通、气象合作以及教育。会议期间，北极八国签署了《费尔班克斯宣言》，北极理事会新接纳了 7 个观察员②，还签署了《加强北极国际科学合作协定》（以下简称《协定》）。《协定》是北极理事会继 2011 年《北极海空搜救合作协定》、2013 年《北极海洋油污预防与反应合作协定》之后通过的第三个具有拘束力的文件。通过这一协议，北极理事会成员国加强了北极八国间在北极地区科学活动领域的合作。

相关论坛为社会各界参与北极治理提供了重要平台。

1. 国际北极论坛

该论坛创办于 2010 年，论坛主题是"北极——对话区域"。2017 年 3 月 29 日至 30 日，第四届国际北极论坛在俄罗斯北部城市阿尔汉格尔斯克举办。除了北极理事会成员国外，中国、韩国、日本、新加坡和印度等北极理事会观察员国均派代表团参加论坛。来自 30 多个国家的近 2 300 名政府、企业界代表和专家学者与会，共同探讨北极的发展与环境议题，就能源、交通基础设施、渔业、科学研究等领域展开广泛讨论。时任中国国务院副总理汪洋率领中国代表团出席了本次论坛。汪洋重申中国秉承尊重、合作、可持续三大政策理念参与北极事务，是北极事务的参与者、建设者、贡献者；有意愿也有能力对北极发展与合作发挥更大作用。中国愿与有关国家一道，积极开展

---

① 张高丽：《坚持南极条约原则精神　更好认识保护利用南极》，人民网，http://opc.people.com.cn/n1/2017/0524/c64094-29295527.html，2018 年 6 月 27 日登录。
② 本届会议新接纳 7 个观察员，除瑞士为主权国家外，其余 6 个均为国际组织，分别是西北欧理事会、海洋环境保护组织、国家地理学会、奥斯陆-巴黎委员会、世界气象组织和国际海洋探测理事会。

多层次、宽领域的国际合作，实现互利共赢，兼顾北极保护与发展，实现北极地区人与自然和谐共存、永续发展。汪洋表示，中方将积极参与北极环境治理、推动环境合作，不断深化北极科学探索，提出"各国应携手合作全面探索北极，为保护和利用北极奠定坚实基础"，并表示"中方将加大投入，支持构建先进的科考平台，提高北极科研水平"。①

2. 北极圈大会

该大会始于 2013 年，由时任冰岛总统格里姆松倡议发起，是一个致力于促进北极问题国际交流与合作的开放性论坛，不仅对北极事务政府间机制起着补充和拓展作用，还是北极国家与北极各利益攸关方相互交流的桥梁，已成为具有国际影响力的北极交流合作平台。2017 年 10 月 13 日至 15 日，第五届北极圈大会在冰岛的首都雷克雅未克召开，来自 60 多个国家的近 2 000 名代表参加了大会。② 时任国家海洋局副局长林山青应北极圈大会主席、冰岛前总统格里姆松邀请，出席了"北极圈大会"，并在大会开幕式上做主题演讲。林山青表示中国愿加强与北极和非北极国家在北极事务上的合作，共同建设"冰上丝绸之路"，逐步实现"海上丝绸之路"和"冰上丝绸之路"的有效衔接，实现与北极沿岸国家的互利共赢。林山青还从增加北极多边双边国际合作、进一步加强北极科学研究以及加大北极观测能力建设力度三个方面提出了具体意见。③

3. 中国−北欧北极合作研究中心（以下简称"CNARC"）

CNARC 成为促进有关各方开展北极合作的重要纽带。CNARC 是由中国创设并牵头的多元、多边、开放性的北极社会科学研究合作平台，由中国极地研究中心提议设立。2017 年 5 月 24 日至 26 日，第五届中国−北欧北极合作研讨会在大连召开，分别以研讨会和圆桌会议的形式，就北极开发与保护的跨区域合作以及北极航运等领域进行了探讨。经过多年的努力，CNARC 打造的多元、多边、实效、开放的学术与政策研究的合作与交流机制，促进了中国和北欧国家间在极地政策上的相互认知和了解，取得了不少合作研究成果。特别是通过圆桌会议机制，有效推动了中国与北欧企业找寻绿色合作的机会，为政策研究提供了切实有效的渠道，成为中国与北欧国家"5+1"的次区域

---

① 《俄罗斯第四届国际北极论坛举行关注北极发展与环境》，2017 年 3 月 30 日，网易新闻，http://news.163.com/17/0330/19/CGQ34Q1U00018AOQ.html，2017 年 12 月 10 日登录。

② 北极圈大会网站，http://www.arcticcircle.org/assemblies/2017/speakers，2017 年 11 月 27 日登录。

③ 《林山青副局长赴冰岛出席"北极圈大会"》，中国网，http://www.china.com.cn/haiyang/2017-10/18/content_41749716.htm，2017 年 11 月 27 日登录。

合作实践的先行者。①

七、小结

2017 年，国际社会以落实《2030 年可持续发展议程》中海洋可持续发展目标为核心，在推动国际海洋法的发展、海洋环境保护、海洋生物资源开发与利用、海事安全、海洋科学和技术、极地事务等方面开展了大量工作。海洋问题综合而复杂，海洋渔业资源过度捕捞、海洋生物多样性丧失、海洋环境污染、海洋科学技术发展不平衡等问题阻碍海洋可持续发展，需要不断改进全球海洋治理体系，采取协调一致行动以实现海洋可持续发展目标，包括妥善应对气候变化对海洋的影响。全球海洋治理需要在全球、区域和国家等多个层面有效执行《公约》中的海洋法律框架和相关文书，有效执行国际社会经协商一致建立的治理规制，按照合法、和平、可持续的方式利用海洋及其资源。同时，维持海洋生态系统的健康、生产力和复原力需要动员更多的力量有效参与，需要建立新的伙伴关系，启动新的旗舰研究项目并提高公众的认识。

---

① 相关资料由中国极地研究中心提供。

第二章　中国海洋发展的周边环境

中国周边海洋多种政治力量汇集，使得中国向海的地缘政治环境复杂。随着国家发展与海洋之间联系的日趋紧密，海洋成为中国国民经济和生态环境的重要组成部分，同时也是保障国家总体安全的重点方面以及中国同大国、周边国家关系的重大外交议题。中国海洋发展的周边环境，受特定地缘政治环境影响而更具复杂性。

一、中国海洋发展的形势背景

2017 年是国际格局和力量对比发展演变的重要关头。不稳定、不确定因素较多，新问题、新挑战层出不穷。[①] 中国高举和平、发展、合作、共赢旗帜，推动构建人类命运共同体，促进周边海洋环境的稳定。

"一带一路"建设从理念转化为行动、从愿景转变为现实，释放合作共赢的红利。首届"一带一路"国际合作高峰论坛于 2017 年 5 月在北京成功举办。中国提出建设和平之路、繁荣之路、开放之路、创新之路、文明之路的目标。29 位外国国家元首和首脑齐聚北京，130 多个国家的高级代表和 70 多个国际组织的负责人踊跃参会，成为中国首倡并主办的层级最高、规模最大的多边外交活动，形成世界各国合力推进"一带一路"建设的全球共识。[①]以首届"一带一路"国际合作高峰论坛为契机，共建"一带一路"正在全面展开，日益呈现出强大的生机活力，对全球发展产生积极和深远影响，也为构建人类命运共同体注入强劲和持久动力。[①]

中国促进稳定与影响周边形势密切的大国关系。中美关系实现平稳过渡和良好开局。中美确立了涵盖中美关系各个领域的四个高级别对话机制，在相互尊重基础上妥善管控分歧。中美两国良性互动，合作共赢，向国际社会发出积极信号，为中国周边形势带来正面预期。

中国周边形势稳定和地区合作势头得到维护。周边国家是推进人类命运共同体建设的立足点。中国共产党第十九次全国代表大会闭幕之后，中国领导人首次出访越南和老挝，传递出中国推动构建周边命运共同体的明确信号。中菲关系展现稳定发展的

---

① 王毅：《在 2017 年国际形势与中国外交研讨会开幕式上的演讲》，外交部，http://www.fmprc.gov.cn/web/wjbzhd/t1518042.shtml，2017 年 12 月 11 日登录。

前景。中国同柬埔寨、巴基斯坦、哈萨克斯坦、塔吉克斯坦等国家深化互信，巩固相互支持。中韩就阶段性处理"萨德"问题达成一致。日本也采取改善对华关系举措。亚太经济合作组织在新形势、新挑战下努力推动亚太经济一体化。上海合作组织扩员，开创地区合作新局面。中国-东盟关系从成长期迈向更高质量和更高水平的成熟期。澜沧江-湄公河合作机制等次区域合作得到积极推动，并取得可观的早期收益。

二、中国周边海洋形势

中国周边海洋形势既包括中国周边黄海、东海和南海方向的形势，也涉及西北太平洋和北印度洋的海洋形势。

（一）中国周边海域形势

中国周边海域形势总体稳定，东海、黄海和南海局势在不同程度和层面上得到稳定。但涉海争议因素和不确定因素依然存在。

1. 黄东海形势特点是斗争与合作并存

黄海所处的东北亚地区历来是大国力量交汇的敏感区域，地缘政治关系复杂。2017 年，朝鲜半岛局势高度紧张，深陷示强与对抗的恶性循环，成为影响黄海形势的重大不确定因素。朝鲜不断加紧核武器与远程导弹的试验活动。据统计，朝鲜年内共进行了 1 次地下核试验和 20 次导弹发射，[1] 包括于 11 月 29 日试射的洲际弹道导弹。[2]美国在"无核化"问题上与朝鲜对立突出。中国提出同时推进实现半岛无核化与建立半岛和平机制的"双轨并行"思路以及通过朝鲜暂停核导活动、美韩暂停大规模军演，为启动"双轨并行"迈出第一步的"双暂停"倡议。朝鲜为缓解外部制裁压力而尝试对外对话接触。

以应对朝鲜核导威胁为由，美国和韩国在韩国部署末段高空区域防御（terminal high-altitude area defense, THAAD, 即"萨德"反导系统），使得东北亚局势压力骤增，成为影响黄海形势的另一重要不确定因素。"萨德"问题曾使中韩关系遭遇寒流。中韩两国目前就阶段性处理"萨德"问题达成一致，并于 2017 年年底达成诸多重要共识，为中韩关系发展作出了规划，指明了方向。

就海洋权益问题而言，中韩两国还存在海域划界问题和渔业纠纷。中韩已于 2015

---

① 李军：《朝鲜半岛形势现状及前景》，载《现代国际关系》，2017 年第 12 期，第 21-23 页。

② 《2017 年 11 月 29 日外交部发言人耿爽主持例行记者会》，外交部，http://www.fmprc.gov.cn/web/wjdt_674879/fyrbt_674889/t1515042.shtml，2017 年 12 月 11 日登录。

年举行了首轮海域划界会谈。中韩渔业纠纷有历史、社会和经济等方面原因。中韩近年来为冷静处理渔业纠纷、防止矛盾升级做出了努力。然而，韩国在2017年采取继续加强渔业执法手段的行为，韩国海警成立非法捕捞治理工作组"西海五岛特别警备团"。韩国继续强化执法手段的做法或将使中韩渔业纠纷的矛盾进一步深化。

在东海方向，2017年是中日邦交正常化45周年。中日关系在此重要节点呈现改善和发展势头。日本表现出改善对华关系的姿态，明确肯定中国的"一带一路"倡议。中国也表示欢迎日本参与"一带一路"建设。中日间各层级对话有序开展。在此背景下，东海形势目前保持总体稳定。中日在第四次高级别政治对话中表示，应切实遵循四点原则共识有关精神，共同维护东海和平稳定。① 作为双方涉海事务的综合性沟通协调机制，中日海洋事务高级别磋商机制在2017年度举行了第七轮和第八轮磋商。② 双方在该机制下就海洋垃圾合作取得成果，并同意于2018年举办中日海洋垃圾合作专家对话平台第二次会议和第二届中日海洋垃圾研讨会，继续加强海洋垃圾领域的合作与交流。③

日本在宣称改善双边关系的同时，仍在涉及中国核心利益问题上采取消极举措和挑衅行为。日本新版《防卫白皮书》再次以海洋安全问题为由，渲染日本周边安全保障环境日趋严峻，对中国的常规军事活动和正当国防建设妄加评论，渲染"中国威胁"，对中国海军的例行训练、海警船巡航钓鱼岛海域、在南沙群岛部署国土防卫设施等正当行为肆意歪曲。日本在军事上强化紧急升空态势，采取军机紧急升空以应对在钓鱼岛附近海域的中国无人机。日外务省发布《外交蓝皮书》称钓鱼岛是日本领土。日本地方政府还提出更名钓鱼岛行政区划的意向。④ 此外，日本以防范中国军事崛起为借口，借日美同盟机制在东海方向加强对中国的针对性。特朗普执政之初，美日两国即通过首脑会晤再次确认钓鱼岛适用于《美日安保条约》第五条，并首次写入日美联合声明之中。⑤ 近年来美日两国多次确认钓鱼岛适用《美日安保条约》第五条协防条款范围。

---

① 《中日第四次高级别政治对话举行》，外交部，http：//www.fmprc.gov.cn/web/zyxw/t1466169.shtml，2017年12月11日登录。

② 《中日举行第七轮海洋事务高级别磋商》，外交部，http：//www.fmprc.gov.cn/web/wjdt_674879/sjxw_674887/t1474441.shtml，2017年12月11日登录。

③ 《中日举行第八轮海洋事务高级别磋商》，外交部，http：//www.fmprc.gov.cn/web/wjdt_674879/sjxw_674887/t1517003.shtml，2017年12月11日登录。

④ 《2017年12月4日外交部发言人耿爽主持例行记者会》，外交部，http：//www.fmprc.gov.cn/web/wjdt_674879/fyrbt_674889/t1516319.shtml，2017年12月11日登录。

⑤ 吕耀东：《特朗普执政后美日同盟发展动向及对华影响》，载《当代世界》，2017年第8期，第12-16页。

2. 南海局势降温趋缓

在中国的积极推动以及南海周边国家的共同努力下，南海局势在 2017 年降温趋缓，地区合作势头抬升。中国同东盟国家恢复并巩固了通过当事国对话协商和平解决争议的共识，推进了地区国家共同制定南海规则的进程。中国和东盟国家于 2016 年发表"全面有效落实《南海各方行为宣言》（以下简称《宣言》）的联合声明"，其核心内容是南沙岛礁争议由直接当事方通过对话协商和平解决，南海地区稳定由中国和东盟国家共同维护。中国同东盟国家通过对话就南海问题达成诸多共识。其一，有关各方认识到南海目前趋于平稳的局势，有利于维护南海的和平与稳定，也有利于有关各国推动海上合作，应把这种态势保持下去。其二，在南海问题的解决过程当中，最富有建设性的途径和方式是直接当事国的对话协商，且这种方式已经取得了重要的初步成果。其三，中国与有关各方可以通过处理好南海问题中的低敏感议题，为南海问题的解决创造良好的地缘环境。其四，中国与东盟国家应当保持在南海问题处理上的战略定力以及在"南海行为准则"（以下简称"准则"）磋商中的工作节奏，不断排除外部的干扰。[①]"准则"的磋商不断取得进展。"准则"框架在落实《宣言》第 14 次高官会上提前达成。"准则"实质性案文的具体磋商的启动，在中国-东盟领导人峰会上也达成共识。《宣言》的全面有效落实和"准则"的磋商实现"双轮驱动"。此外，海上紧急事态"外交高官热线"也已启动。这充分展现了地区国家通过对话协商妥处分歧，打造共同认可的地区规则，维护南海和平稳定的共同意愿。

中国与南海周边国家继续保持改善关系的势头。中国与菲律宾的关系进一步改善。两国发表联合声明表示，建立了中菲南海问题磋商机制。[②] 双方同意继续积极推进"准则"磋商谈判，并确保全面、有效、完整落实《宣言》。这有助于双方管控和防止海上事件、加强海上对话合作、促进双边关系稳定发展。该机制也是双方建立信任措施和促进海上合作与海上安全的平台。[③] 双方同意加强在海洋环保、减灾等领域的合作，愿意探讨在包括海洋油气勘探和开发等其他可能的海上合作领域开展合作的方式。双方认为海上争议问题不是中菲关系的全部，重申维护及促进地区和平稳定、在南海的航行和飞越自由、商贸自由及其他和平用途的重要性，根据包括《联合国宪章》和《联

---

① 王晓鹏：《总体态势趋稳　局部仍将动荡——2017 年亚太海洋局势回顾与 2018 年展望》，载《中国海洋报》，2018 年 1 月 23 日，第 2277 期第 A4 版。

② 《中华人民共和国政府和菲律宾共和国政府联合声明》，外交部，http://www.fmprc.gov.cn/web/zyxw/t1511205.shtml，2017 年 12 月 11 日登录。

③ 《2017 年 5 月 19 日外交部发言人华春莹主持例行记者会》，外交部，http://www.fmprc.gov.cn/web/wjdt_674879/fyrbt_674889/t1463533.shtml，2017 年 12 月 11 日登录。

合国海洋法公约》在内公认的国际法原则，不诉诸武力或以武力相威胁，由直接有关的主权国家通过友好磋商谈判，以和平方式解决领土和管辖权争议。双方同意继续商谈建立信任措施，提升互信和信心，并承诺在南海保持自我克制，不采取使争议复杂化、扩大化及影响和平与稳定的行动。菲律宾外交部还在菲律宾南海仲裁案的所谓裁决出台一周年之际发表声明，强调有关领土争端应本着睦邻友好精神来解决。①

中国与越南也就南海有关问题保持沟通。两国通过发布《中越联合公报》《中越联合声明》等形式，一致同意管控好海上分歧，不采取使局势复杂化、争议扩大化的行动，维护南海和平稳定。② 两国表示继续恪守两党两国领导人达成的重要共识和《关于指导解决中越海上问题基本原则协议》，用好中越政府边界谈判机制，寻求双方均能接受的基本和长久解决办法。③ 中越就海上问题深入交换意见，双方一致同意做好北部湾湾口外海域共同考察后续工作，稳步推进北部湾湾口外海域划界谈判并积极推进该海域的共同开发，继续推进海上共同开发磋商工作组工作，有效落实商定的海上低敏感领域合作项目。双方高度评价北部湾渔业资源增殖放流与养护项目。双方一致同意继续全面、有效落实《宣言》，在协商一致基础上，早日达成"准则"。

南海形势的不确定因素仍然存在。中国与域外势力在南海问题上的矛盾成为当前主要矛盾。美国以"航行自由"为抓手介入南海事务，在南海增加针对中国的巡航活动，2017年达到了4次。在此过程中，美国弱化其行动的国际法象征意义，更加强调对中国的军事施压力度。④ 日本、澳大利亚等国对南海事务的介入也日益明显。个别国家在南沙争议区域单方面进行油气开发活动，以各种方式加强对争议海域的权利主张。域外势力的利益仍将继续汇聚南海地区，南海问题或将是这些国家试图遏制中国发展的长期抓手。⑤

（二）西太平洋地区形势

西太平洋地区对中国具有重要战略意义。在美国战略重心转移到西太平洋地区的背景下，美国因政府更替在西太平洋地区呈维护其政策的连续性和稳定性的姿态。中

① 《2017年7月13日外交部发言人耿爽主持例行记者会》，外交部，http：//www.fmprc.gov.cn/web/wjdt_674879/fyrbt_674889/t1477627.shtml，2017年12月11日登录。

② 《中越联合声明》，外交部，http：//www.fmprc.gov.cn/web/zyxw/t1510069.shtml，2017年12月11日登录。

③ 《中越联合公报（全文）》，外交部，http：//www.fmprc.gov.cn/web/zyxw/t1461612.shtml，2017年12月11日登录。

④ 王晓鹏：《总体态势趋稳　局部仍将动荡——2017年亚太海洋局势回顾与2018年展望》，载《中国海洋报》，2018年1月23日，第2277期第A4版。

⑤ 徐晓天：《南海形势稳中有忧》，载《现代国际关系》，2017年第12期，第23-24页。

美在西太平洋的战略竞争态势深化。① 中美两国之间大局可控，但竞争与合作复杂微妙，局部问题的冲突性加深。

美国的亚太海洋政策在 2017 年有所发展。美国以"亚太军事岛链"的打造为目标，形成以点连线、以线带面的战略战术威慑效果，将沿岸监视系统、海外军事基地及区域海上行动有机结合起来，进一步提升其前沿威慑和海上控制能力。美国还以同盟体系的重塑为依托，重新整合亚太地区的军事同盟与战略伙伴体系。美国试图在西太平洋打造"车轮式"军事同盟体系，以美国为轴心，以日本为主辐，以部分东盟国家、澳大利亚等为辐条，围绕东海、南海争端等地区潜在冲突点，进一步强调以美国地区利益为中心，盟友需要通过增大投入与战略协同来达成最终目标。②

（三）北印度洋地区

印度洋是"一带一路"建设的重要环节，对中国的战略和经济利益意义重大。中国与印度洋沿岸很多国家政治、经济关系良好，这为中国在此区域开展海洋安全合作创造了良好的基础和条件。中国对于自身印度洋新角色的使命感和自信心正逐步提升。印度作为印度洋地区的主要国家，其崛起战略的推进步伐近年明显加快。中印同为发展中大国，战略契合点远远大于具体分歧，合作需要明显超越局部摩擦。另一方面，同为发展势头强劲的新兴大国，中印关系的博弈程度不断增加。2017 年，中国与印度的分歧和矛盾在边界问题和地区战略博弈层面上都有所体现。印度希望确保其对印度洋的控制地位。"一带一路"倡议使印度洋成为安全竞争焦点。印度近年来推行"季风计划"，加强与印度洋地区国家的联系，提升印度在印度洋地区的影响力。印度还实现地区战略从"东向政策"到"东向行动政策"的升级，加强与东南亚国家之间的经贸联系以及军事合作。

有关国家不断推动"印太"概念。③ 随着以中国、印度为代表的亚洲国家的崛起，国际战略重心逐渐向亚洲转移。"印太"作为横跨印度洋和太平洋两个区域的概念，统合了传统上两个相对独立的地缘政治单元。美国总统特朗普在其首次亚洲之行中提出"自由开放的印度-太平洋"（free and open Indo-Pacific）的概念。该概念在 2017 年年

① 朱锋：《特朗普政府上台与亚太安全局势的新挑战》，载《亚太安全与海洋研究》，2017 年第 1 期，第 1-15 页。

② 王晓鹏：《总体态势趋稳　局部仍将动荡——2017 年亚太海洋局势回顾与 2018 年展望》，载《中国海洋报》，2018 年 1 月 23 日，第 2277 期第 A4 版。

③ 根据现有文献，"印太"作为地缘政治概念使用并引起学界重视始自印度学者格普利特·库拉纳在 2007 年发表的《海上航道安全：印日合作前景》一文中，作者认为印太在地理范围上涵盖"从非洲东海岸、西亚海岸，跨越印度洋和西太平洋地区，直到东亚沿岸的海洋空间"。

底发布的《美国国家安全战略》中得以进一步明确。① 该报告将印太地区的范围界定为"自印度西海岸延伸到美国西海岸的区域"。这一概念包括了东印度洋地区和广义的亚太地区。该报告认为中国试图在印太地区取代美国。中国在南海的建设行为危及贸易自由，威胁他国主权，并破坏地区稳定。美国"期待印度作为一个新兴全球领袖与更强的战略防御伙伴，并将寻求加强与日本、澳大利亚、印度的四方合作，支持印度在该地区不断上升的影响力"。美国"将提升与东南亚伙伴国家在执法、防御与情报等方面的合作，以应对越来越多的（来自中国）的领土威胁"，并"将重新激活与菲律宾和泰国的同盟关系，加强与新加坡、越南、印度尼西亚、马来西亚以及其他国家的伙伴关系，以帮助其成为美国的海洋合作伙伴"。②

美国对"印太"概念的推进，得到日本、澳大利亚、印度不同程度的回应。为谋求在区域海洋安全事务中的话语权和主导权，日本表示将推动"自由开放的印太战略"③。美日在 2017 年度的首脑会谈时，就实现自由、开放的印度-太平洋地区战略构想达成一致。澳大利亚在其 2017 年度《外交政策白皮书》中将自身定位为"印太"地区国家，通篇以"印太"的区域定位视角来阐述外交政策立场。澳大利亚将"印太"界定为"由东南亚连接的自东印度洋至太平洋的区域，包括印度、北亚和美国"。④ 印度则是积极谋划印太外交。美国、日本、澳大利亚、印度四国的战略协调不断加强。四国首次举行了"印太四边磋商"，讨论"在自由和开放的印太地区增进繁荣和安全的共同愿景"，提出"维护印太基于规则的秩序，包括航行和飞越自由、尊重国际法及和平解决争端；协调印太地区反恐和海上安全努力"。美国和印度领导人举行会谈，讨论两国对"自由和开放的印太地区"之共同承诺。美国、澳大利亚和日本还举行三边会谈，强调"一道促进自由和开放的印太地区的重要性"。

"印太"概念的不断运筹将推动印度洋与亚太地区关系的更加紧密，地缘空间的扩大将使得大国之间的竞合会出现新的调整。⑤ 对中国而言，相关概念下的地区已经发展

① 国家海洋局军民融合办公室：《海洋军民融合发展动态》，2018 年 1 月 5 日，第 2 期。

② National Security Strategy of the United States of America，http：//nssarchive.us/wp-content/uploads/2017/12/2017.pdf；https：//www.whitehouse.gov/wp-content/uploads/2017/12/NSS-Final-12-18-2017-0905-2.pdf，2018-02-05.

③ 《第 196 届国会安倍内阁总理大臣施政方针演说》，日本首相官邸，www.kantei.go.jp/cn/98_abe/statement/201801/20180122siseihousin.html，2018 年 2 月 6 日登录。

④ "We define the 'Indo-Pacific' as the region ranging from the eastern Indian Ocean to the Pacific Ocean connected by Southeast Asia，including India，North Asia and the United States"，2017 Foreign Policy White Paper，澳大利亚外交部，https：//www.fpwhitepaper.gov.au/foreign-policy-white-paper，2018 年 2 月 28 日登录。

⑤ 凌胜利：《2018 年亚太地区国际形势四大看点》，国际在线，http：//news.cri.cn/20171227/d5675149-ad74-6486-f2b1-2472430ea3fe.html，2018 年 2 月 23 日登录。

成为全球最具发展活力和潜力的地区，是世界经济增长的主要引擎，本地区保持和平、稳定和繁荣对整个世界来说都具有极其重要的意义。① "印太"概念对中国周边海洋形势的影响值得关注。

三、中国积极推动周边合作机制建设

21 世纪是海洋世纪，人类对海洋的认识迈上了新台阶。认识海洋、关心海洋，携手未来，共同保护和开发利用海洋，实现人类的可持续发展，已为当今国际社会所倡导的。全球海洋治理的时代背景下，中国提出建设"21 世纪海上丝绸之路"倡议以及"创新、协调、绿色、开放、共享"五大发展理念。中国政府通过推动与周边国家开展全方位、多领域海上合作，推动建立互利共赢的蓝色伙伴关系，促进中国海洋发展周边环境的改善。

积极打造区域内平台，促进区域合作。中国通过加强自身观测预警能力建设和国际沟通协调，经政府间海洋学委员会批准，承担南海区域海啸预警与减灾系统建设。由国家海洋环境预报中心承建的南中国海区域海啸预警中心（SCSTAC）于 2017 年年底开始业务化试验运行。这标志着中国在南海周边海洋领域合作取得重大突破。亚太经合组织（APEC）海洋可持续发展中心管理委员会（以下简称"APEC 海洋中心管委会"）已成立五年，取得积极成果并成为 APEC 海洋与渔业领域最为活跃的机制之一，为全球和亚太区域共同关心的海洋问题特别是在海洋可持续发展方面努力贡献中国智慧。国家海洋信息中心研发的我国首个西太海洋数据共享服务系统正式面向全球发布。这进一步促进西太平洋及周边区域的数据共享合作。东亚海洋合作平台是落实"一带一路"倡议的重大举措，成为深化中国与东盟各国及日本、韩国海洋合作的重要载体。

多举措拓展与周边国家合作的领域。中国-东盟海上合作基金项目"北部湾海洋与岛屿环境管理合作研究"设立以来，在中越双方有关部门的共同努力和支持下，中方项目组首次赴越南考察，为研究建立北部湾环境共同管理机制和开展进一步合作研究提供基础与支持，有力地推动了项目实施进展。中国与柬埔寨签署了《中国国家海洋局与柬埔寨王国环境部关于建立中柬联合海洋观测站的议定书》，并纳入《"一带一路"国际合作高峰论坛成果清单》。双方将进一步深化海洋领域务实合作，使海洋合作成为推动中柬双边关系发展的新动力。中国与印度尼西亚两国积极对接"21 世纪海上丝绸之路"倡议和"全球海洋支点"构想，各领域合作成果丰硕。② 在中国和印度尼

---

① 《2017 年 11 月 7 日外交部发言人华春莹主持例行记者会》，外交部，http://www.fmprc.gov.cn/web/fyrbt_673021/jzhsl_673025/t1508243.shtml，2017 年 12 月 11 日登录。

② 陈越：《王宏出席中印尼副总理级对话机制第六次会议》，载《国际海洋合作》，2017 年 8 月第 4 期。

西亚副总理级对话机制第六次会议中，双方表示，推动两国全面战略伙伴关系向更深层次、更广领域发展。双方就加强"21 世纪海上丝绸之路"倡议和"全球海洋支点"构想战略对接以及"一带一路"合作等交换了意见。双方同意，共同维护南海和地区的和平稳定，推动中国-东盟关系和东亚合作持续深入发展，在国际和地区多边机制中加强沟通协调。中国-东南亚国家海洋合作论坛是推动中国与东南亚国家海洋部门间合作伙伴关系的平台。在先后与印度尼西亚、泰国、柬埔寨联合举办后，中国与马来西亚于 2017 年 12 月成功举办第五届论坛。①

四、小结

2017 年，中国海洋发展的周边环境总体趋于稳定的态势。中国在维护周边海洋和平与稳定的进程中发挥了中流砥柱的作用。区域内有关国家之间通过对话与磋商不断积累共识、推动海上合作。然而，仍有域外国家不断挑动海洋争端、推动局势升温，给中国海洋发展的周边环境带来了不确定性。2018 年是贯彻落实党的十九大精神的开局之年，中国首先要为全面建成小康社会和实现"两个一百年"奋斗目标营造更良好的周边环境。中国解决周边问题的最大力量源泉是发展。在和平、发展、合作、共赢的时代潮流中，随着中国与周边国家携手打造命运共同体进程的有效推进，中国维护海洋发展的良好周边环境的挑战虽不断，但战略稳定性也在增长。

---

① 《林山青在中马海洋科技合作联委会第四次会议和第五届中国-东南亚国家海洋合作论坛并访问马来西亚相关部门》，国家海洋局，http：//www. soa. gov. cn/xw/hyyw_90/201712/t20171218_59627. html，2018 年 4 月 5 日登录。

第三章 推进"一带一路"建设

2013 年中国提出"一带一路"倡议以来，得到沿线国家的积极回应。在中国与沿线各国的共同努力下，"一带一路"建设已从倡议构想进入到实施阶段，部分项目已实现了早期收获。2017 年 5 月 14 日至 15 日，中国在北京主办"一带一路"国际合作高峰论坛。在本次峰会上，中国还发布了《"一带一路"海上合作构想》，对 21 世纪海上丝绸之路建设的原则、方式、领域和内容进行了详细的规划和说明。

一、"一带一路"建设总体进展情况

"一带一路"倡议自提出以来，得到了包括世界大多数国家、沿线国家和地区的积极评价和响应。2017 年 5 月在北京召开的"一带一路"峰会，参会各国政府、地方、企业代表等达成一系列合作共识、重要举措及务实成果。

(一)"一带一路"峰会召开

2017 年 5 月 14 日至 15 日，中国在北京主办"一带一路"国际合作高峰论坛。这是各方共商、共建"一带一路"，共享互利合作成果的国际盛会，也是加强国际合作，对接彼此发展战略的重要合作平台。

国家主席习近平出席"一带一路"国际合作高峰论坛开幕式，并发表题为《携手推进"一带一路"建设》的主旨演讲，强调坚持以和平合作、开放包容、互学互鉴、互利共赢为核心的丝路精神，携手推动"一带一路"建设行稳致远，将"一带一路"建成和平、繁荣、开放、创新、文明之路，迈向更加美好的明天。

"一带一路"国际合作高峰论坛是中国首倡主办的"一带一路"建设框架内层级最高、规模最大的国际会议，主题是"加强国际合作，共建'一带一路'，实现共赢发展"，由开幕式、领导人圆桌峰会、高级别会议三部分组成。包括 29 位外国元首和政府首脑在内的来自 130 多个国家和 70 多个国际组织约 1 500 名代表出席此次高峰论坛。

高峰论坛期间及前夕，各国政府、地方、企业等达成一系列合作共识、重要举措及务实成果，中方对其中具有代表性的一些成果进行了梳理和汇总，形成高峰论坛成果清单。清单主要涵盖政策沟通、设施联通、贸易畅通、资金融通、民心相通五大类，共 76 大项、270 多项具体成果。

（二）"一带一路"倡议得到沿线国家和国际社会高度支持

1. 海洋领域合作成为新亮点

"一带一路"建设旨在实现战略对接、优势互补。中国同有关国家协调政策，对接规划，截至 2016 年年底，已有 100 多个国家表达了对共建"一带一路"倡议的支持和参与意愿，中国与 39 个国家和国际组织签署了 46 份共建"一带一路"合作协议，涵盖互联互通、产能、投资、经贸、金融、科技、社会、人文、民生、海洋等合作领域。2015 年 7 月 10 日，上海合作组织发表了《上海合作组织成员国元首乌法宣言》，支持中国关于建设丝绸之路经济带的倡议。2016 年 11 月 17 日，联合国 193 个会员国协商一致通过决议，欢迎共建"一带一路"等经济合作倡议，呼吁国际社会为"一带一路"建设提供安全保障环境。① 2017 年 3 月 17 日，联合国安理会一致通过第 2344 号决议，呼吁国际社会通过"一带一路"建设加强区域经济合作②。中国积极履行国际责任，在共建"一带一路"框架下深化同各有关国际组织的合作，与联合国开发计划署、亚太经社会、世界卫生组织签署共建"一带一路"的合作文件。

在海洋领域方面，一是推出与南海周边国家新的合作计划。国家海洋局在 2016 厦门国际海洋周期间发布《南海及其周边海洋国际合作框架计划（2016—2020 年）》，以平等互利、合作共赢的原则，与周边国家构建海洋合作伙伴关系，推动实施合作项目，提升对海洋变化规律的科学认知，增强共同应对气候变化、降低海洋灾害危害、合理开发海洋资源、保护海洋环境、维护海洋生态系统健康、加强海洋管理等领域的能力，促进人类与海洋的和谐共生与可持续发展。二是与希腊共同推动"中希海洋合作年"及相关的合作。自 2015 年中希海洋合作年启动以来，中希两国在海洋基础设施建设、海洋科技、海洋运输、修造船、海洋旅游、海洋文化等诸多领域开展了务实交流与对话，取得近 30 项合作成果，为中国与南欧及其他欧洲国家扩大海洋合作起到了示范和引领作用。三是启动与南欧国家的海洋合作。2015 年 11 月 7 日，中国与南欧国家海洋合作论坛在福建省厦门市举行，中国与希腊、意大利、马耳他、塞浦路斯、葡萄牙、西班牙等国家就海洋科学与技术、海洋生态与环保、海洋经济与管理等议题展开研讨。四是举办中国–小岛屿国家论坛。2017 年 9 月，以"蓝色经济·生态海岛"为主题的中国–小岛屿国家海洋部长圆桌会议在福建平潭召开。来自安提瓜和巴布达、佛得角、斐济、格林纳达、几内亚比绍、马尔代夫、纽埃、巴布亚新几内亚、萨摩亚、

---

① 《巨笔擘画时代蓝图》，中华人民共和国国防部，http：//www.mod.gov.cn/jmsd/2017－05/12/content_4780306.htm，2017 年 12 月 3 日登录。
② 《安理会决议呼吁构建人类命运共同体》，载《人民日报》，2017 年 3 月 19 日第 3 版。

圣多美和普林西比、斯里兰卡、瓦努阿图的代表分别在圆桌会议上发言。会议共同通过了《平潭宣言》①。

2. 公路、港口和产业园区的产业合作模式初步形成

根据中国国家主席习近平的倡议和新形势下推进国际合作的需要，结合古代陆海丝绸之路的走向，共建"一带一路"确定了五大方向。其中，丝绸之路经济带有三大走向：一是从中国西北、东北经中亚、俄罗斯至欧洲、波罗的海；二是从中国西北经中亚、西亚至波斯湾、地中海；三是从中国西南经中南半岛至印度洋。"21世纪海上丝绸之路"有三大走向：一是从中国沿海港口过南海，经马六甲海峡到印度洋，延伸至欧洲；二是从中国沿海港口过南海，向南太平洋延伸；三是过黄海，经日本海延伸至北极。

根据上述五大方向，按照共建"一带一路"的合作重点和空间布局，中国提出了"六廊六路多国多港"的合作框架。"六廊"是指新亚欧大陆桥、中蒙俄、中国-中亚-西亚、中国-中南半岛、中巴和孟中印缅六大国际经济合作走廊。"六路"指铁路、公路、航运、航空、管道和空间综合信息网络，是基础设施互联互通的主要内容。"多国"是指一批先期合作国家。"一带一路"沿线有众多国家，中国既要与各国平等互利合作，也要结合实际与一些国家率先合作，争取有示范效应、体现"一带一路"理念的合作成果，吸引更多国家参与共建"一带一路"。"多港"是指若干保障海上运输大通道安全畅通的合作港口，通过与"一带一路"沿线国家共建一批重要港口和节点城市，进一步繁荣海上合作。"六廊六路多国多港"是共建"一带一路"的主体框架，为各国参与"一带一路"合作提供了清晰的导向。目前以中巴、中蒙俄、新亚欧大陆桥等经济走廊为引领，以陆、海、空通道和信息高速路为骨架，以铁路、港口和管网等重大工程为依托，一个复合型的基础设施网络正在形成。

"21世纪海上丝绸之路"建设方面取得重要进展，已对"一带一路"建设形成有力支撑。中国坚持公开透明和互利共赢的原则，与有关国家合作建设支点港口，发挥中国的经验优势，帮助东道国发展临港产业和腹地经济。2013年以来，中国企业克服困难，修复和完善瓜达尔港港口生产作业能力，积极推进配套设施建设，大力开展社会公益事业，改善了当地民众生活。中方承建的斯里兰卡汉班托塔港项目进展顺利，建成后将有力地促进斯里兰卡南部地区经济发展和民生就业。中国宁波航交所发布"海上丝绸之路航运指数"，服务"21世纪海上丝绸之路"航运经济。2017年12月9

① 《中国-小岛屿国家海洋部长圆桌会议通过〈平潭宣言〉》，新华网，http://www.xinhuanet.com/politics/2017-09/21/c_1121704620.htm，2017年12月3日登录。

日,斯里兰卡正式把斯里兰卡南部的汉班托塔港的资产和经营管理权移交给中国招商局集团,未来两国合力将汉班托塔港打造成斯里兰卡乃至整个南亚地区的贸易和运输枢纽,将助于斯里兰卡整个国家的经济和社会发展。

3. 蓝色经济合作成为新亮点

2014 年至 2016 年,中国同"一带一路"沿线国家贸易总额超过 3 万亿美元。中国对"一带一路"沿线国家投资累计超过 500 亿美元。中国企业已经在 20 多个国家建设 56 个经贸合作区,为有关国家创造近 11 亿美元税收和 18 万个就业岗位。

中国与沿线国家合作,共同推进"21 世纪海上丝绸之路"蓝色经济合作。马来西亚马六甲临海工业园建设加快推进,缅甸皎漂港"港口+园区+城市"综合一体化开发取得进展。中国与荷兰合作开发海上风力发电,与印度尼西亚、哈萨克斯坦、伊朗等国的海水淡化合作项目正在推动落实。与有关国家开展海洋油气和渔业捕捞合作,同时充分发挥中国-东盟海上合作基金作用,为部分合作项目提供融资支持。2017 年 11 月 24 日,山东海王化工股份有限公司与吉布提盐业公司举行了吉布提阿萨勒盐湖溴化钠项目合作协议签字仪式。协议签订后,吉布提盐业公司将吉布提政府授予的阿萨勒盐湖开采权中的溴化钠项目实施权赋予山东海王化工股份有限公司,一期项目产能 2 万吨,2017 年 12 月开工建设,预计 2018 年年底投产。[①]

2017 年 6 月 2 日,中国与欧盟启动了"中国-欧盟蓝色年"及行动,双方在海洋治理、蓝色经济、海洋保护和海洋观测等方面开展了交流合作,探索建立长期、稳定、务实、高效的"中欧蓝色伙伴关系"。

4. 海洋安全领域合作机制正在形成

海洋安全合作是"一带一路"区域合作的重要内容之一,其主要任务是构建"21 世纪海上丝绸之路"沿线国家的海洋安全合作机制,促进中国与沿线国家在海洋领域的合作。具体的合作领域包括:海洋军事合作、打击海盗和海上恐怖主义、海洋生态环境保护、海洋预报和防灾减灾、应对气候变化对沿线国家的影响等。中国与沿线国家的海洋安全合作,对于维护贸易航道安全、促进中国与沿线国家蓝色经济发展、提高沿线国家海洋管理和防灾减灾水平具有重要的意义。

一是海洋科技合作不断得到加强。中国与泰国、马来西亚、柬埔寨、印度、巴基斯坦等国建立了海洋合作机制,积极推进中泰气候与海洋生态系统联合实验室、中巴

---

① 《与吉布提盐业公司签订吉布提阿萨勒盐湖溴化钠项目合作协议》,山东海王化工,http://www.sdhwchem.com/news/shownews.php? lang=cn&id=160,2017 年 12 月 3 日登录。

联合海洋科学研究中心、中马联合海洋研究中心建设，在海洋与气候变化观测研究、海洋和海岸带环境保护、海洋资源开发利用、典型海洋生态系统保护与恢复、海洋濒危动物保护等多领域开展合作。成立中国-中东欧海运合作秘书处，在华设立国际海事组织海事技术合作中心。建立泛北部湾经济合作机制、中国-东南亚国家海洋合作论坛、东亚海洋合作平台、中国-东盟海事磋商机制、中国-东盟港口发展与合作论坛、中国-东盟海洋科技合作论坛、中国-东盟海洋合作中心、中国-马来西亚港口联盟，筹建澜沧江-湄公河水资源合作中心、执法安全合作中心等次区域合作平台。

二是海上执法安全合作机制正在形成。中国与东盟通过《应对海上紧急事态外交高官热线平台指导方针》，提升海上合作互信水平。中国海警局与越南海警司令部、菲律宾海岸警卫队签署合作谅解备忘录，建立海警海上合作联合委员会等安全执法合作机制，与印度、孟加拉国、缅甸等国海警机构加强对话沟通，与巴基斯坦海上安全局开展机制化合作，共同打击违法犯罪行为，为"21世纪海上丝绸之路"建设提供安全保障。

二、发布《"一带一路"建设海上合作设想》

为进一步加强与沿线国的战略对接与共同行动，推动建立全方位、多层次、宽领域的蓝色伙伴关系，保护和可持续利用海洋和海洋资源，实现人海和谐、共同发展，共同增进海洋福祉，共筑和繁荣"21世纪海上丝绸之路"，国家发展和改革委、国家海洋局特制定并发布《"一带一路"建设海上合作设想》。

（一）合作思路

以海洋为纽带增进共同福祉、发展共同利益，以共享蓝色空间、发展蓝色经济为主线，加强与"21世纪海上丝绸之路"沿线国的发展思路对接，全方位推动各领域务实合作，共同建设通畅安全高效的海上大通道，共同推动建立海上合作平台，共同发展蓝色伙伴关系，沿着绿色发展、依海繁荣、安全保障、智慧创新、合作治理的人海和谐发展之路相向而行，造福沿线各国人民。

（二）主要方向

根据"21世纪海上丝绸之路"的重点方向，"一带一路"建设海上合作以中国沿海经济带为支撑，密切与沿线国的合作，连接中国-中南半岛经济走廊，经南海向西进入印度洋，衔接中巴、孟中印缅经济走廊，共同建设中国-印度洋-非洲-地中海蓝色经济通道；经南海向南进入太平洋，共建中国-大洋洲-南太平洋蓝色经济通道；积极推动共建经北冰洋连接欧洲的蓝色经济通道。

（三）合作重点

围绕构建互利共赢的蓝色伙伴关系，创新合作模式，搭建合作平台，共同制订若干行动计划，实施一批具有示范性、带动性的合作项目，共走绿色发展之路，共创依海繁荣之路，共筑安全保障之路，共建智慧创新之路，共谋合作治理之路。

表 3-1　"一带一路"海上合作设想合作内容

合作领域	合作宗旨	合作内容
（一）共走绿色发展之路	中国政府倡议沿线国共同发起海洋生态环境保护行动，提供更多优质的海洋生态服务，维护全球海洋生态安全	保护海洋生态系统健康和生物多样性 推动区域海洋环境保护 加强海洋领域应对气候变化合作 加强蓝碳国际合作
（二）共创依海繁荣之路	发挥各国比较优势，科学开发利用海洋资源，实现互联互通，促进蓝色经济发展，共享美好生活	加强海洋资源开发利用合作 提升海洋产业合作水平 推进海上互联互通 提升海运便利化水平 推动信息基础设施联通建设 积极参与北极开发利用
（三）共筑安全保障之路	倡导互利合作共赢的海洋共同安全观，加强海洋公共服务、海事管理、海上搜救、海洋防灾减灾、海上执法等领域合作，提高防范和抵御风险能力，共同维护海上安全	加强海洋公共服务合作 开展海上航行安全合作 开展海上联合搜救 共同提升海洋防灾减灾能力 推动海上执法合作
（四）共建智慧创新之路	深化海洋科学研究、教育培训、文化交流等领域合作，增进海洋认知，促进科技成果应用，为深化海上合作奠定民意基础	深化海洋科学研究与技术合作 共建海洋科技合作平台 共建共享智慧海洋应用平台 开展海洋教育与文化交流 共同推进涉海文化传播
（五）共谋合作治理之路	建立紧密的蓝色伙伴关系是推动海上合作的有效渠道。加强战略对接与对话磋商，深化合作共识，增进政治互信，建立双多边合作机制，共同参与海洋治理，为深化海上合作提供制度性保障	建立海洋高层对话机制 建立蓝色经济合作机制 开展海洋规划研究与应用 加强与多边机制的合作 加强智库交流合作 加强民间组织合作

资料来源：根据《"一带一路"海上合作设想》整理。

三、稳步推进"21世纪海上丝绸之路"建设

2017年是推进"一带一路"建设的重要历史时期,在海洋经济合作方面,形成了以蓝色经济和产业合作以及临港园区建设等为特征的海洋经济合作模式;在低敏感领域合作方面,海洋科学研究、海洋执法和海洋安全合作正在助力"21世纪海上丝绸之路"建设。

(一) 以经济走廊建设为抓手推进与沿线国家经贸合作

"一带一路"基础设施建设的重点是打造新亚欧大陆桥、中蒙俄、中国-中亚-西亚经济走廊、中巴经济走廊、中南半岛经济走廊和孟中印缅经济走廊等六大"一带一路"经济发展带,其中的中国-中南半岛、中巴和孟中印缅经济走廊经过亚洲东部和南部这一全球人口最稠密地区,连接沿线主要城市和人口、产业集聚区,它们的进展关系到"21世纪海上丝绸之路"乃至整个"一带一路"建设的成败,具有重要的示范效应。

1. 中国-中南半岛经济走廊

中国-中南半岛经济走廊以中国西南为起点,连接中国和中南半岛各国,是中国与东盟扩大合作领域、提升合作层次的重要载体。2016年5月26日,第九届泛北部湾经济合作论坛暨中国-中南半岛经济走廊发展论坛发布《中国-中南半岛经济走廊倡议书》。中国与老挝、柬埔寨等国签署共建"一带一路"合作备忘录,启动编制双边合作规划纲要。推进中越陆上基础设施合作,启动澜沧江-湄公河航道二期整治工程前期工作,开工建设中老铁路,启动中泰铁路,促进基础设施互联互通。设立中老磨憨-磨丁经济合作区,探索边境经济融合发展的新模式。

2. 中巴经济走廊

中巴经济走廊是共建"一带一路"的旗舰项目,中巴两国政府高度重视,积极开展远景规划的联合编制工作。2015年4月20日,两国领导人出席中巴经济走廊部分重大项目动工仪式,签订了51项合作协议和备忘录,其中近40项涉及中巴经济走廊建设。"中巴友谊路"——巴基斯坦喀喇昆仑公路升级改造二期、中巴经济走廊规模最大的公路基础设施项目——白沙瓦至卡拉奇高速公路顺利开工建设,瓜达尔港自由区起步区加快建设,走廊沿线地区能源电力项目快速上马。2017年8月,巴基斯坦议会中巴经济走廊委员会主席穆沙希德表示,中巴经济走廊有19个项目正按照时间表有序进行,其中11个是能源项目,其他项目包括瓜达尔港口、经济园区等,都将在未来2年

至 3 年内完成建设。①

瓜达尔港是中巴经济走廊的最终出海口。瓜达尔港总投资额 16.2 亿美元,包括修建瓜达尔港东部连接港口和海岸线的高速公路、瓜达尔港防波堤建设、锚地疏浚工程、自贸区基建建设等 9 个早期收获项目。瓜达尔港项目完成之后,其将成为中亚地区、中国西北地区重要的出海口,将极大促进该区域的经济发展和人民生活水平的提高。

3. 孟中印缅经济走廊

孟中印缅经济走廊规划正在稳步推进。孟中印缅经济走廊连接东亚、南亚、东南亚三大次区域,沟通太平洋、印度洋两大海域。2013 年 12 月,孟中印缅经济走廊联合工作组第一次会议在中国昆明召开,各方签署了会议纪要和联合研究计划,正式启动孟中印缅经济走廊建设政府间合作。2014 年 12 月召开孟中印缅经济走廊联合工作组第二次会议,广泛讨论并展望了孟中印缅经济走廊建设的前景、优先次序和发展方向。2016 年 10 月,习近平主席访问孟加拉国时,双方就价值 250 亿美元的多个政府、企业间合作项目达成合作共识。2017 年,孟中印缅经济走廊四国联合工作组负责编制的研究报告已进入最后阶段,四国政府间首次会议有望于 2018 年年中举行,将进一步推动孟中印缅经济走廊建设。②

表 3-2　孟中印缅经济走廊联合研究工作组会议情况

会议	时间/地点	主要情况
倡议提出	2013 年 5 月	中印两国领导人共同倡议建设孟中印缅经济走廊,得到孟缅两国政府积极响应
第一次会议	2013 年 12 月/中国昆明	各方签署了会议纪要和孟中印缅经济走廊联合研究计划,正式建立了四国政府推进孟中印缅合作的机制
第二次会议	2014 年 12 月/孟加拉国科克斯巴扎尔	联合工作组展开了广泛讨论并展望了孟中印缅经济走廊的前景、优先次序和发展方向
第三次会议	2017 年 4 月 25 日至 26 日/印度加尔各答	会议讨论了四国联合编制的研究报告。联合研究报告在互联互通、能源、投融资、货物与服务贸易及投资便利化、可持续发展与人文交流等重点领域的交流与合作达成了诸多共识

资料来源:根据相关资料整理。

---

① 《"一带一路"持续推进　中巴经济走廊迈入早期收获阶段》,好买网,http://www.howbuy.com/news/2017-08-18/5406773.html,2017 年 12 月 3 日登录。

② 《孟中印缅经济走廊联合研究工作组第三次会议在印度加尔各答举行》,人民网,http://world.people.com.cn/n1/2017/0427/c1002-29239046.html,2017 年 12 月 3 日登录。

中缅正在探讨中缅经济走廊规划。作为孟中印缅经济走廊的支线项目，中缅正在商讨构建中缅经济走廊。2017年11月19日，外交部长王毅在内比都与缅甸国务资政兼外交部长昂山素季共同会见记者时表示，中方提议建设"人字形"中缅经济走廊，打造三端支撑、三足鼎立的大合作格局。昂山素季表示，缅方赞赏中方提出的建立中缅经济走廊的倡议，这一倡议与缅国家发展规划有很多契合之处。

中缅经济走廊北起中国云南，经中缅边境南下至曼德勒，然后再分别向东西延伸到仰光新城和皎漂经济特区的"人字形"中缅经济走廊，形成三端支撑、三足鼎立的大合作格局。中缅经济走廊建设有助于沿线重大项目相互联接，相互促进，形成集成效应，也有助于推进缅甸各地实现更加均衡的发展。

中缅经济走廊前期项目包括皎漂港及产业园区和中缅油气管道两个重大项目。

中缅油气管道。管道全长约1100千米，总投资约为20亿美元。中缅油气管道设计为气、油双线并行，从皎漂起，经缅甸若开邦、马圭省、曼德勒省和掸邦，从缅中边境地区进入中国的瑞丽，再延伸至昆明。2013年9月30日，中缅天然气管道全线贯通，开始输气。2015年1月30日，中缅石油管道全线贯通，开始输油。中缅油气管道是继中亚油气管道、中俄原油管道、海上通道之后的第四大能源进口通道。它的建成可以使原油运输不经过马六甲海峡，从西南地区输送到中国。2017年4月10日，在中国国家主席习近平和缅甸总统廷觉的共同见证下，中国石油天然气集团公司董事长王宜林与缅甸驻华大使帝林翁代表双方在北京签署《中缅原油管道运输协议》。同日晚间，中缅原油管道工程在缅甸马德岛正式投运。

中缅原油管道项目是中缅油气管道合作项目的一部分。作为多方参与的国际化合作项目，中缅油气管道项目启动以来，积极秉承"善意诚信、互利双赢、共同发展"的合作理念，严格遵循注册地及缅甸当地的法律法规，严格按照国际管道项目规范和模式进行运作。在管道工程建设过程中，这个项目认真做好环境保护和地貌恢复工作，着力改善民生，促进当地经济发展，积极履行国际公司社会责任，努力造福当地民众。中国石油和两个合资公司在管道沿线开展社会经济援助百余项，包括学校、医院、道路、桥梁、供水、供电、通信等工程，开展水灾、旱灾、冰雹、地震等自然灾害捐赠50多项，大力培养本土化人才，缅籍员工超过员工数的70%。[1]

中缅原油管道正式签署后，历经数年建设和筹备的中缅原油管道工程拉开投运大幕，不仅将为中缅两国经济发展提供更多能源新动力，同时也标志着近年来两国在"21世纪海上丝绸之路"框架下的"孟中印缅经济走廊"规划取得了重要突破。

---

① 《"一带一路"持续推进，中巴经济走廊迈入早期收获阶段》，中国石油新闻中心，http://news.cnpc.com.cn/system/2017/04/11/001642512.shtml，2017年12月3日登录。

皎漂港及临港产业园区建设。皎漂经济特区位于缅甸西部的若开邦,濒临孟加拉湾,居连接非洲、欧洲和印度的干线上,是缅甸政府规划兴建的三个经济特区之一。该特区内拥有一个世界级的天然良港皎漂港。2015 年 12 月 30 日,缅甸皎漂特别经济区项目评标及授标委员会(BEAC)宣布来自中国的中信企业联合体中标皎漂经济特区的工业园和深水港项目。

据中信联合体介绍,工业园项目占地 1 000 公顷,计划分三期建设,2016 年 2 月开始动工。深水港项目包含马德岛和延白岛两个港区,共 10 个泊位,计划分四期建设,总工期约 20 年。据媒体报道,2017 年 10 月,中缅已就皎漂港的股权分配达成共识,中企同意在这处具有重要战略意义的海港开发项目中占 70% 的股权。[①]

(二)加强与沿线国家海洋领域合作助力"21 世纪海上丝绸之路"建设

2017 年"21 世纪海上丝绸之路"建设向深度发展。中国与沿线国家间的设施联通和贸易畅通进一步拓展。中俄打造"冰上丝绸之路"稳步推进。

1. 加大与沿线国家海洋领域合作

在"一带一路"峰会上,中国与柬埔寨签署了《关于建立中柬联合海洋观测站的议定书》,并纳入《"一带一路"国际合作高峰论坛成果清单》。根据议定书,双方将加强两国在海洋观测领域的合作,提升海岸带与海洋综合管理能力,推进海岸带与海洋环境和生态系统保护,促进海岸带与海洋资源的可持续利用领域的相互学习和借鉴。2017 年 12 月 7 日,与马尔代夫签署了《关于建立联合海洋气象观测站的议定书》,根据议定书,中马双方将进一步加强人才交流与海洋领域务实合作,加快推进海洋与气象联合观测站建设,深化海气相互作用、海洋生态环境保护、海洋防灾减灾、海洋科学研究等领域的合作,共同推动双方海洋领域合作向纵深发展。

2017 年 9 月 7 日,以"东亚联通、丝路共赢"为主题的 2017 东亚海洋合作平台黄岛论坛在青岛西海岸新区隆重举行。来自中国、日本、韩国、东盟及欧美等 36 个国家和地区的国际知名经济学家、企业家、艺术家、科学家、两院院士、专家学者等 500 多位嘉宾齐聚西海岸,共商东亚海洋合作发展,促进各国在海洋、经贸、科技、文化等领域沟通交流,深化了东盟与中、日、韩(10+3)等国的互联互通、合作共赢。论坛以"一主、两展、五会"八大板块活动呈现,突出国际化、海洋文化、经贸交流、本地特色,包含对话交流、项目合作、商品展示、人文交流等形式。黄岛论坛正成为

---

① 《中缅就皎漂港股份分配达成共识 中方在项目中占 70%股权》,环球网,http://world.huanqiu.com/exclusive/2017-10/11330669.html,2017 年 12 月 3 日登录。

平台建设的有效载体，推动形成了工商业界领袖、港航领域代表、文化教育团体等广泛参与的新机制，进一步拓展了东亚海洋交流合作的领域和内涵，为东亚东盟地区的互联互通、合作共赢以及"21世纪海上丝绸之路"开发建设开辟了新渠道。

2017年9月21日，以"蓝色经济·生态海岛"为主题的中国-小岛屿国家海洋部长圆桌会议在福建平潭召开。来自安提瓜和巴布达、佛得角、斐济、格林纳达、几内亚比绍、马尔代夫、纽埃、巴布亚新几内亚、萨摩卡、圣多美和普林西比、斯里兰卡、瓦努阿图的代表参加了会议。中国和岛屿国家代表就蓝色经济、海洋环境保护、岛屿管理与可持续发展、防灾减灾、海洋技术应用等方面的合作进行了交流，就"一带一路"倡议框架下的相关项目进行了探讨，会议通过了《平潭宣言》。宣言提出五点倡议：一是鼓励共同构建蓝色伙伴关系；二是构建蓝色经济发展合作机制；三是开展海岛生态环境保护；四是加强海岛及周边海域防灾减灾；五是提升海洋技术发展水平。

2. 中菲开展海上执法合作

中国提出"一带一路"倡议后，菲律宾加入了亚洲基础设施投资银行，并对"一带一路"表示了一定兴趣，但双方因南海仲裁案的影响，在"一带一路"框架下领导人没有达成任何协议。菲律宾华人大多对"一带一路"持支持的态度，希望借此享受带来的巨大商机，同时他们也希望借此来缓和中菲两国政治关系及当地的排华情绪。

随着南海仲裁案落幕，中菲关系已有好转的迹象，特别是2016年10月，菲律宾总统杜特尔特访华，双方发表了《联合声明》，提出在"一带一路"框架下，要开展"加强两国海警部门间合作，应对南海人道主义、环境问题和海上紧急事件，如海上人员、财产安全问题和维护保护海洋环境等"，签署了《中国海警局和菲律宾海岸警卫队关于建立海警海上合作联合委员会的谅解备忘录》。为落实该协议，2017年2月成立了中菲海警海上合作联合委员会，为两机构增进互信、拓展合作、加强协调提供了制度保障。2017年11月7日在北京举行了首次工作会晤。双方对目前已开展的务实合作项目表示满意，今后将以打击海上跨国犯罪、海上缉毒、海上搜救以及人道主义救援等作为重点合作领域，开展信息交流、能力建设等多种形式合作。双方同意，进一步加强基层人员交流，将在2018年上半年举行舰船互访、开展联合演练。双方确定于2018年上半年在中国广东举办中菲海警海上合作联合委员会第二次会议。

3. 中国参加印度洋海军论坛

印度洋是海上丝绸之路经过的重要海域，印度洋海军论坛是印度洋地区重要的海洋安全合作机制，其成立于2008年，目前有35个成员国和观察员国，旨在通过开放包容的对话渠道增进相关国家海军对地区海上事务的协调与合作。论坛分为两部分：一是研讨会，主要讨论印度洋地区海事总体状况、面临的海事挑战以及合作途径等；二是由各国海军司令参加的闭门会议，主要议题是建立安全机制、减轻对地区安全的担忧以及发展各国海军间的协同能力。

中国于2014年成为印度洋海军论坛观察员国，2017年11月，"运城"舰远赴孟加拉国库克斯巴扎，代表中国海军首次参加该论坛框架下的多边演习。这是中国海军舰艇首次参加印度洋海军论坛多边海上搜救演习。通过与各国海军的联合演练，不仅展示了中国海军建设性参与国际合作、共同维护海上安全的积极姿态，也为维护"21世纪海上丝绸之路"沿线的海洋安全、开展与沿线国家的海洋安全合作奠定了良好的基础。

4. 中俄两国共同打造"冰上丝绸之路"

2017年，中俄两国领导人达成共同打造"冰上丝绸之路"共识，商定将"冰上丝绸之路"作为"一带一路"建设和欧亚经济联盟对接合作的重要方向予以推动。目前，中俄北极开发合作取得了积极进展。中远海运集团已经完成多个航次的北极航道的试航。两国交通部门正就签署《中俄极地水域海事合作谅解备忘录》进行商谈，不断完善北极开发合作的政策和法律基础。中俄两国企业积极开展北极地区的油气勘探开发合作，商谈北极航道沿线的交通基础设施建设项目。中国商务部和俄罗斯经济发展部正在探讨建立专项工作机制，统筹推进北极航道开发利用、北极地区资源开发、基础设施建设、旅游和科考等全方位合作。12月，中俄能源合作重大项目——亚马尔液化天然气项目正式投产，这是中国提出"一带一路"倡议后实施的首个海外特大型项目，将成为"冰上丝绸之路"的重要支点。

四、小结

自2013年中国提出"一带一路"倡议以来，在共商、共建、共享原则的指导下，"一带一路"建设正在平稳推进，特别是2017年"一带一路"峰会上，发布了《"一带一路"海上合作设想》，为"21世纪海上丝绸之路"建设指明了方向，在海上互联互通、海洋经济与产业合作、海上运输通道的安全保障以及海洋防灾减灾合作等方面都取得了一定的进展。中国与沿线国家的合作正在向更广泛、更深入、更全面发展，为"一带一路"建设顺利推进打下了重要和坚实的基础。

第二部分
海洋政策与管理

第四章　中国的海洋政策与管理

习近平总书记在党的十九大报告中指出，要"坚持陆海统筹，加快建设海洋强国"，为中国海洋事业改革发展指明了前进方向。中国特色社会主义进入了新时代，建设海洋强国是中国特色社会主义事业的重要组成部分，中国的海洋事业已进入快速发展的新阶段。在 2018 年"两会"上，习近平总书记参加山东代表团审议指出，海洋是高质量发展战略要地。要加快建设世界一流的海洋港口、完善的现代海洋产业体系、绿色可持续的海洋生态环境，为海洋强国建设做出贡献。全国海洋系统在贯彻落实党中央国务院各项决策部署中，以逐步完善的政策手段推进海洋事业发展。①

一、稳步提升海洋综合管理能力

制度建设是提升海洋综合管理水平的重要手段。2017 年以来，国家发布了一系列政策性文件，进一步提升了海洋综合管理能力。同时，为推动构建更加公正、合理和均衡的全球海洋治理体系，中国政府正在积极主动参与全球海洋治理体系构建。

（一）着力落实海洋领域改革重点任务

1. 推进海域海岛有偿使用制度改革

制定海域海岛有偿使用的意见，是列入中央深化改革领导小组 2017 年的重点改革任务。2017 年 1 月 16 日，国务院公布《关于全民所有自然资源资产有偿使用制度改革的指导意见》（以下简称《意见》）。按照综合统筹与分类改革相协调的原则，《意见》明确了各领域重点任务，其中，对海域海岛有偿使用制度作出了具体安排。根据《意见》，完善海域海岛有偿使用制度要坚持生态优先，严格落实海洋空间的生态保护红线制度，提高用海生态门槛。同时，《意见》还强调了要严格实行围填海总量控制制度，完善海域有偿使用分级、分类管理制度，完善无居民海岛有偿使用制度和使用权出让制度，鼓励地方结合实际推进旅游娱乐、工业等经营性用岛采取招标、拍卖、挂牌等

---

① 信息资料以 2017 年为主，2018 年度截止到 3 月底。如无特别说明，本部分所用资料信息均来源于《中国海洋报》《中国海洋在线》和《中国政府网》，在此致谢！

市场化方式出让。

2. 强化海岸线保护与利用管理

2017 年 3 月 31 日，国家海洋局发布了《海岸线保护与利用管理办法》（以下简称《办法》）。这是中国首个专门针对海岸线而制定的规范性文件。《办法》共分总则、岸线分类保护、岸线节约利用、岸线整治修复及监督管理等 6 章 26 条。《办法》明确了当前海岸线保护与利用管理的主要任务，在管理体制上强化了海岸线保护与利用的统筹协调，在管理方式上确立了以自然岸线保有率目标为核心的倒逼机制，在管理手段上引入了海洋督察和区域限批措施，提出了海洋管理工作的新举措、新要求。《办法》从海岸线保护、海岸线节约利用、海岸线整治修复三个方面强化了硬举措，加大了硬约束，提出了硬要求。[①]

为进一步落实《办法》，2017 年 10 月，国家海洋局又印发了贯彻实施的指导意见和实施方案，提出了一系列措施，进一步强化了体制机制、监管措施等方面的硬要求、硬约束、硬措施，为依法治海、生态管海提供了基本依据。

表 4-1　沿海省、自治区、直辖市自然岸线保有率管控目标（2020 年）

省份	辽宁	河北	天津	山东	江苏	上海	浙江	福建	广东	广西	海南
保有率	≥35%	≥35%	≥5%	≥40%	≥35%	≥12%	≥35%	≥37%	≥35%	≥35%	≥55%

为强化试点示范与带动作用，国家海洋局和广东省人民政府联合印发了《广东省海岸带综合保护与利用总体规划》，这是全国首个省级海岸带综合保护与利用总体规划。该规划秉持陆海统筹、以海定陆的理念，按照"多规合一"的思路，实现用"一张图"管控海岸带，提出了构建"一线管控、两域对接、三生协调、生态优先、多规融合、湾区发展"的海岸带功能管控总体格局。[②]

3. 深化海洋行政审批制度改革

根据国务院关于投资项目审批制度改革要求，国家海洋局进一步转变职能、简政

---

①　相关解读可以参见《大力加强海岸线保护与利用管理——国家海洋局海域综合管理司司长潘新春访谈》，国家海洋局，http：//www.soa.gov.cn/zwgk/zcjd/201704/t20170417_55585.html，2017 年 12 月 28 日登录；《国家海洋局副局长石青峰解读〈海岸线保护与利用管理办法〉》，国家海洋局，http：//www.soa.gov.cn/zwgk/zcjd/201704/t20170406_55469.html，2017 年 12 月 28 日登录。

②　相关解读可以参见《国家海洋局、广东省政府联合印发〈广东省海岸带综合保护与利用总体规划〉》，中国海洋在线，http：//www.oceanol.com/content/201711/29/c70558.html，2018 年 1 月 2 日登录。

放权，推进审批事项的取消与下放，开展审批事项的规范性文件清理，优化审批流程，理顺审批程序。2017 年，国家海洋局共下放 15 个用海项目的海域行政审批事项，包括煤炭、矿石、油气专用泊位等项目。此外，国家海洋局还清理规范了海底电缆管道铺设等审批事项，规范了行政审批行为。

（二）深入推进法治海洋建设

法治海洋是"建设中国特色社会主义法制体系，建设社会主义法治国家"的重要组成部分，提高海洋事业的法治化水平，对于海洋强国建设具有深远意义。2017 年，海洋法制工作的总体要求是：围绕全国海洋工作会议部署，牢牢把握建设法治海洋的一条主线、四大任务、三项要求，以全面实施海洋督察制度为重点，进一步推进海洋立法，规范海洋行政权力运行，使法治理念、法治思维和法治原则贯穿于海洋工作的全过程和各领域，履职尽责，努力营造良好法治氛围，为推进海洋生态文明建设和海洋强国建设提供坚强有力的法治保障。[①]

1. 规范海洋立法工作程序

为进一步规范海洋行政立法工作程序，国家海洋局印发了《国家海洋局海洋立法工作程序规定》。该规定是对原有相关规定的进一步完善，在保留主要制度框架的基础上，拓展适用范围，完善审议制度，突出"开门立法"，将《中共中央关于全面推进依法治国若干重大问题的决定》和《法治政府建设实施纲要（2015—2020）》等大政方针以及《中共国家海洋局党组关于全面推进依法行政加快建设法治海洋的决定》《中共国家海洋局党组关于建立海洋法律法规规章局党组审议制度的通知》等文件要求细化落实到局立法工作中。

2017 年 12 月，最高人民法院对外发布了《关于审理海洋自然资源与生态环境损害赔偿纠纷案件若干问题的规定》，该规定共 13 条，分别规定了适用范围、诉讼管辖、索赔主体、公告与通知、诉讼形式、责任方式、损失赔偿范围、损失认定的一般规则与替代方法、损害赔偿金（给付）的裁判与执行、诉讼调解、其他实体与程序问题的法律适用、时间效力。司法解释的重点在两个方面：一是明确海洋自然资源与生态环境损害索赔诉讼的性质与索赔主体；二是明确了海洋自然资源与生态环境损害索赔诉讼的特别规则。

---

① 《2017 年全国海洋工作会议》，国家海洋局，http://www.soa.gov.cn/xw/ztbd/ztbd_2017/2017hygzhy/xxgc/201704/t20170411_55512.html，2018 年 1 月 2 日登录。

2. 大力开展海洋督察工作

开展海洋督察工作是认真落实党中央、国务院决策部署，统筹推进"五位一体"总体布局和协调推进"四个全面"战略布局的具体举措。2017年1月22日，国家海洋局公布了国务院同意印发实施的《海洋督察方案》。该方案授权国家海洋局代表国务院对沿海省、自治区、直辖市人民政府及其海洋主管部门和海洋执法机构进行监督检查，可下沉至设区的市级人民政府。该方案明确，重点督察地方人民政府对党中央、国务院海洋资源环境重大决策部署、有关法律法规和国家海洋资源环境计划、规划、重要政策措施的落实情况。按照方案，2017年8月和11月，国家海洋局分两批对辽宁、河北、江苏、福建、海南、广西和天津、山东、上海、浙江、广东11个沿海省、自治区、直辖市开展了为期1个月的海洋督察工作。

2018年1月，国家海洋局结合国家海洋督察整改工作，聚焦"十个一律"和"三个强化"，采取"史上最严"围填海管控措施。"十个一律"是指违法且严重破坏海洋生态环境的围海，分期分批一律拆除；非法设置且严重破坏海洋生态环境的排污口，分期分批一律关闭；围填海形成的、长期闲置的土地，一律依法收归国有；审批监管不作为、乱作为，一律问责；对批而未填且不符合现行用海政策的围填海项目，一律停止；通过围填海进行商业地产开发的，一律禁止；非涉及国计民生的建设项目填海，一律不批；渤海海域的围填海，一律禁止；围填海审批权，一律不得下放；年度围填海计划指标，一律不再分省下达。"三个强化"即坚持"谁破坏，谁修复"的原则，强化生态修复；以海岸带规划为引导，强化项目用海需求审查；加大审核督察力度，强化围填海日常监管。

（三）逐步提高海洋服务保障能力

1. 发挥海洋质量管理的战略性作用

海洋质量管理工作不仅是加快建设海洋强国的需要，也是海洋经济提质增效和战略性新兴产业发展的需要，还是参与全球海洋治理以及建设"一带一路"的需要。为贯彻落实《中共中央国务院关于开展质量提升行动的指导意见》，全面提升海洋公共服务和综合管理质量，加快构建全球海洋治理体系和治理能力，国家海洋局印发了《关于加强海洋质量管理的指导意见》，该指导意见明确了海洋质量管理的范围，确定了海洋质量管理工作思路，坚持管理与服务相结合，深入实施创新驱动发展战略。指导意见立足于海洋质量管理现状，服务于海洋强国建设需求，是国家海洋局首次发布的规范海洋质量管理的重要文件。①

2. 健全海洋的标准化体系

倡导海洋的标准化理念，有助于加快海洋强国建设。2016 年国家海洋局印发了新的《海洋标准化管理办法》，并与国家标准化管理委员会联合印发《全国海洋标准化"十三五"发展规划》。2017 年 7 月 18 日，为建立海洋标准化三级管理制度体系夯实基础，国家海洋局又印发了《海洋标准化管理办法实施细则》（以下简称《细则》），对海洋国家标准和行业标准制定、实施和监督的全过程管理进行了详细规定：一是强化了海洋标准立项、编制的质量和时效要求；二是增加了海洋标准化指导性技术文件和快速程序；三是加强了海洋标准项目的管理措施；四是细化了海洋标准的实施和监督方式。②

沿海地方政府也在特定技术工作领域制定了地方标准。2017 年 12 月 5 日，辽宁省地方标准《海砂开采占用海域面积测绘鉴定技术规程》通过辽宁省质量技术监督局和辽宁省海洋与渔业厅共同组织的技术审查。这是中国首个地方海砂开采占用海域面积测绘鉴定技术规程。该规程的出台，填补了中国采砂海域占用面积测绘鉴定的技术空白，对国内同类技术规程具有示范参考价值。③

3. 打通海洋信息资源"大动脉"

2017 年 5 月，国家海洋局正式印发《国家海洋局关于进一步加强海洋信息化工作的若干意见》，这是海洋信息化建设领域首个全局性、纲领性、指导性的规范性文件。围绕着海洋信息化能力建设和应用服务的紧迫需求，坚持统筹发展、强化履职尽责，该意见明确了海洋信息化工作的指导思想、基本原则，提出了海洋信息化建设的总体要求、重点任务和实施路径。对于强化海洋信息化顶层设计，统筹协调海洋信息化建设，进一步优化海洋信息化发展环境，增强海洋信息化发展能力，提高海洋信息化应

---

① 相关解读可以参见《国家海洋局副局长林山青解读〈关于加强海洋质量管理的指导意见〉》，国家海洋局，http：//www.soa.gov.cn/xw/hyyw_90/201701/t20170116_54536.html，2018 年 1 月 2 日登录。

② 参见《国家海洋局关于印发〈海洋标准化管理办法实施细则〉的通知》（国海规范〔2017〕10 号）。该文件的相关解读可以参见《倡导标准化理念，助力海洋强国建设》，国家海洋局，http：//www.soa.gov.cn/zwgk/zcjd/201707/t20170726_57143.html，2018 年 1 月 2 日登录；《加强海洋标准制修订，健全海洋标准体系》，国家海洋局，http：//www.soa.gov.cn/bmzz/jgbmzz2/kxjss/201704/t20170427_55768.html，2018 年 1 月 2 日登录。

③ 相关解读可以参见《我国首个海砂开采占用海域面积测绘鉴定技术规程通过地方标准审查》，中国海洋在线，http：//www.oceanol.com/fazhi/201712/07/c70744.html，2018 年 1 月 2 日登录。

用水平具有重要意义。①

4. 提升海洋公益服务能力

2017 年 12 月 22 日，国家海洋局和国家国防科技工业局联合发布了《海洋卫星业务发展"十三五"规划》，提出到 2020 年，中国预计研制与发射海洋水色卫星星座、海洋动力卫星星座和海洋监视监测卫星 3 个系列海洋卫星，并实现同时在轨组网运行、协同观测，基本建成系列化的海洋卫星观测体系、业务化的地面基础设施和定量化的应用服务体系。该规划提出"十三五"期间海洋卫星应用发展的"六大任务"。②

为理顺海洋灾情调查评估和报送工作流程，完善业务体系，提升灾情调查的成效，2018 年 1 月，国家海洋局还出台了《海洋灾情调查评估和报送规定》。该规定进一步明确了各单位的职责定位、灾害调查启动的条件、灾害调查工作的目标等，并对原《海洋灾害报表》中指标内容作了优化调整。

广东省政府批复同意了《广东省海洋观测网建设规划（2016—2020 年）》。根据该规划，广东将强化沿海经济发展重点区域综合海洋观测能力，沿海每 50 千米设置 1 个岸基海洋观测站。该规划提出，要建设岸基、海基、空基、天基"四位一体"的综合性立体观测网。到 2020 年，初步建成以岸基观测为主，浮标、卫星遥感、航空遥感和应急机动观测为辅，布局较合理、结构较完善、功能较齐备的海洋观测网，初步建立海洋观测网综合保障体系和多部门的数据资源共享机制，有效提升海洋观测网运行管理与服务水平，基本满足海洋防灾减灾、海洋经济发展、海洋综合管理、海洋环境保护和海洋权益维护等方面的需求。

（四）不断加强海岛开发利用管理

1. 规划海岛保护管理工作

为适应海岛保护与管理工作的新形势，深入实施《全国海岛保护规划（2011—2020）》，着力解决海岛保护和管理工作中存在的问题，国家海洋局印发了《全国海岛保护工作"十三五"规划》，该规划将"生态+"的思想贯穿于海岛保护全过程，提出"十三五"期间，海岛保护工作的总体目标是海岛生态文明建设取得新成效，海岛对地

---

① 相关解读参见《打通海洋信息资源"大动脉"——〈国家海洋局关于进一步加强海洋信息化工作的若干意见〉解读》，国家海洋局，http：//www.soa.gov.cn/zwgk/zcjd/201706/t20170621_56613.html，2017 年 12 月 21 日登录。

② 相关解读参见《〈海洋卫星业务发展"十三五"规划〉发布》，中国海洋在线，http：//www.oceanol.com/content/201712/25/c71900.html，2018 年 1 月 2 日登录。

区经济社会发展贡献率进一步提高，符合生态文明要求的海岛治理体系基本形成。确定了保护海岛生态系统、合理利用海岛自然资源、完善业务体系、加强权益岛礁管控、严格保护领海基点所在海岛等五个方面的主要任务。到 2020 年，中国海岛工作基本构建海岛保护的约束与引导制度体系，实现海岛生态保护开创新局面、海岛开发利用跨上新台阶、权益岛礁保护取得新成果、海岛综合管理能力取得新进展的"四新"目标。[①]

2. 规范无居民海岛开发利用管理

中国无居民海岛众多，这些海岛是拓展蓝色经济空间的重要依托，是保护海洋生态环境的重要平台，是维护国家海洋权益的战略前沿，具有极高的保护和利用价值。国家海洋局印发了《无居民海岛开发利用审批办法》。按照习近平总书记和中央关于生态保护的理念和要求，该办法将"生态优先"规定为无居民海岛开发利用遵循的最重要原则并贯穿始终，明确了审批权限，规范了审批行为，从源头、过程、事后三个方面，对防止开发利用活动破坏海岛生态系统作出了明确要求。该办法是《中华人民共和国海岛保护法》实施后，国家层面出台的无居民海岛开发利用管理的"总纲"，必将推动和带动海岛保护与管理各项工作开创新局面。国家海洋局还印发修订后的《关于无居民海岛使用项目审理工作的意见》，进一步规范无居民海岛开发利用项目审理内容和程序。

3. 加强无居民海岛的名称管理

2017 年 8 月 28 日，国家海洋局印发《无居民海岛名称管理办法》，加强无居民海岛命名、更名、名称发布使用、名称标志设置、名称信息和档案等管理。无居民海岛名称原则上由专名和通名组成，由国家海洋局按照国务院有关规定向社会发布。该办法规定，无居民海岛命名和更名要有利于维护国家领土主权和海洋权益，严格限制涉及国家领土主权和海洋权益的无居民海岛更名；尊重当地群众的愿望，能够反映无居民海岛的历史文化传承和自然地理特征，与有关各方协商一致，从历史和现状出发，保持名称的相对稳定。

---

① 相关解读参见《共建共享海岛生态文明——国家海洋局副局长房建孟解读〈全国海岛保护工作"十三五"规划〉》，国家海洋局，http://www.soa.gov.cn/zwgk/zcjd/201701/t20170123_54641.html，2017 年 12 月 21 日登录。

二、加大海洋经济与科技发展的政策支持

海洋经济是国民经济的新增长点。通过第一次全国海洋经济调查工作，全面、系统掌握了中国海洋经济基本情况，完善了国家海洋经济基础信息。2017 年，全国海洋经济运行情况总体平稳。随着"21 世纪海上丝绸之路"倡议的深入实施，中国海洋经济发展正面临着难得的历史机遇。

（一）规划海洋经济发展布局

为落实海洋强国战略和《国民经济和社会发展第十三个五年规划纲要》战略部署，2017 年 5 月 4 日，国家发展改革委、国家海洋局联合印发了《全国海洋经济发展"十三五"规划》（以下简称《规划》）。《规划》以当前中国海洋经济发展的问题与需求为导向，主动适应并引领海洋经济发展新常态，加快供给侧结构性改革，着力优化海洋经济区域布局，提升海洋产业结构和层次，扩大海洋经济领域开放合作，推动海洋经济由速度规模型向质量效益型转变。《规划》重点规划了优化海洋经济发展布局、推进海洋产业结构优化升级、加快海洋经济创新发展、加强海洋生态文明建设、拓展海洋经济合作发展空间和深化海洋经济体制改革六方面的重点任务，并就加强海洋经济宏观指导、完善制度体系、强化政策调节、开展监测评估、健全实施机制等提出详细要求，对"十三五"中国海洋经济发展进行了全面部署。《规划》是指导"十三五"时期中国海洋经济发展的重要行动纲领，是建设海洋强国、拓展蓝色经济空间的战略需要，是融入"一带一路"建设的重要举措，《规划》的实施，将使中国在应对多变的海洋发展态势中更具实力和定力。[①]

（二）金融支持海洋经济健康快速发展

《全国海洋经济发展"十三五"规划》也在政策上为涉海金融支持海洋经济发展给予了保障。《规划》提出，要加快构建多层次、广覆盖、可持续的海洋经济金融服务体系。发挥政策性金融在支持海洋经济中的示范引领作用。鼓励各类金融机构发展海洋经济金融业务，为海洋实体经济提供融资服务等。2017 年，国家海洋局与各类金融机构签署了一系列战略合作协议，联合举办涉海金融活动，使得金融支持海洋经济发

---

① 相关解读参见《国家海洋局副局长房建孟解读全国海洋经济发展"十三五"规划——科学规划全面统筹，拓展蓝色经济空间》，国家海洋局，http://www.soa.gov.cn/xw/hyyw_90/201706/t20170614_56509.html，2017 年 12 月 20 日登录。

展框架逐步完善。① 政策性金融支持对促进中国海洋经济健康快速发展，推动海洋强国建设将发挥重要作用。

为加强海洋可再生能源资金项目管理，提高国家财政资金使用效益，2017年1月，国家海洋局印发了《海洋可再生能源资金项目实施管理细则（暂行）》，旨在进一步推动国家海洋可再生能源开发利用。该细则共分7章32条，适用于海洋可再生能源资金项目的实施管理。海洋能资金重点支持范围包括海洋可再生能源重点关键技术示范推广和产业化示范、海洋可再生能源规模化开发利用及能力建设、海洋可再生能源公共平台建设、海洋可再生能源综合应用示范等。

为深入贯彻落实党的十九大关于"加快建设海洋强国""增强金融服务实体经济能力"和"十三五"规划"拓展蓝色经济空间""推进'一带一路'建设"的部署，统筹优化金融资源，改进和加强海洋经济发展金融服务，推动海洋经济向质量效益型转变，2018年1月，中国人民银行、国家海洋局、国家发展改革委、工业和信息化部、财政部、中国银监会、中国证监会、中国保监会八部委联合印发了《关于改进和加强海洋经济发展金融服务的指导意见》。该意见紧紧围绕推动海洋经济高质量发展，明确了银行、证券、保险、多元化融资等领域的支持重点和方向。该意见提出，要健全投融资服务体系，搭建海洋产业投融资公共服务平台，建立优质项目数据库，建立健全以互联网为基础、全国集中统一的海洋产权抵质押登记制度，建立统一的涉海产权评估标准。②

（三）大力推进海洋经济示范区建设

国务院总理李克强在2017年政府工作报告中指出，要"推进海洋经济示范区建设，加快建设海洋强国，坚决维护国家海洋权益"。为落实《国民经济和社会发展第十三个五年规划纲要》关于"建设海洋经济发展示范区"的重要部署，2017年1月，国家发展改革委、国家海洋局联合发布了《关于促进海洋经济发展示范区建设发展的指

---

①　2017年4月6日，国家海洋局、中国农业发展银行在北京召开促进海洋经济发展战略合作座谈会，签署战略合作协议，力争"十三五"期间向海洋经济领域提供约1000亿元的意向性融资支持。12月8日，国家海洋局与深交所签订战略合作协议，共同推进"21世纪海上丝绸之路"建设，支持涉海企业"走出去"。12月12日，国家海洋局、中国进出口银行签署战略合作协议，在海上互联互通、海洋先进制造业、境外海洋产业园区、海洋重大科技创新等重点领域进行合作，增强海洋领域实体经济发展的金融服务能力。此外，11月14日、12月14日，国家海洋局还与深交所在厦门、湛江分别开展海洋中小企业投融资路演活动，搭建了海洋中小企业与投资机构的交流、合作对接平台。2018年1月31日，国家海洋局、中国工商银行在北京召开促进海洋经济发展战略合作座谈会，并签署战略合作协议。

②　相关解读参见《改进加强金融服务、加快建设海洋强国——访国家海洋局党组书记、局长王宏》，中国海洋在线，http://www.oceanol.com/content/201801/26/c73405.html，2018年2月5日登录。

导意见》(以下简称《指导意见》)。《指导意见》明确,示范区建设将以统筹规划合理布局、因地制宜分类指导、创新引领先行先试、绿色发展生态优先为基本原则,拟到 2020 年设立 10~20 个示范区,基本形成布局合理的海洋经济开发格局、引领性强的海洋开发综合创新体系、具有较强竞争力的海洋产业体系、支撑有力的海洋基础设施保障体系、相对完善的海洋公共服务体系、环境优美的蓝色生态屏障、精简高效的海洋综合管理体制机制,示范区海洋经济增长速度高于所在地区经济发展水平,成为中国实施海洋强国战略、促进海洋经济发展的重要支撑。

《指导意见》的发布,对于进一步优化海洋经济发展布局,提高海洋产业综合竞争力,探索海洋资源保护开发新途径和海洋综合管理新模式,推进海洋经济成为国民经济增长的新动能具有重要意义。

(四) 加速推动海水利用业发展

为缓解沿海地区用水紧张局面,国家发展改革委、国家海洋局印发了《全国海水利用"十三五"规划》的通知。该规划指出,"十三五"时期是中国海水利用规模化应用的关键时期,要扩大海水利用应用规模,提升海水利用创新能力。该规划明确整体布局,结合沿海地区海水利用产业基础,引导研发、设计、制造、施工、测试、运维等海水利用上下游相关机构集聚发展,形成实验室、工程中心、平台、基地、企业等统筹联动的协同创新体系,支撑海水利用规模化应用。[1]

此外,国家发展改革委、国家海洋局还联合印发了《海岛海水淡化工程实施方案》,方案确定了总体目标和工程目标。到 2020 年,有效缓解海岛居民用水问题,改善人居环境,使海水淡化成为严重缺水海岛地区主要供水方式之一,基本满足海岛不断提升的生活、生产用水需求。[2]

(五) 规划引导海洋渔业可持续发展

农业部印发《全国渔业发展第十三个五年规划》,提出全国水产品总产量,国内海洋捕捞产量,新建国家级海洋牧场示范区,全国海洋捕捞机动渔船数量、功率等发展目标,对渤海、黄海、东海、南海、长江流域、珠江流域、黄河海河流域、黑龙江松辽流域、新疆和青藏高原等 10 个区域,提出分类产业发展和生态保护的指导意见。此

---

[1] 相关解读参见《国家海洋局副局长林山青解读〈全国海水利用"十三五"规划〉——海水利用迎来更广阔发展空间》,国家海洋局,http://www.soa.gov.cn/xw/hyyw_90/201701/t20170106_54353.html,2017 年 11 月 20 日登录。

[2] 相关解读参见《两部门联合印发〈海岛海水淡化工程实施方案〉》,中国海洋在线,http://www.oceanol.com/content/201712/14/c70950.html,2017 年 11 月 20 日登录。

外，沿海地方也以财政手段大力支持远洋渔业的发展。福建省财政厅、福建省海洋与渔业厅联合制定并印发了《福建省远洋渔业补助资金管理办法》，计划从该省的海洋经济发展专项资金中安排部分资金以贴息、补助等方式支持远洋渔业发展。

（六）提升海洋科技创新能力

科技创新是支撑海洋事业发展的动力源泉。2017年5月，科技部联合国土资源部、国家海洋局联合印发了《"十三五"海洋领域科技创新专项规划》，旨在进一步建设完善国家海洋科技创新体系，提升中国海洋科技创新能力。该规划按照《"十三五"国家科技创新规划》和《"十三五"国家社会发展科技创新规划》等总体部署，明确了"十三五"期间海洋领域科技创新的发展思路、发展目标、重点技术发展方向、重点任务和保障措施。

该规划提出，开展全球海洋变化、深渊海洋科学、极地科学等基础科学研究，显著提升海洋科学认知能力；突破深海运载作业、海洋环境监测、海洋生态修复、海洋油气资源开发、海洋生物资源开发、海水淡化及海洋化学资源综合利用等关键核心技术，显著提升海洋运载作业、信息获取及资源开发能力；集成开发海洋生态保护、防灾减灾、航运保障等应用系统，通过与现有业务化系统的结合，显著提升海洋管理与服务的科技支撑能力；通过全创新链设计和一体化组织实施，为深入认知海洋、合理开发海洋、科学管理海洋提供有力的科技支撑；建成一批国家海洋科技创新平台，培育一批自主海洋仪器设备企业和知名品牌，显著提升海洋产业和沿海经济可持续发展能力。[1]

（七）积极推动沿海地方海洋经济发展

长江经济带。工业和信息化部、国家发展改革委、科技部等五部委在出台的《关于加强长江经济带工业绿色发展的指导意见》中提出，合理开发沿海产业发展带。根据该指导意见，合理开发沿海产业发展带，是长江经济带构建"一轴一带、五圈五群"产业发展格局的重要内容。

津冀港口。交通运输部办公厅、天津市人民政府办公厅、河北省人民政府办公厅联合印发《加快推进津冀港口协同发展工作方案（2017—2020年）》的通知，旨在加快推进津冀港口资源整合，促进区域港口协同发展。

上海市。2018年1月，上海市政府发布了《上海市海洋"十三五"规划》，明确

---

① 《三部门联合印发〈"十三五"海洋领域科技创新专项规划〉》，中国政府网，http://www.gov.cn/xinwen/2017-05/21/content_5195566.htm，2017年12月2日登录。

到 2020 年年底，初步形成与国家海洋强国战略和上海全球城市定位相适应的海洋经济发达、海洋科技领先、海洋环境友好、海洋安全保障有力、海洋资源节约集约利用、海洋管理先进的海洋事业体系，积极探索建设"全球海洋中心城市"，全市海洋生产总值占地区生产总值的 30% 左右。

广东省。2017 年 12 月 4 日，广东省政府发布并解读《广东省沿海经济带综合发展规划（2017—2030）》。该规划提出，加强陆海统筹规划建设，坚持促进海洋资源优势与产业转型升级和开放型经济发展需要相结合，拓展蓝色经济新空间，打造更具活力和魅力的广东黄金海岸，建设具有全球影响力的沿海经济带。① 此外，广东省政府还批复同意了《广东省海洋主体功能区规划》。该规划对于广东形成陆海统筹、区域协调、可持续发展的国土空间开发格局，加快转变发展方式，优化海洋经济结构，提升发展质量和效益具有重大意义。

广西壮族自治区。2018 年 1 月 17 日，广西出台了《广西壮族自治区海洋主体功能区规划》，将对约 7 000 平方千米的海域面积进行主体功能区划分，到 2020 年海洋主体功能区布局基本形成。本规划是广西主体功能区规划的重要组成部分，是海洋空间开发的基础性和约束性规划，规划范围为依法管理的近岸海域和涠洲岛—斜阳岛周边海域以及 629 个无居民海岛。海洋主体功能区按开发内容可分为产业与城镇建设、农渔业生产、生态环境服务 3 种功能。依据主体功能，广西海洋空间划分为优化开发区域、重点开发区域、限制开发区域和禁止开发区域。

三、持续加强海洋生态环境与资源保护力度

保护海洋生态环境与资源是落实"绿水青山就是金山银山"理念的重要举措。2017 年以来，国家海洋局多措并举，加大了海洋生态环境与资源的管控力度，全面践行基于生态系统的海洋综合管理。

（一）开拓环境海洋治理新模式

"湾长制"是近年来环境治理的新模式。在海洋领域坚持试点先行、稳步推进，2017 年，浙江全省和海南省海口市、山东省青岛市、江苏省连云港市、河北省秦皇岛市先后开展了"湾长制"试点。这些省市的"湾长制"试点，积累了丰富的实践经验，使"湾长制"这一新制度建设得到了充分验证和完善，为在沿海地区全面推行奠

---

① 相关解读参见《两部门联合印发〈广东出台沿海经济带综合发展规划〉》，中国海洋在线，http://www.oceanol.com/content/201712/06/c70708.html，2018 年 1 月 2 日登录。

定了基础。2017年9月，国家海洋局印发《关于开展"湾长制"试点工作的指导意见》，确定了"湾长制"试点的基本原则、职责任务和保障措施，并对抓实抓细试点工作提出了明确要求、进行了详尽安排，推动"湾长制"试点工作在更大范围内、更深层次上加快推进。①

（二）推进"蓝色海湾"整治修复

2015年10月，党的十八届五中全会提出开展蓝色海湾整治行动的重要部署。2017年，国家海洋局先后分两批组织开展18个实施城市的现场检查，检查项目实施进度、资金使用情况、整治修复效果的同时，相关监督管理制度体系逐步完善。在此基础上，国家海洋局组织编制《"蓝色海湾"整治工程规划（2017—2020）》，将规划目标细化到沿海各省、自治区和直辖市，并规范"蓝色海湾"整治行动的申报、评审、实施、评价等全过程。

（三）严守海洋生态保护红线

早在2016年，国家海洋局便开始推动建立海洋生态保护红线制度。2017年年初，中共中央办公厅、国务院办公厅印发《关于划定并严守生态保护红线的若干意见》，引导全国生态保护红线划定工作。在2016年全面推进的基础上，2017年，江苏、广东、浙江、广西等地海洋生态保护红线划定方案相继发布。江苏省人民政府还批复同意了《江苏省海洋生态红线保护规划》，作为今后一个时期全省海洋生态环境保护的重要依据。海洋生态保护红线"一张图"初步形成，一条红线管控重要海洋生态空间的制度在全国逐步建立。2017年，国家海洋局还起草完成了《海洋生态红线监督管理办法》，下一步拟细化海洋生态保护红线分类管控措施，明确红线区正面或负面清单，开展海洋生态保护红线勘界定标、监测监管、成效评价等工作，进一步健全完善海洋生态保护红线制度。

（四）加大沿海地区海洋生态环境与资源保护力度

江苏省。为有力保护海洋矿产资源和海洋生态环境，2017年3月28日，江苏连云港赣榆区人民政府依据有关法律法规的规定，发布了《严禁非法开采海砂的通告》。通告指出：海砂属于国家矿产资源，严禁任何单位和个人在赣榆沿海海域非法开采。对非法开采海砂的，海洋行政主管部门、公安（边防）、海事等相关职能部门要联合查

---

① 相关解读参见《国家海洋局党组书记、局长王宏谈"湾长制"试点工作——落实新发展理念 探索新治理模式》，中国海洋在线，http://www.soa.gov.cn/xw/hyyw_90/201709/t20170913_57893.html，2018年1月2日登录。

处，严厉打击。

海南省。海南省五届人大常委会第三十一次会议修订了《海南省环境保护条例》，为进一步巩固海南的生态环境优势提供法制保障。其中海洋环境保护方面涉及四项修改内容。该条例增加了对海洋环境保护的规定，要求沿海市、县、自治县人民政府应当严格控制陆源污染物排海总量，建立并实施重点海域排污总量控制制度，加强海洋环境治理、海域海岛综合整治和生态保护修复，有效保护重要、敏感和脆弱的海洋生态系统。同时要求采砂单位和个人，不得破坏海岸线及海域生态环境。

浙江省。浙江省海洋与渔业局印发了《关于加强渔船管控实施海洋渔业资源总量管理的若干意见》，旨在进一步加强浙江"十三五"期间国内海洋捕捞渔船数量和功率总量控制，实施海洋渔业资源总量管理制度。①

环渤海地区。环渤海地区人口众多、经济发达、区位优势突出，高强度开发和重型化产业结构导致渤海资源环境容量超载。2017 年 5 月，被称为"渤海八条"的《国家海洋局关于进一步加强渤海生态环境保护工作的意见》印发，从规划引领、系统施治、严格保护、防范风险、提升能力、执法督察、科研攻关等方面形成了一整套渤海环境保护"组合拳"。"渤海八条"形成了新时期渤海生态环境保护的新思路和新考虑。

四、小结

海洋政策事关国家海洋权益维护、海洋经济发展、海洋生态安全和沿海地区社会稳定。2017 年，国家深入推进法治海洋建设，积极推动生态用海、生态管海，全面践行基于生态系统的海域综合管理，促进海域资源的可持续利用。中国的海洋经济、海洋环保、海洋科技、海洋管理与执法等各个方面都取得了显著进展，现行的海洋政策与海洋法律法规、海洋空间基础规划一起，勾勒出目标清晰、措施得当、约束有力、监管到位的"生态+海洋管理"新模式。

---

① 相关解读参见《浙江出台海洋捕捞"双控"新政》，中国海洋在线，http://www.oceanol.com/content/201712/01/c70630.html，2018 年 1 月 2 日登录。

第五章　中国的海洋督察

近年来，我国海洋事业发展迅速，但与此同时，海洋资源环境状况也频频"亮起红灯"。例如，部分海域海岛开发粗放低效，空间资源约束趋紧，陆源入海污染压力巨大，近岸局部海域污染严重，一些地方围填海和海岸利用已经超载。这些问题已严重影响我国海洋可持续发展。新形势下，国务院授权国家海洋局负责组织实施国家海洋督察制度，建立海洋督察工作机制。

2016年12月30日，国家海洋局印发《海洋督察方案》（以下简称《方案》），旨在全面推进海洋生态文明建设，切实加强海洋资源管理和海洋生态环境保护工作，强化政府内部层级监督和专项监督[①]。

一、督察概述

督察是一种权力制约和监督机制。行政机关是国家生活的日常管理机关，行政权的范围涉及公民生活的各个方面，因此对行政权进行监督制约十分重要。对行政权的监督制约可以有多种方式，如权力机关和司法机关对行政权进行有效的制约和监督，舆论和社会监督制约，还有行政机关内部的权力制约机制。对行政权进行督察就是行政督察，其在权力制约监督体系中的地位十分重要。

（一）环境保护督察

环境保护督察（简称"环保督察"）是对环境执法全面工作的监督和检查，主要是对环境行政处罚、行政命令等具体行政行为的执行情况进行监督检查，重点是对环境违法案件调查、处罚、执行等各环节的监督和检查。

涉及环保督察方面的法律法规和文件表述主要有：

《中华人民共和国环境保护法》第六十七条规定"上级人民政府及其环境保护主管部门应当加强对下级人民政府及其有关部门环境保护工作的监督。发现有关工作人员有违法行为，依法应当给予处分的，应当向其任免机关或者监察机关提出处分建议"。

《国务院办公厅关于加强环境监管执法的通知》（国办发2014〔56〕号）明确提

[①] 《海洋督察方案》，《国家海洋局关于印发海洋督察方案的通知》（国海发〔2016〕27号）。

出，"完善国家环境监察制度，加强对地方政府及其有关部门落实环境保护法律法规、标准、政策、规划情况的监督检查，协调解决跨省域重大环境问题。研究在环境保护部设立环境监察专员制度"。

中共中央办公厅、国务院办公厅印发实施的《环境保护督察方案（试行）》，将"地方党委和政府及其有关部门落实环境保护党政同责和一岗双责情况"列入环境保护督察内容。

中共中央办公厅、国务院办公厅印发实施的《党政领导干部生态环境损害责任追究办法（试行）》第十一条规定，"各级政府负有生态环境和资源保护监管职责的工作部门发现有本办法规定的追责情形的，必须按照职责依法对生态环境和资源损害问题进行调查"。

《水污染防治行动计划》第六条提出，"加强对地方人民政府和有关部门环保工作的监督，研究建立国家环境监察专员制度"。

目前，开展中央环保督察的直接依据主要包括《环境保护督察方案（试行）》和《党政领导干部生态环境损害责任追究办法（试行）》等。在中央环境督察活动中主要以《环境保护督察方案（试行）》为依据，《党政领导干部生态环境损害责任追究办法（试行）》规定了地方各级党委和政府对本地区生态环境和资源保护负总责，党委和政府主要领导成员承担主要责任，其他有关领导成员在职责范围内承担相应责任。

（二）土地督察

土地督察是为了加强土地管理和调控，通过设立国家土地总督察和向地方派驻土地督察专员等，监督土地执法行为，完善土地执法监察体制的一项制度。国家土地督察制度是为保障土地政策的正确执行而设，是土地政策的组成部分。

土地督察是指根据《国务院关于深化改革严格土地管理的决定》（国发〔2004〕28号），经国务院批准建立国家土地督察制度。在国土资源部设立国家土地总督察办公室，该办公室是国家土地总督察的办事机构，负责国家土地督察制度的具体实施和土地督察工作的组织协调。根据《国务院办公厅关于建立国家土地督察制度有关问题的通知》（国办发〔2006〕50号）和《国务院办公厅关于严格执行有关农村集体建设用地法律和政策的通知》（国办发〔2007〕71号）精神，我国派驻地方的国家土地督察局代表国家土地总督察履行监督检查职责。

（三）海洋督察与土地督察、环保督察的比较

海洋督察是海洋生态文明建设和法治政府建设的重要抓手，旨在推动地方政府落实海域海岛资源监管和海洋生态环境保护法定责任，加快解决海洋资源环境突出问题，

促进节约集约利用海洋资源，保护海洋生态环境，推动建立有效约束开发行为和促进绿色低碳循环发展的机制，不断推进海洋强国建设。与环保督察、土地督察的联系和区别主要表现为：

海洋督察主要针对海洋资源环境进行一体化督察，由国家海洋局具体实施。土地督察主要针对土地利用和管理情况进行督察，由国土资源部负责具体实施。海洋督察与土地督察在空间上相互衔接，两者各有侧重，体现了陆海统筹、协调推进。

环境保护督察主要督察省级党委和政府贯彻落实国家环境保护重大决策部署、解决突出环境问题、落实环境保护主体责任等情况，具体组织协调工作由环境保护部牵头负责。

海洋环境保护是国家环境保护的组成部分，同时海洋生态环境易受到陆源污染的影响，海洋督察与环境保护督察在海洋环境领域存在一定联系。国家海洋局与环境保护部进行了有效衔接，将海洋督察中发现的涉及海洋环境领域重大情况及时报送环境保护部，为环境保护督察提供参考。①

二、海洋督察

海洋督察是党中央、国务院推进生态文明建设和海洋强国建设的一项重要制度安排，是海洋领域深化改革的重要举措。根据《方案》，海洋督察的细则涵盖：督察依据、督察对象、督察内容、督察方式、督察程序、督察机构及职责等方面内容。

（一）督察依据

海洋督察是根据《中华人民共和国海域使用管理法》《中华人民共和国海岛保护法》《中华人民共和国海洋环境保护法》《中共中央国务院关于加快推进生态文明建设的意见》和《生态文明体制改革总体方案》等要求开展的。

（二）督查对象

国务院授权国家海洋局代表国务院对沿海省、自治区、直辖市人民政府及其海洋主管部门和海洋执法机构进行监督检查，下沉至设区的市级人民政府。

（三）督察内容

督察地方人民政府对党中央、国务院海洋资源环境重大决策部署、有关法律法规

---

① 《国家海洋督察 守护碧海银沙 国家海洋局副局长房建孟解读〈海洋督察方案〉》，国家海洋局，http：//www.soa.gov.cn/xw/hyyw_90/201701/t20170123_54639.html，2017年10月11日登录。

和国家海洋资源环境计划、规划、重要政策措施的落实情况是海洋督察内容的重点。

1. 国家海洋资源环境有关决策部署贯彻落实情况

重点围绕《中共中央国务院关于加快推进生态文明建设的意见》《生态文明体制改革总体方案》《全国海洋主体功能区规划》《水污染防治行动计划》《全国海洋观测网规划（2014—2020年）》等文件中海洋资源环境有关要求的贯彻落实和执行情况进行督察。

2. 国家海洋资源环境有关法律法规执行情况

督察海域和海岛资源开发利用与保护、海洋生态环境保护、海洋防灾减灾等领域法律法规的执行和落实情况。重点督察相关法律法规确定的地方人民政府海域海岛资源监管和海洋生态环境保护等法定责任的落实情况。

3. 突出问题及处理情况

包括海洋环境持续恶化情况，严重污染、环境破坏、生态严重退化等区域性突出问题，群众反映强烈、社会影响恶劣的围填海、海岸线破坏等问题以及突发环境灾害和重大海洋灾害处理情况。

（四）督察方式

督察方式分为例行督察、专项督察、审核督察三类。

例行督察是指对一定时期内海洋行政管理和执法工作进行全面的监督检察，纠正发现的问题，将改进的意见与建议以督察报告的形式落实。

专项督察是针对海洋行政管理和执法工作中的苗头性、倾向性或重大违法违规问题等特定事项进行监督检察，提出整改意见和建议。

审核督察是依照规定权限和程序，对省级人民政府及海洋主管部门已批准的海洋行政审批事项进行检查，对审批工作的合法性、合规性和真实性进行监督检查，以便及时发现和纠正行政审批违法违规问题。

（五）督察程序

督察制度建设确定了督察准备、督察进驻、督察报告、督察反馈、整改落实、移交移送等六个步骤组成的督察程序。

第一，督察准备。根据督察工作计划或工作需要，国家海洋局提出具体督察工作方案，按程序上报国务院备案，并做好组织和培训方面的准备。

第二，督察进驻。国家海洋局向被督察对象发送督察通知书，告知其督察事项、督察时间及督察要求等。督察期间主要采取听取汇报、调阅资料、实地核查等形式进行督察。

第三，督察报告。国家海洋局对督察过程中了解的情况和发现的问题及时进行汇总，剖析问题产生原因，提出有针对性的意见和建议，并于督察结束后 20 个工作日内形成督察报告及督察意见书。对督察中发现的重要情况和重大问题，国家海洋局要及时向国务院请示报告。

第四，督察反馈。督察结束后 35 个工作日内，国家海洋局将督察意见书反馈给被督察对象，指出发现的问题，提出整改意见和要求。

第五，整改落实。被督察对象要落实督察整改要求，制定整改方案，于督察情况反馈后 30 个工作日内报送至国家海洋局，并在 6 个月内报送整改情况。国家海洋局可根据需要，对重要督察整改情况组织"回头看"。没有在规定期限内落实整改要求的，国家海洋局可以依法采取实施区域限批、扣减围填海计划指标等措施予以处置。被督察对象整改落实情况通过中央或当地省级主要新闻媒体向社会公开。

第六，移交移送。对督察中发现的违纪违法行为，需追究党纪政纪责任的，移交纪检监察机关处理，涉嫌犯罪的，移送司法机关依法处理。

（六）督察机构

国家海洋局负责组织实施国家海洋督察制度，建立海洋督察工作机制，成立全国海洋督察委员会，在各海区分别设立海区海洋督察委员会，组建国家海洋督查组，开展海洋督查工作；全国海洋督察委员会中设立海洋督察政策法律技术顾问委员会，为国家海洋督察工作提供法律咨询服务①。

三、海洋督察的实践

2017 年，国家海洋局组建国家海洋督察组，分两批对辽宁、河北、江苏、福建、广西、海南六省（区）和广东、上海、浙江、山东、天津五省（市）开展海洋督察工作。

（一）督察内容及方式

国家海洋督察组本着"把脉体检，开方督办"的原则，重点督察党的十八大以来

---

① 《国家海洋局关于成立全国海洋督察委员会及有关事项的通知》，（国海法字〔2017〕143 号）。

省政府贯彻落实国家海洋资源开发利用和生态环境保护决策部署、解决突出资源环境问题、落实主体责任情况。首批对六省（区）开展以围填海专项督察为重点的海洋督察，其间，同步对河北、福建、广东开展海域海岛资源开发利用、海洋生态环境保护、海洋防灾减灾等方面海洋管理工作情况进行例行督察。第二批五个国家海洋督察组负责对广东、浙江、上海、山东、天津五个省（市）开展以围填海专项督察为重点的海洋督察工作。

围填海专项督察坚持问题导向，针对当前围填海管理方面存在的"失序、失度、失衡"等突出问题，紧盯中央高度关注、群众反映强烈、社会影响大的围填海问题及处理情况，重点检查地方政府及其有关部门不作为、乱作为的情况，重点督办人民群众反映的海洋资源环境问题的立行立改情况。

（二）督察工作开展情况

第一批海洋督察进驻期间，督察组与领导干部和工作人员进行了谈话沟通，调阅了资料，进行了项目现场核查，组织飞机、船舶开展了立体巡查，还处理了群众来信、举报电话，并根据工作制度向相关部门转办有效举报。[1]

国家海洋督察组对督察发现的突出问题进行了梳理，形成问题清单，按程序移交相关省（区）人民政府。同时，要求相关省（区）政府根据《方案》要求，结合督察组提出的意见建议，抓紧研究制定整改方案，在30个工作日内报送至国家海洋局，并在六个月内报送整改情况。整改方案和整改落实情况按照《方案》要求，及时通过中央和省级主要新闻媒体向社会公开。[2]

（三）督察发现的问题

2018年1月17日，第一批围填海专项督察的辽宁、河北、江苏、福建、广西、海南六个省（区）的督察意见已经全部反馈完毕。经督察发现，六省（区）存在的突出的问题主要集中在以下三个方面：

1. 节约集约利用海域资源的要求贯彻不够彻底

部分地区脱离实际需求盲目填海、填而未用、长期空置。[3] 个别项目违规改变围填

---

① 《首批国家海洋督察组完成督察进驻工作》，国家海洋局，http：//www.soa.gov.cn/xw/hyyw_90/201709/t20170930_58175.html，2017年10月11日登录。

② 《国家海洋督察第一批围填海专项督察意见反馈完毕 六省区三方面问题共性突出》，国家海洋局，http：//www.soa.gov.cn/xw/hyyw_90/201801/t20180117_60011.html，2018年1月18日登录。

③ 《国家海洋督察组向广西壮族自治区反馈围填海专项督察情况》，国家海洋局，http：//www.soa.gov.cn/xw/ztbd/ztbd_2017/2017wthzxdc/xwzx/201801/t20180115_59981.html，2018年1月16日登录。

海用途，用于房地产开发，浪费海洋资源，损害生态环境。

部分地区重开发轻保护，违反海洋生态保护红线管控措施审批项目。部分地区对海岛海域整治修复项目推进不力，配套资金匹配不到位。①

2. 违法审批与监管失位并存

有些地方从资源环境监管部门到投资核准部门，从综合管理部门到具体审批单位，责任不落实、履职不到位问题突出。不按照海域使用管理的规定办理用海审批手续，对海域内用海项目直接办理用地相关手续。② 部分地区海域使用权证和土地使用权证"两证并存"的现象较为严重。③

部分地区违反海洋功能区划审批项目，化整为零、分散审批等问题频发。一些依法应报国务院审批，却被拆分为多个单宗面积不超过50公顷的项目由省政府审批。④

部分地区基层执法部门对于政府主导的未批先填项目制止难、查处难、执行难普遍存在。

部分地区海域使用金减缴政策与国家有关政策不符。⑤ 有些地方违法填海罚款由地方财政代缴，或者先收缴再返还给违法企业，行政处罚流于形式。

部分地区省级海洋自然保护区管理长期缺位。②

3. 近岸海域污染防治不力

陆源入海污染源底数不清，局部海域污染依然严重。督察组排查出的各类陆源入海污染源，与沿海各省报送入海排污口数量差距巨大。

部分地区陆源入海污染源监管不严。⑥ 有些省（区）部分国家级海洋特别保护区水

① 《国家海洋督察组向河北反馈例行督察和围填海专项督察情况》，国家海洋局，http：//www.soa.gov.cn/xw/ztbd/ztbd_2017/2017wthzxdc/xwzx/201801/t20180116_59998.html，2018年1月16日登录。

② 《国家海洋督察组向海南反馈围填海专项督察情况》，国家海洋局，http：//www.soa.gov.cn/xw/ztbd/ztbd_2017/2017wthzxdc/xwzx/201801/t20180116_59997.html，2018年1月16日登录。

③ 《国家海洋督察组向江苏反馈围填海专项督察情况》，国家海洋局，http：//www.soa.gov.cn/xw/ztbd/ztbd_2017/2017wthzxdc/xwzx/201801/t20180114_59956.html，2018年1月14日登录。

④ 《国家海洋督察组向辽宁反馈围填海专项督察情况》，国家海洋局，http：//www.soa.gov.cn/xw/ztbd/ztbd_2017/2017wthzxdc/xwzx/201801/t20180114_59957.html，2018年1月14日登录。

⑤ 《国家海洋督察组向福建反馈例行督察和围填海专项督察情况》，国家海洋局，http：//www.soa.gov.cn/xw/ztbd/ztbd_2017/2017wthzxdc/xwzx/201801/t20180116_59999.html，2018年1月16日登录。

⑥ 《国家海洋督察组向广西壮族自治区反馈围填海专项督察情况》，国家海洋局，http：//www.soa.gov.cn/xw/ztbd/ztbd_2017/2017wthzxdc/xwzx/201801/t20180115_59981.html，2018年1月15日登录。

质均劣于一类海水水质，长期达不到海洋功能区水质的要求。① 有些地方部分入海排污口存在审批违规现象。② 部分地区对《近岸海域污染防治方案》关于"2017 年 6 月底前完成入海排污口摸底排查"的要求落实不到位。③ 部分地区不合理的开发利用活动导致沙坝潟湖生态系统受到破坏。④

四、小结

国家海洋督察工作的实施，有力查摆了沿海地方海洋资源环境方面的突出问题，进一步夯实了地方党委政府海洋生态文明建设主体责任。随着我国依法治海实践的全面深化，有必要认真总结首次海洋督察的经验，巩固和完善海洋督察的长效机制，打造更加专业的海洋督察队伍，加强整改落实情况的监督力度，为加快建设海洋强国增添助力。

---

① 《国家海洋督察组向江苏反馈围填海专项督察情况》，国家海洋局，http：//www.soa.gov.cn/xw/ztbd/ztbd_2017/2017wthzxdc/xwzx/201801/t20180114_59956.html，2018 年 1 月 16 日登录。

② 《国家海洋督察组向辽宁反馈围填海专项督察情况》，国家海洋局，http：//www.soa.gov.cn/xw/ztbd/ztbd_2017/2017wthzxdc/xwzx/201801/t20180114_59957.html，2018 年 1 月 16 日登录。

③ 《国家海洋督察组向福建反馈例行督察和围填海专项督察情况》，国家海洋局，http：//www.soa.gov.cn/xw/ztbd/ztbd_2017/2017wthzxdc/xwzx/201801/t20180116_59999.html，2018 年 1 月 16 日登录。

④ 《国家海洋督察组向河北反馈例行督察和围填海专项督察情况》，国家海洋局，http：//www.soa.gov.cn/xw/ztbd/ztbd_2017/2017wthzxdc/xwzx/201801/t20180116_59998.html，2018 年 1 月 16 日登录。

第六章　中国的海洋执法

海洋执法是指国家海上执法队伍为实现国家海洋行政管理的目的，依照法定职权和法定程序，执行海洋法律、法规和规章，实施直接影响海洋行政相对人权利义务的行为。海洋执法是维护海洋资源开发秩序、保护海洋生态环境、打击海上违法犯罪和维护国家海洋权益的有效方式和重要保障。

一、海洋执法队伍

从中华人民共和国成立到改革开放前，这一时期的海洋观念和政策是以海洋防卫为重点，海洋执法多由海军行使。随着海上交通安全、海洋渔业资源的利用和保护、海洋权益和海洋环境保护等法律法规的制定与实施，中国形成了以海监、渔政、海事、边防、海关等为行政执法队伍，海军为军事执法队伍的分散型海洋执法体制。

2013 年，中国政府将原国家海洋局及其中国海监、公安部边防海警、农业部中国渔政、海关总署海上缉私警察的队伍和职责整合，重新组建国家海洋局。中国海洋执法队伍整合后，形成了相对集中的海洋执法体制。目前，中国海洋执法队伍主要是指中国海警和中国海事。

（一）中国海警

中国海警根据法律授权在中国管辖海域实施维权执法活动。主要执法任务包括：管护海上边界，防范打击海上走私、偷渡、贩毒等违法犯罪活动，维护国家海上安全和治安秩序，负责海上重要目标的安全警卫，处置海上突发事件；负责机动渔船底拖网禁渔区线外侧和特定渔业资源渔场的渔业执法检查，并组织调查处理渔业生产纠纷；负责海域使用、海岛保护及无居民海岛开发利用、海洋生态环境保护、海洋矿产资源勘探开发、海底电缆管道铺设、海洋调查测量以及涉外海洋科学研究活动等的执法检查；指导协调地方海上执法工作；参与海上应急救援，依法组织或参与调查处理海上渔业生产安全事故，按规定权限调查处理海洋环境污染事故等。

（二）中国海事

中国海事是海上交通执法监督队伍，负责对船舶安全检查和污染防治；管理水上安全和防止船舶污染，调查、处理水上交通事故、船舶污染事故及水上交通违法案件；负责外籍船舶出入境及在中国港口、水域的监督管理；负责船舶载运危险货物及其他货物的安全监督；负责禁航区、航道（路）、交通管制区、安全作业区等水域的划定和监督管理；管理和发布全国航行警（通）告，办理国际航行警告系统中国国家协调人的工作；审批外籍船舶临时进入中国非开放水域；管理沿海航标、无线电导航和水上安全通信；组织、协调和指导水上搜寻救助并负责中国搜救中心日常工作；危险货物运输安全管理；维护通航环境和水上交通秩序；调查海上交通事故；组织实施国际海事条约等。

二、海洋执法依据

海洋执法活动具有严格的法定性，必须遵守依法行政的基本要求。中国海洋执法队伍严格依据法律规定，有法必依、执法必严。中国海洋执法的法律依据，主要包括法律法规、部门规章、其他规范性文件及有关国际公约和国际协定等。

（一）综合性基本法律

1992 年《中华人民共和国领海及毗连区法》、1998 年《中华人民共和国专属经济区和大陆架法》、2015 年《中华人民共和国国家安全法》等基本法律覆盖了中国领海、毗连区、专属经济区、大陆架等管辖海域，为中国海洋执法队伍在相关海域行使海上执法权提供了法律依据。

（二）海洋环境保护类

2017 年新修正的《中华人民共和国海洋环境保护法》为中国海洋执法队伍在管辖海域进行海洋环境保护执法提供法律依据。

2009 年《防治船舶污染海洋环境管理条例》、1985 年《中华人民共和国海洋倾废管理条例》、1990 年《中华人民共和国防治海岸工程建设项目污染损害海洋环境管理条例》等以及 2017 年修正的《中华人民共和国海洋倾废管理条例实施办法》等部门规章，对防止船舶、海洋废弃物、海岸工程污染海洋环境，保持海洋生态平衡，保护海洋资源作出了详细规定。

（三）海洋资源和海域使用类

2013 年修正的《中华人民共和国渔业法》、1987 年《中华人民共和国渔业法实施细则》等几部法律法规对海洋渔业资源的开发和利用作出详细规定。2009 年修正的

《中华人民共和国矿产资源法》及其实施细则是规范海洋矿产资源勘查、开发、利用和保护、加强海洋矿产资源管理的重要依据。2009 年《中华人民共和国海岛保护法》和2001 年《中华人民共和国海域使用管理法》是对海岛保护和开发、海域管理和使用开展执法的重要法律依据。

（四）海上治安和海上缉私类

2012 年修正的《中华人民共和国人民警察法》、2017 年新修正的《中华人民共和国海关法》等法律法规对中国海警海上治安，海上缉私的任务、职权等内容作出了规定，为中国海警打击海上违法犯罪活动和维护海上秩序提供了法律依据。

（五）涉外海洋科研与铺设电缆管道

中国海警依据 1996 年《中华人民共和国涉外海洋科学研究管理规定》、1989 年《铺设海底电缆管道管理规定》及其配套规章的有关规定，对在中华人民共和国管辖海域内进行涉外海洋科学研究活动和铺设海底电缆、管道的主体和行为开展执法措施，维护国家安全和海洋权益。

（六）海事执法

2016 年修正的《中华人民共和国海上交通安全法》、2017 年修正的《中华人民共和国港口法》为海事部门加强海上交通、港口、航道管理，保障船舶、设施和生命财产安全，维护港口安全与经营秩序提供了法律依据。

1993 年《中华人民共和国船舶和海上设施检验条例》、2014 年修正的《中华人民共和国船舶登记条例》等行政法规为海事部门加强船舶管理和海上设施管理提供了依据。2016 年颁布实施的《船舶检验管理规定》、2017 年修正的《中华人民共和国海上海事行政处罚规定》、2016 年修正的《中华人民共和国船舶污染海洋环境应急防备和应急处置管理规定》、2017 年颁布实施的《中华人民共和国船舶安全监督规则》等部门规章有利于海事部门加强船舶管理，处置船舶海洋污染，提升安全监督和检验能力。

三、海洋执法能力建设

提升执法人员能力，加强执法装备建设是全面履行中国海上执法队伍职责、依法规范海洋开发秩序、有效保护海洋生态环境、切实维护国家海洋权益、推动海洋经济持续健康发展的必然要求和重要保障。

（一）提升执法人员能力

中国海上执法队伍以提高执法人员能力素质为重点，全面加强队伍组织建设、思想建设、业务建设和廉政建设，努力打造具有鲜明中国特色、能够有效履行国家使命的现代化海上执法力量。

中国海警举办执法人员培训班，学习业务理论、提高执法装备操作技能。2013年3月，公安海警学院申报的"海警执法"和"海警后勤管理"两个本科特设专业获教育部批准开办。两特设专业分属法学科公安学类、管理学科公共管理类。其中，"海警执法"专业设置瞄准海警执法的综合性特点，围绕海洋维权、海域使用、渔业管理、海洋环境保护、海岛保护、海上缉私、海上治安管理等内容设置核心课程。山东省总队立足提高执法队伍正规化、专业化水平，举办全省海洋执法机构业务骨干培训班。2017年6月，福建海警第一支队调集6艘舰艇在福建亭江至台山岛附近海域，开展锚地集训暨军事业务比武竞赛。这是该支队本年度以来最大规模的海上实战练兵活动，全面"检阅"部队维权执法、反恐缉私、治安管控等作战能力，利用变化无常的"战场"锤炼一支能打仗打胜仗的尖刀部队。

中国海事开展"典型事故案例进航运公司、进船员培训机构"活动，联合教育部开展水上交通安全知识进校园活动，不断增强行业和公众的安全意识。2017年度共举办13个国际培训和研讨班，在国际海事组织分享中国利用事故经验教训加强海员培训的经验。制定国际事务人才职业发展规划和培养方案，培养和选拔高素质人才。2017年7月，中国海上搜救中心举办的中国-东盟国家海上搜救协调员培训班，推进中国与东盟国家海上搜救协调员专业技术交流，提升各方海上搜救业务能力和水平，共同加强区域内海上搜救合作。

（二）加强执法装备建设

中国海警重视海洋执法装备建设，加大投入力度，执法的物质技术条件持续改善。我国自主研发的中高端大型"察打一体"无人机"彩虹5"正式进入批量生产阶段，可覆盖海洋生态环境保护、防灾减灾监测、海域和海岛动态监测、海上执法以及应急响应等海洋监视监测和资源勘测需求。国家海洋局首架中远程特种海上监测飞机"中国海监 B-5002"入列国家海洋局南海分局。飞机将承担海洋行政执法、海域使用管理、海洋环境保护、海岛开发利用、海洋权益维护等多项目的航空监视监测任务，以及海洋科研和海上搜救等社会公益飞行项目。中国海监福建省总队维权执法基地（东山）维修改造工程附属设施建设项目顺利通过验收。2017年10月，"中国海监201"船入列中国海监第六支队。11月，"中国海监301"船、"中国海监302"船、"中国海监 303"船入列国家海洋局南海分局。

中国海警加强技术装备建设，完善技术装备配置，解决执法难题，提升执法能力。海南省海洋与渔业监察总队利用高技术手段在全岛以 1 800 多千米的海岸线为基准，在临海的 13 个市县设置了 22 个雷达基站，利用高清摄像头与雷达系统，织成了一张结实又紧密的"网"。这张"网"拉动了单兵执法装备、执法公务船、无人机、锚泊浮台、卫星遥感等高技术装备配套建设和使用，被称为"人、船、地、海、空、天"六位一体的海洋与渔业综合行政执法管理平台。福建省海洋与渔业执法总队引入近海雷达综合监控系统，该系统集成小目标雷达、光电跟踪、海上通讯等高科技设备的信息系统，具有全天候、全时域、全方位主动探测等特点。通过多站部署，将全面、有效覆盖福建省 25 海里范围内的大中型船舶，实现跟踪识别。可通过信息互补、信息校验、信息统一，为决策支持、行动部署提供实时、准确、可靠的技术支撑，为海上安全生产、近海渔业管理、海洋监察、防御灾害性天气、海上应急搜救、重大活动安保等提供及时可靠的服务，并为打击近海非法捕捞、非法采砂用海等综合执法行动提供有效的信息支撑。

中国海事全面提升装备设施和信息化水平。融合应用"互联网+"、大数据、人工智能等新技术，打造"现场成图、数据成链、监控成网、管理智能、服务便捷、支撑有力"的智慧海事升级版。此外，完成南海万吨级、台湾海峡 5 000 吨级海巡船立项和技术方案审批。完成新型破冰大型航标船等船型开发与立项。印发《国家海上重大溢油能力建设规划》实施方案，开工建设深圳、台州船舶溢油应急设备库。澜沧江-湄公河海事监管项目建设稳步推进。启动建设海事综合监管指挥系统，开展海事系统共享数据库建设和试点应用。

四、海洋执法实践

维护国家海洋权益是中国海上执法队伍的重要职责和任务。中国海上执法队伍依据相关法律、法规和规章开展管辖海域执法活动并取得显著成效。

（一）海洋维权执法

2017 年中国海警严格履行维护国家海洋权益职责。本年度中国海警共派出近千艘次舰艇、3 万多人次警力执行海上维权执法任务，航迹遍布我国管辖海域以及西太平洋、印度洋等，总航程近百万海里。[①] 2017 年 1 月 1 日至 2017 年 12 月 31 日，中国海警执法船组织开展钓鱼岛专项维权巡航 29 次。每次巡航保持 3~4 艘船舶有效常态化巡航，每月定期巡航 2~3 次。

表 6-1　中国海警钓鱼岛领海内维权巡航执法[②]

序号	时间	巡航编队
1	2017 年 1 月 4 日	中国海警 2307、2337、2101、31239
2	2017 年 1 月 8 日	中国海警 2307、2337、31239
3	2017 年 1 月 22 日	中国海警 2501、2308、2302
4	2017 年 2 月 6 日	中国海警 2305、2306、31240
5	2017 年 2 月 18 日	中国海警 2401、2337、2101、2106
6	2017 年 3 月 1 日	中国海警 2401、2337、2106
7	2017 年 3 月 22 日	中国海警 2308、2337、31239
8	2017 年 3 月 28 日	中国海警 2308、2337、2102、31239
9	2017 年 4 月 10 日	中国海警 2305、2306、2101、2106
10	2017 年 4 月 14 日	中国海警 2305、2306、2101、31240
11	2017 年 4 月 24 日	中国海警 2401、2501、2151、31240
12	2017 年 5 月 8 日	中国海警 2307、2502、2337、2302
13	2017 年 5 月 18 日	中国海警 2305、2308、2166、33115
14	2017 年 5 月 23 日	中国海警 2305、2308、2166、33115
15	2017 年 6 月 5 日	中国海警 2501、2306、2101、31239
16	2017 年 6 月 24 日	中国海警 2401、2337、2115、2106
17	2017 年 6 月 26 日	中国海警 2401、2337、2115、2106
18	2017 年 7 月 10 日	中国海警 2307、2502、2166、2302

① 《2017 年我海警维权执法巡航总航程近百万海里》，人民网，http：//military. people. com. cn/n1/2018/0227/c1011-29836220. html，2018 年 3 月 1 日登录。

② 依据国家海洋局网站相关信息整理。

序号	时间	巡航编队
19	2017 年 7 月 17 日	中国海警 2308、2306、2113、2106
20	2017 年 7 月 25 日	中国海警 2308、2306、2113、2106
21	2017 年 8 月 18 日	中国海警 2502、2166、2101、33115
22	2017 年 8 月 25 日	中国海警 2502、2166、2101、33115
23	2017 年 9 月 21 日	中国海警 2307、2305、2337、2106
24	2017 年 9 月 25 日	中国海警 2307、2305、2337、2106
25	2017 年 10 月 5 日	中国海警 2401、2501、2115、31240
26	2017 年 11 月 2 日	中国海警 2308、2502、2113、2302
27	2017 年 11 月 29 日	中国海警 2401、2166、35115
28	2017 年 12 月 24 日	中国海警 2306、2502、2106
29	2017 年 12 月 30 日	中国海警 2306、2502、2106

（二）海洋综合执法

海上综合执法涉及领域广泛，是中国管辖海域内的海洋渔业管理、海域管理、海岛保护、海上治安、海上秩序的重要保障。2017 年中国海警组织开展了"海盾 2017""碧海 2017""海狼 2017"、无居民海岛等专项执法行动，有力维护了海上活动的安全和秩序。

1. 海洋渔业执法

中国海警突出执法重点，通过集中清理取缔涉渔"三无"船舶、加强休渔管理、开展专项资源管理和整治等措施，维护海洋与渔业生产秩序，保持渔业资源的合理开发与利用。2017 年 4 月 28 日，东海区 2017 年海洋休渔第一次海上联合执法行动正式启动。本次行动是 2013 年我国推进海上统一执法，重新组建国家海洋局以来规模最大、巡航范围最广、涉及成员单位最多的一次执法行动。本次行动对北纬 35°以南 26°以北所辖海域开展为期 9 天的执法行动，重点是海州湾渔场、吕四渔场、长江口渔场、舟山渔场、渔山渔场、闽东渔场禁渔区线两侧水域以及中日、中韩渔业协定暂定措施水域。①

　　各地结合本地特点开展各具特色的渔业管理和执法行动。截至 2017 年 9 月，福建省共开展"蓝剑"行动 23 次，海上联合执法行动 256 天。② 为完成休渔执法监管以及敏感海域渔船管控任务，福建省海洋与渔业执法总队全力维护海上渔业生产正常秩序，防止发生涉外涉台渔业事件。海南省海洋与渔业监察总队启动"护蓝打非"行动，即保护蓝色国土，打击非法采砂、非法捕捞等行为。省总队重点打击的违法类型涉及非法采砂、非法电鱼、非法围填海、采挖珊瑚礁等 9 个类型。③ 上海市加大伏季休渔管理力度，截至 2017 年 7 月，上海市海洋执法部门累计出动渔政船 490 艘次、巡航 14 291 海里、出动执法人员 1 616 人次，严厉打击非法捕捞行为。上海市、江苏省、浙江省三地省级渔政监督管理机构加强了区域间渔业执法力量协作力度，签署了《江浙沪海上渔业执法长效管理备忘录》。三省协调、推进、指导各方区域内渔政执法力量，建立区域间的多种形式的联勤联动机制，建立异地协助办案制度，共同查处各类违法及突发事件。④ 2017 年 5 月至 6 月，辽宁省海监渔政局组织开展了为期 35 天的"亮剑 2017"辽宁第二期联合执法专项行动，行动旨在加强辽宁省黄海北部海域休渔执法工作，防范打击非法越界捕捞行为。自 2017 年年初开始，辽宁省涉海部门重拳出击、联合发力，在全省开展清理取缔涉渔"三无"船舶专项整治行动，截至 9 月 8 日，全省共查扣疑似涉渔"三无"船舶 1 738 艘。2018 年 1 月初，辽宁省海洋执法队伍在渤海中部针对海域底拖网违规作业的渔船开展了为期 9 天的执法行动，抽调了 3 艘执法船对目标海域进行了大范围巡查，通过雷达系统对重点海域进行全天候监控，圆满完成了此次任务，有效维护了海上渔业生产秩序。⑤

　　2. 海域执法

　　2017 年是中国海警开展"海盾"专项执法行动的第四年。"海盾 2017"专项执法行动以加强围填海全过程监管、区域建设用海规划执法管理和建筑物用海监管普查为重点任务，进一步加强海洋生态文明建设，强化海岸线保护与利用、围填海管控的综合管理工作。"海盾 2017"专项行动于 2017 年 11 月底结束，共立案 103 起，作出行政

---

　　① 董姝楠：《东海区开展今年海洋休渔首次联合执法》，载《中国海洋报》，2017 年 5 月 2 日 A1 版。

　　② 叶雨淋：《福建海洋执法树"蓝剑"品牌》，载《中国海洋报》，2017 年 9 月 8 日 A3 版。

　　③ 贾磊，李科洲：《实现检管分离　布下科技"大网"》，载《中国海洋报》，2017 年 8 月 4 日 A1 版。

　　④ 上海市水产办公室，上海市渔政处：《落实海洋伏休新政策　推进两法衔接新成效》，载《中国渔业报》，2017 年 7 月 17 日 01 版。

　　⑤ 郑伟：《辽宁"亮剑 2017"联合执法成效显著》，载《中国海洋报》，2017 年 7 月 7 日 A2 版。

处罚决定 93 件，决定罚款 69.9 亿元。① 专项行动强化执法任务纵向统筹推进；深化与涉海职能部门横向协同合作，细化海域执法的整体规范化建设。

地方执法队伍组织开展巡查执法。江苏省总队为确保案件查处工作顺利开展，对多起重点案件进行专项督办；广西区总队联合钦州、北海海监支队，对钦州、北海集中用海区域开展联合执法。河北、山东、浙江、广东省总队加大对擅自改变海域用途违法行为的查处力度，立案查处了多起擅自改变海域用途的违法用海行为。

3. 海洋环境保护执法

2017 年 3 月，中国海警指挥中心发布《关于开展"碧海 2017"专项执法行动的通知》。行动以查处破坏海洋环境和海洋野生动物资源大案、要案为重点，覆盖海洋工程建设、海砂开采等 7 个执法领域，通过行政和刑事双重手段严厉打击海洋资源环境违法行为。各地扎实开展"碧海 2017"专项执法行动，取得显著成效。其中，福建省执法力度最大，省各级海监机构共检查海洋工程 1 027 次、倾废区 31 次、保护区检查 766 次、其他生态区域 145 次、排污口检查 99 次、登检采砂船 915 艘次、登检倾废船舶 302 艘次，办结"碧海"案件 193 宗，收缴罚没款 1 845 多万元。②

2017 年 7 月至 12 月，环境保护部、国土资源部、水利部、农业部、国家林业局、中国科学院、国家海洋局共同组织开展"绿盾 2017"国家级自然保护区监督检查专项行动。各省相继开启对海洋保护区的专项执法检查。9 月，国家海洋局东海分局专项检查福建省国家级海洋保护区进展情况，国家级海洋保护区专项检查组就加强海洋保护区违法违规问题的排查、查处、整改以及清理不符合要求的涉海保护区地方法规政策等方面提出要求。江苏省从 8 月至 11 月开展全省海洋岸线巡查，重点检查连云港海州湾国家级海洋公园、如东沿海重要生态湿地、连岛旅游休闲娱乐区、赣榆砂质岸线等涉海自然保护区、海洋特别保护区、重要河口生态系统、重要滨海湿地、特别保护海岛、重要滨海旅游区、重要砂质岸线及邻近海域生态红线区等。③ 河北省从 8 月至 10 月，对昌黎黄金海岸国家级自然保护区、北戴河国家级海洋公园、乐亭菩提岛诸岛省级自然保护区、黄骅古贝壳堤省级自然保护区开展专项检查。④

北戴河海洋环境保护专项执法行动贯彻落实新修正的《中华人民共和国海洋环境

① 赵宁：《重拳打击大面积非法围填海行为》，载《中国海洋报》，2017 年 11 月 3 日 A2 版。
② 林明峰，叶雨淋：《福建省"碧海 2017"专项执法行动成效显著》，中国海洋在线，http：//www.oceanol.com/shichuang/201712/15/c71017.html，2018 年 2 月 6 日登录。
③ 丁蔚文：《江苏海洋生态红线保护区专项检查启动》，新华网，http：//www.js.xinhuanet.com/2017-08/21/c_1121513329.htm，2018 年 2 月 6 日登录。
④ 郑佳洵，闫思宇：《河北启动海洋保护区专项检查 全力保障海洋生态环境》，搜狐网，http：//www.sohu.com/a/191538467_119586，2018 年 2 月 6 日登录。

保护法》，进一步加强海洋环境执法监管，2017 年 4 月至 5 月，执法部门对北戴河及其周边海域开展全面摸底检查，摸清分管用海项目进展情况，对每个项目实现"一对一"监管，在保证全年常态化执法的基础上，突出暑期高压执法，保障北戴河拥有良好的海洋生态环境。①

4. 海岛执法

各地方队伍结合本地实际开展海岛执法检查活动。2017 年 5 月，山东省日照市海洋与渔业局部署开展了无居民海岛专项执法行动，重点检查该市已开发利用无居民海岛的保护情况，完善无居民海岛基础信息，建立海岛执法台账，督促无居民海岛的合法开发利用，查处破坏无居民海岛和在无居民海岛周边盗采海砂的违法行为，进一步规范日照市无居民海岛开发利用和监督管理。② 2017 年 6 月，中国海监江苏省总队会同中国海监东海总队对开山岛及其周边海域开发利用情况进行了联合执法巡查。③ 2017 年 9 月，中国海监第六支队将全部厦门周边无居民岛屿纳入监管范围，重点对厦门市政府《关于加强海域治安管理的决定》所列的 17 个无居民海岛进行反复深入排查，共开展了 31 个航次的海岛执法任务，多层面、全方位地实施隐患排查，有效杜绝破坏海岛生态环境、改变海岛自然地形地貌、非法采挖海砂等违法行为，确保了厦门无居民海岛及其周边海域生态处于良好的秩序和状态。④ 上海市海洋局联合国家海洋局东海分局、崇明区海洋局、东海预报中心和东海海洋工程勘察院开展三星东沙、黄瓜北沙和黄瓜四沙等 3 个无居民海岛的现场核查工作⑤。11 月，福建省 2017 年无居民海岛专项执法行动顺利完成。全省海监机构共派出海岛执法人员 3 915 人次、船舶 625 航次、航程 20 393 海里；共检查海岛 1 618 个、1 910 次。执法行动保障了福建省海岛自然资源的保护与开发利用活动合法有序，进一步完善了海岛资料。⑥

5. 海上治安执法

中国海警积极查办刑事违法案件，在查处抢劫、偷盗、贩毒等违法行为中，充分

---

① 赵建东：《北戴河海洋环境保护专项执法启动》，载《中国海洋报》，2017 年 4 月 20 日 A1 版。
② 隋忠伟：《开展三个专项行动维护海洋文明》，齐鲁晚报数字报刊，http：//epaper. qlwb. com. cn/qlwb/content/20170523/ArticelRC02002FM. htm，2018 年 2 月 6 日登录。
③ 《中国海监江苏省总队直属支队开展海岛巡查专项执法行动》，江苏政府法制网，http：//www. jsfzb. gov. cn/art/2017/6/7/art_106_112571. html，2018 年 2 月 6 日登录。
④ 许才顺，赵宁，吕宁：《确保金砖厦门会晤通讯畅通》，载《中国海洋报》，2017 年 9 月 15 日 A3 版。
⑤ 上海市水务局，上海市海洋局：《市海洋局开展无居民海岛现场核查工作》，上海水务海洋，http：//www. shanghaiwater. gov. cn/shwaterweb/gb/sswj/node3/n6/userobject1ai10302. html，2018 年 2 月 6 日登录。
⑥ 欧丽彬，汤忠民：《福建全省开展无居民海岛专项执法行动》，中国海洋在线，http：//www. oceanol. com/zfjc/zhifa/6198. html，2018 年 2 月 6 日登录。

发挥刑事处罚和海上执法作用，保护正常的海上开发活动，维护海上治安秩序。2017年2月，江苏海警支队在辖区内开展盗抢鳗鱼苗案件专项整治行动，确保辖区安全稳定。① 5月，福建海警第三支队与厦门当地边防、海事、海洋渔业、港口四家驻地涉海部门开展海上联合整治行动，打击海上走私、偷渡、贩毒等违法犯罪活动，维护厦门海域正常生产作业秩序。② 9月，海南海警二支队在海南万宁海域查获一艘琼海籍非法猎捕、收购、运输珍贵濒危野生苏眉鱼渔船。③

6. 海上缉私执法

自2017年8月起，中国海警组织全国海警开展"海狼2017"打击海上走私专项行动，重点打击成品油、香烟、食糖以及涉税商品走私等非法活动，坚决遏制重点区域、重点物品走私猖獗的势头。④ 中国海警还严厉查处走私冻品、外币和成品油的违法犯罪活动。2017年7月，浙江海警二支队联合宁波海关破获了一起绕关走私冻品、废旧电子产品大案。8月，广东海警一支队在东莞、深圳等地多点联动，成功破获一宗特大走私外币案，抓获犯罪嫌疑人7名（其中1名为香港籍），涉案金额累计达1亿多美元。11月，连云港边防支队和南京海关缉私局开展联合打击行动，查获走私船舶两艘，抓获犯罪嫌疑人27名，缴获走私成品油800余吨，案值达1.1亿元。⑤ 江苏边防总队盐城边防支队查获一起涉嫌走私成品油案件，抓获犯罪嫌疑人9名，查获疑似成品柴油约200吨，查扣涉案船舶1艘、油罐车8辆，涉案价值约为120万元。⑥ 福建海警二支队在查获非法成品油方面也有很大力度，2017年至2018年1月初，共查获无合法齐全手续成品油案77起，缴获成品油6 700多吨。⑦

---

① 苏红锋，孔威棣：《江苏海警在长江口海域开展专项整治行动》，人民网，http：//legal. people. com. cn/n1/2017/0228/c42510-29114058. html，2018年2月6日登录。

② 洪晨晖，许峰，陈灿阳：《福建多部门联合行动整治厦门海域》，中国海洋在线，http：//www. oceanol. com/zhifa/201705/19/c64736. html，2018年2月6日登录。

③ 朱永，姚力：《海南海警首次查获非法猎捕、收购、运输野生苏眉鱼》，搜狐网，http：//www. sohu. com/a/192028081_362042，2018年2月6日登录。

④ 《中国海警局开展"海狼2017"打击海上走私专项行动》，搜狐网，http：//www. sohu. com/a/167353265_330841，2018年2月5日登录。

⑤ 陈琪，董楠，何蒋勇：《浙江海警联合海关查获1 400吨物品绕关走私大案》，网易新闻，http：//news. 163. com/17/0829/14/CT0UM9O600018AOQ. html，2018年2月6日登录。

⑥ 皋亚成，张浩卿：《江苏公安边防连续破获走私成品油大案》，中国公安边防频道，http：//www. legaldaily. com. cn/police_and_frontier-defence/content/2017-11/21/content_7392893. htm？node=23290，2018年2月6日登录。

⑦ 《福建海警二支队一夜查获5起涉嫌成品油走私案》，中国液化天然气网，http：//www. cnlng. com/wapben-candy. php？fid=56&id=47012，2018年2月6日登录。

7. 海上安全监管

中国海洋执法队伍全力推进海上搜救和水上交通安全制度化，为海上丝绸之路和海洋强国建设提供可靠的海上应急保障。完善工作指南，推进船舶交通管理中心规范化管理。深入推进"平安交通"创建，开展船舶与港口污染防治、船舶载运危险货物、国际航行大型散货船、船舶自动识别系统治理等专项行动。

（三）海洋执法合作

中国海洋执法队伍积极推动执法合作和执法交流，与部分国家和地区开展执法合作，构建交流合作机制，提升执法合作水平。

中越海警合作。2017 年 4 月，"中国海警 3301"和"中国海警 3304"两艘舰船参加 2017 年第一次中越海警北部湾共同渔区海上联合检查。联检期间，中越双方互派执法人员乘船观摩，商讨加强海上渔船管理、推动中越海警部门海上执法和安全合作，打造海上渔业执法执勤合作样板。[1]

中日海警合作。2017 年 6 月，中日举行第七轮海洋事务高级别磋商。中国海警局和日本海上保安厅肯定了已有联络窗口所发挥的作用。为进一步增强互信，双方就加强信息交换、推进工作层人员交流达成一致，并就强化两国海上执法机构间的合作深入交换了意见。[2] 12 月，中日举行第八次海洋事务高级别磋商。中国海警局和日本海上保安厅对于已有联络窗口在双方信息交换方面发挥的作用以及工作层人员交流给予肯定，并就强化两国海上执法部门间的合作深入交换意见。[3]

中德海警合作。2017 年 7 月，中国海警局与德国联邦警察海警总队就加强友好合作达成原则共识，商定将开展高层互访、人员培训、能力建设、经验交流等务实合作，共同提升中德海上执法安全合作水平。这是中国海警首次接待德国海警代表团来访，也是首次接待欧洲国家海上执法机构代表团来访。[4]

中菲海警合作。2017 年 2 月，中菲海警举行了海警海上合作联合委员会第二次筹备会暨成立会议，双方在打击毒品贩运等跨国犯罪、海上搜救、海洋环境保护、应急

①　毛思倩：《中国海警参加中越海警北部湾共同渔区海上联合检查》，中国新闻网，http://sports. chinanews. com/gn/2017/04-17/8201841. shtml，2018 年 2 月 6 日登录。

②　《中日举行第七轮海洋事务高级别磋商》，外交部，http://www. fmprc. gov. cn/web/wjbxw _ 673019/t1474441. shtml，2018 年 2 月 6 日登录。

③　《中日举行第八次海洋事务高级别磋商》，人民网，http://world. people. com. cn/n1/2017/1206/c1002-29690012. html，2018 年 2 月 6 日登录。

④　张雨：《中德海警加强友好合作　共同维护海上安全稳定》，人民网，http://legal. people. com. cn/n1/2017/0718/c42510-29412646. html，2018 年 2 月 6 日登录。

响应等领域开展多种形式的务实合作。① 11月，菲律宾海岸警卫队参观访问福建海警第三支队。②

中国东盟海上合作。2017年11月，"中国海警3306"船完成了2017年度中国-东盟国家海上联合搜救实船演练。此次演练内容涵盖海空搜救、消防灭火、船舶堵漏、水下探摸、医疗救助和人员转移等课目，紧急救援行动共出动飞机3架、船艇20艘、应急救助队8个。参演方分别来自中国、柬埔寨、菲律宾等7个国家，参演人数达1 000余人，是目前为止我国与东盟国家搜救实船演练中规模最大的一次。③

五、小结

自2013年组建以来，中国海警积极稳妥推进海上维权管控，圆满完成了一系列重大海上安保和执法行动，确保了我国周边海域安全稳定，维护了我国领土主权和海洋权益，成为维护我国海洋权益的主力军。④ 2017年中国海洋执法工作全面推进，执法力量不断增强。中国海洋执法队伍开展管辖海域的定期维权巡航执法，持续进行钓鱼岛专项维权执法活动，对中国管辖海域内的海洋渔业管理、海域管理、海岛保护、海上治安、海上秩序等方面开展多项专项综合执法活动，为我国海洋安全稳定、海洋环境保护、海洋开发利用、海上航行和治安等提供了重要保障。

① 《中菲海警海上合作联委会成立，双方将在多领域开展务实合作》，搜狐网，http://www.sohu.com/a/127049231_260616，2018年2月6日登录。
② 王德南，林佳奇，洪晨晖：《菲律宾海岸警卫队代表团参观福建海警第三支队》，中国海洋在线，http://www.oceanol.com/shichuang/201711/27/c70501.html，2018年2月6日登录。
③ 胡纪元：《"中国海警3306"圆满完成中-东盟国家海上联合搜救实船演练》，国家海洋局，http://www.soa.gov.cn/xw/ztbd/ztbd_2015/gjhyjdjzx/jcdt/201711/t20171122_59206.html，2018年2月6日登录。
④ 熊丰：《2017年我海警维权执法巡航总航程近百万海里》，人民网，http://military.people.com.cn/n1/2018/0227/c1011-29836220.html，2018年3月1日登录。

第三部分
海洋经济与科技

第七章　中国海洋经济发展

　　2017 年，各级海洋行政主管部门认真贯彻落实党的十九大精神和习近平新时代中国特色社会主义思想，继续扎实推进"十三五"规划纲要和《全国海洋经济发展"十三五"规划》对我国海洋事业发展的战略部署，全面落实党中央、国务院的系列改革举措，为新时期进一步提升海洋经济发展质量效益奠定坚实基础，致力于提高海洋及相关产业、临海经济对国民经济和社会发展的贡献率，努力使海洋经济成为推动国民经济发展的重要引擎，加快建设海洋强国。

一、中国海洋经济总体发展

　　2017 年我国海洋经济发展稳中向好，结构调整不断深化，提质增效取得实效[①]，正处于我国海洋经济从规模速度型向质量效益型优化转变的关键时期。在这一时期，国家制定并出台了多项涉海政策，扎实推进《全国海洋经济发展"十三五"规划》实施，加快构建海洋经济运行监测与评估体系，促进海洋产业创新发展，推动海洋经济示范区建设，深入推进涉海金融，引导开发性、政策性金融向海洋领域累计投放贷款近 1 700 亿元，[①]为新时期海洋经济持续健康发展奠定了坚实基础。

（一）中国海洋经济总体概况

　　据《2017 年中国海洋经济统计公报》[②] 显示，全年全国海洋生产总值达到 77 611 亿元，占国内生产总值的 9.4%，该比例与上年基本持平，同比增长 6.9%，与同期 GDP 增速一致。从海洋三次产业来看，2017 年海洋第一产业增加值 3 600 亿元，第二产业增加值 30 092 亿元，第三产业增加值 43 919 亿元，海洋第一、第二、第三产业增加值占海洋生产总值的比重分别为 4.6%、38.8%和 56.6%。2017 年全国涉海就业人员 3 657 万人。

　　2017 年，我国海洋产业继续保持稳步增长。主要海洋产业中，滨海旅游业全年实

---

① 赵宁：《我国海洋经济稳中向好　提质增效取得实效》，载《中国海洋报》，2018 年 3 月 2 日第 001 版。
② 本节数据来源均为：《2017 年中国海洋经济统计公报》。

现增加值 14 636 亿元，增速高达 16.5%，处于领先地位，随着滨海旅游发展规模持续增加，海洋旅游新业态潜能进一步释放，滨海旅游业成为带动海洋经济发展的重要增长点；海洋生物医药业紧随其后，该产业近年来持续快速增长，产业集聚已逐渐形成，全年实现增加值 385 亿元，比上年增长 11.1%；海洋交通运输业增速稳步提高，2017年国内外航运市场逐渐复苏，沿海规模以上港口生产保持良好增长态势，海洋交通运输业全年实现增加值 6 312 亿元，较上年增加 9.5%；海洋电力业继续保持良好发展势头，在海上风电项目的推动下，2017 年该产业全年实现增加值 138 亿元，增速为8.4%；海水利用业、海洋工程建筑业稳步发展，2017 年我国海水利用业应用规模逐渐增加；受去库存影响，部分海洋化工产品产量增速回落，导致海洋化工业全年增加值较上年略有减少；受国内外市场需求和海洋油气业生产结构调整的影响，海洋原油产量减少，海洋油气业全年增加值同比小幅下降；海洋渔业生产结构进入加快调整期，该产业全年增加值较上年有所下降；受市场需求影响，海洋船舶工业、海洋矿业与海洋盐业全年增加值较上年均有不同程度的回落。

从区域发展来看，2017 年环渤海地区海洋生产总值 24 638 亿元，占全国海洋生产总值的比重为 31.7%，较上年回落 0.8 个百分点；长江三角洲地区海洋生产总值22 952亿元，占全国海洋生产总值的比重为 29.6%，比上年降低 0.1 个百分点；珠江三角洲地区海洋生产总值 18 156 亿元，占全国海洋生产总值的比重为 23.4%，比上年增加0.5 个百分点。

（二）中国海洋经济发展特点

近年来，我国海洋经济一直保持良好发展势头，已经成为国民经济特别是沿海地区经济稳定的增长点。2017 年，海洋经济总体规模保持稳步增长，海洋产业结构调整步伐持续加快，涉海就业稳定，产出效率不断增加，海洋经济发展质量进一步提升。

1. 海洋经济总体规模稳步增长

海洋生产总值（GOP）是海洋经济生产总值的简称，指按市场价格计算的沿海地区常住单位在一定时期内海洋经济活动的最终成果，是海洋产业和海洋相关产业增加值之和。2017 年全国海洋生产总值达到 77 611 亿元，比上年增长 6.9%，占国内生产总值（GDP）的比重为 9.4%。

从 2001 年起，我国海洋经济统计开始采用海洋生产总值统计口径，至 2016 年已有连续 16 年的统计数据。2001 年，我国海洋生产总值为 9 518.4 亿元，2002 年突破万亿元；五年后的 2006 年实现翻倍增长；2009 年跃上 3 万亿台阶，达到 31 964 亿元；2010年的净增量为近 16 年之最，一年实现 7 457.3 亿元的增幅；2012 年海洋生产总值突破

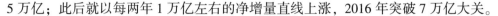

5 万亿；此后就以每两年 1 万亿左右的净增量直线上涨，2016 年突破 7 万亿大关。

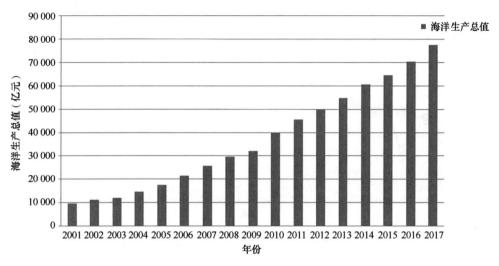

图 7-1　2001 年至 2017 年全国海洋生产总值

数据来源①：《中国海洋统计年鉴》（2015）、《中国海洋经济统计公报》（2015—2017）。

自 2002 年以来，就增速而言，除个别年份（2003 年、2009 年、2017 年）以外，全国海洋生产总值总体高于同期国内生产总值，其中 2002 年、2004 年、2005 年、2006 年四个年份海洋生产总值增速均比同期国内生产总值增速高出 5 个百分点以上，最高的 2002 年甚至高出 10.7 个百分点。由此可见，海洋经济在我国总体经济中颇具活力，其发展水平高于同期国民经济整体进程。"十二五"以来，我国海洋经济进入深度调整期，海洋生产总值增速逐渐放缓，与同期国内生产总值增速趋近。

2. 海洋产业结构不断优化

海洋经济结构反映海洋经济发展的进程和水平，可通过海洋生产总值的三次产业结构表达，即海洋经济的全部生产和服务活动按三次产业划分的结构比例。

10 余年的统计数据显示，我国海洋经济结构增速均衡，发展平稳。从海洋三次产业结构看，海洋产业结构调整步伐持续加快，部分产业加快淘汰落后产能，高技术产业化进程加速，结构进一步优化。

如前文所述，2017 年我国海洋第一产业、第二产业、第三产业增加值占海洋生产总值的比重分别为 4.6%、38.8% 和 56.6%。其中第一产业比重与上年同期相比下降

---

① 本节数据来源均为：《2017 年中国海洋经济统计公报》。

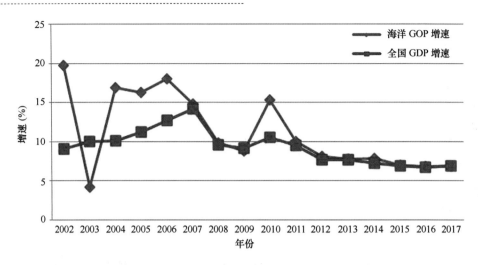

图 7-2　2002 年至 2017 年全国海洋生产总值与国内生产总值同比增速

数据来源:《中国海洋统计年鉴》(2015)、《中国海洋经济统计公报》(2015—2017)。

0.5 个百分点,海洋第二产业受国内制造业整体下行的影响,比重与上年同期相比下降 1.6 个百分点,海洋第三产业得益于滨海旅游市场旺盛、新兴服务业市场需求增加等因素带动,比重比上年同期提高 2.1 个百分点。

近年来,我国海洋第一产业比重在经历一定程度下降后基本保持平稳;海洋第二产业比重总体为下降趋势;海洋第三产业比重不断上升。我国海洋经济产业构成比重已基本形成"三、二、一"的产业格局。

3. 涉海就业稳定增长

涉海就业反映主要海洋产业吸纳劳动力就业的能力。2017 年全国涉海就业人员 3 657 万人,比上年增加 33 万人。近 10 余年来,随着我国海洋经济蓬勃发展,涉海就业人数保持稳定增长。相比 2001 年,净增就业 1 549.4 万人,增幅达 73.51%。

过去 10 余年,我国涉海就业人员数占全国劳动就业人口的比重也逐年提高,从 2005 年的 3.73% 增至 2017 年的 4.71%。由此可见,涉海就业对全国劳动就业的贡献逐年提高。

4. 海洋经济效率态势良好

海洋经济效率表征海洋经济发展质量和产业进步程度,可以用海洋经济全员劳动生产率与海洋经济密度反映。下面就其特征分别进行分析。

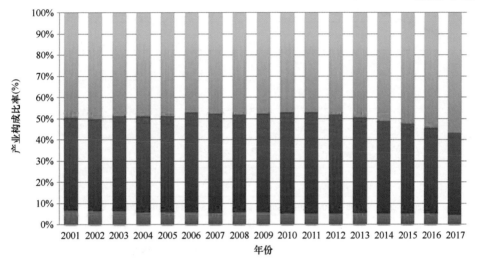

图 7-3　2001 年至 2017 年全国海洋生产总值三次产业构成

数据来源：《中国海洋统计年鉴》（2015）、《中国海洋经济统计公报》（2015—2017）。

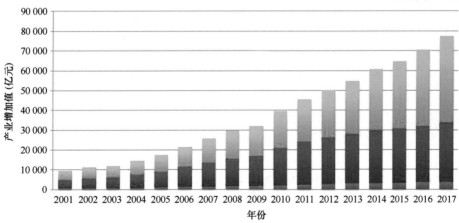

图 7-4　2001 年至 2017 年全国海洋生产总值三次产业增长

数据来源：《中国海洋统计年鉴》（2015）、《中国海洋经济统计公报》（2015—2017）。

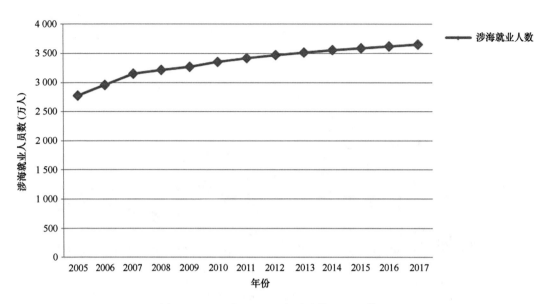

图 7-5　2005 年至 2017 年涉海就业人员数量

数据来源：《中国海洋统计年鉴》（2007、2009、2011、2013、2015）、《中国海洋经济统计公报》（2015—2017）。

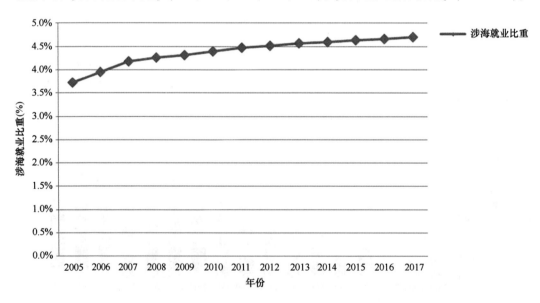

图 7-6　2005 年至 2017 年涉海就业比重

数据来源：《中国海洋统计年鉴》（2007、2009、2011、2013、2015）、《中国海洋经济统计公报》（2015—2017）、《中国统计年鉴》。

（1）海洋经济全员劳动生产率逐年增加

海洋经济全员劳动生产率可以用涉海从业人员数与海洋生产总值的比率来表征。近 10 余年来，海洋经济全员劳动生产率发生显著变化，每万人产出规模从 2006 年的 7.29 亿元直线上升至 2017 年的 21.22 亿元，增幅高达 191.08%。我国海洋经济全员劳动生产率的大幅提升主要源于海洋科技进步、涉海从业人员素质提高和海洋制造产业自动化水平的提升。随着技术密集型、资本密集型海洋产业的高速发展，海洋经济产出效率还将有持续上升的空间。

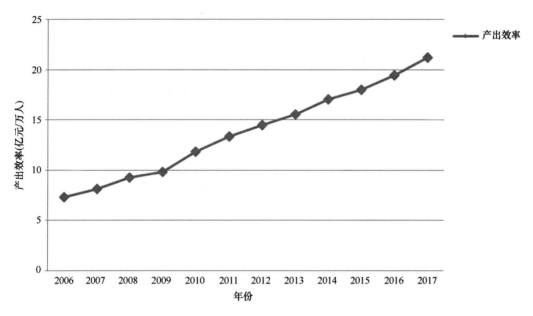

图 7-7　2006 年至 2017 年海洋经济全员劳动生产率

数据来源：《中国海洋统计年鉴》（2015）。

（2）海洋经济密度显著提高

海洋经济密度可以用单位岸线长度对应相应区域的海洋生产总值来表征，即海洋生产总值与岸线长度（大陆岸线）的比值。

全国海洋经济密度用全国海洋生产总值与大陆岸线长度的比值表征。由图 7-8 可知：2001 年我国单位岸线海洋经济密度为 0.53 亿元/千米，10 余年来该指标逐年提升，至 2017 年达到 4.31 亿元/千米，提高了 7 倍。

（三）海洋经济调查进展

2014 年 1 月 8 日，全国海洋经济调查领导小组第一次会议在北京召开，标志着我

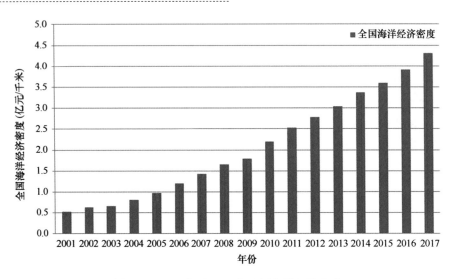

图 7-8　2001 年至 2017 年全国海洋经济密度

数据来源:《中国海洋统计年鉴》。

国第一次全国范围的海洋经济调查正式启动。海洋经济调查是国务院批准开展的首次全国性调查,可参考经验较少。为了检验和探索调查工作中可能存在的问题,总结可复制、可推广的经验和方法,进一步提高调查的可操作性,按照国务院统一部署,在大量前期工作的基础上,结合各地的区位特性、海洋产业类别、专题调查对象的全面性等方面因素,第一次全国海洋经济调查领导小组办公室选择在广西北海铁山港区、江苏南通如皋市、河北石家庄栾城区三个地区开展调查试点工作。

2015 年 10 月 11 日,第一次全国海洋经济调查试点启动会在广西北海市召开。此举标志着该调查工作进入实战阶段,涉海单位清查全面展开。随后,江苏和河北也正式启动海洋经济调查。

2016 年 2 月 3 日,第一次全国海洋经济调查江苏试点工作总结会在江苏省南通市如皋市召开。至此,广西北海、河北栾城、江苏如皋三个试点主体工作如期完成,第一次全国海洋经济调查全面调查工作正式展开。

三个试点地区充分发挥了"搭桥探路"功能、"试错"功能以及示范带头作用,通过试点调查,基本摸清了试点地区涉海单位的基本情况,验证了有关标准规范的科学性、可行性以及涉海单位清查系统的适用性,同时也对海洋经济调查的组织实施、宣传培训、底册筛查和质量控制进行了有益的探索和实验,积累了宝贵经验。

试点地区海洋经济调查进展总体顺利,各地组织实施工作准备比较充分,人员配备齐,工作效率高,但仍存在部分问题。针对上述问题,工作组建议加强调查全过程质量控制，重点加大对调查员及调查指导员的业务培训与指导力度，采取新颖丰富的宣传方式，及时与各县市区街道、乡镇街道办事处和相关单位沟通协调，并认真扎实地做好调查的监督检查工作，为全国海洋经济调查的全面展开提供经验和参考。

2017年5月5日，第一次全国海洋经济调查领导小组第二次会议暨部署视频会在京召开。本次会议总结了前阶段"调查"工作的进展，并对下阶段各项工作进行动员和部署。2017年上半年，全国11个沿海省、自治区、直辖市已陆续启动第一次海洋经济调查工作，截至11月底，大部分沿海地区的涉海清查、产业调查及专题调查工作已进入尾声，少部分进展较慢的地区也已进入涉海清查阶段。① 各沿海省市也将以此次调查作为契机，全面推进海洋经济的发展。调查形成的一系列数据成果，将为完善海洋经济运行监测评估体系，建立"国家+海区+沿海地方"联动机制，丰富海洋经济管理的政策工具箱，推进海洋强国建设、海洋治理现代化和国际化提供基础信息支撑。①

二、区域海洋经济发展②

在全国海洋经济发展"十三五"规划的引领下，以"一带一路"建设、京津冀协同发展等重大发展战略为依托，以海洋创新发展示范城市、海洋经济发展示范区③、海洋高技术产业基地等为抓手，中国沿海地区发展格局进一步优化，区域海洋经济增长更加高效、高质。

（一）北部海洋经济区

北部海洋经济区岸线绵长，良港众多，海洋科技发达。由辽宁、天津、河北、山东组成的北部海洋经济区是中国最为重要的海洋化工、海洋盐业、海洋船舶、海洋工程装备、海水利用、海洋养殖产业集聚区，岸线利用程度高，临港工业布局密集，产业结构呈现"二、三、一"格局。该地区汇集了较多的交通、能源、石化、钢铁等产业项目，海洋经济发展以投资和海域资源投入驱动为主。2017年，北部海洋经济区海洋生产总值24 638亿元，占全国海洋生产总值的31.7%，较上年回落了0.8个百

---

① 本节数据来源均为：《2017年中国海洋经济统计公报》。

② 本节所涉分省数据只能根据《中国海洋统计年鉴》（2016）更新到2015年，《中国海洋统计年鉴》（2017）还未出版。

③ 该示范区是承担海洋经济体制机制创新、海洋产业集聚、陆海统筹发展、海洋生态文明建设、海洋权益保护等重大任务的区域性海洋功能平台，由国家发展改革委与国家海洋局在2016年12月份联合发布的《关于促进海洋经济发展示范区建设发展的指导意见》中提出。

分点。①

辽宁省是中国北方重要的海洋渔业产业基地、海洋船舶制造基地、海洋工程装备基地，也是北方重要的海洋旅游目的地。受全国及本省经济下行影响，辽宁省海洋经济增速有所放缓。2015 年，辽宁海洋生产总值 3 529.2 亿元，海洋经济占地区生产总值的 13.7%，较上年提高 1.8 个百分点。涉海就业人员达到 333.7 万人②。产业结构方面，海洋第一、第二产业比重持续下降，海洋第三产业比重由 2014 年的 11 : 36 : 53 调整为 2015 年的 11 : 35 : 54。辽宁海洋经济布局呈现出以大连为中心，以环渤海经济带和黄海经济带为两翼的"V"形空间格局。

天津海洋工程装备、海洋交通运输业发达，单位岸线海洋生产总值达 30 亿元，是全国平均水平的 10 倍。2015 年，天津海洋生产总值 4 923.5 亿元，占地区生产总值 30%，两者均较上年度有所下降。涉海就业人员共计 181.2 万人，较上年略有增长。天津海洋产业主要以第二产业、第三产业为主，产业增加值比重分别为 62%、38%，海洋第一产业占海洋生产总值不足 1%。天津海洋产业主要集中在滨海新区，特别是海岸带地区，工业企业和交通运输企业密布。

经过多年发展，河北海洋经济形成了以海洋交通运输业、临港重化工业双核驱动的海洋经济发展模式和以第二、第三产业为主的产业结构。2015 年，河北海洋生产总值达 2 127.7 亿元，涉海就业 98.8 万人。在统筹推进"五位一体"总体布局的过程中，河北第二产业比重下降明显，第三产业比例增势显著。

山东省海洋产业体系完备，海洋渔业、海洋化工、海洋交通运输、滨海旅游、海洋船舶工业等具有较强竞争力。多年来，山东省海洋经济总规模稳居全国第二。2015 年达到 1.24 万亿元，占全国海洋生产总值的近两成。山东海洋产业结构相对合理，第一、第二、第三产业发展相对均衡，传统产业与战略性新兴产业齐头并进。海洋经济的空间分布上，形成了多核心、多组团的模式，沿渤海南岸、黄海西岸分别形成了黄河三角洲高效生态海洋产业集聚区、胶东半岛高端海洋产业集聚区和鲁南临港产业集聚区。

（二）东部海洋经济区

东部海洋经济区岛屿众多，滩涂广袤，在远洋渔业、海洋交通运输业、海洋船舶工业和海洋工程装备制造业方面处于领先地位，是中国主要的海洋工程装备及配套产品研发与制造基地、大宗商品储运基地。综合来看，东部海洋经济区内各省海洋经济

---

① 数据来源：《2017 年中国海洋经济统计公报》。
② 数据来源：《中国海洋统计年鉴》（2016）。

发展水平相对均衡。初步统计，2017 年东部海洋经济区实现海洋生产总值 22 952 亿元，占全国海洋生产总值的比重为 29.6%，比上年回落了 0.1 个百分点。[①]

江苏北接环渤海经济圈，南连长江三角洲核心区域，在中国海洋经济发展中具有重要地位。2015 年，江苏省海洋生产总值 6 101.7 亿元，占全省地区生产总值的8.7%。涉海就业 199 万人。2015 年海洋三次产业结构为 7∶50∶43。[②]

江苏海洋产业均衡，海洋产业布局沿黄海、长江呈 "L" 形。江苏滩涂资源丰富，海水养殖面积达 19.9 万公顷，占全国海水养殖面积的近一成。海洋船舶修造、海洋工程装备制造、海洋交通运输业也很发达。近年来，依靠滩涂优势、海水养殖、海洋风电快速发展……依靠本省制造业优势，海工配套产业进一步优化升级，一批新技术、新材料、新工艺得到转化和产能放大，成为引导江苏海洋经济转型升级的重要推动力量；海洋船舶造船完工量、新船承接订单量和手持订单量等主要指标稳居全国前列。

2015 年，上海海洋生产总值 6 759.7 亿元，占地区经济比重为 26.9%。涉海就业217.1 万人。以海洋交通运输业为代表的海洋第三产业在地区海洋生产总值的比重超过60%，海洋第一产业比重不足 1%。上海海洋渔业以远洋渔业为主，年产量超过 10 万吨，稳定在全国前五位。海洋第二产业以船舶和海洋工程装备制造为主，集装箱吞吐量常年位居全国第一。在新一轮国家海洋经济创新发展示范城市评审中，上海浦东新区成功入围，这将为上海海洋经济的发展提供新的契机。

浙江省是国家级海洋经济示范区之一，拥有丰富的港口、渔业、旅游、油气、滩涂、海岛、海洋能等海洋资源，组合优势明显，海洋经济增速显著。据初步统计，2015 年全省实现海洋生产总值 6 016.6 亿元，比上年增长 10.7%，其中第一产业 462 亿元，第二产业 2 164.2 亿元，第三产业 3 390.4 亿元。海洋三次产业结构比例为8∶36∶56。2015 年浙江海洋及相关产业从业人员约 436.6 万人。浙江省海洋经济占地区生产总值的比重相对稳定，由 2009 年的 12% 上升到 2015 年的 14%。浙江省海洋渔业、滨海矿业、船舶修造、海洋运输等传统海洋产业优势突出。海洋产业沿杭州湾及东海岸线成 "S" 布局，宁波-舟山港完成吞吐量连续多年稳居全球港口第一位。

（三）南部海洋经济区

南部海洋经济区包括福建、广东、海南、广西三省一区，海洋养殖与捕捞、海洋装备制造、海洋工程建筑业、滨海旅游业较为发达。区内各省海洋经济发展各具特色，差异显著。广东省海洋产业门类齐全，海洋经济综合实力强，产业规模一直处于全国

---

① 数据来源：《中国海洋经济统计公报》（2017）。
② 数据来源：《中国海洋统计年鉴》（2016）。

首位；海南、广西的海洋生物资源和景观资源丰富，交通运输业方兴未艾，未来发展潜力巨大。2017年，南部海洋经济区海洋生产总值26 366.5亿元。①

福建省是国家海洋经济示范区之一，位于台湾海峡西岸，有6个沿海地级市。"十三五"以来，海洋经济增速高于同期地区生产总值，海洋经济比重持续升高。2015年福建海洋生产总值达7 075.6亿元，占地区生产总值的27.2%，涉海就业437.9万人。

福建海洋三次产业比例为8∶38∶54，海洋第二、第三产业比重较高。2015年，全省海水产品总产量达636.31万吨，居全国第二位；远洋渔业综合实力居全国首位；水产品出口创汇55.49亿美元，位居全国第一；沿海港口货物吞吐量5.03亿吨；海洋旅游业实现旅游总收入3 141.51亿元。环三都澳、闽江口、湄洲湾、泉州湾、厦门湾、东山湾六大海洋经济集聚区初步形成，海洋经济已成为全省国民经济的重要支柱。

广东省是中国海洋经济第一大省。2015年，全省实现海洋生产总值1.44万亿元，继续领跑全国。广东省涉海就业人员860万人，占全国涉海就业总人口的25%。海洋经济已成为广东省地区经济的重要组成部分，为该省经济社会平稳较快发展做出了突出贡献。广东海洋产业基础雄厚、产业体系完善。海洋渔业以近海捕捞和近海养殖为主；近海海域油气资源丰富，产量位居全国前列；港口货物吞吐量、集装箱吞吐量连续多年居全国首位。此外，广东省正加快培育发展海洋装备制造业、战略性新兴产业，海洋经济增长质量和环境友好度显著提高。从空间发展看，珠江三角洲经济优化发展区、粤东海洋经济重点发展区和粤西海洋经济重点发展区定位清晰，发展方向明确，区域布局不断优化。

广西位于珠江三角洲和东盟经济圈的结合部，是西南地区重要的陆海通道。2015年，广西海洋生产总值1 130.2亿元，占地区生产总值的6.7%。涉海就业人员约117.3万人。② 广西海洋经济的发展主要依靠海洋渔业、海洋交通运输业和滨海旅游业，海洋三次产业结构为17∶37∶46。广西海洋第一产业比重高于全国平均水平，海洋第二、第三产业比重低于全国平均水平。从最近两年的数据看，海洋第一产业比重有所降低，海洋第二产业提升幅度明显。广西的发展必须要充分发挥3个沿海城市的交通优势，挖掘海洋经济发展潜力，要坚持海洋生态文明理念，要打造好向海经济。

海南省处于中国最南端，区位优势独特。自2010年年初国务院发布《国务院关于推进海南国际旅游岛建设发展的若干意见》以来，海南省的基础设施建设和以滨海旅游业为代表的现代服务业保持快速增长态势，并带动了海洋渔业和热带农业的发展。2015年，海南实现海洋生产总值突破1 000亿元，海洋三次产业结构比重为

---

① 数据来源：《中国海洋经济统计公报》（2017）、《中国海洋统计年鉴》（2016）。

② 数据来源：《中国海洋统计年鉴》（2015）。

21∶20∶59。涉海就业人员约为 137.2 万人。

三、蓝色经济

当前，蓝色经济逐渐成为推动全球可持续发展的重要引擎，中国也正与国际社会一道，积极推进蓝色经济的发展和相关领域的国际合作。发展蓝色经济、维护海洋健康、实现绿色增长，已成为全球海洋领域合作的新热点，对海洋和全人类未来发展都将产生深远影响。作为负责任的大国，中国亦积极参与其中，推动全球范围内蓝色伙伴关系的建立，与国际社会共同培育蓝色经济新动能、开发蓝色经济新市场、促进蓝色经济新增长。

（一）蓝色经济理念的提出和发展

"蓝色经济"这一表述在国际上最早见于 1999 年 10 月在加拿大举办的"蓝色经济与圣劳伦斯发展"论坛。该论坛主要探讨了圣劳伦斯河与河口的开发利用，并对蓝色经济在圣劳伦斯可持续发展中发挥的关键作用进行阐述。

此后，2009 年 6 月，美国国家海洋经济计划（National Ocean Economics Program，NOEP）关于海洋与美国经济的第一份独立报告——《美国海洋和海岸经济（2009）》发布，它将海洋的经济价值提升到国家战略发展的高度。该报告提出：海洋与海岸带的健康状况对于蓝色经济的实力强弱具有决定作用。同时，在美国第 111 届国会参议院商业、科学和运输委员会的海洋、大气、渔业和海岸带警备队分委会组织的"蓝色经济——海洋在国家经济未来发展中的作用"听证会上，"蓝色经济"一词首次进入政府文件。

2011 年 12 月，欧洲议会以"欧洲海洋和海事创新的未来"（The Future of Marine and Maritime Innovation in Europe）为主题召开会议，会上，海事事务和渔业专员达曼娜斯基（Maria Damanaki）围绕新型蓝色经济发表演讲。同月，欧盟召开"欧洲和全球蓝色经济"会议，提议由会议推荐"欧洲蓝色企业名片（European Blue Business Card）"作为实践试点推动欧洲蓝色经济的发展，并建议成立支持蓝色经济长期投资的相关基金。[①] 2012 年 10 月，欧盟各国负责综合海洋政策的部长在里斯本发布《利马索尔宣言》，呼吁发展可持续和包容的蓝色经济。[②] 2013 年 3 月，欧盟委员会通过的《海洋空

[①]　European Commission，"Europe and the Global Blue Economy"，https：//webgate. ec. europa. eu/maritimeforum/content/2387，2011 -12 -02/2012 -11 -22.

[②]　"Boost to blue economy as Limassol Declaration is adopted"，October，2012，http：//www. cy2012. eu/en/news/press release boost to blue economy as limassol declaration is adopted，2012-10-08.

间规划和海岸带综合管理指令》，要求成员国采用生态系统方法，编制海洋空间规划和海岸带综合管理战略，以促进蓝色经济的可持续发展。① 同年，欧盟委员会编制的《大西洋地区海洋战略行动计划》确定了在大西洋推动蓝色经济的科学研究和投资的重点任务，认为构成蓝色经济的海洋产业到 2020 年可以为欧洲提供 700 万个就业机会②。

对"蓝色经济"推动力度最大的是亚太地区的小岛屿国家组织。2007 年，太平洋地区小岛屿国家组织就要求欧盟以"蓝绿色"为主题指导其在太平洋地区实施技援项目。2011 年 3 月，小岛屿国家联盟（Alliance of Small Island States，AOSIS）、太平洋小岛屿发展中国家（Pacific Small Island Developing States，PSIDS）和所罗门群岛在联合国可持续发展大会筹备委员会的二次会议上呼吁发展以渔业和大洋为重点的蓝色经济。2012 年 6 月，联合国可持续发展大会（里约+20 峰会）在巴西召开，会上"蓝色经济"这一概念引发热议。在"欧洲和全球蓝色经济"会议上，欧盟特别指出："蓝色经济"的概念兴起于太平洋岛屿国家，目前已在全世界得到普及。

2009 年，世界自然保护联盟（IUCN）从金融危机与海洋生态危机的角度出发，倡导发展新型的蓝色经济。东亚海大会分别于 2009 年和 2012 年举办蓝色经济论坛，其中，在 2012 年第四届东亚海可持续发展战略部长论坛上签署了《昌原宣言》。2012 年，世界海洋论坛在韩国釜山举办了主题为"蓝色经济和海洋管治的愿景"的会议。

近年来，亚太经济合作组织（APEC）也致力于推进蓝色经济的发展。2011 年 11 月，中国代表在亚太经合组织框架下提出对蓝色经济的探讨，同年 APEC 海洋可持续发展中心在厦门召开了首届蓝色经济论坛——促进海洋经济的绿色增长。此后，关于"蓝色经济"的议题与活动在 APEC 框架内获得积极响应和推动。

2012 年 1 月，联合国环境规划署（United Nations Environment Programme，UNEP）发布《蓝色世界里的绿色经济》报告，该报告指出通过对渔业、海洋运输、滨海旅游业等海洋活动进行绿色管理，可以实现促进经济、减少贫困、保护生态等多重目标③。同年，在《地中海海洋环境和海岸带地区巴塞罗那公约》缔约国大会上，地中海沿岸的 22 个缔约国表示希望建设"蓝色经济"，认为蓝色经济是绿色经济应用于海洋的一个版本④。2017 年 6 月，联合国海洋可持续发展会议召开，"蓝色经济"受到广泛关注。大会期间，相关国家、国际组织和民间社团举办的以"蓝色经济"为主题的边会

---

① Gregor Erbach, "Spatial planning for the 'blue economy'", Library of the European Parliament, 2013.

② European Commission, "Action Plan for a Maritime Strategy in the Atlantic area", Brussels, 2013.

③ UNEP, FAO, IMO, UNDP, IUCN, World Fish Center, GRID-Arendal, "Green Economy in a Blue World", 2012, www. unep. org/greeneconomy.

④ UNEP, "Countries Call for Blue Economy to Protect the Mediterranean", March 2013, http：//www. unep. org/newscentre/Default. aspx? Document ID＝2667&Article ID＝9025&l＝en, 2012-02-10/2013-03-10.

10 个, 以 "构建蓝色伙伴关系" 为主题的边会 12 个, 其中, 中国国家海洋局与葡萄牙海洋部、泰国自然资源与环境部、联合国教科文组织政府间海洋学委员会、保护国际基金会等共同举办一场主题为 "构建蓝色伙伴关系, 促进全球海洋治理" 的边会。

2017 年是中国-欧盟蓝色年。11 月, 中葡签署《中华人民共和国国家海洋局与葡萄牙共和国海洋部关于建立 "蓝色伙伴关系" 概念文件及海洋合作联合行动计划框架》。葡萄牙成为欧盟成员国中首个与中国正式建立蓝色伙伴关系的国家。12 月, 首届中欧蓝色产业合作论坛在深圳举办。

经过多年的发展, "蓝色经济" 这一概念逐渐涉及战略、政策、产业、区域、技术、生态等多个层面, 受到越来越多的关注, 并已成为被多个国家和组织认可的海洋领域合作热点。

(二) 蓝色经济的内涵

蓝色经济理念的提出为沿海各国的可持续发展提供了新思路, 近年来国内外对于蓝色经济的关注热度持续走高, 各国和国际组织以 "蓝色经济" 为主题举办了多次会议和论坛, "蓝色经济" 的重要性已为国际上多数国家所认可, 但在 "蓝色经济" 的具体概念以及内涵阐释方面仍然存在不同理解, 目前尚无为人们广泛认可的统一定义。

从专家学者对蓝色经济的理论研究以及目前各国蓝色经济的实践来看, 对 "蓝色经济" 的理解主要有以下三种。

第一种是 "蓝水经济", 这是对蓝色经济最广义的理解。因为存在大面积的水, 从太空中看地球, 地球是蓝色的。基于此, 相关专家学者提出在经济发展进程中, 必须使地球上的水保持 "蓝色", 即发展蓝色经济。一些国家实施的旨在维持水环境和资源可持续性的 "蓝水项目" (Blue water projects) 可以体现对蓝色经济的该种理解。

第二种对蓝色经济的理解是相对于 "绿色经济" 的概念而展开的。联合国教科文组织 (UNESCO) 等联合国机构认为蓝色经济实质上是蓝色的 "绿色经济", 强调 "这种经济必须重申海洋生态系统服务及其在各方面经济中的作用"[①]。世界自然保护联盟在对蓝色经济发展策略的阐述中提到 "健康的蓝色经济" 这一表述, 与以往所强调的纯粹意义上的蓝色经济相比, "健康的蓝色经济" 实际上是将海洋生态和海洋可持续发展理念渗透到海洋经济的发展思维中, 是海洋生态系统与海洋经济系统统筹协调的发展模式, 符合自然资源永续利用的认识论和财富代际公平分配的发展观[②]。塞舌尔的蓝色经济概念文件中, 将 "蓝色经济" 理解为一种可持续发展框架, 其概念的核心在于

---

① IOC/UNESCO, IMO, FAO, UNDP, "A Blueprint for Ocean and Coastal Sustainability", Paris: IOC/UNESCO, 2011.

② 姜旭朝, 张继华, 林强:《蓝色经济研究动态》, 载《山东社会科学》, 2010 年第 1 期, 第 107 页。

发展经济的同时要避免环境的退化。[①] 新西兰在提交里约+20峰会的政府文件中指出："对于我们和其他太平洋岛屿论坛国家来说，绿色经济的关键要素就是蓝色经济"[②]。

第三种对蓝色经济的理解认为蓝色经济是基于海洋的经济。国际海洋学院院长阿维尼·贝楠在东亚海大会上提出了自己对于蓝色经济的理解，认为蓝色经济就是人类"与海洋共存并得益于海洋，与海洋形成可持续关系的生活方式"[③]。澳大利亚在《里约+20和蓝色经济》国家报告中提出，蓝色经济的发展方式就是海洋生态系统为人类带来高效的、平等的和可持续的经济和社会利益[④]。《韩国先驱报》刊载的《蓝色经济愿景》一文指出，蓝色经济就是经济和环境可持续的以海洋为基础的经济。[⑤]

虽然国内外的专家学者对于"蓝色经济"的理解各有不同，但我们可以从中提炼出蓝色经济的核心思想：蓝色经济是基于海洋的经济，通过海洋产业的发展实现蓝色增长；蓝色经济也是绿色经济的组成部分，发展蓝色经济的核心就是要寻求海洋资源开发利用与海洋生态环境保护之间的平衡，实现海洋的可持续发展。

在2015年3月举办的"共建'21世纪海上丝绸之路'分论坛暨中国-东盟海洋合作年启动仪式"上，国家海洋局局长王宏对蓝色经济的内涵和核心作出了精准的阐述。王宏认为，发展蓝色经济是实现可持续发展的客观要求。改革开放以来，中国形成了高度依赖海洋的经济形态。今后一个时期，此形态仍将长期存在。这就要求中国走一条"与海为善，与海为伴，人海和谐"的经济发展之路，即蓝色经济。蓝色经济的核心就是沿海国家在发展中找到经济发展、生态环境保护、资源利用之间的最佳平衡点。[⑥]

相比于海洋经济，蓝色经济是一个范畴更宽，也更具发展内涵的概念，更加强调海洋的可持续发展以及海洋生态与经济、社会等子系统的统筹协调，海洋产业外延的扩展等（由单纯的海洋经济扩展到包含海洋、临海、涉海等方面），体现了海陆统筹一体化发展的理念。在时间维度上，蓝色经济强调海洋经济的长远可持续发展和海洋资源的代际公平分配；在空间维度上，蓝色经济强调海洋以及海陆经济布局的优化

---

① "Seychelles: Blue economy Concept paper", Abu Dhabi, United Arab Emirates, January 20, 2014.

② United Nations, "Synthesis of national Reports for Rio+20", February 2013, http://sustainabledevelopment. un. org/content/documents/742RIO +20 Synthesis Report Final. pdf, 2012 -06/2013 -02 -01.

③ Awni Behnam, "Understanding the blue economy. Building a Blue Economy: Strategy, Opportunities and Partnerships in the Seas of East Asia", East Asian Seas Congress 2012, July 2012.

④ Australian Government, "Australia's Submission to the Rio+20 Compilation Document", Rio+20 United Nations Conference on Sustainable Development, 2012.

⑤ "Blue economy vision", The Korea Herald, June 3, 2012.

⑥ 安海燕，宁佳：《发展蓝色经济 促进合作共赢》，载《中国海洋报》，2015年3月30日第001版。

整合①。

(三) 中国蓝色经济的发展

近年来，具有与海洋关系密切、发展潜力巨大、经济价值高等特点的蓝色经济逐渐成为各国争相发展的重要领域。作为一个快速发展的人口大国，我国正面临着日益凸显的人口、资源、环境矛盾。在此情况下，加快经济结构调整和产业转型，推动海洋及沿海经济的发展，逐渐成为我国新的经济增长点。

2011 年 1 月，国务院批复《山东半岛蓝色经济区发展规划》，标志着我国首个以蓝色经济为主体、兼顾海陆一体的国家级战略正式确立。该规划指出，要将山东半岛蓝色经济区建设成具有较强国际竞争力的现代海洋产业集聚区、具有世界先进水平的海洋科技教育核心区、国家海洋经济改革开放先行区和全国重要的海洋生态文明示范区，为我国建设和发展蓝色经济区提供切实可行的、体系化的、高水平的借鉴经验。

1. 山东半岛蓝色经济区概况

根据《山东半岛蓝色经济区发展规划》，主体区范围包括山东全部海域和青岛、东营、烟台、潍坊、威海、日照 6 市及滨州市的无棣、沾化 2 个沿海县所属陆域，海域面积 15.95 万平方千米，陆域面积 6.4 万平方千米。② 半岛陆地海岸线长达 3 345 千米，约占全国的 1/6，沿岸分布 200 多个海湾，以半封闭型居多，可建万吨级以上泊位的港址 50 多处，优质沙滩资源居全国前列。拥有 500 平方米以上海岛 320 个，多数处于未开发状态。② 海洋空间资源类型齐全，未来开发建设的空间广阔。

经济区具备较好的海洋资源禀赋，开发潜力巨大。山东半岛近海海洋生物种类繁多，其中鱼类 100 余种，主要经济虾蟹类近 20 种，浅海滩涂贝类 100 余种，藻类 130 余种。海洋矿产资源亦非常丰富，海上风能、地热资源开发价值大。

山东半岛蓝色经济区致力于打造生态发展示范区，有效提升海陆整体环境质量水平，优化沿海地区的产业结构，严格控制污染物入海。2016 年，开展青岛市、烟台市、威海市、日照市、长岛县 5 个国家级海洋生态文明示范区监测。监测结果显示，5 个示范区近岸海域环境状况良好，海水水质总体符合第二类海水水质标准，海洋沉积物质量符合第一类海洋沉积物质量标准；海水浴场、海水增养殖区、种质资源保护区、旅游度假区等环境质量总体满足所在海洋功能区要求。③ 山东半岛海洋自然保护区、海洋

---

① 姜旭朝，张继华，林强：《蓝色经济研究动态》，载《山东社会科学》，2010 年第 1 期，第 107-108 页。
② 国家发展改革委：《山东半岛蓝色经济区发展规划》，2011 年 1 月。
③ 山东省海洋与渔业厅：《2016 年山东省海洋环境状况公报》，2017 年 3 月。

特别保护区和渔业种质资源保护区数量均居全国前列。[①] 近岸海域生态环境质量总体良好，能够为蓝色经济发展和滨海城镇建设提供必要的支撑。

山东半岛沿海公路、铁路、航空、管道网络建设进程较快，水利、能源和通信等设施建设取得新进展，发展以青岛港、日照港和烟台港为主枢纽港、威海港和龙口港为辅助的港口群，形成主枢纽港、地区重要港与中小港优势互补的港口群。该地区拥有青岛、日照、烟台3个亿吨大港。[①]

山东半岛蓝色经济区汇聚了众多大型涉海企业，现代海洋渔业及水产品精深加工业、海洋生物业、现代海洋化工业、海洋装备制造业、海洋物流及滨海旅游业等行业发展迅猛，新能源行业发展势头较好，太阳能光热产业已形成较大规模，风能、地热能和海洋能开发利用逐渐加快。

2. 山东半岛蓝色经济区的区位分布情况

沿海高端产业聚集区是山东半岛蓝色经济区的核心，以青岛为龙头，烟台、潍坊、威海等沿海城市为骨干，具有产业基础好、科研力量强、海洋文化底蕴深厚、经济外向度高、港口体系完备等综合优势。通过提高海洋科技自主创新能力和成果转化水平，推动海洋生物医药、海洋新能源、海洋高端装备制造等战略性新兴产业规模化发展；通过提高园区集聚功能和资源要素配置效率，推动现代渔业、海洋工程建筑、海洋生态环保等优势产业集群化发展；通过提高技术、装备水平和产品附加值，推动海洋食品加工、海洋化工等传统产业高端化发展。

鲁南临港产业聚集区以日照深水良港为依托，充分发挥腹地广阔的优势，积极推动日照钢铁精品基地建设，集中培育海洋先进装备制造、汽车零部件、油气储运加工等临港工业[①]；加强集疏运体系建设和日照保税物流中心建设，加快发展现代港口物流业，加强港口与腹地间联系，致力于将该集聚区建设成区域性物流中心和我国东部沿海地区重要的临港产业基地。

沿海高效生态产业聚集区具有滩涂和油气矿产资源丰富的优势，致力于培育壮大环境友好型海洋产业。其发展目标是通过建设一批大型生态增养殖渔业区，大力发展现代渔业；加强油气矿产等资源勘探开发，加快发展海洋先进装备制造业、环保产业；大力发展临港物流业、滨海生态旅游业等现代海洋服务业，培育具有高效生态特色的重要增长极[①]。

几年以来，在国家与山东省的推动和扶持下，山东半岛蓝色经济区已成为新时期重要的发展领域，逐步形成具有地域特色的蓝色经济发展模式，成果喜人。但由于我

---

① 国家发展改革委：《山东半岛蓝色经济区发展规划》，2011年1月。

国在建设蓝色经济区方面经验尚不充足，目前还处于对海陆统筹一体化建设路径的探索阶段，因此经济区在发展过程中也存在一些问题，比如海洋资源开发利用方式相对粗放；海洋产业结构和布局不够合理；海洋科技研发及成果转化能力不足；行政区域分散，跨区域对接和共享程度较低等。在今后的发展中，应注意根据经济区所处的不同阶段制定相应政策，继续加强海洋环境保护和生态建设，及时调整海洋产业结构布局，积极投资开发海洋第二、第三产业，重视技术创新，使蓝色经济逐步实现从传统的劳动密集型向现代的技术密集型转变。

四、小结

近年来，海洋经济已成为我国国民经济的重要组成部分和新的增长点。中国海洋经济在取得发展的同时，也存在着一些问题。第一，海洋开发利用能力有待进一步提升，逐渐转变这种依赖大量资源和劳动投入的海洋经济增长方式。第二，部分海洋产业呈现出结构性过剩的特征[1]，研发设计和创新能力较为薄弱，缺乏核心技术支撑。第三，部分海洋战略性新兴产业近年来虽发展较快，但规模尚未实现突破，新兴技术产业在很大程度上还存在转化率较低的问题。我国应充分借鉴世界海洋强国的经验，继续加快现代海洋服务业的发展速度，提高其在海洋经济中的比重。

下一步，我国海洋经济发展的核心任务应该包括：继续深入推进海洋领域供给侧结构性改革，引导海洋领域资源有效开发利用，提高海洋资源的有效供给能力；促进海洋经济运行监测与评估体系的建设与发展；继续加强对海洋战略性新兴产业的培育，提升海洋产业创新驱动能力，强化海洋科技成果转化；推进海洋经济示范区建设与发展，形成产业集聚；深化涉海金融的发展，拓宽海洋领域国际化融资渠道，为海洋经济发展注入新的活力；推进蓝色经济国际合作，保障海洋经济持续健康发展。

---

[1]　国家发展改革委，国家海洋局：《中国海洋经济发展报告 2016》，北京：海洋出版社，2016 年，第 15-16 页。

第八章 中国海洋产业发展

2017 年，随着中国海洋领域供给侧结构性改革措施深入推进，新旧动能加快转化、去库存、降成本取得实效，海洋经济效益和质量明显提升。海洋产业作为实现海洋经济向质量效益转变的基本载体，结构调整成效初显，转型升级势头良好。海洋传统产业总体平稳，部分产业实现恢复性增长，海洋新兴产业继续保持快速发展，海洋服务业比重稳步提高①。

一、海洋传统产业

近年来，受劳动力等要素成本上升、海洋资源环境约束、市场空间收窄等限制，海洋传统产业发展面临较大的下行压力。但忧中有喜的是，随着新技术、新管理、新模式的不断推广应用，海洋传统产业转型升级加速，海洋渔业生产技术水平和效益明显提升，海洋油气勘探开发进一步向深远海拓展，高端船舶和特种船舶的新接订单有所增加，海盐综合开发利用产业链不断拓展。

（一）海洋渔业

海洋渔业包括海水养殖、海洋捕捞、远洋捕捞、海洋渔业服务业和海洋水产品加工等活动。目前，中国海洋渔业已发展成以养殖、捕捞、加工流通、增殖、休闲五大产业为主体，渔用工业以及科研、教学、推广相互配套，比较完整的产业体系，为保障水产品有效供给、增加沿海渔民收入做出了重要贡献，成为现代农业和海洋经济的重要组成部分。2017 年，海洋渔业生产保持稳定发展态势，结构继续优化，全年实现增加值 4 676 亿元，比上年下降 3.3%。②

部分近海渔业资源有恢复的迹象。随着国家不断加大"绝户网"、涉渔"三无"船舶清理整治力度，渔业资源和生态修复工作有序推进，捕捞管理更加规范。近海传统经济渔业资源偏紧的状态短期内难有明显改善，但随着资源环境保护和修复的持续深入以及执法力度的不断加强，一些品种资源有恢复的迹象，如带鱼和鲳鱼等。2016

---

① 受数据发布时间限制，本报告以 2017 年及部分 2016 年数据为主。
② 数据来源：《2017 年中国海洋经济统计公报》。

年，海洋捕捞业实现产值 1 977.22 亿元。[①]

全国海水养殖面积同比下降。2016 年，海水养殖面积 2 166.72 千公顷，同比下降 6.52%；淡水养殖面积 6 179.62 千公顷，同比增长 0.53%，海水养殖与淡水养殖的面积比例为 26：74。其中，贝类养殖面积最大，占全国海水养殖总面积的 62.73%。[①]

单位养殖面积产出效益呈现增长。随着工厂化循环水、深水抗风浪网箱等绿色、健康、高产的养殖技术得到进一步推广，2016 年单位海水养殖面积产值 1.45 亿元/千公顷，较 2015 年增长 14.2%。

海洋渔业"走出去"步伐加快。远洋渔业产量 198.75 万吨，占水产品总产量的 2.88%。[①]以金枪鱼围网渔业、超低温金枪鱼延绳钓渔业、大型鱿钓渔业、大型拖网加工渔业为代表的装备水平较高、生产效率较高的集约型船队发展迅速，带动远洋渔业实现稳步发展。山东、福建等省份积极推动海外渔业产业园区建设。例如，山东省启动建设印度尼西亚、斯里兰卡、加纳、乌拉圭、斐济 5 处海外远洋渔业产业园区，积极推进马来西亚等海外渔业产业园区建设，着力推进海外渔业产业区域化布局。截至 2017 年第三季度，山东省远洋渔业作业渔船 513 艘，在印度洋、太平洋、大西洋、非洲、亚洲、大洋洲六大区域执行 26 个远洋渔业项目，远洋渔业产量达到 26.2 万吨，产值 29.1 亿元，同比分别增长 10.1% 和 21.8%。[②]

（二）海洋油气业

海洋油气业是指在海洋中勘探、开采、输送、加工原油和天然气的生产活动。2017 年，海洋油气业生产结构持续优化，海洋原油产量 4 886 万吨，比上年下降 5.3%，海洋天然气产量 140 亿立方米，比上年增长 8.3%。海洋油气业全年实现增加值 1 126 亿元，比上年下降 2.1%。[③]

原油对外依存度攀升。据《国内外油气行业发展报告》显示，2016 年中国石油表观消费量为 5.56 亿吨，同比增长 2.8%，增速较上年下降 1.5%。剔除原油库存变动因素，实际消费增速约为 0.7%，消费增速大幅放缓。与此同时，中国原油产量跌破 2 亿吨，原油对外依存度超过 65%。

中国海域天然气水合物试开采创纪录。天然气水合物试开采作业区位于珠海市东南 320 千米的神狐海域。截至 2017 年 7 月 9 日，试开采连续试气点火 2 个月，累计产气量超过 30 万立方米，平均日产 5 000 立方米以上。此次试开采成功是我国首次、也是

---

① 数据来源：《2016 年全国渔业经济统计公报》。

② 《山东省海洋与渔业厅积极参与"一带一路"建设取得明显成效》，国家海洋局，http：//www. soa. gov. cn/xw/dfdwdt/dfjg/201711/t20171115_59055. html，2017 年 11 月 16 日登录。

③ 数据来源：《2017 年中国海洋经济统计公报》。

世界首次成功实现资源量占全球 90% 以上、开发难度最大的泥质粉砂型天然气水合物安全可控开采。[①]

随着中国经济转型升级、高耗能行业进入平台期以及能源供给侧改革的推进，中国煤炭消费将进入下滑通道，天然气需求增长还需多方政策引导。预计 2020 年，我国能源消费总量约为 45.9 亿吨标准煤，其中煤炭占一次能源比重降至 58.2%，天然气比重升至 8.9%，非化石能源比重升至 15%。[②] 今后，围绕建设"海洋强国"的战略目标，以建设"一带一路"为契机，需优化整合全球油气资源，更加高效开发利用海洋油气资源，不断提升中国能源供应保障能力。

（三）海洋船舶工业

海洋船舶工业是以金属或非金属为主要材料，制造海洋船舶、海上固定及浮动装置的生产活动以及对海洋船舶的修理及拆卸活动。2017 年，海洋船舶工业生产实现恢复性增长，造船完工量继续增长，新承接订单量止跌回升，手持订单量降幅收窄，但产业结构调整仍面临较大压力，工业总产值等主要经济指标同比继续下降。全年实现增加值 1 455 亿元，比上年下降 4.4%。[③]

2017 年 1 月，工业和信息化部联合国家发展改革委、财政部、中国人民银行、中国银监会、国家国防科技工业局五部委发布了《船舶工业深化结构调整加快转型升级行动计划（2016—2020 年）》（以下简称《行动计划》）。《行动计划》是指导"十三五"时期船舶工业发展的纲领性文件，其中明确提出，要紧紧围绕"中国制造 2025"和建设海洋强国的战略目标，以创新发展和产业升级为核心，以制造技术与信息技术深度融合为重要抓手，大力推进供给侧结构性改革，稳增长、去产能、补短板、降成本、调结构、提质量、强品牌，全面提升产业国际竞争力和持续发展能力。

当前和今后一段时期，中国劳动用工成本刚性上升，与日本、韩国相比优势逐渐消失。在政策指引和市场倒逼的双重作用下，智能制造已经成为船舶工业转型升级的必然道路，船舶企业要不断提高生产效率、提升造船精度、降低生产成本，提高企业竞争力，促使船舶建造朝着设计智能化、产品智能化、管理精细化和信息集成化的方向发展。

---

① 《中国海域可燃冰试采结束：产气时长和总量创世界纪录》，凤凰网，http：//tech. ifeng. com/a/20170729/44656812_0. shtml，2017 年 11 月 1 日登录。

② 《中石油报告显示 我国原油对外依存度超 65%》，新华网，http：//www. xinhuanet. com/fortune/2017-01-16/c_1120316961. htm，2017 年 7 月 6 日登录。

③ 数据源自：《2017 年中国海洋经济统计公报》。

（四）海洋交通运输业

海洋交通运输业是指以船舶为主要工具从事海洋运输以及为海洋运输提供服务的活动，包括远洋旅客运输、沿海旅客运输、远洋货物运输、沿海货物运输、水上运输辅助活动、管道运输业、装卸搬运及其他运输服务活动。2017年沿海规模以上港口生产保持良好增长态势，预计货物吞吐量同比增长6.4%，集装箱吞吐量同比增长7.7%。海洋交通运输业全年实现增加值6 312亿元，比上年增长9.5%。[1]

港口是国民经济运行与发展的"晴雨表"。近年来，我国港口基础设施建设实现跨越式发展，港口能力的快速提升为产业向我国沿海转移创造了有利条件。但与此同时，港口发展中短板也显露出来：港口服务功能单一、港口结构性过剩、港口间无序竞争和资源分散等。特别是在全球经济增速持续疲软和中国宏观经济下行压力增大的情况下，港口经济面临的产业结构升级、运输组织方式调整等压力更加凸显，我国的港口吞吐量增速由过去的两位数增长步入个位数增长的新常态。但其中也不乏亮点，世界第一大集装箱港口——上海港洋山港区在2017年12月10日迎来第四期工程开港。这意味着全球规模最大的自动化码头正式开港投入试生产，标志着中国港口行业的运营模式和技术应用迎来里程碑式的跨越升级与重大变革。

国际港口合作取得新突破。越来越多的国内企业加大对"一带一路"沿线国家和非洲港口的投资建设。2016年，国内港口与国外多个港口达成合作协议，缔结友好港口，例如：青岛港先后与马来西亚巴生港、关丹港等缔结为友好港口；广州港与汉堡港、纽约新泽西港、波兰格但斯克港等达成友好合作协议；希腊比雷埃夫斯港、斯里兰卡科伦坡港项目进展顺利。此外，2016年7月，中国-马来西亚港口联盟正式成立，中方秘书处设在中国港口协会秘书处。2016年11月，由中方负责运营的巴基斯坦瓜达尔港正式开港，意味着中巴经济走廊打通，"一带一路"战略取得重大突破；日照港联手中国电建、深圳盐田港建设马六甲海峡皇京港深水补给码头。海外港口项目是推进国家"一带一路"倡议的重要载体之一，在"十三五"期间，将有更多海外港口项目投资落地，并且"组团出海"将成为国内投资人海外投资的重要模式。截至2017年5月，中国已与"一带一路"沿线的36个国家及欧盟、东盟分别签订了双边海运协定（河运协定），协定内容均已得到落实，双方给予对方国家船舶在本国港口服务保障和税收方面的优惠，支持对方企业在本国设立商业存在。[2]

顶层设计更趋完善。近三年来，从《国务院关于促进海运业健康发展的若干意见》

---

[1]　数据源自：《2017年中国海洋经济统计公报》。
[2]　交通运输部：《我国与"一带一路"沿线36个国家签海运协定》，中国网，http://news.china.com.cn/txt/2017-05/15/content_40817538.htm，2017年5月16日登录。

首次把海运业的发展上升为国家战略，到 2016 年《水运"十三五"发展规划》的发布，推动海洋交通运输业发展的战略规划体系更加成熟。未来一段时期，围绕海运强国建设，重点任务主要包括：强化主要港口的战略支点作用，实施一流强港工程，加快国际航运中心建设；提高海运船队保障能力，优化海运船队结构，提高重点物资承运保障能力；深化国际合作，深化港口海事国际合作，培育国际港航运营商。

（五）海洋盐业和盐化工

海洋盐业是利用海水生产以氯化钠为主要成分的盐产品的活动，包括采盐和盐加工。我国原盐生产的三大种类包括：海盐、井矿盐和湖盐。近年来，我国井矿盐逐渐取代海盐，成为我国最主要的原盐品种。我国目前的原盐产品格局为：井矿盐为主导，传统的海盐、湖盐为补充。随着城市化、工业化进程加快，海盐生产面临的外部环境压力越来越大，浅层地下卤水过度开采，盐田面积逐步退让减少。2017 年，海洋盐业实现增加值 40 亿元，比上年下降 12.7%。[1]

社会食盐市场需求量与人口和生活品质息息相关。在人均食盐需求量不会显著减少的前提下，随着生活品质的提高，食盐需求量保持稳定。其中，高质量的品种盐需求量会逐渐增加；尤其在专营制度取消后，各海盐生产企业有了动机去增加研发力度和生产线，提高品种盐的投入和产量，以应对更高的需求。[2]

海盐化工业，指以海盐、溴素等直接从海水中提取的物质作为原料进行的一次加工产品的生产，如烧碱、纯碱等碱类的生产以及以制盐副产物为原料进行的氯化钾和硫酸钾的生产。目前，虽然海盐产量和生产面积都有所下降，但海盐化工的工艺技术、节能降耗、综合利用、生产装备等方面的生产和技术改造均取得了一定突破，海水淡化与盐化工生产相结合、氯碱与石油化工相结合等具有节能环保特点的新型工艺已逐渐成为大型盐化工企业推行的主要生产工艺。

二、海洋新兴产业

《"十三五"国家战略性新兴产业发展规划》明确将海洋工程装备制造业、海洋医药和生物制品业、海洋可再生能源业、海水利用业等作为海洋领域重点培育和鼓励发展的产业门类。2017 年，在经济下行压力较大的情况下，海洋新兴产业总体保持较快发展，产业发展进入全面深入推进期，对海洋经济的支撑引领作用更加凸显。

---

① 数据源自：《2017 年中国海洋经济统计公报》。

② 《2016 年中国盐业市场现状分析》，中国产业信息网，http：//www.chyxx.com/industry/201605/416577.html，2017 年 3 月登录。

（一）海洋装备制造业

海洋装备制造业是指以金属或非金属为主要材料制造海洋工程装备的产业，其中，海洋工程装备主要指海洋资源（现阶段主要包括海洋油气资源、海上风电资源）勘探、开采、加工、储运、管理、后勤服务等方面的大型工程装备和辅助装备。

当前，海洋工程装备市场极度低迷，海工装备运营市场利用率大幅下滑，船东的大量订单延期交付，甚至出现弃单、撤单，在手订单系统性风险逐渐加大，已成为我国海洋工程装备产业必须面对的当务之急。2017年前三季度，海洋工程装备制造业接单情况良好，但部分领域下行压力仍然较大。我国海洋工程装备新承接订单17座/艘，价值约20亿美元。截至2017年10月末，我国实际交付的海工装备订单仅占年初计划交付的六分之一，交付率较低，其中钻井装备的延期和撤单是给我国海工行业带来巨大压力的重要因素。[①]

图8-1　海洋渔场1号

在面临严峻形势的同时，中国海洋工程装备制造也不乏一些亮点。例如，2017年6月3日，由中船重工武船集团为Salmar集团建造世界首座全自动深海半潜式"智能渔场"——"OCEAN FARM 1"（海洋渔场1号）在青岛武船集团新北船基地顺利交付。该装置的成功交付是全球海上渔场装备制造领域的重大突破，标志着武船重工成功进军全球高端养殖装备市场，同时也为中国造船业转型升级树立了标杆。该装置单套造价约4.2亿人民币，是目前世界单体空间最大、自动化水平最高的深海养殖渔场。

---

① 《国家海洋信息中心主任何广顺解读2017年前三季度海洋经济运行情况》；国家海洋局，http://www.soa.gov.cn/zwgk/zcjd/201710/t20171030_58679.html，2017年11月1日登录。

该渔场高度自动化、智能化，被世界养殖行业称为开启了人类深远海养殖"新纪元"。这也是目前世界上最大的深海养殖设备，150 万尾挪威三文鱼即将在这个"深海渔场"进行养殖。

中国海工装备制造企业在前两年高油价时期承接的订单中，不少为船东无租约订单，弃单风险较大。由于海工项目首付款比例较低，船企面对着船东不断修改设计、主要设备采购拖期、延期接受装备和撤单的行为，对企业生产技术准备、资源调配、建造效率、质量控制等都带来了较大压力。当前，中国手持海洋工程装备订单违约风险明显增加，且中国不少船舶企业转型海工装备制造时间不长，处理危机能力不足。为此，各海工装备企业要加大对合同条款的审核、密切监测手持订单状况、强化与船东的沟通交流、加强船东履约情况的跟踪，制定订单风险预案，降低船东违约对企业造成的损失。

（二）海洋药物和生物制品业

海洋药物和生物制品业以海洋生物资源为研发对象，以海洋生物技术为主导技术，以海洋药物为主导产品，包括海洋创新药物、生物医用材料、功能食品等产业体系。作为战略性新兴产业的重要组成部分，海洋药物和生物制品业发展迅速，已成功开发一批农用海洋生物制品、海洋生物材料、海洋化妆品及海洋功能食品、保健品等。

随着国家对海洋生物药物和生物制品业政策扶持和投入力度的逐步加大，海洋医药和生物制品业发展势头良好。2017 年，海洋医药和生物制品业全年实现增加值 385 亿元，比上年增长 11.1%。[①] 各沿海省市相继建立了数十家研究机构，形成了以上海、青岛、厦门、广州为中心的 4 个海洋生物技术和海洋药物研究中心。通过海洋经济创新发展区域示范等项目的实施带动，山东、浙江、福建等省加快推进海洋生物医药产业高端优质项目的培育和集聚，建成了一批海洋生物医药园区基地，带动了相关产业的发展。山东省初步建立以青岛为核心，烟台、威海为两翼的海洋生物医药和生物制品的创新示范集聚区。浙江省打造了象山石浦生物产业园、舟山经济开发区海洋生物园等基地园区 11 家，形成了鱼油类（角鲨烯、甘油三酯类鱼油）、氨糖类（盐酸氨基葡萄糖、硫酸氨基葡萄糖）、鱼胶蛋白等 5 个海洋生物拳头产品，年销售额超亿元。福建省厦门市形成了以厦门火炬高新区、海沧海洋生物医药港为载体，国家海洋局第三海洋研究所、厦门大学等科研院所、4 个国家级重点实验室和工程中心，17 个部省级工程中心为依托，蓝湾科技、金达威生物工程等 100 多家高科技企业为主体的海西国家海洋与生命科学产业集群。

---

① 数据来源：《2017 年中国海洋经济统计公报》。

（三）海水利用业

海水利用业是指对海水的直接利用和海水淡化活动，包括利用海水进行淡水生产和将海水应用于工业冷却用水和城市生活用水、消防用水等活动。不包括海水化学资源综合利用活动。当前，海水淡化工艺装备和系统集成关键技术取得重大突破，系统制水能耗、运行成本等关键技术指标与世界先进水平基本同步。2017年，海水利用业全年实现增加值14亿元，比上年增长3.6%[①]。

海水利用规模不断增大。据《2016年全国海水利用报告》公布，全国已建成海水淡化工程总体规模稳步增长。截止2016年年底，全国已建成海水淡化工程131个，产水规模1 188 065吨/日。其中，2016年全国新建成海水淡化工程10个，新增海水淡化工程产水规模179 240吨/日。

海水利用分布更加广泛。全国海水淡化工程在沿海9个省市分布，主要是在水资源严重短缺的沿海城市和海岛。北方以大规模的工业用海水淡化工程为主，主要集中在天津、河北、山东等地的电力、钢铁等高耗水行业；南方以民用海岛海水淡化工程居多，主要分布在浙江、福建、海南等地，以百吨级和千吨级工程为主。

海水淡化技术与装备能力显著提升。近两年来，我国积极推动海水淡化技术和装备研发以及成果转化工作。沿海各地进一步加快产学研用结合步伐，推进海水利用科技创新和成果转化。天津、江苏等沿海省市积极开展海洋经济创新发展区域示范工作，新能源淡化海水示范工程产能利用逐步提升，板式蒸馏装备、高亲水性超滤膜等海水利用关键设备成果转化和产业化进展顺利。天津、浙江正在大力推进"海水淡化与综合利用创新及产业化基地"和"海水淡化装备制造基地"建设。厦门南方海洋研究中心依托福建省中海清源科技有限公司成立"国家海水利用工程技术研究中心厦门分中心"。我国自主设计建造的神华国华舟山电厂12 000吨/日低温多效海水淡化工程和宝钢广东湛江钢铁基地15 000吨/日低温多效海水淡化工程建成投产。福建古雷港经济开发区10万吨/日海水淡化工程完成项目初步设计，舟山六横建成了20 000吨/日国产化海水淡化示范工程。

海水淡化成本接近国际水平。目前，中国已掌握反渗透和低温多效海水淡化技术，相关技术达到或接近国际先进水平。但受能源、人力等价格波动影响，海水淡化产水成本主要集中在5~8元/吨。其中，万吨级以上海水淡化工程产水成本平均为6.22元/吨，千吨级海水淡化工程产水成本平均为7.20元/吨。部分使用本厂自发电的海水淡化工程产水成本可达到4~5元/吨。

[①] 数据来源：《2017年中国海洋经济统计公报》。

（四）海洋可再生能源业

海洋可再生能源业是指在沿海地区利用海洋能、海洋风能进行的电力生产活动，不包括沿海地区的火力发电和核力发电。其中，海洋能通常是指海洋本身所蕴藏的能量，主要包括潮汐能、潮流能（海流能）、波浪能、温差能、盐差能等，不包括海底储存的煤、石油、天然气等化石能源和"可燃冰"，也不含溶解于海水中的铀、锂等化学能源。

我国海洋能开发利用技术和成果整体水平迅速提升，区域布局和产业链条已现雏形，正引起国际社会的广泛关注。全球能源结构变革，为海洋能发展提供了广阔的发展空间，海洋强国战略和"一带一路"倡议的提出，为海洋能发展和我国开展海洋能国际合作带来了重要机遇。2017 年，海洋电力业全年实现增加值 138 亿元，比上年增长 8.4%。其中，前三季度，海上风电设备容量达到 190.8 万千瓦，是上年同期的 3.3 倍。海上风电发电量达到 28.3 亿千瓦时，同比增长 86.7%；其中，海上风电上网电量达到 27.4 亿千瓦时，占全部发电量的 96.8%。重点监测的海洋可再生能源利用业企业主营业务收入同比增长 5.0%。[①]

目前，中国在海洋能利用方面实现较大突破。例如，海洋潮流能发电技术达到世界领先水平。2016 年，世界首台 3.4 兆瓦模块化大型海洋潮流能首套 1 兆瓦的发电机组在浙江舟山下海。提高中国海洋能开发利用水平，做好海洋能开发的支撑服务体系，尤其是海洋能海上试验场建设在推动海洋可再生能源产业方面至关重要。例如，波浪能、潮流能发电装置，从设计、制造到产业化需要经历模型样机、比例尺工程样机、原型样机等一系列过程，其中涉及多个环节、多个领域的试验与测试，而海上试验是工程样机到成型产品过程中的必备环节，这是实验室无法替代的。

目前，我国海洋能技术示范及产业发展正在形成四大产业集聚区。分别是山东威海海洋能综合测试及研发设计产业聚集区、浙江舟山潮流能测试及装备制造产业集聚区、广东万山波浪能测试及运行维护产业集聚区、南海海洋能产业综合示范区。其中，山东聚集区主要开展波浪能、潮流能等海洋能发电装置的测试、检测、试验与产业化研究；浙江聚集区聚焦潮流能技术研发、装备制造、海上测试以及工程示范；广东聚集区开展波浪能技术研发、发电装置试验、海上测试、示范工程；南海聚集区则主要关注温差能与波浪能综合利用示范。

---

① 《国家海洋信息中心主任何广顺解读 2017 年前三季度海洋经济运行情况》，国家海洋局，http://www.soa.gov.cn/zwgk/zcjd/201710/t20171030_58679.html，2017 年 11 月 1 日登录。

三、海洋服务业

随着海洋经济结构调整步伐加快，依托海洋信息技术和现代化理念发展起来的新兴服务业，以及部分改造后"再现活力"的传统海洋服务业发展迅速，邮轮、游艇等旅游业态快速发展，涉海金融服务业快速起步，创新模式不断出现，信贷产品不断创新。

（一）海洋旅游业

海洋旅游包括以海岸带、海岛及海洋各种自然景观、人文景观为依托的旅游经营、服务活动。主要包括：海洋观光游览、休闲娱乐、度假住宿、体育运动等活动。海洋旅游规模稳步扩大，新业态方兴未艾。据不完全统计，2017 年 1 月至 9 月，沿海城市接待游客同比上升 20.7%。其中，沿海城市接待入境游客同比上升 16.1%；沿海城市接待国内游客同比上升 20.8%。国庆中秋假日期间，全国 38 个国家级海洋公园共接待游客 900 多万人次，同比增长 17.2%；门票收入同比增长 14.8%。[①]

全域旅游成为带动海洋旅游业升级的新理念、新模式。全域旅游是指将一定区域作为完整旅游目的地，以旅游业为优势产业，进行统一规划布局、公共服务优化、综合统筹管理、整体营销推广，促进旅游业从单一景点景区建设管理向综合目的地服务转变，从门票经济向产业经济转变，从粗放低效方式向精细高效方式转变，从封闭的旅游自循环向开放的"旅游+"转变，从企业单打独享向社会共建共享转变，从围墙内民团式治安管理向全面依法治理转变，从部门行为向党政统筹推进转变，努力实现旅游业现代化、集约化、品质化、国际化，最大限度满足大众旅游时代人民群众消费需求的新模式。当前，全域旅游发展战略得到了全国上下的积极响应，部分沿海省市把发展全域旅游作为统筹陆海旅游经济发展、创新经济发展新动能的重要举措，结合《"十三五"旅游业发展规划》提出的"大力发展海洋及滨水旅游"相关部署，促进海洋旅游业长期存在的粗放低效旅游服务向精细高效旅游服务转变，开发多类型、多功能的海洋旅游产品和线路，更好地满足大众旅游时代人民群众向海、趋海、亲海的需求。

邮轮游艇产业蓬勃兴起。游艇消费市场正在形成，海岛旅游、休闲渔业等新业态成为滨海旅游的新热点。特别是邮轮航线逐步增多，邮轮旅游发展势头渐趋增强，

---

① 《国家海洋信息中心主任何广顺解读 2017 年前三季度海洋经济运行情况》，国家海洋局，http://www. soa. gov. cn/zwgk/zcjd/201710/t20171030_58679. html，2017 年 11 月 1 日登录。

2016 年邮轮出境旅客达 212.26 万人次，同比增长 91%。未来受益于消费升级、人口结构变迁以及政策推动等因素影响，中国邮轮市场有着极为广阔的发展空间。预计未来 5 年，中国邮轮市场有望保持 30% 以上的增速，并在 2020 年接待邮轮游客达到 900 万人次以上。①

（二）航运服务业

航运服务业按照与港口活动的相关性，可以分为基础航运服务业和现代航运服务业。基础航运服务业是指与港口直接相关的服务活动，包括船舶代理、货物装卸、引航、拖带、修理、检验、检测、燃料、润料、淡水、物料、备件、航海图书及海图供应等。现代航运服务业是指与港口无关，或者关联度不大，甚至可以远离船舶的物理位置的航运服务活动，包括船舶融资、船舶保险、海事仲裁、市场信息、航运衍生品交易、船舶经纪、船舶注册、船舶管理、专业培训、创新和研发能力等。这些服务的特点是远离现场、资本密集、信息密集，而且层次较高，对航运市场的影响力也远大于基础航运服务业。

和港口吞吐量相比，我国航运服务发展的质量有待提升。与基础航运服务业比，我国现代航运服务业发展的空间很大。现在，我国的船舶保险许多保单分保到了境外，船舶融资举步维艰；目前我国能提供专业船舶融资的银行数量不多，而且仅能提供有限度的船舶融资服务；涉外海事仲裁方面我国的话语权有待提高。②

（三）海洋文化产业

海洋文化产业是从事海洋文化产品生产和提供服务的经营性行业，具体分为海洋文化旅游产业、海洋节庆会展业、海洋休闲体育产业、海洋文艺产业等。在转变海洋经济发展方式、拓展新的经济增长空间的背景下，海洋文化产业已成为沿海城市发展的软实力与城市形象的重要支撑，众多海洋文化品牌受到越来越多人的关注，例如，世界海洋日暨全国海洋宣传日、中国海洋经济博览会、世界妈祖文化论坛、中国海洋文化节、厦门国际海洋周、中国（象山）开渔节等活动。《全国海洋经济发展"十三五"规划》明确提出，要"依托相关地域海洋传统文化资源，重点推进'21 世纪海上丝绸之路'海洋特色文化产业带建设"。未来一段时期，做好古今海上丝绸之路文化的传承和对接，挖掘、抢救和保护沿线国家、地区独具特色的"海上丝绸之路"文化将

---

① 《2017 年邮轮中国市场争夺战悄然拉开》，搜狐网，http：//www.sohu.com/a/140477405_175033，2017 年 11 月 1 日登录。

② 《现代航运服务业发展现状及发展羁绊分析》，中商情报网，http：//www.askci.com/news/chanye/2015/04/09/144036dce8.shtml。

是海洋文化相关从业人员参与的重点领域。

（四）涉海金融服务业

涉海金融服务业是指涉海金融服务提供者所提供的各种资金融通方面服务活动所构成的产业。它是以涉海银行金融业（信托、银行、保险、证券）为主体，其他涉海非银行金融业（股票、典当等）为补充的金融服务业体系。

金融促进海洋经济发展的态势不断拓展。2017 年 4 月，国家海洋局、中国农业发展银行在北京召开促进海洋经济发展战略合作座谈会，并签署战略合作协议，这标志着农业政策性金融促进海洋经济发展进入了全面深化的新阶段。根据协议，双方将本着"政策导向、优势互补、分业施策、务实创新"的原则，力争"十三五"期间，累计向海洋经济领域提供约 1 000 亿元的意向性融资支持，双方将共同推进融资融智、海洋经济发展示范区、公共服务平台、风险补偿机制等方面合作，推动海洋经济向质量效益型转变。此外，国家海洋局与中国银行、中国进出口银行、中国工商银行、深圳证券交易所等金融机构也达成战略合作意向。2017 年 6 月，山东首家民营银行威海蓝海银行正式成立，定位服务海洋经济。威海蓝海银行是全国第一家以服务海洋经济为特色定位的民营银行，致力于打造成为线上线下融合发展的轻资本、交易型、类互联网化银行，由威高集团、赤山集团、迪尚集团、青岛福瑞驰科技、兴民智通、安德利集团、烟台振华 7 家企业发起设立，注册总资本 20 亿元。

四、小结

党的十九大报告指出，我国经济已由高速增长阶段转向高质量发展阶段，正处在转变发展方式、优化经济结构、转换增长动力的攻关期。面对新时代新要求，作为国民经济重要组成部分，海洋经济领域要深化供给侧结构性改革，着力打造现代化海洋经济体系。要继续加速海洋传统产业优化升级，稳步化解部分产业产能周期性过剩问题；培育海洋战略性新兴产业尽快发展成为海洋主导产业、支柱产业，有效破解部分产业发展存在的政策性、体制性障碍；促进海洋服务业通过模式创新向产业链高端延伸，不断增强拉动就业和支撑经济增长的能力。加快推动现有涉海国家级海洋产业园区的整合提升，建立健全园区管理的制度体系，培育若干具有世界影响力、竞争力、特色鲜明的海洋产业集群。围绕"21 世纪海上丝绸之路"建设，聚焦全球海洋产业价值链分工体系，加强国际产能和装备制造合作，鼓励海洋产业"走出去"，为海上丝绸之路沿线国家或地区提供更多、更优质的海洋产品和公共服务。

第九章　中国海洋科技创新

海洋科技是科学开发海洋资源，壮大海洋经济的根本要素，是建设海洋强国的重要支撑力量。未来中长期中国海洋科技发展的重点是推动海洋科技向创新引领型转变，发展海洋高新技术，重点在深水、绿色、安全的海洋高技术领域取得突破，尤其是推进海洋经济转型过程中急需的核心技术和关键共性技术的研究开发。

一、海洋科技政策与规划

"十三五"时期，党中央和国务院高度重视海洋科技发展，围绕深水、绿色、安全的海洋高技术领域，出台多项政策、规划。

（一）《"十三五"海洋领域科技创新专项规划》

2017 年 5 月 8 日，科技部、国土资源部、国家海洋局联合印发《"十三五"海洋领域科技创新专项规划》（国科发社〔2017〕129 号）（以下简称《专项规划》），旨在进一步建设完善国家海洋科技创新体系，提升我国海洋科技创新能力。

《专项规划》提出，按照建设海洋强国和"21 世纪海上丝绸之路"的总体部署和要求，开展全球海洋变化、深渊海洋科学、极地科学等基础科学研究，显著提升海洋科学认知能力；突破深海运载作业、海洋环境监测、海洋生态修复、海洋油气资源开发、海洋生物资源开发、海水淡化及海洋化学资源综合利用等关键核心技术，显著提升海洋运载作业、信息获取及资源开发能力；集成开发海洋生态保护、防灾减灾、航运保障等应用系统，通过与现有业务化系统的结合，显著提升海洋管理与服务的科技支撑能力；通过全创新链设计和一体化组织实施，为深入认知海洋、合理开发海洋、科学管理海洋提供有力的科技支撑；建成一批国家海洋科技创新平台，培育一批自主海洋仪器设备企业和知名品牌，显著提升海洋产业和沿海经济可持续发展的能力。

根据《专项规划》，"十三五"期间，中国将开展全海深潜水器研制及深海前沿关键技术、深海通用配套技术、深远海核动力平台关键技术等研究，开展 1 000~7 000 米级潜水器作业及应用能力示范，形成 3~5 个国际前沿优势技术方向、10 个以上核心装备系列产品。开展海洋环境监测技术研究，发展近海环境质量监测传感器和仪器系统以及深远海动力环境长期连续观测重点仪器装备，自主研发海洋环境数值预报模式，构建国家海洋环境安全保障平台原型系统；开展海洋资源开发与利用研究，形成1 500~3 000米深水油气资源自主开发能力；研制精确勘探和钻采试验技术与装备，形成海底天然气水合物开采试验能力；完成1 000米海深集矿、输送等技术海上试验。一体化布局海洋生物资源开发利用重点任务创新链，保障食品安全，培育壮大海洋生物战略性新兴产业；研发海水淡化资源开发利用关键技术和装备，构建海水淡化利用的技术标准体系；研发海洋能技术与装备，实现海洋能海岛应用示范；建设以企业为主体的海洋技术创新体系，推进国家海洋高技术产业基地、科技兴海产业示范基地等建设，建立与之配套的技术创新中心和研发基地；建设国家重大基础设施和海洋技术创新平台，优化海洋科技创新基地布局，构建各具特色的区域海洋科技创新体系。

《专项规划》还提出了深海探测技术研究、海洋环境安全保障、深水能源和矿产资源勘探与开发、海洋生物资源可持续开发利用、极地科学技术研究，开展海洋国际科技合作、基地平台建设及人才培养等重点任务。

《专项规划》在组织实施机制及模式、经费资助方式、监测评估考核评价机制、风险评估4个方面提出了具体保障措施。

(二)《海洋卫星业务发展"十三五"规划》

2017年12月22日，国家海洋局和国家国防科技工业局联合发布《海洋卫星业务发展"十三五"规划》（以下简称《海洋卫星业务发展规划》）。

《海洋卫星业务发展规划》提出"十三五"期间海洋卫星应用发展的"六大任务"：一是完善海洋卫星观测体系，研制与发射3个系列海洋卫星，形成对全球海域多要素、多尺度和高分辨率信息的连续观测覆盖能力；二是建强海洋卫星地面系统，形成同时运行管理多颗在轨海洋卫星的能力，实现天地资源统一协调、多星多任务快速响应；三是提升卫星海洋服务能力，统筹利用气象、陆地等国内外各类遥感卫星资源，培育建设国家、海区和省市三级卫星海洋应用服务体系；四是完善卫星海洋应用体系，推进海洋卫星在气象、水利、环保、减灾等行业中的应用；五是加强海洋卫星遥感科技创新，开展自主新型海洋遥感载荷、海洋遥感机理、应用关键技术研制与应用，建设公共创新平台；六是促进国际交流与合作，积极引入全球科技资源、创新资源、数据资源，鼓励技术引进与合作开发，承担大国义务，拓展中国海洋卫星的服务范围和领域，促进卫星数据产品的国际交换。

《海洋卫星业务发展规划》还明确了强化规划实施的组织协调、争取多方加大支持力度、加强专业人才队伍建设、加大卫星工作宣传力度四大保障措施。

二、海洋科研能力发展

在国家高度重视和支持下，中国海洋科学研究面向国民经济和社会发展的重大需求，取得了令人瞩目的成果，中国海洋科研能力显著提高。

（一）海洋科研基础

海洋科研基础是指支持海洋科研发展的专业科研机构数量、科研人员及结构、科研基础设施以及科研经费投入与产出等。随着海洋事业的发展，中国海洋科研机构和从业人员数量不断壮大，经费投入规模持续增长，科研基础设施不断完善，取得了丰硕的科研成果。

1. 涉海科研机构和人员

随着海洋事业发展对海洋科学人才需求的不断增大，中国海洋科研机构和从业人员数量不断壮大。到 2015 年年底，全国拥有海洋科研机构 192 个，从事科技活动人员 35 860 人，从事科技活动人员比上年增长 4.93%。按行业分，包括海洋基础科学、海洋工程技术、海洋信息服务和海洋技术服务四类，前两类合计占比 89.12% 以上。按地区分，广东、北京、山东、辽宁、浙江、天津、上海七省市拥有绝大多数海洋科研机构，总计 145 个单位，占总数的 75.52%。按学历分，从事海洋科技活动的具有博士学位和硕士学位的高学历人员占 57.28% 以上。按职称分，从事海洋科技活动的高级职称 14 703 人，占总数的 41%。

表 9-1　2015 年中国海洋科研行业人员分布

科研类别	从事海洋科技活动人员人数（人）	占比重（%）
海洋基础科学研究	17 244	48.09
海洋工程技术	14 716	41.04
海洋信息服务	951	2.65
海洋技术服务	2 949	8.22
合计	35 860	100

注：数据摘自《中国海洋统计年鉴 2016》，北京：海洋出版社，2017 年。

2. 海洋科研经费与收入

海洋科研机构经费收入逐年增长。2015 年，中国海洋科研机构科技经费收入 3 333.40 亿元，与上年相比增长 7.49%。北京、上海、山东的海洋科研机构经费收入最多，合计占全国总收入的近 60%。[1]

3. 海洋科研课题及成果概况

2015 年，全国共完成海洋科研课题总计 18 810 项，比上年增加 6.26%。其中：基础研究 5 300 项，占总数的 28.18%；应用研究类课题 4 749 项，占总数的 25.25%；试验发展类课题 3 726 项，占总数的 19.81%；成果应用类课题 2 164 项，占总数的 11.50%；科技服务类课题 2 871 项，占总数的 15.26%。可以看到，基础研究、应用研究、试验发展三类课题占比较大，合计占比超过 73.23%。成果应用类课题占比最少。2015 年，全国海洋科研机构共发表科技论文 17 257 篇，比上年增加 2.06%；出版海洋类科技著作 353 种，比上年增加 12.42%；拥有涉海发明专利总数 20 518 件，比上年增加 46.91%。[1]

4. 国家海洋调查船队

海洋调查船是运载海洋科学工作者亲临现场，应用专门仪器设备直接观测海洋、采集样品和研究海洋的平台。2012 年 4 月 18 日，中国国家海洋调查船队正式成立。国家海洋调查船队由全国有关部门、科研院（所）、高等院校以及其他企业单位具备相应海洋调查能力的科学调查船组成。截止到 2017 年 6 月，船队共有 50 艘成员船，这些成员船主要分布沿海大中城市，其中大连 2 艘、天津 2 艘、烟台 1 艘、青岛 20 艘、上海 8 艘、舟山 2 艘、宁波 2 艘、温州 1 艘、厦门 4 艘、广州 7 艘、湛江 1 艘。成员船所属单位包括国家海洋局、中国科学院、大连海事大学、中国海洋大学等（附件 11）。[2]

（二）国家海洋科技专项

中国国家层面的海洋科技专项主要包括国家自然科学基金、国家社会科学基金、国家科技重大专项、国家重点研发计划、技术创新引导计划、基地和人才专项。目前，涉海项目主要分布于国家自然科学基金、国家社会科学基金、国家重点研发计划。海洋科技专项的实施为中国的海洋科技发展壮大提供了强度大、渠道畅通、领域覆盖面

---

[1] 《中国海洋统计年鉴 2015》，北京：海洋出版社，2016 年。
[2] 国家海洋调查船队，http://www.cmrv.org/home/plus/list.php? tid＝1，2017 年 12 月 19 日登录。

宽的稳定支持，为推动海洋科技创新、成果转化及产业化发展创造了机遇。

1. 国家自然科学基金

国家自然科学基金长期支持海洋科学发展，推动海洋基础学科建设、海洋科学研究、海洋科技人才培养等，为中国海洋科学基础研究的发展和整体水平的提高做出了积极贡献。2017 年，国家自然科学基金共批准海洋科学项目 457 项，资助金额 24 995 万元。①

2. 国家社会科学基金

国家社会科学基金（简称"国家社科基金"）设立于 1991 年，由全国哲学社会科学规划办公室负责管理。国家社科基金面向全国，重点资助具有良好研究条件、研究实力的高等院校和科研机构中的研究人员。近些年来，国家社科基金加大了对海洋领域的支持力度。2008 年至 2016 年，国家社科基金涉海项目共计 201 项。2017 年，国家社科基金涉海项目共计 41 项。②

3. 国家重点研发计划

国家重点研发计划由原来的"973"计划、"863"计划、国家科技支撑计划、国际科技合作与交流专项、产业技术研究与开发基金和公益性行业科研专项等整合而成，是针对事关国计民生的重大社会公益性研究以及事关产业核心竞争力、整体自主创新能力和国家安全的战略性、基础性、前瞻性重大科学问题、重大共性关键技术和产品，为国民经济和社会发展主要领域提供持续性的支撑和引领。

三、海洋调查和科学考察

海洋调查集中体现一国海洋科技发展的整体水平。随着国家对海洋事业的重视程度提高，相应地开展了多项海洋调查活动，主要包括海洋基础地质调查、海洋油气资源调查、极地考察和大洋考察等。

---

① 《国家自然科学基金委员会资助项目统计 2016 年度》，国家自然科学基金委员会网站，http：//www. nsfc. gov. cnnsfccenxmtjindex. html，2017 年 4 月 18 日登录。

② 根据国家社科基金立项结果整理，全国哲学社会科学规划办公室网站，http：//www. npopss-cn. gov. cn/ GB/219469/index. html，2017 年 12 月 19 日登录。

（一）海洋基础地质调查

中国海洋基础地质调查包括海域海岸带综合地质调查、海洋区域地质调查等。

1. 海岸带综合地质调查

自"十二五"以来，中国相继开展了近海重点海岸带综合地质调查与相关的研究。重点调查的海岸带区域包括辽河三角洲经济区、山东半岛经济区、长江三角洲经济区，开展了华南西部滨海湿地地质调查与生态环境评价，渤海海峡跨海峡通道地壳稳定性调查评价等。

2. 海洋区域地质调查

中国的海洋区域地质调查与美国、日本、英国、澳大利亚等国相比起步较晚。美国、日本、英国、澳大利亚等国早在 20 世纪就已完成了管辖海域的 1∶100 万和 1∶25 万海洋区域地质调查。中国直到 1999 年实施国土资源大调查时，才启动了 1∶100 万的海洋区域地质调查工作。至 2015 年，中国主张管辖海域 16 幅 1∶100 万海洋区域地质调查项目已全面完成，并实现了对中国主张管辖海域的首次全覆盖。

2016 年中国完成"1∶5 万珠江口内伶仃洋海洋区域地质调查"，这是中国完成的首个 1∶5 万海洋区域调查项目，成果填补了中国大比例尺海洋基础地质调查的空白。完成"1∶25 万福州幅、莆田幅海洋区域地质调查"，这是中国在南部海域首批完成的 1∶25 万海洋区调项目图幅，填补了中国这一海域开展中比例尺海洋区域调查工作的空白。

（二）海洋油气资源调查

近年来，中国主要在黄海、南海北部陆坡深水区和台湾海峡西岸等重点海域，以及国外海域开展了海洋油气资源调查。

2017 年，由"海洋石油 751"和"海洋石油 770"组成的中国最先进海洋石油物探"联合舰队"，历时 250 多天，圆满完成红海海域首次海洋勘探地震作业，创造了中国海洋石油勘探史上多项纪录。该项作业是中国大型装备联合船队首次走出国门，为国际市场提供海洋油气勘探专业震源服务，也是红海海域海洋油气勘探地震作业的全球开创之举。①

2017 年 4 月，科技部宣布国家科技重大专项"大型油气田及煤层气开发"成果。

---

① 《我国海上物探完成红海海域勘探》，载《中国海洋报》，2017 年 4 月 19 日 A1 版。

自 2008 年专项实施以来，中国天然气勘探开发技术取得实质性突破，3 000 米深水半潜式钻井平台在南海钻探成功，在南海北部发现陵水 17-2 等大型气田，成功开发了南海第一个深水气田荔湾 3-1，建成产能 80 亿立方米。从 500 米浅海走向 3 000 米深海，我国深水油气工程技术已跻身国际先进水平。[①]

（三）极地科学考察

自 1984 年以来，中国已成功完成 34 次南极科学考察，8 次北极科学考察。目前已形成了以"雪龙"号科考船、南极长城站、中山站、昆仑站、泰山站、北极黄河站和极地考察国内基地为主体"一船、五站、一基地"的南北极考察战略格局和基础平台。

2017 年 11 月 8 日至 2018 年 4 月 21 日，中国成功开展了第 34 次南极科学考察，圆满完成各项考察任务。此次考察取得多个"首次"。一是完成了中国第五个南极考察站——恩克斯堡岛新站临时建筑和临时码头的搭建。二是开展了南大洋业务化调查。第 34 次考察队在南极半岛海域、普里兹湾、戴维斯海、罗斯海等海域及沿"雪龙"号船航线开展了业务化调查。"向阳红 01"船与"雪龙"号船首次同步实施南大洋调查。三是考察队首次在西风带海域阿蒙森海 51 万平方千米范围内开展海洋站位综合调查，完成了 5 个断面 37 个站位的全深度、多学科综合调查，是中国南极考察史上最长的全深度海洋综合观测经向大断面，还在阿蒙森海陆架区实施了首次地球物理调查。四是首次实现"雪鹰 601"固定翼飞机运载大规模人员进出南极中山站，"雪鹰 601"总计执行 80 次起降。在科研观测方面，"雪鹰 601"共完成 19 个架次的飞行观测，累计飞行超过 4.5 万千米，观测区域覆盖东南极冰架系统、冰下山脉、冰下湖泊及深部峡谷系统等。五是完成了中山站夏季考察，首次参与保护南极重要历史文化遗址国际合作。[②]

2017 年 7 月 20 日至 2017 年 10 月 10 日，中国成功开展了第 8 次北极科学考察。此次北极考察首次穿越北极中央航道和西北航道，实现了中国首次环北冰洋科学考察，并取得了多项突破性成果。一是首次开展环北冰洋考察，开展了海洋基础环境、海冰、生物多样性、海洋脱氧酸化、人工核素和海洋塑料垃圾等要素调查。此次考察极大地拓展了中国北极海洋环境业务化调查的区域范围和内容，对中国北极业务化考察体系建设、北极环境评价和资源利用、北极前沿科学研究做出了积极贡献。二是首次穿越北极中央航道，并在北冰洋公海区开展科学调查，填补了中国在拉布拉多海、巴芬湾海域的调查空白。三是首航北极西北航道，加强国际合作，开展海洋环境和海底地形调查。中国第 8 次北极科学考察队乘"雪龙"号首航西北航道期间，完成 3 042 千米的

---

① 宗和：《我国深水油气技术获突破可到 3 000 米深海"找气"》，载《中国海洋报》，2017 年 5 月 2 日 A1 版。

② 崔鲸涛，吴琼，郭松峤：《第三十四次南极科考取得多个"首次"》，载《人民日报》，2018 年 4 月 22 日 01 版。

航渡海底地形地貌数据采集，并在巴芬湾西侧陆坡区完成了 1 400 平方千米区块的海底地形勘测，填补了中国在该海域的调查空白，为中国对西北航道的商业利用积累了第一手资料。三是首次在北极和亚北极地区开展海洋塑料垃圾、微塑料和人工核素监测。[1]

（四）大洋科学考察

2017 年 2 月 6 日至 6 月 23 日，搭载"蛟龙"号载人潜水器的"向阳红 09"试验母船满载成果，完成中国大洋 38 航次科学考察任务返航，标志着 2017 年"蛟龙"号试验性应用航次顺利结束。利用"蛟龙"号的先进技术，本航次取得五大科学成果。一是圈定了西北印度洋热液区范围。二是基本圈定了中国 1 000 米级多金属结核试采目标靶区，掌握了南海典型区域多金属结核分布特征，获得的高精度定位数据、高质量原位研究样品。三是直接观察到台湾峡谷现代浊流的地貌和沉积证据。四是进一步了解了马里亚纳海沟特征性物种分布、基岩蚀变和沉积环境特征。五是初步查明了雅浦海沟南段巨型底栖生物分布特点，发现雅浦海沟水体和沉积物中微生物具有较高的丰度和多样性。[2]

2016 年 11 月 22 日至 2017 年 7 月 9 日，"向阳红 10"号科考船圆满完成中国大洋 43 航次科考任务。通过本航次，充分证实了"潜龙二"号在洋中脊复杂地形环境下工作的稳定性和可靠性，为"潜龙二"号业务化、常态化应用打下坚实基础。我国自主研发的其他多金属硫化物勘探高新技术装备如中深孔岩心钻机、瞬变电磁探测系统等也集中在西南印度洋多金属硫化物资源合同区成功应用，系统开展了西南印度洋合同区的多金属硫化物资源勘探。这标志着我国在多金属硫化物资源勘探领域正在实施高新技术的升级换代；初步查清了我国与国际海底管理局签订的《西南印度洋多金属硫化物资源勘探合同》合同区典型硫化物矿体空间结构特征，完成了一条瞬变电磁测线探测，完成西南印度洋合同区 16 个区块的综合异常拖曳探测和地质取样调查工作，在西北印度洋卡尔斯伯格洋脊开展了综合性热液异常探测、地质取样和环境调查，新增热液异常区 15 处，新发现非活动热液区 2 处。[3]

2017 年 7 月 12 日至 2017 年 11 月 12 日，"向阳红 03"科考船圆满完成中国大洋第 45 航次科考任务。此次科考重点围绕深海生态环境调查和保护、多金属结核勘探合同区资源调查、水文和气象环境调查、公海环境污染状况调查、鸟类和哺乳动物观测等

① 崔鲸涛，吴琼：《中国第八次北极考察队凯旋》，载《中国海洋报》，2017 年 10 月 11 日 A3 版。
② 郭松峤：《"蛟龙"归来　细说 38 航次五大科学成果》，载《中国海洋报》，2017 年 6 月 26 日 A1 版。
③ 姚峰，陈斯音：《"向阳红 10"船完成大洋 43 航次科考任务》，载《中国海洋报》，2017 年 7 月 11 日 A1 版。

内容，在西太平洋海山及邻近海域、东太平洋中国大洋协会多金属结核勘探合同区和中东太平洋深海区域开展了三个航段的科学考察，并取得多项中国大洋科考历史性突破和科技成果。一是以海山生物多样性调查为重点，获取了多种西太平洋海山海洋生物的实物和影像资料。二是在东太平洋多金属结核勘探合同区及邻域，开展了大量环境基线调查，为参与东太平洋克拉里昂·克利珀顿区环境管理计划、履行国际海域环境保护义务提供支撑。三是中国首次在中东太平洋开展多要素大尺度海洋生物多样性和环境调查。四是中国首次利用深海微生物原位培养等手段，在西太平洋海山区和东太平洋多金属结合区开展了深海特殊功能微生物类群的富集培养与功能验证实验，推进了深海微生物研究海底实验平台的建设，定向获取了特殊功能的深海微生物及其基因资源。五是首次在西太平洋中部和中东太平洋区域开展海洋放射性调查，掌握多种核素分布特征，进一步评估了福岛核泄漏对海洋生态环境的影响。六是中国首次在西太平洋海山布放了综合生态深水锚系潜标。七是首次在东太平洋大洋协会多金属结核勘探合同区开展了具有自主知识产权的水下滑翔机的测试和海上试验，实现了对深海大洋海洋生态环境的组网观测。[①]

四、海洋高技术及相关设备

自 20 世纪 90 年代开始，经过 20 多年大力支持海洋高技术发展，目前我国在海洋技术领域的多个方面实现了接近国际先进或达到国际先进水平，对从近海走向深远海的海洋发展战略起到了关键的技术支撑作用。

（一）海洋观测和监测技术

中国的海洋观测和监测技术已突破了一批海洋环境监测技术，形成了一定的海洋监测关键技术，发射了海洋水色遥感卫星，已形成了卫星遥感海洋应用技术体系。建立了沿海区域性海洋环境立体监测示范试验系统。

1. 海洋动力环境监测技术

海洋动力环境观测技术包括船基海洋监测技术、岸基海洋监测技术、海基海洋监测技术。

船基海洋监测技术是利用船舶作为活动平台进行海洋调查和观测的技术。中国的船基海洋动力环境观测技术近年来发展迅速，如自行研制成功的 6 000 米高精度 CTD

---

① 兰圣伟：《大洋 45 航次第一航段科考作业圆满收官》，载《中国海洋报》，2017 年 8 月 14 日 A1 版。

剖面仪，其性能达到国际先进水平。

岸基海洋监测技术是利用近岸作为活动平台进行海洋调查和观测的技术。中国海洋岸基高频地波雷达技术近年来发展迅速。中国自主研制和开发的海表面动力环境监测地波雷达 OSMAR-S200 在国际上已达到先进水平，已用于海表面流、海浪、风场等海表面状态信息的探测，并实现了业务化运行。

海基海洋监测技术是在海面、深海中进行海洋调查和观测的技术。中国海基海洋监测技术，特别是浮标、潜标、海床基、水下移动观测平台等技术已取得重大进展。浮标是一种观测/监测平台，与传感器、控制系统、通信系统相结合，可形成能满足不同需要的观测/监测系统。中国自 2002 年加入国际 Argo 计划以来，在太平洋和印度洋等海域已经累计布放了 370 多个自动剖面浮标，建成中国 Argo 区域海洋观测网，并成为全球 Argo 实时海洋观测网的重要组成部分，成为继美国、法国、日本、英国、韩国、德国、澳大利亚和加拿大之后第九个加入该计划的国家。2017 年 4 月，中国研发的首款全球海洋 Argo 网格数据集产品——"2004—2016 年全球海洋 Argo 网络数据集"（简称"BOA-Argo"）在国际上公开发布。利用 BOA-Argo，全球科学家可以访问全球海洋最近 10 余年来海面到近 2 000 米水深范围内海水的各种要素资料，用以开展多种研究。BOA-Argo 历时 5 年研发开发完成，得到国家科技基础性工作专项重点资助，中国由此成为全球第六个公开发布类似数据产品的国家。[1] 2017 年 6 月，中国在南海马尼拉海沟平行线上，首次同时布放两套海啸浮标，形成海啸监测"双保险"，标志着中国南海海啸浮标监测网的建成。[2]

潜标是一种可以机动布放在水下的定点连续剖面观测仪器设备，是海洋环境离岸监测的重要手段。从 20 世纪 80 年代以来，中国先后开展了浅海潜标测流系统、千米潜标测流系统和深海 4 000 米测流潜标系统的技术研究，已掌握系统设计、制造、布放、回收等技术。

2. 海底科学观测网技术

海底科学观测网被称为继地面与海面观测、空中遥感观测后，人类在海底建立的第三个地球科学观测平台。目前，加拿大、美国、日本等 10 多个国家均已拥有海底观测网。2017 年 5 月，中国海洋领域第一个国家重大科技基础设施——国家海底科学观测网正式立项，建设周期 5 年，总投资逾 21 亿元。

国家海底科学观测网将在中国东海和南海海底分别建立主要基于光电复合缆连接

---

①　金昶：《我国发布首款全球海洋 Argo 网络数据集产品》，载《中国海洋报》，2017 年 4 月 27 日 A1 版。
②　罗茜，梁秋：《我国建成南海海啸浮标监测网》，载《中国海洋报》，2017 年 7 月 3 日 A1 版。

的海底科学观测网，实现从海底向海面的全方位、综合性、实时的高分辨率立体观测，重点开展生态环境和海洋灾害的立体观测。同时将在上海临港建设监测与数据中心，对整个海底科学观测系统进行监测与数据存储和管理。

国家海底科学观测网将成为一座海底科学实验室，用来收集和回传数据。系统建成后，将重点关注人类活动影响下的海陆相互作用、海底环流与沉积物搬运、海洋碳循环过程、海底深部过程等四个关键的前沿科学问题。国家海底科学观测网建成后，总体水平将达到国际一流、综合指标国际先进的海底科学观测研究设施，为中国海洋科学研究建立一座开放共享的重大科学平台。[①]

3. 海洋遥感观测技术

海洋遥感技术包括卫星遥感和航空遥感，具有宏观大尺度、快速、同步和高频度动态观测等优点，是现代海洋观测技术的主要发展方向。中国卫星遥感应用始于20世纪80年代，至今已经成功发射了海洋水色卫星"海洋一号A"（HY-1A）、"海洋一号B"（HY-1B）以及"海洋二号"卫星。"海洋一号"卫星的成功发射使得中国成为继美国、日本、欧盟等之后第七个拥有自主海洋卫星的国家。"海洋二号"卫星是中国自主研制的首颗海洋动力环境探测卫星。2016年8月，中国"高分三号"卫星发射成功。2017年1月，中国"高分三号"卫星正式投入使用。"高分三号"卫星是中国首颗分辨率达1米的C频段多极化合成孔径雷达（SAR）卫星，完善了中国海洋卫星体系，可应用于海上船舶、海岛和海岸带的高精度监测，海上溢油、绿潮、海冰等海洋灾害的全天候观测，对海洋权益维护和海上综合管控能力提升，海洋强国、"一带一路"建设具有十分重要的意义。[②] 2017年7月，中国东南沿海台风频发，"高分三号"卫星成功观测并获取"奥鹿"台风图像，为应对台风灾害提供了有效的数据支持。8月，"高分三号"卫星又为应对四川九寨沟和新疆精河地震灾害提供了重要的数据支持。[③]

航空遥感主要用于海岸带环境和资源监测、赤潮和溢油等突发事件的应急监测、监视。中国海洋航空遥感能力不断增强，一批航空遥感传感器，在近海突发海洋灾害的遥测中得到应用，获得了大量的监测观测资料。

4. 区域海洋环境立体监测技术

自20世纪90年代以来，中国开始自主研制开发海洋环境立体监测技术。到2000

---

① 张琴：《我国将建大型海底科学观测网》，新华网：http://news.xinhuanet.com/2017-06/08/c_1121111221.htm，2017年12月18日登录。

② 赵宁：《高分三号卫星正式投入使用》，载《中国海洋报》，2017年1月24日第A1版。

③ 曲探宙：《我国海洋科技创新发展的回顾与思考》，载《海洋开发与管理》，2017年第10期。

年，区域海洋环境立体监测系统首先在上海示范区应用建成。此后，先后在渤海、东海长江口海域、南海珠江口海域、台湾海峡及毗邻海域，建设了区域性海洋环境立体监测示范试验系统。海洋环境监测范围实现了国家管辖海域全覆盖，对渤海、典型海湾等重点海域开展了专项监测，并拓展至与国家权益和生态安全密切相关的其他海域。

2017 年，中国区域海洋环境立体监测技术又有新突破，浙江舟山嵊山岛海洋大气温室气体监测系统投入业务化试运行。该系统旨在长期连续监测中国近海上空大气中二氧化碳浓度长时间内的变化规律，为海洋碳循环和气候变化预测提供支持。[1] 2017 年 10 月，南海南沙海洋大气温室气体监测系统投入业务化试运行。该系统可弥补我国南海南部海域上空大气温室气体浓度高精度连续监测的空白，对南海海域海洋碳循环、海洋酸化和气候变化等领域的科学研究具有重要意义。至此，中国已建成南沙、西沙、北礁和嵊山四个海洋大气温室气体监测系统，初步形成了从南海南部至东海海域上空温室气体的监测网，积累了大量海洋大气温室气体高精度连续监测的经验和数据，为建成全国海洋大气温室气体立体监测网打下了坚实基础。[2]

（二）海洋资源开发技术

1. 海洋生物资源开发技术

在海洋药用生物资源开发领域，中国起步较晚，开始于 20 世纪 70 年代末。在国家"863"计划支持下，海洋药物的研究开发进入快速发展期。迄今中国已发现 3 000 多个海洋小分子新活性化合物和 500 多个海洋糖类化合物。这些化合物在国际海洋天然产物化合物库中占有重要位置。与国外相比，中国海洋药物研究开发整体技术与国际先进水平相比有一定差距。2017 年，中国海洋药物研发获得突破，科学家用野生海参提取物研发成功肿瘤免疫力再生剂。中国科学院南海海洋研究所"大佑生宝"科学家小组采用蛋白酶解和分子量截取技术提取加勒比海野生海参全能干细胞肽，用来降低放疗化疗给癌症病人带来的副作用。经广东岭南肝病研究所的追踪结果证实，全能干细胞肽能快速提升人体白细胞和血红细胞数量，可与医学界公认最严苛的重组人粒细胞刺激因子媲美。[3]

在深海生物资源开发领域，中国开展深海大洋生物资源探测已 15 年，在深海生物勘探、深海微生物资源库规范化建设、深海生物学基础研究、生物资源应用潜力评估

---

① 方正飞：《我国初步形成从东海至南海北部监测网》，载《中国海洋报》，2017 年 1 月 11 日第 A1 版。
② 吕洪刚：《南沙海洋大气温室气体监测系统投入试运行》，载《中国海洋报》，2017 年 10 月 13 日第 A1 版。
③ 李士燕，杨炯：《我科学家用野生海参提取物研发成功肿瘤免疫力再生剂》，载《中国海洋报》，2017 年 2 月 16 日 A2 版。

与开发利用等方面取得了重要成果。这些成果具体体现在 5 个方面：一是深海生物资源探测与保藏取得显著成效，彻底改变了中国在国际海底基因资源研发领域的状况。建立了第一深海菌种库，国际领先；构建了国内第一个深海微生物宏基因组大片段基因库；构建了国内第一个深海微生物代谢库与信息库；二是系统开展资源应用潜力评估，完成了 4 000 多株微生物资源在海洋药物、生物农药、环境保护、生物技术、工业酶应用等方面的潜力评估，申请国际国内发明专利 200 多项；建立有海洋微生物中试平台；多项研究成果已经完成应用示范，部分实现了产业化应用；三是深海生物基础研究硕果累累。发表 SCI 论文 500 多篇；完成 100 多个海洋微生物新物种分类与系统进化研究，使我国成为国际上深海微生物新物种发现与分类的重要力量；四是大洋生物勘探技术显著提高，形成了"三龙"深海探测，微生物海底长期原位培养等系列创新性深海装备。目前，中国逐步形成了以"蛟龙""海龙""潜龙"为代表的"三龙"深海装备体系。特别是载人潜水器"蛟龙"号的应用，显著提高了精确获取生物样品的可能性和准确性。此外，还形成了完善的深海生物实验室研究平台，为中国海洋生物科学研究提供有力支撑；五是积极参与国际合作，国际影响力日益提升。推进与法国、日本、美国、德国等国家在大洋生物资源探测方面的合作交流，中国科研人员在某些领域逐渐发挥主导作用。由大洋协会支持发起的国际深海微生物研讨会，目前已在中国、法国、日本、韩国等国家举行了 6 届。中国海洋微生物菌种保藏管理中心已加入世界微生物联盟，充分展示了中国在海洋微生物资源管理方面的贡献。①

2. 海水淡化与综合利用技术

中国海水淡化技术日趋成熟，已全面掌握热法海水淡化技术和反渗透淡化技术，成为世界上少数几个掌握海水淡化先进技术的国家之一。目前，海水淡化产业基本形成，海水淡化成本不断下降；海水淡化设计能力不断提高，人才队伍不断扩大。

在热法海水淡化技术方面，蒸汽喷嘴泵、降膜蒸发器等关键部件及设备研发有了重大进展，铝合金、海水淡化专用阻垢剂等新材料和药剂已具备了工程应用的条件。单机规模持续提高，成套能力不断增强。

在反渗透海水淡化技术方面，国产的超滤膜技术、反渗透膜技术进步较快，已具备工程应用的条件，高压泵、能量回收装置等关键设备研发的基础雄厚，急需定型和工程应用。反渗透海水淡化的单机规模持续提高，已实现产业化。

---

① 张一玲，龙邹霞：《我国在深海生物资源探测开发方面取得重要成果》，载《中国海洋报》，2017 年 7 月 24 日 A1 版。

3. 海洋矿产资源勘探开发技术

海洋矿产资源勘探开发技术主要包括海洋油气资源勘探开发技术、海洋天然气水合物探测技术和大洋矿产资源勘探开发技术。

（1）海洋油气资源勘探开发技术

海洋油气资源勘探技术包括地球物理勘探技术和地球化学勘探技术。地球物理勘探是运用地震、重力和磁力等物理手段，获取海底地层相关资料，分析了解海底地下岩层的分布、地质构造的类型、油气圈闭的情况，寻找油气构造，并确定勘探井位。自21世纪以来，海洋油气地震勘探技术、重磁震联合勘探技术发展迅速，成为油气勘探的主要技术，在南海油气勘探中得到了良好应用。中国的地球化学勘探经过多年发展，已经积累了丰富的地球化学资料。目前，中国已建立了近海海域海洋油气地球化学探查技术规范和作业流程，进一步发展和完善了适合中国近海条件的海洋油气地球化学探查技术。

2017年5月，中国海洋石油总公司旗下中海油田服务股份有限公司资助投资建造的第六代深水半潜式钻井平台"海洋石油982"在大连成功出坞下水，标志着我国深水钻井高端装备规模化、全系列作业能力形成。"海洋石油982"是按照国际最高标准建造，满足国际海洋钻探的最新规范要求，更加适合在南海等热带台风多发深水海域进行钻探作业。①

（2）海洋油气资源开发技术

海洋油气平台是海洋油气资源开发的关键技术设备，其设计和制造能力，是沿海国家科学技术水平和工业化水平的重要标志。近年来，中国在深水半潜式钻井平台、自升式钻井平台等海洋工程设备的研究和制造方面取得了一大批重大自主创新成果，部分产品实现了历史性突破，获得国际同行业的认可。目前，中国已形成一支拥有20多艘船规模的"深水舰队"，具备从物探到环保、从南海到极地的全方位作业能力。

2017年2月，中国建造的深水半潜式钻井平台又有新突破。由烟台中集来福士海洋工程有限公司建造的全球最先进超深水双钻塔半潜式钻井平台"蓝鲸1号"在烟台命名并交付使用，具有里程碑意义。"蓝鲸1号"平台是目前全球作业水深、钻井深度最深的半潜式钻井平台，适用于全球深海作业。②同月，中国建造的首座海上移动式试采平台"海洋石油162"在烟台芝罘湾海域交付，该平台是目前世界上功能最完善的海上移动式试采装备。③同月，中远海运集团所属中远海运重工有限公司旗下南通中远船

① 辛华：《我深水半潜式钻井平台"海洋石油982"出坞下水》，载《中国海洋报》，2017年5月2日A1版。
② 陈发清：《我国制造的全球最强深水钻井平台命名交付》，载《中国海洋报》，2017年2月15日A1版。
③ 王娇妮：《我国首座海上移动式试采平台交付》，载《中国海洋报》，2017年3月2日A2版。

务为英国 DANA 石油公司设计建造的圆筒形浮式生产储卸油平台（FPSO）总包项目"希望 6 号"完工开航，即将投入英国北海区域服役，成为中国海工装备制造业向高端迈进的又一里程碑。"希望 6 号"的设计建造开辟了我国海工装备制造业在浮式生产储卸油平台总包工程建造的先河，打破了国外的技术垄断。在 FPSO 技术设计、模块建造和平台调试上首次实现了在一家船厂总体完成，多项技术创新填补了国内海工空白，达到了世界领先水平。[①]

2017 年 8 月，中国船厂首次建造交付的两座 Super116E 型自升式钻井平台"智慧引领幸福 1 号"和"智慧引领幸福 2 号"在大连同时交付，该平台将用于印度西海岸钻探作业。该平台制造方为大连中远船务，船东方为英国福赛特公司，目前已获得印度石油天然气公司租约，用于印度西海域钻探作业。这是中国造海工产品首次获得印度石油天然气公司认可并用于印度洋海域作业，对积极推进"21 世纪海上丝绸之路"海洋工程技术领域合作，推进"一带一路"建设具有积极的示范引领作用。[②]

（3）海洋天然气水合物探测技术

中国在南海开展天然气水合物探测工作始于 1999 年，1999 年至 2001 年开展前期调查，2002 年至 2010 年开展调查与评价工作，期间 2007 年中国首次在南海北部神狐海域成功钻获天然气水合物实物样品。2011 年中国启动了对天然气水合物成矿规律的新一轮研究。2013 年中国海洋天然气水合物成矿预测研究获得突破，并首次在珠江口盆地钻获高纯度天然气水合物样品，通过钻探获得可观的控制储量。2014 年，中国在海域天然气钻探技术和对成矿规律的认识方面取得了突破性进展。其一是海域天然气从调查评价到钻探阶段的技术方法宣告正式形成，该技术方法体系处于国际先进水平。其二是揭示了南海北部天然气水合物富集规律，首次提出天然气水合物成核机制的笼子吸附假说，标志着中国建立起海域"可燃冰"基础研究系统理论。2015 年，中国在神狐海域再次发现了大型天然气水合物矿藏，并首次在珠江口盆地西部海域目标区发现大规模的活动冷泉区，获取了天然气水合物样品，充分证明了相关技术的有效性和可靠性。2016 年 4 月，中国地质调查局广州海洋地质调查局承担的"南海天然气水合物资源勘探"项目取得突破性成果。项目依托南海天然气水合物勘察结果，在神狐钻探区开展了天然气水合物钻探工作，并首次发现 II 型天然气水合物。该成果对于认识南海天然气水合物赋存状态及指导勘察具有重要意义。[③]

2017 年，中国海域天然气水合物试开采取得了历史性突破。2017 年 5 月 18 日，中国海域天然气水合物试采实现了连续 8 天的稳定产气，平均日产超过 1.6 万立方米，累

① 宗和：《我国首个自主浮式生产储卸油平台开航》，载《中国海洋报》，2017 年 2 月 14 日 A1 版。
② 朱俊，王紫竹：《两座"中国首造"自升式钻井平台交付》，载《中国海洋报》，2017 年 8 月 26 日 A1 版。
③ 苏丕波，尉建功：《我国南海海域首次发现II型天然气水合物》，载《中国海洋报》，2016 年 4 月 18 日 A1 版。

计产气超 12 万立方米。此次试开采同时达到了日均产气 1 万立方米以上以及连续一周不间断的国际公认指标，不仅表明中国天然气水合物勘查和开发的核心技术得到了验证，也标志着中国抢占了天然气水合物理论和技术的世界最高点。[1]

2017 年 6 月，广州海洋地质调查局承担的 "863" 计划——海洋技术领域 "天然气水合物勘探技术开发" 项目通过了科技部组织的项目技术验收。该项目针对天然气水合物资源开展了地质、地球物理、地球化学探测技术与装备关键技术研究，取得了一批具有自主知识产权的技术成果，形成了天然气水合物资源勘探技术体系。[2]

（4）大洋矿产资源勘探开发技术

中国大洋矿产资源勘查、海底环境探测和成像技术已取得长足进步，成功研发了一批大洋固体矿产资源成矿环境原位、实时、可视探测及保真采样技术以及海底异常条件下的探测技术，成功研制了多次取芯富钴结壳潜钻、深海彩色数字摄像系统、6 000 米海底有缆观测与采样系统等重大装备，已形成了大洋矿产资源勘探技术的应用能力。

4. 海洋可再生能源技术

海洋可再生能源开发利用技术主要包括海洋风能开发利用技术、潮汐能开发利用技术、波浪能开发利用技术、潮流能开发利用技术、海流能开发利用技术和温差能开发利用技术。

中国海洋风能的开发利用起步较陆地风能开发利用晚，但发展速度快，开展了一些基础性研究，产业已形成一定规模。中国潮汐能利用技术是国内海洋可再生能源开发利用技术中较为成熟的，居世界领先地位。中国波浪能发电技术基本成熟，正处于商业化、规模化的发展进程。中国的潮流能技术已达到国际领先水平，已经形成了特色产品。

2017 年，中国在海洋可再生能源技术领域实现重大突破。国家海洋可再生能源资金项目 "LHD-L-1000 林东模块化大型海洋能发电机组项目（一期）" 通过专家验收。该模块化大型海洋潮流能发电机装机容量达 3.4 兆瓦，是中国自主研发生产装机功率最大的潮流能发电机组，也是世界上装机功率最大的潮流能发电试验平台。该项目研制成功破解了海流能稳定发电的技术难题，是我国海洋清洁能源利用技术上的重大突破，成为我国潮流能发电技术领先世界的重要标志，使中国成为世界上第三个实现海流能发电并网的国家。[3]

---

[1] 岩海：《历史性突破！南海可燃冰试采成功》，载《中国海洋报》，2017 年 5 月 19 日 A1 版。

[2] 王伟，魏朱夏：《我国自主建成可燃冰勘探技术体系》，载《中国海洋报》，2017 年 6 月 29 日 A1 版。

[3] 吴琼：《我国海流能发电攻克 "稳定" 难题》，载《中国海洋报》，2017 年 1 月 16 日 A1 版。

在海上风电领域，2017 年中国海上风电场送电系统与并网关键技术研究取得重要进展。该项技术是基于中国海上风电发展现状和亟须解决的并网技术难题，以邻近负荷中心的近海风电场为研究对象，进行相关的试验平台建设和系统研发，并实现示范应用，填补了国内该领域的空白。①

在波浪能开发利用技术领域，2017 年中国波浪能发展装置突破关键技术。2017 年初，中国科学家成功自主研发的"海浪发电机"——鹰式波浪能发电技术和整套装备设计，不仅获得了中国、美国、澳大利亚三国发明专利授权，还获得了法国船级社的认证，标志着这一技术具备了产业化和走向国际市场的技术条件。② 2017 年 7 月，中国电子科技集团公司第三十八研究所最新研制的波浪能发电装置正式通过国家海洋局验收。该装置成功突破波浪能液压转换与控制装置模块及千伏级动力逆变器关键技术，实现波浪稳定发电，且在小于 0.5 米浪高的波况下仍能频繁蓄能。这一关键技术的突破，为中国波浪发电工程化应用奠定了基础。③

（三）深海探测与水下作业技术

中国深海探测与水下作业技术包括潜水器技术、深海探测技术、成像、通信和定位技术、深海作业技术、配套及基础技术等方面。

潜水器技术是沿海国家科技水平和综合国力的标志。潜水器技术主要包括无人潜水器技术、载人潜水器技术和深海空间站技术。国家高度重视潜水器技术，已成为深海探测与水下作业技术的重点发展领域，在关键设备国产化方面已取得多项突破，在配套技术上取得拥有自主知识产权的成果。

自 20 世纪 70 年代中国相继研制成功第一台有缆遥控水下机器人"海人一号"、第一台自治水下机器人 1 000 米"探索者"号。之后，无人深海潜水器技术的研究得到全面发展。2017 年 10 月，由中国科学院沈阳自动化研究所主持研制的中国首套 6 000 米级遥控潜水器圆满完成首次深海试验。遥控潜水器成功挑战 2 个 6 000 米级潜次，最大下潜深度 5 611 米，创造我国遥控潜水器下潜的最深纪录。该套深海科考型遥控潜水器系统的成功研制，填补了中国 6 000 米级深海遥控潜水器的空白，使中国跨入世界上少数拥有 6 000 米级遥控潜水器的国家行列。这是中国继"蛟龙"号和"潜龙一号"之后的又一标志性深海装备，将进一步助力深海科学研究取得更大进展。④

---

① 郭科：《我国海上风电场送电系统与并网关键技术研究取得重要进展》，载《中国海洋报》，2017 年 8 月 2 日 A1 版。

② 朱彧：《只争朝夕的"海洋能"》，载《中国海洋报》，2017 年 8 月 7 日 A1 版。

③ 辛华：《我国波浪能发电装置成功突破关键技术》，载《中国海洋报》，2017 年 7 月 11 日 A1 版。

④ 崔鲸涛：《我国 6 000 米级遥控潜水器深海"首秀"》，载《中国海洋报》，2017 年 10 月 10 日 A2 版。

在载人潜水器领域，中国"蛟龙"号载人潜水器试验性应用已有 5 年。2012 年 7 月，中国"蛟龙"号载人潜水器在西太平洋马里亚纳海沟 7 000 米级海试中获得成功。2013 年 1 月，中国大洋矿产资源研究开发协会吸收国际同类载人潜水器均经历研制、海试、试验性应用、业务化运行阶段等经验，确定了"蛟龙"号载人潜水器在步入业务化运行前开展试验性应用的工作方案。到 2017 年 6 月，"向阳红 09"船搭载"蛟龙"号载人潜水器圆满完成中国大洋 38 航次科学考察任务，标志着为期 5 年的"蛟龙"号试验性应用航次圆满完成。[1]

五、小结

2017 年，中国海洋科技实力显著提升，发展态势总体较好。在国家创新驱动战略和科技兴海战略的指引下，中国海洋科技在深水、绿色、安全的海洋高技术领域取得突破，在推动海洋经济转型升级过程中急需的核心技术和关键共性技术方面取得了突破。目前，中国已基本实现浅水油气装备的自主设计建造，部分海洋工程船舶已形成品牌，深海装备制造取得了突破性进展，部分装备已处于国际领先水平。中国首套 6 000 米级遥控潜水器圆满完成首次深海试验，"蛟龙"号圆满完成为期 5 年的试验性应用航次，"高分三号"卫星正式投入使用。第 34 次南极科学考察和第 8 次北极科学考察及大洋科学考察成功开展，获得了极地大洋海域大量的地质、生物、深海水体样品和高清海底视频资料。"海洋石油 982"成功下水，标志着中国深水钻井高端装备规模化、全系列作业能力的形成。中国海域天然气水合物试采成功以及天然气水合物资源勘探技术体系成熟。一系列的海洋科技领域创新性成果有效地拓展了中国蓝色经济发展的空间，在创新引领海洋事业科学发展中取得了重要进展。

---

[1] 王晶：《下五洋潜深渊 交出优秀答卷——"蛟龙"号载人潜水器试验性应用五年成果综述》，载《中国海洋报》，2017 年 6 月 27 日 A1 版。

第四部分
海洋环境与资源

第十章　中国海洋生态环境保护

中国海洋生态环境保护工作已进入到提供更多优质产品以满足人民日益增长的优美环境需要的攻坚期，也到了有条件解决海洋生态环境突出问题的窗口期。海洋生态环境保护工作在海洋生态文明建设的统领下将继续推进，早日实现"水清、岸绿、滩净、湾美、物美"的美丽海洋建设目标。当前，在中国推进生态文明建设的努力下，海洋生态环境问题得到一定控制，近岸海域水质总体有所好转，但局部近岸海域海水环境质量形势依然严峻，多数河口和开发利用程度高的海湾生态系统不健康的状况并没有得到明显改善。

一、海洋环境质量及其变化

2016 年，中国海洋环境质量状况基本稳定，符合一类海水水质标准的海域面积占管辖海域面积的 95%，比上年有所增加，海洋生态环境状况有所好转。近岸海域海水环境质量比 2015 年有所好转。[1] 2017 年 1 月至 6 月，中国近岸海域冬季（1 月至 3 月）和春季（4 月至 6 月）的海水环境污染依然严重。[2]

（一）海水水质

2017 年，冬季和春季近岸海域劣于第四类海水水质标准的海域面积分别为 50 220 平方千米和 43 290 平方千米，分别占近岸海域的 16% 和 14%。冬季和春季，近岸海域中无机氮含量劣于第四类海水水质标准海域的总面积为 49 190 平方千米和 39 350 平方千米。近岸海域中活性磷酸盐含量劣于第四类海水水质标准海域的总面积为 12 270 平方千米和 13 390 平方千米。近岸海域中石油类含量超第一类、第二类海水水质标准的海域面积为 18 340 平方千米和 14 260 平方千米。[2]

2011 年至 2016 年，各海域的劣四类水质海域面积总体上保持稳定。2012 年劣四类水质海域面积最大，2016 年面积最小，近岸局部海域水质有所改善。与上年同期相比，2016 年春季和夏季劣于第四类海水水质标准的海域面积分别减少 9 310 平方千米和

---

① 国家海洋局：《2016 年中国海洋环境质量公报》，2017 年。
② 国家海洋局：《环境信息第 28 期》，2017 年。

2 600平方千米。^①从空间上看，污染严重海域主要分布在辽东湾、渤海湾、莱州湾、长江口、杭州湾、浙江沿岸、珠江口等近岸海域，主要污染要素依然为无机氮、活性磷酸盐和石油类。2016年，中国近岸局部海域海水环境质量污染依然严重，但总体形势有所好转，近岸以外海域海水质量良好。从季节看，夏季污染相对较轻，冬季污染最为严重。冬季、春季、夏季和秋季，近岸海域劣于第四类水质海域面积分别为51 200平方千米、42 060平方千米、37 080平方千米和42 760平方千米，各占近岸管辖海域的17%、14%、12%和14%。

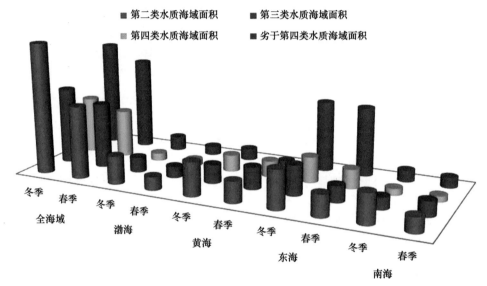

图10-1　2017年近岸海域未达到第一类海水水质标准海域面积季节变化

1. 渤海

2016年，渤海近岸以外海域海水质量状况良好，近岸海域海水环境污染依然严重，总体状况与上年相比基本稳定。冬季、春季、夏季和秋季劣于第四类水质海域各季平均面积为4 235平方千米，约占渤海总面积5.5%，主要分布在辽东湾、莱州湾和渤海湾近岸海域。近岸海域环境污染物以无机氮和活性磷酸盐为主，其中无机氮是造成劣于第四类水质的首要因素。渤海近岸海域环境形势不容乐观，劣于第四类海水水质标准的海域比例从2001年的1.8%增加至2012年的16.8%；近5年略有好转，至2016年

①　国家海洋局：《2016年中国海洋环境质量公报》，2017年。

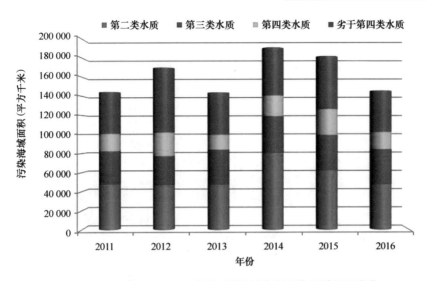

图10-2 2011年至2016年中国近岸海域各级污染海域面积变化

下降至6.4%,夏季第一、第二类水质海域面积比2012年增加了16 520平方千米。[1]

2. 黄海

2016年,黄海中北部海水环境质量状况总体良好。春季和夏季超第二类海水水质标准的海域面积分别为2 243平方千米和1 305平方千米。第四类水质海域和劣于第四类水质海域主要集中在辽东半岛近岸海域和胶州湾底部,主要超标物质为无机氮和活性磷酸盐。近5年来,夏季黄海中北部海水环境质量呈现出总体上升的趋势。劣于第四类水质海域面积在2012年最大,为2 950平方千米,2016年降低至357平方千米。

3. 东海

2016年,东海区海水环境质量总体较好。近岸以外海水基本符合第一类海水水质标准;春季和夏季,近岸以外海域超第一类海水水质标准的海域面积分别是9 465平方千米和10 126平方千米。与上年夏季相比,东海区劣于第四类海水水质标准的海域面积减少了10 253平方千米,减少了30%。[2] 近岸局部海域污染较为严重,主要分布在江苏近岸、长江口、杭州湾、浙江近岸及三沙湾、闽江口、厦门港等近岸海域。超标

---

[1] 国家海洋局北海分局:《2016年北海区海洋环境公报》,2017年。
[2] 国家海洋局东海分局:《2016年东海区海洋环境公报》,2017年。

污染物主要为无机氮和活性磷酸盐，局部海域化学需氧量（以 COD$_{Cr}$ 计，下同）、溶解氧、石油类和重金属超第一类海水水质标准。

■第二类水质　■第三类水质　□第四类水质　■劣于第四类水质

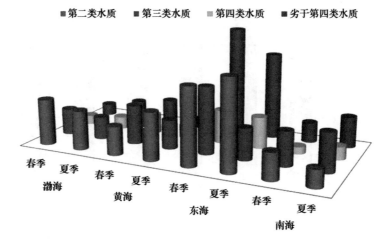

图 10-3　2016 年各海区近岸海域各级污染海域面积季节变化

4. 南海

2016 年，南海海水环境状况总体良好，近岸以外海域均为清洁海域，近岸局部海域污染依然严重，主要污染物为无机氮、活性磷酸盐和石油类。南海北部近岸以外海域春季和夏季海水环境状况保持良好，均为清洁海域。南海中部中沙群岛及南沙群岛周边海域海水各监测要素均符合第一类海水水质标准，海水环境状况保持良好，均为清洁海域。各季节严重污染海域主要分布在广东近岸局部海域。夏季严重污染海域面积与上年同期相比，增加了 3 330 平方千米。[1]

（二）海水富营养化

2017 年冬季和春季，近岸海域中呈富营养化状态的海域面积分别为 83 110 平方千米和 62 470 平方千米。冬季重度、中度和轻度富营养化海域面积分别为 17 550 平方千米、24 370 平方千米和 41 190 平方千米，春季重度、中度和轻度富营养化海域面积分别为 16 130 平方千米、19 040 平方千米和 27 300 平方千米。重度富营养化海域主要集中在辽东湾、长江口、杭州湾、珠江口等近岸海域。[2]

---

[1]　国家海洋局南海分局：《2016 年南海区海洋环境公报》，2017 年。
[2]　国家海洋局：《环境信息第 28 期》，2017 年。

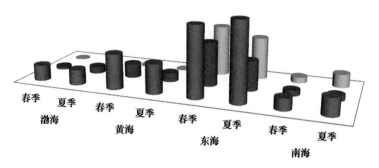

■ 轻度富营养化　　■ 中度富营养化　　■ 重度富营养化

图 10-4　2016 年中国近岸海域富营养化海域面积季节变化

2016 年，中国近岸海域评价富营养化程度为轻度。[①] 春季和夏季呈富营养化状态的海域面积分别为 72 490 平方千米、70 970 平方千米，其中春季和夏季重度富营养化海域面积均超过 16 000 平方千米。与上年相比夏季富营养化程度略微减轻，面积减少 6 780 平方千米。近岸海域富营养化格局与水质污染海域分布格局基本类似。

1. 渤海

2016 年，渤海夏季富营养化海域面积为 7 120 平方千米，比 2015 年大幅度减少。[②] 轻度、中度和重度富营养化海域面积分别为 4 340 平方千米、1 970 平方千米和 810 平方千米。其中轻度富营养化海域面积比 2015 年降低 3 000 平方千米，重度海域增加 300 平方千米。海水富营养化海域主要位于辽东湾和渤海湾底部。

2. 黄海

2016 年，黄海海域春季和夏季富营养化面积较大，轻度、中度富营养化面积为 13 890 平方千米、11 000 平方千米，占富营养化总面积的 97% 以上。重度富营养化面积最小，春季、夏季仅为 340 平方千米和 210 平方千米。

3. 东海

2016 年，东海近岸海域富营养化程度最为严重，与上年夏季相比，中度和重度富

---

①　国家海洋局：《2016 年中国海洋环境质量公报》，2017 年。

②　国家海洋局北海分局：《2016 年北海区海洋环境公报》，2017 年。

营养化状况的海域面积分别减少了 12 685 平方千米、6 193 平方千米。[1] 春季和夏季重度富营养化海域面积分别为 14 150 平方千米、11 800 平方千米,占富营养化总面积的 31% 和 28%。东海近岸海域富营养化程度为中度,春季富营养化面积是其他海区面积总和的 6.3 倍,夏季是其他海区面积总和的 2.5 倍。重度富营养化海域主要集中在灌河口、长江口、杭州湾、闽江口、厦门港等局部海域,长江口和杭州湾是极难恢复的永久性"近岸死区",浙江近岸海域是季节性"近岸死区"。

4. 南海

2016 年,南海海域春季富营养化程度有所改善,但夏季明显加重,夏季重度富营养化海域面积增加 1 300 平方千米,主要集中在珠江口,其次是汕头港和阳江近岸等局部海域。[2] 近岸以外海域环境状况良好,春季和夏季水体均未出现富营养化。冬季、春季、夏季和秋季近岸海域呈现富营养化状态的海域面积分别为 7 050 平方千米、6 550 平方千米、10 410 平方千米和 7 960 平方千米,其中重度富营养化海域面积分别为 1 530平方千米、1 680 平方千米、3 760 平方千米和 1 840 平方千米。

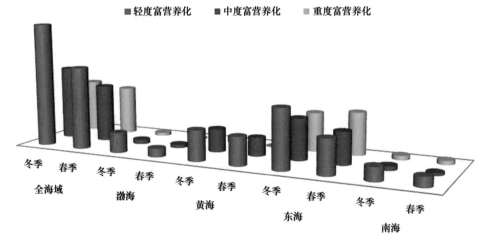

图 10-5　2017 年我国近岸海域富营养化海域面积季节变化

---

① 国家海洋局东海分局:《2016 年东海区海洋环境公报》,2017 年。
② 国家海洋局南海分局:《2016 年南海区海洋环境公报》,2017 年。

（三）沉积物环境

2016 年，中国管辖海域沉积物质量状况总体良好。[1]近岸海域沉积物中铜和硫化物含量符合第一类海洋沉积物质量标准的站位比例超过 90%，其余监测要素含量符合第一类海洋沉积物质量标准的站位比例均在 95% 以上。南海近岸以外海域个别站位砷含量超第一类海洋沉积物质量标准，渤海湾中部个别站位多氯联苯含量超第一类海洋沉积物质量标准。

二、陆源污染物排放

陆源污染物是造成近岸海域环境污染的主要原因，陆源污染物入海途径主要有河流、对海直接排污口和大气沉降等。大部分陆源污染物主要通过河流排放入海，通过排污口排放的污染物总量相对较小，但污染较为严重。

（一）河流排污

2017 年 1 月至 6 月对 121 条河流入海断面水质监测评价的结果表明，入海监测断面水质为第二类、第三类、第四类、第五类和劣于第五类地表水水质的比例分别为 1.3%、6.6%、18.9%、13.6% 和 59.6%。劣于第五类地表水水质标准的污染要素主要为化学需氧量、总磷、氨氮及石油类。[2]

2016 年，监测的 68 条河流入海断面水质，枯水期、丰水期和平水期劣于第五类地表水水质标准的河流分别为 24 条、20 条和 26 条，占河流入海总数的 35%、29% 和 38%，与上年相比分别降低 23%、27% 和 7%。[1]监测的 68 条河流入海污染物量分别为化学需氧量 1 372 万吨、硝酸盐氮（以氮计，下同）227 万吨、总磷（以磷计，下同）18 万吨、石油类 4.6 万吨、重金属 1.4 万吨，其中长江、珠江、闽江、钱塘江、辽河和黄河等入海河流污染物量占总污染量的 80% 以上，其中化学需氧量约为 80%、硝酸盐氮为 95%、石油类为 90%。

1. 渤海

2016 年，渤海沿岸所监测的 18 条主要江河径流携带入海污染物总量约 65 万吨，大辽河、黄河、滦河、小清河和辽河入海污染物总量约 60 万吨，占入海河流污染物总

---

① 国家海洋局：《2016 年中国海洋环境质量公报》，2017 年。
② 国家海洋局：《环境信息第 28 期》，2017 年。

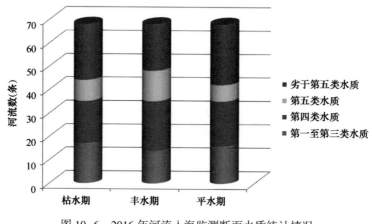

图 10-6　2016 年河流入海监测断面水质统计情况

量的 93% 以上。[1]渤海近岸海域主要污染物入海量分别为：化学需氧量约 62 万吨、石油类 1 641 吨、硝酸盐氮 14 707 吨、氨氮 9 140 吨、亚硝酸盐氮 3 589 吨、总磷 3 069 吨、锌 344 吨、铜 55 吨、铅 51 吨、镉 7 吨、汞 1 吨、砷 38 吨。与 2015 年相比，化学需氧量、石油类和总磷入海量有所增加，其他污染物均有不同程度的减少。

2. 黄海

2016 年，黄海中北部沿岸主要江河径流携带污染物入海总量约 68 万吨，其中鸭绿江入海污染物总量约 61 万吨，占污染物总量的 90%。[1]黄海中北部近岸海域主要污染物入海量分别为：化学需氧量 61 万吨、石油类 476 吨、硝酸盐氮 56 089 吨、氨氮3 881吨、亚硝酸盐氮 1 384 吨、总磷 4 158 吨、铜 62 吨、铅 17 吨、锌 184 吨、镉 9 吨、汞 1 吨、砷 84 吨。与 2015 年相比，化学需氧量、硝酸盐氮入海量有所上升，石油类、亚硝酸盐氮入海量有所降低，其他污染物入海量变化不大。

3. 东海

2016 年，东海 36 条主要入海河流中入海污染物总量合计 1 220 万吨，其中长江、闽江、瓯江、钱塘江、飞云江和黄浦江占入海污染物总量的 85% 左右。[2] 全年不符合监测断面功能区水质标准要求的河流有 22 条，占监测河流总数的 61%，主要超标污染物为总磷。东海近岸海域主要河流入海污染物分别为：化学需氧量约 1 184 万吨，氨氮约

①　国家海洋局北海分局：《2016 年北海区海洋环境公报》，2017 年。
②　国家海洋局东海分局：《2016 年东海区海洋环境公报》，2017 年。

15.8 万吨，总磷约 16.6 万吨，石油类约 3.2 万吨，重金属（铜、铅、锌、镉、汞）约 1 万吨，砷 2 400 吨。

4. 南海

2016 年，南海海域的 9 条主要河流入海污染物总量约 265 万吨，其中珠江占全部入海各项污染物总量的 72%～95%。[①]南海近岸海域主要入海污染物分别为：化学需氧量 210 万吨、氨氮 4.4 万吨，硝酸盐 43.5 万吨、亚硝酸盐 3.0 万吨，总磷 2.9 万吨，石油类 1.3 万吨，重金属 3 244 吨（其中铜 476 吨、铅 178 吨、锌 2 548 吨、汞 7 吨），砷 686 吨。

（二）排污口排污

2017 年 3 月和 5 月对 304 个和 209 个陆源污染入海排污口进行监测，入海排污口超标排放率分别为 52.0% 和 49.0%。[②]其中，3 月份不同入海排污口的超标率从高到低依次为：排污河（57.6%）、市政（52.9%）、其他（50.0%）、工业（45.0%）；5 月份不同入海排污口的超标率从高到低依次为：市政（61.0%）、排污河（50.0%）、其他（36.8%）、工业（35.5%）。

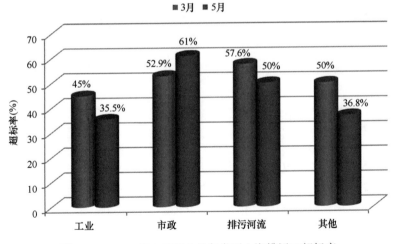

图 10-7　2017 年 3 月和 5 月各类型入海排污口超标率

---

① 国家海洋局南海分局：《2016 年南海区海洋环境公报》，2017 年。
② 国家海洋局：《环境信息第 28 期》，2017 年。

表 10-1　2017 年 3 月和 5 月部分省（市）的入海排污口超标率

省（市）	超标排污口数		未超标排污口数		监测排污口总数		超标排放率	
	3 月	5 月	3 月	5 月	3 月	5 月	3 月	5 月
辽宁	27	19	14	22	41	41	65.9%	46.3%
天津	12	12	—	—	12	12	100%	100%
河北	9	9	14	16	23	25	39.1%	36.0%
山东	18	21	20	16	38	37	47.4%	56.8%
江苏	3	4	1	–	4	4	75.0%	100%
上海	4	—	16		20		20.0%	—
浙江	8	—	10		18		44.4%	—
福建	8	—	6		14		57.1%	—
广东	27	24	37	39	64	63	42.2%	38.1%
广西	16	9	4	1	20	10	80.0%	90.0%
大连市	18	11	14	13	32	24	56.3%	45.8%
青岛市	—	4				8		50.0%
宁波市	4	2	6	9	10	11	40.0%	18.2%
深圳市	4	4	4	4	8	8	50.0%	50.0%
合计	156	119	148	124	304	243	51.3%	49.0%

2016 年，入海排污口邻近海域环境质量总体较差，91% 以上无法满足所在海域海洋功能区的环境保护要求。[①] 国家海洋局实施监测的 368 个陆源入海排污口中，工业排污口占 28%，市政排污口占 43%，排污河占 23%，其他类排污口占 6%。3 月、5 月、7 月、8 月、10 月和 11 月监测的入海排污口达标排放率分别为 48%、52%、59%、60%、57% 和 57%，全年入海排污口达标排放次数占监测总次数的 55%，较上年有所提高。93 个入海排污口全年各次监测均达标，69 个入海排污口全年各次监测均超标。入海排污口排放的主要污染物为总磷、化学需氧量、悬浮物和氨氮。对日排污水量大于 100

---

① 国家海洋局：《2016 年中国海洋环境质量公报》，2017 年。

吨的直排海工业污染源、生活污染源和综合排污口的污染物排放监测结果显示，东海区的污水排放量远远高于其他海区，并且总体呈现增长的趋势。渤海区的废水排放量显著低于其他海区，总体保持平稳，黄海和南海废水排放量大体相当，总体保持平稳。

不同类型入海排污口中，工业、市政和其他类排污口达标排放次数率分别为68%、51%和65%，排污河达标排放次数率分别为44%，较上年有所下降。2011年至2016年，工业排污口达标排放率较高，市政和排污河达标排放率较低。78%以上的排污口邻近海域水质等级为第四类和劣于第四类，邻近海域水质无明显改善，水体中的主要污染要素为无机氮和活性磷酸盐；排污口邻近海域沉积物环境质量等级为第三类和劣于第三类比例较上年有所增加，主要污染物为石油类和重金属。排污口所排放的污染物总量虽然相对较低，但由于污水中污染物的浓度高，对排污口附近环境质量的影响非常严重。

1. 渤海

2016年，渤海沿岸90个陆源入海排污口达标排放比率为47%。排污口主要超标物质为化学需氧量和总磷，排污口化学需氧量达标比例为72%，总磷达标比例为76%。与2015年相比，化学需氧量和总磷达标比例基本持平。近5年来，渤海陆源入海排污口达标排放率总体较为稳定，仅2014年低于平均水平。

2. 黄海

2016年，黄海中北部沿岸57个陆源入海排污口达标排放比率为53%。排污口主要超标物质为悬浮物、生化需氧量和总磷。排污口悬浮物达标比例为75%，生化需氧量达标比例为78%，总磷达标比例为84%。与2015年相比，悬浮物、生化需氧量和总磷达标排放比例有所升高。

3. 东海

2016年，东海沿岸111个陆源入海排污口达标率为61%。江苏省、上海市、浙江省和福建省达标排放率分别为27%、73%、65%、62%。入海排污口排放主要超标污染物（指标）包括总磷、粪大肠菌群、悬浮物和化学需氧量，超标率分别为18%、18%、12%、11%。

4. 南海

2016年，南海沿岸110个陆源入海排污口达标率为59%，与2015年相比略有提高。20个入海排污口全年监测均超标，占监测排污口总数的18%，与2015年相比略有下降。入海排污口排放的主要污染物是总磷、化学需氧量、生化需氧量、氨氮和悬浮物，各要素达标率分别为 70%、86%、91%、93% 和 94%。与 2015 年相比，总磷、化学需氧量达标率略有上升，其他污染物排放达标率基本持平。

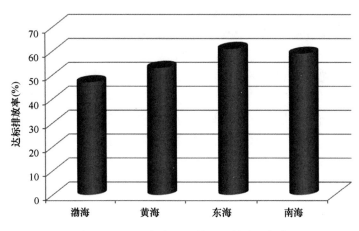

图 10-8　2016 年各海区排污口排放达标率

（三）海洋垃圾

2016 年，国家海洋局对 45 个区域的海洋垃圾监测显示，旅游休闲娱乐区、农渔业区、港口航运区及邻近海域的海洋垃圾密度较高，旅游休闲娱乐区海洋垃圾多为塑料袋、塑料瓶等生活垃圾；农渔业区内塑料类、聚苯乙烯泡沫类等生产生活垃圾数量较多。中国近岸海洋垃圾污染主要源自陆地活动，以塑料类垃圾为主，是全球污染最严重的区域之一。海漂垃圾平均 2 200 多个/千米²，以塑料类垃圾数量最多，占 84%，木制品次之，占 9%；67% 的海漂垃圾来自陆地，33% 源于海上活动。海滩垃圾平均 70 348 个/千米²，其中塑料类数量最多，占 68%，主要为塑料袋、聚乙烯泡沫和香烟过滤嘴；91% 的海滩垃圾源于陆地，9% 源自海上。海底垃圾平均 1 180 个/千米²，主要为塑料袋、木块和玻璃瓶等。渤海、东海、南海监测断面表层水体漂浮微塑料密度平均为 0.29 个/米³，最高为 2.35 个/米³；海滩微塑料密度最高为 1 208 个/米³，最低为 100 个/米³。①

1. 渤海

2016 年，渤海海域以长度小于 10 厘米的中小块垃圾为主，长度大于 1 米的特大块

① 国家海洋局：《2016 年中国海洋环境质量公报》，2017 年。

垃圾较少。垃圾种类以塑料类为主，占海洋垃圾总量的一半以上。海滩垃圾主要为塑料、木块等，总密度为 65 千克/千米^2，其中塑料类垃圾密度最高，占 38%；其次为金属类，占 17%。漂浮垃圾主要为塑料类和聚苯乙烯泡沫类等。海面漂浮大块和特大块垃圾平均个数为 2.9 个/千米^2，塑料类垃圾数量最多，占 70%，其次为聚苯乙烯泡沫类垃圾，占 20%。长度小于 10 厘米的中小块垃圾总密度为 4.4 千克/千米^2，其中玻璃类垃圾密度最高。海底垃圾主要受养殖等生产活动影响，有木块和塑料片等，平均密度为 24.2 千克/千米^2。

2. 黄海

2016 年，烟台、青岛海域内以长度小于 10 厘米的中小块垃圾为主，长度大于 1 米的特大块垃圾极少。海洋垃圾以塑料类为主，占海洋垃圾总量的一半以上。海滩垃圾的总密度为 64.4 千克/千米^2，其中，玻璃类垃圾密度最高，占 26%，其次为塑料类，占 24%。海面漂浮大块和特大块垃圾平均个数为 31.9 个/千米^2，塑料类垃圾数量最多，占 67%，其次为聚苯乙烯泡沫类垃圾，占 20%。长度小于 10 厘米的小块及中块垃圾总密度为 0.3 千克/千米^2，其中塑料类密度最高。

3. 东海

2016 年，东海海域海洋垃圾以塑料类和聚苯乙烯泡沫塑料类垃圾居多。海滩垃圾多达 592 个，其中塑料类垃圾最多，占 55%；聚苯乙烯泡沫塑料类占 20%、木制品类占 7%；橡胶类、纸类、织物（布）类、金属类、玻璃类和其他人造物品类垃圾数量比例范围为 1% 至 4%。平均个数为 36 747 个/千米^2，比 2015 年增加 108%；平均密度为 3 884 千克/千米^2，比 2015 年增加 112%。

4. 南海

2016 年，南海湛江观海长廊、潮州大埕湾第一哨所、揭阳神泉港、北海侨港海水浴场和三亚湾海域的海面漂浮垃圾主要以塑料类、聚苯乙烯泡沫类和木制品类为主，77% 来源于陆地活动。中小块漂浮垃圾平均密度为 567 个/千米^2，平均密度为 6 千克/千米^2，塑料类垃圾数量最多，占 56%。大块和特大块漂浮垃圾平均密度为 60 个/千米^2，塑料类垃圾数量最多，占 54%。

三、海洋生态健康状况及其变化

国家和地方涉海管理部门围绕典型生态系统监测、重要生态系统保护和受损关键生态系统修复等，积极开展海洋生态保护和建设工作。2016 年监测的河口和海湾生态系统多数处于亚健康或不健康状态。多年的监测结果显示，监控区生物多样性状况基本保持稳定，部分海洋保护区保护对象退化趋势明显。

（一）监控区海洋生物多样性状况

2016 年春季和夏季，国家海洋局在 15 个重点监控区内共监测到浮游植物 720 种，浮游动物 889 种，大型底栖生物 1 764 种，海草 6 种，红树植物 10 种，造礁珊瑚 81 种。监控区内浮游植物以硅藻和甲藻为主，浮游动物以桡足类和水母类为主，大型底栖生物主要以软体动物、节肢动物和环节动物为主。南海区生物物种最高，浮游植物 510 种、浮游动物 631 种、大型底栖生物 1 211 种；渤海区生物物种最低，浮游植物 234 种，浮游动物 89 种，大型底栖生物 349 种。2011 年至 2016 年，监控区内海洋生物种类增多，生物多样性指数反而降低；从北至南，各监控区内生物多样性指数呈两端高中间低的趋势。

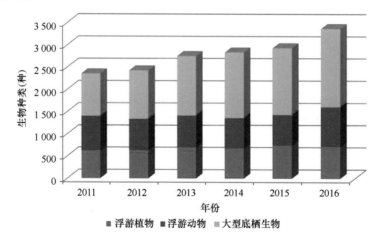

图 10-9　2011 年至 2016 年各监测海区生物种类

（二）典型生态系统健康状况

2016 年，中国典型海洋生态系统健康状况仍然不容乐观，总体健康状况向好。国家海洋局实施监测的 21 个河口、海湾、滩涂湿地、珊瑚礁、红树林和海草床等海洋生态系统中，监测的河口、海湾与滩涂湿地生态系统健康状况基本稳定；珊瑚礁、红树林和海草床生态系统健康状况稳中向好。雷州半岛西南沿岸、北海、海南东海岸生态系统健康，锦州湾、杭州湾处于不健康状态，处于健康、亚健康和不健康状态的海洋

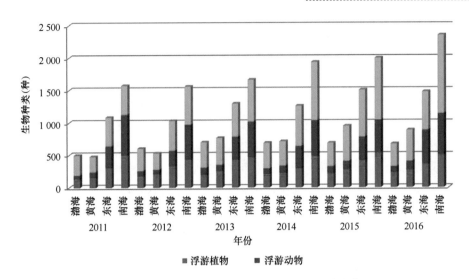

图 10-10　2011 年至 2016 年各海区生物种类变化

生态系统分别占 24%、66% 和 10%。与 2015 年相比，处于亚健康和不健康状态的生态系统占比降低了 10%。

监测的河口生态系统均呈亚健康状态。长江口、双台子河口、珠江口河口生态系统呈富营养化状态；滦河口—北戴河浮游动物密度高、生物量偏低，大型底栖生物密度和生物量偏低；黄河口浮游动物生物量偏高；长江口大型底栖生物密度高，监测到 1 572 平方千米低氧区。监测的海湾生态系统多数呈亚健康状态，锦州湾和杭州湾生态系统呈不健康状态。除大亚湾外，所监测的海湾均呈富营养化状态，无机氮含量劣于第四类海水水质标准。多数海湾生态系统浮游植物密度较高，鱼卵仔鱼密度偏低，但总体呈上升趋势。锦州湾、杭州湾和大亚湾浮游动物密度偏低，渤海湾、乐清湾的浮游动物和大型底栖生物密度偏高。

苏北浅滩滩涂湿地生态系统呈亚健康状态。苏北浅滩生物体内铅、砷残留水平较高；浮游植物、浮游动物和生物量密度较高。滩涂植被以芦苇、碱蓬和互花米草为主，面积为 223 平方千米，与 2015 年相比略有减少。雷州半岛西南沿岸和广西北海珊瑚礁生态系统呈健康状态，活珊瑚盖度较上年分别增加 7.7% 和 7%，硬珊瑚补充量超过 1 个/米²。海南东海岸和西沙珊瑚礁生态系统呈亚健康状态，活珊瑚盖度和种类仍处于近 10 年来的较低水平。广西北海和北仑河口红树林生态系统均呈健康状态，红树林群落类型基本稳定，部分区域幼苗增多。海南东海岸海草床生态系统呈健康状态，海草密度由上年的 1 033 株/米² 上升至 1 330 株/米²；北海海草床生态系

统呈亚健康状态。

(三) 海洋保护区生态状况

2016 年，国家海洋局新批准建立了 16 个国家级海洋公园。全国已建立国家级海洋保护区 81 个，各级各类海洋自然/特别保护区（海洋公园）250 余处，总面积约为 12.4 万平方千米。保护对象类型日益丰富，使中华白海豚、文昌鱼、中国鲎、鸟类、珊瑚等多个重要海洋生物物种，贝壳堤、陆连沙堤、牡蛎礁、海蚀地貌、砂质海岸等海洋自然景观和遗迹，红树林、珊瑚礁、河口湿地、海岛等海洋和海岸生态系统得到有效保护，中国近岸海域的海洋保护区网络不断完善。2016 年，国家海洋局对全国 65 个国家级海洋保护区开展了生态状况监测，36 个保护区实施了保护对象监测，54 个保护区开展了水质监测。结果显示，多数保护区的保护对象和水质状况基本保持稳定，贝壳堤面积有所减少，而出露滩面的古树桩多被侵蚀。

(四) 主要海洋功能区生态状况

2016 年，全国海洋倾倒量为 15 922 万立方米，较上年增加 16.9%，倾倒物为清洁疏浚物，所使用的倾倒区及其周边海域海水水质和沉积物均能满足海洋功能区环境保护要求。长江口邻近海域和广东近岸海域的倾倒量最高，占全国总量的 65.3%；浙江、福建、山东近岸海域和渤海湾的倾倒量相对较高，占全国倾倒量的 3.9% ~ 7%。与 2015 年相比，倾倒区水深、海水水质和沉积物质量基本保持稳定，倾倒活动未对周边海域生态环境及其他海上活动产生明显影响。

2016 年，全国海洋油气区邻近海域环境质量基本符合海洋功能区环境保护要求，渤海个别油气区邻近海域海水中石油类含量有所增加。海水增殖养殖区综合环境质量等级为"优良"和"较好"的比例分别为 87% 和 13%，部分增殖养殖区水体呈富营养化状态以及沉积物中铜含量超标。2011 年至 2016 年，海水增殖养殖区环境质量得到持续改善，综合环境质量等级"优良"比例逐年增加，"较差"和"及格"比例逐年缩减。

四、海洋生态环境保护和管理

海洋生态环境保护和管理是运用行政、法律、经济等手段，维持海洋环境的良好状况，防止、减轻和控制海洋环境损害或退化的行政行为，是海洋管理的重要组成部分。中央积极深化改革强化海洋生态环境管理的制度，通过实施重点生态工程推进海洋生态环境保护，进一步建立和完善海洋生态环境保护制度。

（一）深化改革强化海洋生态环境保护

1. 海岸线保护与利用管理

海岸线是海洋经济发展的"生命线""黄金线"，具有重要的生态功能和资源价值。2017 年 3 月，国家海洋局印发《海岸线保护与利用管理办法》。这是海洋领域全面贯彻落实中央深化改革任务、加强海洋生态文明建设的重大举措，是坚持五个发展理念、推动沿海地区社会经济可持续发展的必然要求，为依法治海、生态管海，实现自然岸线保有率管控目标，为构建科学合理的自然岸线格局提供了重要依据，对保护海洋生态环境、促进海洋经济可持续发展、建设海洋强国将产生积极而深远的影响。① 按照党中央、国务院关于生态文明建设的总体部署，紧紧围绕建设海洋强国的总目标，牢固树立创新、协调、绿色、开放、共享五大发展理念，坚持问题导向，明确当前海岸线保护与利用管理的主要任务，在管理体制上强化了海岸线保护与利用的统筹协调，在管理方式上确立了以自然岸线保有率目标为核心的倒逼机制，在管理手段上引入了海洋督察和区域限批措施，提出了海洋管理工作的新举措、新要求。

2. 围填海管控办法

2016 年 12 月，中央全面深化改革领导小组第三十次会议审议通过《围填海管控办法》。这是党中央国务院对海洋领域全面深化改革、推进生态文明建设的重大决策部署，是全面加强围填海管控的纲领性文件。通过严格贯彻实施该办法，实现对围填海的有效管控，建立健全围填海管控配套制度，构建完善的标准规范体系，持续开展围填海管控执法检查监督，有效服务于供给侧结构性改革。继续加大海域资源环境保护力度、全面提高海域资源节约利用水平、积极培育产业用海绿色发展的新动能。到 2020 年，海域保护与利用格局全面优化、围填海总量得到有效控制、围填海绿色发展水平全面提升、海域开发和管理秩序全面规范。2017 年 10 月，国家海洋局印发《贯彻落实〈围填海管控办法〉的指导意见》和《贯彻落实〈围填海管控办法〉的实施方案》，要充分发挥海洋主体功能区在推动海洋生态文明建设中的基础性作用和构建国家海洋空间治理体系中的关键性作用。加大海洋生态系统和环境保护力度，优化围填海空间布局，全面促进海域资源集约节约利用，切实加强海洋监督检查、督察追责，大力推进海洋经济绿色发展、循环发展、低碳发展。

---

① 《加强海岸线保护与利用管理　构筑国家海洋生态安全屏障》，国家海洋局，http://www.soa.gov.cn/xw/hyyw_90/201704/t20170410_55501.html，2018 年 3 月 10 日登录。

3. 用海管理体制机制改革

2017 年 11 月，广西出台《关于深化用海管理体制机制改革的意见》。该意见遵循"科学规划，海陆统筹；综合论证，生态优先；节约集约，总量控制；创新驱动，开放合作"的基本原则，旨在破除沿海开放开发遇到的"瓶颈"和"症结"，建立适应海洋经济发展要求的综合管理体制机制，强化海洋行政主管部门的海洋事务综合管理职能，进一步推动陆海统筹、联动发展，提高岸线、海域、海岛等海洋资源的集约利用水平，加快构建现代化海洋产业体系，促进产业结构与空间布局日益优化。该意见提出在"多规合一"实施前，推进涉海规划的多规融合，各涉海单位调整相关涉海规划，要先报自治区沿海岸线和涉海规划联合协调工作组征求意见并修改完善后，方可报自治区人民政府审批，从而实现各涉海规划的有效衔接和融合。实现港口、船舶修造、工业项目等岸线资源的科学合理利用。市场化配置海域资源，实现资源的集约节约和高效利用。加强海洋生态文明建设，实现生态环境保护和资源开发利用双赢。至 2020 年，围填海面积不超过 161 平方千米，自然岸线保有率不低于 35%。

（二）推进海洋生态环境保护

1. 从"山顶"到海洋联手污染防治

2017 年 3 月，环境保护部、国家海洋局等十部委联合印发《近岸海域污染防治方案》。该方案以改善近岸海域环境质量为核心，加快沿海地区产业转型升级，严格控制各类污染物排放，开展生态保护与修复，加强海洋环境监督管理，为中国经济社会可持续发展提供良好的生态环境保障。到 2017 年年底前，全面清理非法或设置不合理的入海排污口，近岸海域汇水区域内的城镇污水处理设施全面达到一级 A 排放标准（含总氮指标），研究制定重点海域污染物总量控制技术指南。到 2020 年，全国近岸海域水质优良（一、二类）比例达到 70% 左右，入海河流水质与 2014 年相比有所改善，且基本消除劣于五类的水体，沿海地级及以上城市根据地区环境容量、排污许可证发放情况等完成工业固定污染源总氮削减任务，海洋国土空间的生态保护红线面积占沿海各省、自治区、直辖市管辖海域总面积的比例不低于 30%，全国大陆自然岸线保有率不低于 35%，全国湿地面积（含滨海湿地）不低于 5 300 公顷，全国海水养殖面积控制在 220 万公顷左右。

该方案确定了近岸海域环境防治的五项主要任务：一是促进沿海地区产业转型升级。调整沿海地区产业结构；提高涉海项目环境准入门槛，严格污染物排放控制要求，严控围填海和占用自然岸线的建设项目。二是逐步减少陆源污染排放。开展入海河流综合整治，明确入海河流整治目标和工作重点，编制入海河流水体达标方案，组织开展入海河流整治；规范入海排污口管理，摸清入海排污口底数，清理非法和设置不合理入海排污口；加强沿海地级及以上城市污染物排放控制，科学确定污染物排放控制目标，加强沿海地级及以上城市各类污染源治理，加强污染物排放控制的监测监控与考核；严格控制环境激素类化学品污染。三是加强海上污染源控制，加强船舶和港口污染防治，加强海水养殖污染防控，加强海洋石油勘探开发污染防治。四是保护海洋生态，划定并严守生态保护红线，严格控制围填海和占用自然岸线的开发建设活动，保护典型海洋生态系统和重要渔业水域，加强海洋生物多样性保护，推进海洋生态整治修复。五是防范近岸海域环境风险，加强沿海工业企业环境风险防控，防范海上溢油及危险化学品泄漏对近岸海域污染风险。

2. 渤海生态环境保护

2017 年 5 月，国家海洋局颁布《关于进一步加强渤海生态环境保护工作的意见》（简称"渤海八条"）。从规划引领、系统施治、严格保护、防范风险、提升能力、执法督察、科研攻关等方面形成了一整套渤海环境保护"组合拳"，共同推进渤海生态环境治理与保护落地见效。"渤海八条"形成了新时期渤海生态环境保护的新思路和新考虑。[1] 一是"责任+协同"的运行机制。明确中央、地方事权职责划分，形成职责明晰、分工明确的整体机制。二是"约束+倒逼"的管控体系。强化"三条红线"约束，坚守近岸海域水质优良比例的环境质量底线、海洋生态红线区面积占管理海域面积比例的生态功能保障基线、大陆自然岸线保有率的自然资源利用上线。三是"改革+制度"的创新机制。把加快推进制度体系建设作为"突破口"和"增长点"。四是"海域+陆域"的治理体系。更加强调以海定陆，依据海域的资源环境承载能力和环境质量改善需求，确定陆域的环境治理和开发利用管控要求。五是"执法+督察"的法治体系。严格执法和督察考核相结合，用最严密的法治保护环境。六是"能力+科研"的支撑体系。继续强化能力建设，做好科研调查。

2018 年 1 月，国家海洋局印发《关于率先在渤海等重点海域建立实施排污总量控制制度的意见》，推动排污总量控制制度率先在渤海等污染问题突出、前期工作基础较好以及开展"湾长制"试点的重点海域率先建立实施总量控制制度，逐步在全国沿海全面实施。[2] 依法加快建立实施总量控制制度，控制近岸海域污染排放，对于贯彻落实

---

① 《国家海洋局局长王宏："渤海八条"形成了新时期渤海生态环境保护的新思路和新考虑》，凤凰网，http：//wemedia. ifeng. com/21832239/wemedia. shtml，2018 年 3 月 10 日登录。

② 《率先在渤海等重点海域实施排污总量控制》，国家海洋局，http：//www. soa. gov. cn/xw/hyyw_90/201801/t20180104_59865. html，2018 年 3 月 10 日登录。

党的十九大"实施流域环境和近岸海域综合治理"重要部署、实现海洋生态环境质量总体改善具有十分重要的现实意义。该意见提出要以着力解决突出环境问题为导向，充分发挥各级地方政府的主体责任和积极作用，按照质量改善、政府抓总、陆海统筹、分步实施的原则，依循"查底数、定目标、出方案、促落实"的推进思路和实施步骤，推动总量控制制度在部分重点海域率先建立实施，不断健全完善以保护生态系统、改善环境质量为目标的制度框架和标准规范，为在我国重点海域全面建立总量控制制度打下良好基础。明确于 2018 年，率先在大连湾、胶州湾、象山港、罗源湾、泉州湾、九龙江—厦门湾、大亚湾等重点海湾以及天津市、秦皇岛市、连云港市、海口市、浙江全省等地区，全面建立实施总量控制制度；渤海其他沿海地市全面启动总量控制制度建设。2019 年，渤海沿海地市全面建立实施总量控制制度。全国其他沿海地市全面启动总量控制制度建设。2020 年，全国沿海地市全面建立实施重点海域排污总量控制制度。

3. 加快推进"湾长制"试点

2017 年 9 月，国家海洋局印发《关于开展"湾长制"试点工作的指导意见》。推行"湾长制"是落实中央新发展理念和生态文明建设要求的重要举措，是推动海洋生态文明建设、实施基于生态系统海洋综合管理的重要抓手，也是破解责任不明晰、压力不传导等海洋生态环境保护"老大难"问题的有效措施。"湾长制"以逐级压实地方党委政府海洋生态环境保护主体责任为核心，以构建长效管理机制为主线，以改善海洋生态环境质量、维护海洋生态安全为目标，并按照这一定位确定了建立管理运行机制、制定职责任务清单、构建监督考评体系。

为保障试点工作的顺利开展，国家海洋局成立了"湾长制"试点工作领导小组，积极支持试点工作，对开展"湾长制"试点工作的地区在"蓝色海湾"整治工程等方面予以支持和政策倾斜。河北省秦皇岛市、山东省青岛市、江苏省连云港市、海南省海口市和浙江省启动了"湾长制"国家试点工作。试点地区应本着海陆统筹、河海联动的原则，做好与"河长制"的衔接，构建河海衔接、海陆统筹的协同治理格局，实现流域环境质量和海域环境质量的同步改善。强调试点地区的各级"湾长"既对本湾区环境质量和生态保护与修复负总责，也负责协调和衔接"湾长制"与"河长制"。积极做好试点工作与主要入海河流的污染治理、水质监测等工作的衔接，注重"治湾先治河"，鼓励试点地区根据海湾水质改善目标和生态环境保护目标，确定入海（湾）河流入海断面水质要求和入海污染物控制总量目标。强化与"河长制"的机制联动，建立"湾长""河长"联席会议制度和信息共享制度，定期召开联席会议，及时抄报抄送信息，同时在入海河流河口区域设置入海监测考核断面，将监测结果通报同级

"河长"。

4. 海岸带保护与利用规划

2017 年 11 月，国家海洋局和广东省政府联合印发《广东省海岸带综合保护与利用总体规划》，这是全国首个省级海岸带综合保护与利用总体规划。以《广东省主体功能区规划》和《广东省海洋主体功能区规划》为基础，依据海岸带区域资源环境承载能力和空间适宜性分析研究成果，划定海陆"三区"（海域：海洋生态空间、海洋生物资源利用空间和建设用海空间；陆域：生态空间、农业空间和城镇空间）和"三线"（海域：海洋生态保护红线、海洋生物资源保护线和围填海控制线；陆域：陆域生态保护红线、永久基本农田和城镇开发边界），以陆海统筹为核心，将海岸带空间进一步划分为一定条件下可兼容的生态、生活及生产三类空间。

该规划秉持陆海统筹、以海定陆的理念，按照"多规合一"的思路，实现用"一张图"管控海岸带，提出了构建"一线管控、两域对接、三生协调、生态优先、多规融合、湾区发展"的海岸带功能管控总体格局。"一线管控"是指海岸线管控，规划将广东全省岸线划分为优化利用岸线、限制开发岸线和严格保护岸线 3 种类型，共 484 段，实施分类分段精细化管控，构建科学合理的岸线功能格局。"两域对接"即海域和陆域的对接，是落实陆海统筹的具体措施。"三生协调"是指依据资源环境承载能力和空间开发适宜性，确定海岸带"三区三线"基础空间格局，推动形成海陆协调的生态、生活、生产空间，即"三生空间"的总体架构。落实生态优先、保护优先制度性安排。严格落实生态保护红线制度，推进建立陆海环境污染联防联控新机制，统筹部署海陆一体化生态屏障建设，维护海岸带生态安全；以资源环境承载能力为基础，加强海岸带资源集约利用，精细化管控海岸线，形成区域节约集约用海的新模式。

（三）实施海洋生态红线保护制度

1. 江苏加强海洋生态红线管控

2017 年 4 月，江苏全面实施《江苏省海洋生态红线保护规划（2016—2020 年）》，对海洋生态环境的保护"实施最严格管控"，将重要、敏感、脆弱的海洋生态系统纳入海洋生态红线范围。在禁止类红线区，禁止任何形式的开发建设活动；在限制类红线区，实行区域限批制度，严格控制开发强度，禁止围填海和采挖海砂，不得新增入海陆源工业直排口，控制养殖规模。纳入红线管控的大陆及海岛自然岸线，禁止实施可能改变或影响岸线自然属性的开发建设活动。强化红线区污染物排海管控与削减措施，加强生态保护与修复，对已遭受破坏的海洋生态红线区，落实整治措施，恢复原有生态功能。到 2020 年，全省海洋生态红线区面积占江苏管辖海域面积的比例力争达到 27% 以上，大陆自然岸线保有率达 37% 以上，海岛自然岸线保有率达 35%，近岸海域水质优良比例达 41%。大陆自然岸线、海岛自然岸线两个保有率必须达标，生态红线区面积、近岸海域水质优良比例必须确保。有度有序利用海洋自然资源，构建科学合理的海洋生态安全格局、自然岸线格局。稳定自然岸线保有率，建立顺岸式围填海岸线占用补偿机制，确保顺岸式围填海形成的新增岸线长度不少于占用长度。引导离岸、人工岛式围填海，加强岸线分级分类管理。开展海洋生物多样性普查，建立健全省海洋生物多样性信息库，开展海洋外来入侵物种防控。

2. 广东严控海洋生态红线

2017 年 10 月，广东发布《广东省海洋生态红线》，划定了 13 类、268 个海洋生态红线区，明确规定红线区内禁止围填海。海洋生态红线区面积占全省管辖海域面积的比例为 28.07%；大陆自然岸线保有率为 35.15%；海岛自然岸线保有率为 85.25%，全省海岛保持现有砂质岸线长度不变；到 2020 年，近岸海域水质优良（一、二类）比例达 85%。划定海洋生态红线区 268 个，包括海洋保护区生态红线区、重要滨海湿地红线区、特别保护海岛红线区、珍稀濒危物种集中分布区、红树林红线区、珊瑚礁生态红线区等 13 类，总面积达 18 163.98 平方千米，占全省管辖海域总选划面积的 28.07%。其中，禁止类红线区 47 个，总面积 2 425.05 平方千米；限制类红线区 221 个，总面积 15 738.93 平方千米。红线区的统一管理要求是禁止围填海。其中，对于禁止类红线区实行严格的禁止与保护，禁止围填海，禁止一切损害海洋生态的开发活动；对于限制类红线区，禁止围填海，但可在保护海洋生态的前提下，限制性地批准对生态环境没有破坏的公共或公益性涉海工程等项目。从严控制红线区开发利用活动，不得擅自改变红线区范围或调减红线区面积，禁止在红线区围填海。同时要深入推进红线区生态保护与整治修复，强化红线区及周边区域污染联防联治。

3. 辽宁加大海洋红线管控力度

2017 年 10 月，辽宁印发《辽宁省海洋生态红线管控措施》，按照"保住生态底线，兼顾发展需求"的原则要求，在"确保海洋生态红线区的自然属性不改变、生态功能不降低、控制指标不突破，海洋环境质量不下降"的前提下，明确规定了禁止和限制开发区的具体活动和行为。海洋生态红线禁止开发区内，禁止一切与保护无关的工程建设活动、开发利用活动及其他影响或改变生态红线区环境质量、保护目标、控制目标的行为。海洋生态红线限制开发区内，限制改变生态红线控制目标、保护目标和与管理目标不一致的开发利用活动。首次明确提出在海洋环境影响报告书中要编制海洋生态红线专章，对全省海洋生态红线区实施最严格管控。该措施明确了生态红线区采取以封禁为主的自然恢复措施，辅以人工修复，改善和提升生态功能。在严格保护海洋环境的同时，提升海岸线自然景观，拓展亲海空间，提升百姓福祉，让海洋生态文明建设成果惠及越来越多的社会公众，并努力实现经济发展与生态改善的双赢。

4. 浙江构建岸线保护格局

2017 年 11 月，浙江发布《浙江省海洋生态红线划定方案》明确海洋生态红线区管辖范围，要求严格落实红线管控措施。划定浙江省海洋生态红线区共 105 片，总面积约 14 084 平方千米，占管理海域面积的 31.72%。划入生态红线管理的全省大陆自然岸线总长约 748 千米，全省大陆自然岸线保有率为 35.03%。划入生态红线管理的全省海岛自然岸线总长约 3 509 千米，全省海岛自然岸线保有率为 78.05%。明确红线区分为禁止类和限制类两大类。禁止类红线区内禁止一切开发活动，主要包括海洋自然保护区的核心区和缓冲区、海洋特别保护区的重点保护区和预留区以及特别保护海岛中的领海基点岛，占浙江全省所辖海域面积的 1.73%。限制类红线区主要包括海洋自然保护区的实验区、海洋特别保护区的生态与资源恢复区和适度利用区、重要河口生态系统、重要滩涂湿地、重要滨海旅游区、特别保护海岛等重要海洋生态功能区、生态敏感区和生态脆弱区。要求通过实施海洋功能区划和海洋生态红线管控，到 2020 年，全省建设用围填海规模要控制在 5.06 万公顷以内，大陆自然岸线保有率不低于 35%，海岛自然岸线保有率不低于 78%，整治修复海岸线长度不少于 300 千米。

五、小结

中国管辖海域海水环境质量总体良好，近岸局部海域海水环境污染状况稳中向好。南海和黄海近岸海域海水污染程度相对较轻，而东海近岸海域的海水污染程度相对较重。陆源入海排污口排放达标率为 55%，监测的河口和海湾生态系统 76% 处于亚健康或不健康状态。中国近岸海域的海洋保护区网络不断完善。中央积极深化改革强化海洋生态环境管理的制度，实施重点生态工程推进海洋生态环境保护，持续推进《海岸线保护与利用管理办法》及《围填海管控办法》的相关措施，进一步建立和完善海洋生态环境保护制度。通过编制和修订渤海地区升级海洋空间规划，暂停受理、审核渤海内围填海项目，暂停受理、审批渤海内区域用海规划，暂停安排渤海内的年度围填海计划指标等政策，全面推进渤海生态环境治理与保护落地见效。辽宁、江苏、浙江和广东等沿海地方通过实施海洋生态红线保护制度，对海岸线等海洋资源实施分类保护和差别化管控，进一步规范开发利用方式，整治修复受损岸线，全面落实保护优先、陆海统筹、集约利用的要求，实现经济效益、社会效益与生态效益相统一。

第十一章　中国海洋资源开发利用

随着中国海洋事业的发展，海洋在提供资源保障和拓展发展空间方面的战略地位更为突出，在国家生态文明建设中的角色更加显著。着力提升海洋资源开发能力，实现海洋资源的可持续利用，对促进沿海地区经济社会发展、加快国民经济发展方式转变、提高经济发展的质量和效益、建设美丽海洋具有重要意义。

一、中国的主要海洋资源

中国主张管辖海域面积约 300 万平方千米，大陆海岸线长约 18 000 千米，岛屿岸线长约 14 000 千米，面积大于 500 平方米的岛屿 7 300 多个，海岛陆域总面积约 8 万平方千米。中国辽阔的海域蕴藏着丰富的海洋生物资源、海洋矿产资源、海洋空间资源、海水资源和海洋可再生能源。

（一）海洋生物资源

海洋生物资源是指有生命的能自行繁殖和不断更新的海洋资源。中国海洋生物资源丰富，已有记录的海洋生物 20 278 种，其中，鱼类 3 032 种，螺贝类 1 923 种，蟹类 734 种，虾类 546 种，藻类 790 种。[1] 海洋渔业资源是重要的海洋生物资源，是人类摄取动物蛋白质的重要来源。渤海最大可持续渔获量为 12 万吨，黄海为 81 万吨，东海为 182 万吨，南海为 472 万吨。然而在过度捕捞、海洋环境污染等因素影响下，海洋渔业资源出现明显衰退，许多重要经济种类资源量下降、个体变小、性成熟提前。保护和可持续利用海洋渔业资源，对维持海洋生态平衡，保障国民食品安全具有重要意义。

（二）海洋矿产资源

海洋矿产资源既包括中国管辖范围内的海洋油气资源、天然气水合物和滨海砂矿等，还包括中国向国际海底管理局申请的具有专属勘探开发权的多金属结核、富钴结壳和多金属硫化物等。

---

[1]　傅秀云、王长云、王亚楠：《海洋生物资源可持续利用对策研究》，载《中国生物工程杂志》，2006 年第 7 期。

1. 油气资源

根据全国常规油气资源潜力系统评价（2008—2014 年），我国常规油气资源总量丰富，全国常规石油地质资源量 1 085 亿吨，累计探明 360 亿吨，探明程度 33%，处于勘探中期；常规天然气地质资源量 68 万亿立方米，累计探明 12 万亿立方米，探明程度 18%，处于勘探早期。[①] 海洋油气资源主要集中在渤海、珠江口、琼东南、莺歌海、北部湾和东海等含油气盆地，勘探开发潜力巨大。

2. 天然气水合物

天然气水合物由天然气与水在高压低温条件下形成的笼型结晶化合物，主要成分是甲烷，又称"可燃冰"。海底天然气水合物通常分布在水深 200～800 米以下，主要赋存于陆坡、岛坡和盆地的上表层沉积物或沉积岩中。[②] 经勘探调查，中国已将南海北部陆坡、南沙海槽、西沙海槽、东海陆坡、东沙群岛圈定为天然气水合物远景区。[③] 南海东北部海域钻探区水合物具有"埋藏浅、厚度大、赋存类型多、饱和度高、甲烷纯度高"等优质矿藏特点，综合显示具有较好的水合物资源潜力。

3. 滨海砂矿

滨海砂矿资源指的是在砂质海岸或近岸海底开采的金属砂矿和非金属砂矿，主要品种有铁砂矿、锡石砂矿、砂金和稀有金属砂矿、金刚石砂矿以及非金属建筑材料等。中国重要海砂资源区面积约 30.3 万平方千米，估算资源量约 4 749 亿立方米，其中近海陆架出露海砂约 3 866 亿立方米，陆架埋藏砂约 883 亿立方米。[④]

4. 国际海底区域矿产资源

国际海底区域（以下简称"区域"）是指国家管辖范围以外的海床、洋底及底土。"区域"已知具有潜在商业开采价值的金属矿产资源主要有多金属结核、富钴结壳和多金属硫化物。为履行国际义务，中国积极参与"区域"矿产资源勘探工作，举办面向发展中国家人员的培训班，为其他发展中国家参与国际海底事务提供支持。在

[①] 国土资源部：《2014 年中国国土资源公报》，2015 年。

[②] 徐文世，等：《天然气水合物开发前景和环境问题》，载《天然气地球科学》，2005 年第 5 期。

[③] 《中国开展可燃冰"精确调查"普查将全面开始》，人民网，http：//energy. people. cn/GB/17999090. html，2018 年 3 月 16 日登录。

[④] 《国家海洋局 908 通过验收，近海海洋调查成果展示》，中国网，http：//www. china. com. cn/info/2012-10/26/ content_26915103. htm，2018 年 3 月 16 日登录。

2001 年、2011 年、2013 年和 2015 年经国际海底管理局批准，先后获得了 4 块具有专属勘探权和优先开采权的矿区，即位于东太平洋中部克拉里昂－克利珀顿断裂带面积为 7.5 万平方千米的多金属结核矿区、西南印度洋面积约 1 万平方千米的多金属硫化物矿区、西北太平洋面积为 3 000 平方千米的富钴结壳矿区、东太平洋克拉里昂－克利珀顿断裂带面积约 7.3 万平方千米的多金属结壳资源矿区。

（三）海水资源

海水可用于淡化、冷却用水，海水中含有的钠、镁、溴等矿物质经提取后具有重要的经济价值，海水是重要的海洋资源。海水可直接用作火电、核电及石化、钢铁等高耗水行业的冷却水，海水进行脱盐或软化处理后，可成为工、农业及生活的水源。

（四）海洋可再生能源

海洋可再生能源属于清洁能源，其开发利用对于提高清洁能源比例，构建低碳能源体系具有重要意义。中国潮流能、温差能资源丰富，波浪能资源具有开发价值，离岸风能资源具有巨大的开发潜力。开发利用海洋可再生能源，是丰富沿海地区能源供给体系，解决边远岛屿用能的重要途径。

1. 潮汐能

中国近海潮汐能蕴藏量 19 286 万千瓦，技术可开发量 2 283 万千瓦。[①] 中国沿岸的潮汐能资源主要集中在东海沿岸，福建、浙江沿岸最丰富，如浙江的钱塘江口、乐清湾，福建的三都澳、罗源湾等；其次是辽东半岛南岸东侧、山东半岛南岸北侧和广西东部等岸段。

2. 波浪能

中国近海波浪能蕴藏量 1 600 万千瓦，技术可开发量 1 471 万千瓦。中国沿岸波浪能资源地域分布很不均匀，以台湾省沿岸最高；浙江、广东、福建、山东沿岸次之；广西沿岸最低。外围岛屿沿岸波浪能功率密度高于近海岛屿沿岸，近海岛屿沿岸波浪能高于大陆沿岸，渤海海峡、台湾南北两端和西沙群岛地区等沿岸波浪能功率密度较高。

---

① 文中潮汐能、波浪能、潮流能、盐差能、温差能及海上风能蕴藏量和技术可开发量数据来自：《国家海洋局 908 通过验收，近海海洋调查成果展示》，中国网，http://www.china.com.cn/info/2012－10/26/ content_26915103.htm，2018 年 3 月 16 日登录。

3. 潮流能

中国近海潮流能蕴藏量833万千瓦，技术可开发量166万千瓦。潮流能以浙江沿岸最多，其次是台湾、福建、辽宁等省份沿岸。杭州湾和舟山群岛海域是全国潮流能功率密度最高的海域。渤海海峡北部的老铁山、福建三都澳、台湾澎湖列岛渔翁岛海域潮流能功率也较高。

4. 温差能

中国近海温差能蕴藏量36 713万千瓦，技术可开发量2 570万千瓦。南海由于纬度低、水深、海域广阔等原因，温差能资源丰富，占总温差能的90%以上。南海表层海水和深层海水温差大，具有利用海水温差发电的有利条件和广阔前景。东海以及台湾以东海域同样蕴藏着较丰富的温差能资源。

5. 盐差能

中国近海盐差能蕴藏量11 309万千瓦，技术可开发量1 131万千瓦。中国海洋盐差能主要分布在长江口及其以南江河入海口沿岸，珠江口海域也有较丰富的盐差能。

6. 海上风能

中国近岸海上风能蕴藏量88 300万千瓦，技术可开发量57 034万千瓦。近海地区100米高度、5~25米水深范围内技术开发量约为1.9亿千瓦，25~50米水深范围约为3.2亿千瓦。中国海上风能资源丰富，主要分布在福建、江苏和山东省。

二、海洋资源开发利用

近年来，中国海洋渔业资源开发利用向多元化方向发展，海洋油气勘探开发稳步推进，海水综合利用规模持续增长，海洋资源可持续开发能力不断提升。2017年，中国在南海神狐海域试采天然气水合物成功，为将来的商业化开发奠定了基础。

（一）海洋生物资源开发利用

海洋生物资源开发利用主要指海洋渔业开发、海洋生物医药以及新型海洋生物制品的研发生产。海洋生物资源不仅是重要的人类食用蛋白来源，而且为抗癌、抗心脑血管等疾病的药物研制提供了宝贵的基因资源和生物活性材料，为生物医药产业的发展提供支持。

1. 海洋捕捞及养殖

2016 年，中国近海渔业捕捞产量保持稳定，海水养殖业发展良好，远洋渔业可持续发展。2016 年中国海水产品产量 3 490.15 万吨，同比增长 2.36%。其中，国内海水捕捞产量 1 328.27 万吨，同比增长 1.03%；远洋渔业产量 198.75 万吨，同比下降 9.33%；海水养殖产量 1 963.13 万吨，同比增长 4.67%。[①] 近年来中国远洋渔业生产能力持续提高，2016 年全国远洋渔船近 2 900 艘（含在建渔船），作业船数比 2010 年增长 66%，远洋渔业总产量 199 万吨，比 2010 年增长 78%，船数和总量均居世界前列。为促进远洋渔业健康发展，建设负责任远洋渔业强国，农业部于 2017 年发布了《"十三五"全国远洋渔业发展规划》，明确提出至 2020 年，全国远洋渔船总数稳定在 3 000 艘以内，远洋渔业企业数量在 2016 年基础上保持"零增长"，远洋渔业产量保持 230 万吨左右。规划的提出为改变传统远洋渔业发展模式，提高远洋渔业的质量效益和规范管理水平指明了方向。

2. 海洋生物医药利用

海洋生物医药利用是指以海洋生物为原料或提取有效成分，进行海洋生物化学药品、功能性食品和化妆品及基因工程药物的生产活动。近年来，中国海洋生物医药研发取得较大进展。至 2016 年，全国获国家批准的海洋药物相关专利 30 余件，主要为抗肿瘤、抗心脑血管疾病和抗感染类的海洋药物研发和营养保健品研制技术。

（二）海洋矿产资源勘探开发

中国积极勘探开发海洋矿产资源，加强海洋勘探设备研发应用，强化海洋资源开发能力，为保障国家资源能源安全做出突出贡献。

1. 油气资源勘探和开发

2016 年继续在黄海、南海北部陆坡深水区等重点海域，开展新区域、新层位油气资源调查。评价了南黄海崂山隆起区 2 个重点目标，首次在南黄海中部隆起区发现海相中-古生界油气显示，证实了南黄海中部隆起区是油气资源有利远景区。在西沙海槽盆地中西部优选出 5 个重点勘探目标，圈定南海北部东沙潮汕坳陷为中生界油气远景区。[②]

---

① 农业部：《2016 年全国渔业经济统计公报》，2017 年。
② 国土资源部：《中国矿产资源报告 2017》，北京：中国地质出版社，2017 年。

海洋油气开发总体稳定。受国内外市场需求和海洋油气业生产结构调整的影响，2017 年，中国海洋原油产量 4 886 万吨，比上年下降 5.3%，海洋天然气产量 140 亿立方米，比上年增长 8.3%。海洋油气业全年实现增加值 1 126 亿元，比上年下降 2.1%。[①]

2. 天然气水合物调查和勘探

天然气水合物是资源量丰富的高效清洁能源，是未来全球能源发展的战略制高点。经过近 20 年不懈努力，中国取得了天然气水合物勘查开发理论、技术、工程、装备的自主创新，实现了历史性突破。[②] 2016 年，中国地质调查局在神狐钻探区开展了天然气水合物钻探工作，首次发现了 II 型天然气水合物（包含丙烷、异丁烷等较大分子数的烃类气体分子）。[③] 2017 年 5 月，中国在南海神狐海域首次天然气水合物试采成功。试开采现场距香港约 285 千米，采气点位于水深 1 266 米海底以下 200 米的海床中，试采期累计产出超 12 万立方米，甲烷含量高达 99.5% 的天然气。此次试开采同时达到了日均产气 1 万立方米以上以及连续一周不间断的国际公认指标，不仅表明中国天然气水合物勘查和开发的核心技术得到验证，也标志着中国在这一领域的综合实力达到世界顶尖水平。[④]

（三）海水资源综合利用[⑤]

海水综合利用是国家海洋战略性新兴产业。中国海水利用规模不断增大。截至 2016 年年底，全国海水淡化工程规模达 118.81 万吨/日，其中，2016 年全国新建成海水淡化工程 10 个，新增海水淡化工程规模 179 240 吨/日；2016 年利用海水作为冷却水量为 1 201.36 亿吨，年新增用量 75.70 亿吨。目前，国内海水直流冷却技术已基本成熟，2016 年海水冷却技术在中国沿海核电、火电、石化等行业均得到广泛应用。

1. 海水淡化利用

近年来，全国海水淡化工程总体规模稳步增长。2016 年，全国新建成海水淡化工

① 国家海洋局：《2017 年海洋经济统计公报》，2018 年。
② 张光学、梁金强，等：《南海东北部陆坡天然气水合物藏特征》，载《天然气工业》，2014 年第 34 卷第 11 期。
③ 《南海海域首次发现 II 型天然气水合物》，国土资源部，http://www.mlr.gov.cn/xwdt/jrxw/201604/t20160411_1401746.htm，2017 年 12 月 11 日登录。
④ 《中国天然气水合物试开采取得历史性突破》，人民网，http://scitech.people.com.cn/n1/2017/0518/c1007-29284894.html，2017 年 12 月 11 日登录。
⑤ 本节中的数据主要来自：《2016 年全国海水利用报告》。

程 10 个，新增海水淡化工程规模 179 240 吨/日，已建成海水淡化工程 131 个，产水规模 1 188 065 吨/日。其中，万吨级以上海水淡化工程 36 个，产水规模 1 059 600 吨/日；千吨级以上、万吨级以下海水淡化工程 38 个，产水规模 117 500 吨/日；千吨级以下海水淡化工程 57 个，产水规模 10 965 吨/日。全国已建成最大的海水淡化工程 20 万吨/日。

全国海水淡化工程分布在沿海 9 个省市，集中分布在水资源严重短缺的沿海城市和海岛。北方以大规模的工业用海水淡化工程为主，主要集中在天津、山东、河北等地的电力、钢铁等高耗水行业，如天津北疆电厂 20 万吨/日海水淡化工程、河北首钢京唐钢铁厂 5 万吨/日海水淡化工程、河北曹妃甸北控阿科凌 5 万吨/日海水淡化工程等；南方以民用海岛海水淡化工程居多，主要分布在浙江等地，以百吨级和千吨级工程为主，如浙江舟山市本岛、衢山岛、秀山岛海水淡化工程、福建台山岛海水淡化工程、海南三沙市永乐群岛海水淡化工程等。

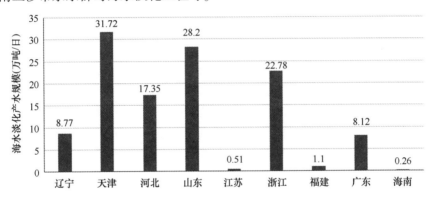

图 11-1　全国沿海省市 2016 年海水淡化工程分布

中国海水淡化技术以反渗透（RO）和低温多效（LT-MED）技术为主，相关技术达到或接近国际先进水平。截至 2016 年年底，全国应用反渗透技术的工程 112 个，产水规模 812 615 吨/日，占全国总产水规模的 68.40%；应用低温多效技术的工程 16 个，产水规模 369 150 吨/日，占全国总产水规模的 31.07%；应用多级闪蒸技术的工程 1 个，产水规模 6 000 吨/日，占全国总产水规模的 0.50%；应用电渗析技术的工程 2 个，产水规模 300 吨/日，占全国总产水规模的 0.03%。

海水淡化水的终端用户主要是工业用水和生活用水。截至 2016 年年底，海水淡化水用于工业用水的工程规模为 791 385 吨/日，占总工程规模的 66.61%。用于居民生活用水的工程规模为 392 705 吨/日，占总工程规模的 33.05%。用于绿化等其他用水的工程规模为 3 975 吨/日，占 0.34%。

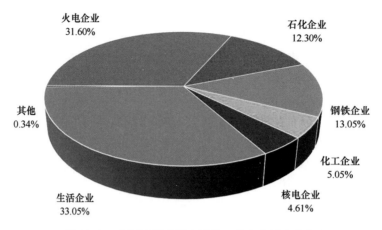

图 11-2　全国已建成海水淡化工程产水用途分布

2. 海水直接利用

国内海水直流冷却技术已基本成熟，主要应用于沿海火电、核电及石化、钢铁等行业。截至 2016 年年底，年利用海水作为冷却水量为 1 201.36 亿吨，年新增用量 75.7 亿吨。11 个沿海省区市均有海水直流冷却工程分布，其中年海水冷却利用量超过百亿吨的省份有广东省、浙江省和福建省。2016 年，辽宁、江苏、浙江、福建、广东、广西和海南 7 个省区市均有核电机组运行，年海水利用量达到 470.51 亿吨，占总量的 39.16%。

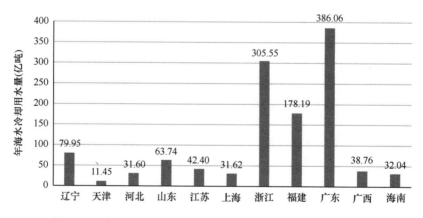

图 11-3　全国沿海省、自治区、直辖市 2016 年冷却水量分布

海水循环冷却技术是在海水直流冷却技术和淡水循环冷却技术基础上发展起来的环保型新技术。截至 2016 年年底，中国已建成海水循环冷却工程 17 个，总循环量为 124.48 万吨/小时，新增海水循环冷却循环量 24.1 万吨/小时。2016 年，相继建成山东滨州魏桥电厂 4.1 万吨/小时海水循环冷却工程和山东国华寿光电厂 2×10 万吨/小时海水循环冷却工程。

3. 海水化学资源综合利用

海水化学资源利用是从海水中提取各种化学元素及其深加工利用的统称，主要包括海水制盐、海水提钾、海水提溴、海水提镁等。2016 年，除海水制盐外，产品主要包括溴素、氯化钾、氯化镁、硫酸镁、硫酸钾。主要生产企业分布于天津、河北、山东、福建和海南等地。

（四）海洋可再生能开发

中国是世界上为数不多的掌握规模化开发利用海洋能技术的国家之一，不仅基本摸清了海洋能资源总量和分布状况，完成了重点开发区潮汐能、潮流能、波浪能资源评估及选划，而且自主研发了 50 余项海洋能新技术、新装置，多种装置进行了海上验证，部分技术达到了国际先进水平，在建海洋能项目总装机规模超过 10 000 千瓦。[1] 2016 年，世界首台 3.4 兆瓦模块化大型潮流能发电系统的首套 1 兆瓦机组在浙江舟山实现下海并网发电，是中国海洋清洁能源利用技术的重大突破。2015 年，广东珠海万山岛鹰式 120 千瓦波浪发电装置进入海试阶段，波浪能发电技术有望取得新的进展。近年来，分布式可再生能源发电技术发展迅速，独立型微电网成为海岛供电新模式。目前中国已经在舟山东福岛、温州南麂岛、温州鹿西岛、珠海万山岛、青岛斋堂岛建设集风能、太阳能、波浪能利用于一体的海岛独立供电系统，将为海岛供电提供新的解决方案。

2017 年 12 月，国内最大单体海上风电项目——中广核广东阳江南鹏岛 40 万千瓦海上风电项目海上桩基工程开工建设，拟于 2019 年并网发电。据《风电发展"十三五"规划》，南方地区是中国"十三五"期间风电持续规模化开发的重要增量市场，风电布局从西部及北部向中东部和南部地区转移，海上风电发展进入新的机遇期。预计到 2020 年中国海上风电装机量将达到 500 万千瓦，开工建设规模到 1 000 万千瓦。[2] 江苏、浙江、福建、广东是海上风电建设的重点地区。

---

① 国家海洋局：《海洋可再生能源发展"十三五"规划》，2017 年。
② 国家能源局：《风电发展"十三五"规划》，2016 年。

表 11-1　2020 年全国海上风电开发布局

序号	地区	累计并网容量 （万千瓦）	开工规模 （万千瓦）
1	天津市	10	20
2	辽宁省	—	10
3	河北省	—	50
4	江苏省	300	450
5	浙江省	30	100
6	上海市	30	40
7	福建省	90	200
8	广东省	30	100
9	海南省	10	35
	合计	500	1 005

数据来源：国家海洋局的《海洋可再生能源发展"十三五"规划》，2016 年。

三、推进海洋资源可持续利用

2017 年，中国海洋资源开发能力持续提高，海洋渔业稳定发展，天然气水合物勘探取得重要突破，海水利用规模稳步增长，海洋可再生能源开发力度加大，海洋资源对社会经济发展的支撑力度继续加强。2017 年是实施"十三五"规划的重要一年，远洋渔业、海洋能开发、海域管理等领域均出台新的规章制度，推进海洋资源开发模式更为科学，布局更为合理。

（一）推进远洋渔业管理向规范化发展

"十二五"以来，我国远洋渔业进入快速发展时期，远洋渔业作业海域已扩展到 40 个国家和地区的专属经济区，以及太平洋、印度洋、大西洋公海和南极海域。在远洋渔业作业船队规模上升和作业范围扩展的同时，远洋渔业的发展空间也受到若干重大制约。随着海洋渔业资源退化现象的加剧，各渔业国海洋渔业规划不同程度由"捕捞型"向"养护型"转变，纷纷通过设置日益严格的技术性贸易措施，限制甚至禁止本国海洋资源对外开放。其次，我国远洋渔业装备和技术水平相对较低，与欧美日等远洋渔业较发达国家差距较大，限制了生产效率的提升空间。再次，我国远洋渔企的供给保障系统、渔获加工系统和渔获营销系统不健全，不但作业过程中的货物运输、油料补给、渔船维修等业务多依赖于国外公司，而且产业链往往只能局限在捕捞环节，海产品二次加工比例不到20%，精加工比例更低，高附加值产业链缺失，影响了行业整体盈利能力。①

"十三五"是我国从远洋渔业大国迈向远洋渔业强国的关键转型期，国家不断增强的经济实力、"一带一路"倡议的实施以及国内外水产品市场对优质水产品日益增长的需求等，为远洋渔业发展提供了新机遇。2017年农业部印发《"十三五"全国远洋渔业发展规划》，明确提出了远洋渔业企业"零增长"的目标和总体发展思路，着力解决远洋渔业存在的企业规模小、实力弱、管理不规范、安全发展意识不强等问题，促进远洋渔业良性有序发展。明确了"十三五"远洋渔业发展的总体思路，要求牢固树立"创新、协调、绿色、开放、共享"的发展理念，加快转变发展方式，推进转型升级，稳定船队规模，提高质量效益，强化规范管理，加强国际合作，提升国际形象，努力建设布局合理、装备优良、配套完善、生产安全、管理规范的远洋渔业产业体系，在开放环境下促进我国远洋渔业规范有序发展。

该规划提出了"十三五"期间远洋渔业的区域与产业布局，要求稳定和优化公海大洋性渔业，巩固提高过洋性渔业，积极参与极地渔业事务，对金枪鱼、鱿鱼、中上层鱼类等公海渔业，亚洲、非洲、拉丁美洲国家等过洋性渔业以及南北极渔业等进行了分类和布局规划。确定了提高远洋渔业规范管理水平、强化远洋渔业安全生产监管、提升远洋渔业装备水平、推进远洋渔业综合基地建设、延长远洋渔业产业链、提高远洋渔业科技支撑能力、深化国际渔业合作七项远洋渔业发展重点任务。着力推进远洋渔业保障系统建设，在"一带一路"沿线和远洋渔业重点合作国家推进建设远洋渔业海外综合基地，打造3~5个辐射面广、带动性强、示范作用大的国家级远洋渔业基地，形成产业集群和平台带动效应，提高远洋渔业的质量效益。

（二）加强海洋能开发政策引导

"十二五"时期，我国海洋能发展迅速，整体水平显著提升，进入了从装备开发到应用示范的发展阶段。我国成为世界上为数不多的掌握规模化开发利用海洋能技术的国家之一。为推进海洋能技术产业化，拓展蓝色经济空间，国家海洋局2016年印发《海洋可再生能源发展"十三五"规划》。结合《海洋可再生能源发展"十三五"规

---

① 孟昭宇，杨卫海：《我国远洋渔业发展的机遇与挑战》，中国质量新闻网，http://www.cqn.com.cn/zggmsb/content/2016-09/05/content_3360028.htm，2018年3月12日登录。

划》中"妥善协调海岸和海岛资源开发利用方案，因地制宜开展海洋能开发利用，使中国海洋能技术和产业迈向国际领先水平"的要求，《海洋可再生能源发展"十三五"规划》制定了"坚持需求牵引、坚持创新引领、坚持企业主体、坚持国际视野"的基本原则，提出了"到 2020 年，海洋能开发利用水平显著提升，科技创新能力大幅提高，核心技术装备实现稳定发电，工程化应用初具规模，产业链条基本形成"的总体要求，和"适时建设国家海洋能试验场，建设兆瓦级潮流能并网示范基地及 500 千瓦级波浪能示范基地，启动万千瓦级潮汐能示范工程建设，建设 5 个以上海岛多能互补独立供电系统，并且建成山东、浙江、广东、海南等四大重点区域的海洋能示范基地"的总体目标，对海洋能开发利用产业发展发挥重要引导作用。

该规划做出了促进海洋能开发的空间布局部署，提出在黄渤海海域加快海洋能测试服务及创新设计企业孵化，建设海洋能创新、设计及服务产业示范区；在东海海域促进潮汐、潮流能开发、测试服务及装备制造企业孵化，建设潮汐、潮流能产业示范区；在南海海域促进海洋能开发、装备制造及测试服务企业孵化，建设海洋能产业示范区；在沿海诸岛结合"生态岛礁"工程，因地制宜、多能互补开发海洋能，加强海洋能技术推广应用，在辽宁、山东、浙江、福建、广东、海南等地建设多个海岛示范区。部署了万千瓦级潮汐能示范工程建设、浙江舟山潮流能并网示范基地建设、广东万山波浪能示范基地建设、海岛多能互补示范工程建设等重点示范工程，明确了潮流能、波浪能、温差能技术发展重点，对海洋能工程和技术发展做出重要指导。

（三）持续增强围填海管理力度

2017 年国家海洋局、国家发展改革委、国土资源部共同印发了《围填海管控办法》，坚持保护优先、节约优先，严控围填海项目的建设规模和占用岸线长度，禁止不合理需求用海，是全面加强围填海管控的纲领性文件。同年，国家海洋局印发了《贯彻落实〈围填海管控办法〉的指导意见》和《贯彻落实〈围填海管控办法〉的实施方案》，要求沿海各地要全面实施海洋主体功能区战略、加快推进海洋区划规划编制、全面实施围填海限批、大力推进海域资源环境整治修复，坚守生态保护红线、严把用海生态闸门、强化海洋环境监控能力。提出到 2020 年，围填海管控要实现海域保护与利用格局全面优化、围填海总量得到有效控制、围填海绿色发展水平全面提升、海域开发和管理秩序全面规范。相关文件的实施将有效提升海域空间利用效率，优化空间开发布局，全面促进海域资源集约节约利用。

四、小结

　　"十三五"以来，中国海洋资源可持续利用水平稳步提升，海洋资源利用质量和效益不断提高。海洋渔业资源保护力度加强，近海渔业捕捞产量稳定，海水养殖规模不断提升，保障国民粮食安全能力加强。海洋油气开发技术水平显著提高，深水油气勘探取得突破，海外油气田开发规模持续增长。海洋能开发水平提高，潮流能、波浪能发电技术和独立式岛屿供电系统应用前景广阔，海上风电成为风电发展新方向，为沿海地区电力供应提供新方案。2017 年，海洋资源开发和管理制度不断完善，持续推动海洋资源开发利用相关行业规范化发展。《"十三五"全国远洋渔业发展规划》印发，推动远洋渔业向绿色、规范、科学、开放发展转变，提高远洋渔业企业的创新能力和竞争力。《海洋可再生能源发展"十三五"规划》继续发挥规范产业发展作用，对潮汐能、潮流能、波浪能利用技术研发、示范和商业应用的指导作用不断加强，对壮大海洋能产业发展起着重大作用。在相关产业蓬勃发展的同时，海域、海岸线开发利用的管控也不断增强。随着《围填海管控办法》《海岸线保护与利用管理办法》《关于海域、无居民海岛有偿使用的意见》等规范性文件的出台，围填海管控的制度体系更为完善，生态用海和集约用海的理念和措施不断加强。

第十二章　中国海洋防灾减灾

　　在气候变化、人类活动等因素的累积作用下，海洋灾害对社会经济发展的影响总体呈增加的趋势，完善海洋防灾减灾体系已成为沿海各国的共同诉求。随着中国防灾减灾工作的进一步推进，防灾减灾和海洋可持续发展、海洋综合管理各项制度之间的联系日益紧密，海洋防灾减灾主流化的趋势日益明显。海洋防灾减灾也正在成为"一带一路"建设及参与区域和全球海洋治理的重要领域。

一、海洋灾害概述

　　2017 年，中国各类海洋灾害造成直接经济损失 63.98 亿元。各类海洋灾害中，风暴潮造成的直接经济损失最严重，为 55.77 亿元，占总直接经济损失的 87%。2017 年因各类海洋灾害导致的死亡（含失踪）人数共 17 人，因海浪和风暴潮灾害导致的死亡（含失踪）人数分别为 11 人和 6 人。与近 10 年（2008 年至 2017 年）海洋灾害平均状况相比，2016 年海洋灾害直接经济损失和死亡（含失踪）人数低于平均值，受灾害总体影响较轻。[①]

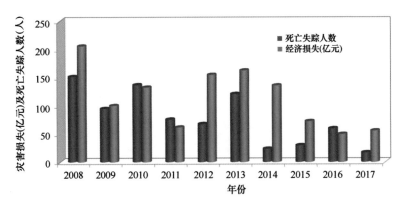

图 12-1　2008 年至 2017 年海洋灾害直接经济损失和死亡（含失踪）人数
资料来源：《中国海洋灾害公报》（2008—2017 年）。

---

　　① 国家海洋局：《2017 年中国海洋灾害公报》。

2017 年，海洋灾害直接经济损失最严重的省是广东省，因灾直接经济损失为 54.1 亿元。单次海洋灾害过程中，直接经济损失最严重的是 1713 "天鸽"台风风暴灾害，造成直接经济损失 51.54 亿元。

表 12-1 2017 年沿海各省（自治区、直辖市）主要海洋灾害损失统计

省（自治区、直辖市）	致灾原因	死亡（含失踪）人数	直接经济损失（亿元）
辽宁	海浪、海冰、海岸侵蚀	0	0.22
河北	海岸侵蚀	0	0.64
天津	海岸侵蚀	0	0
山东	风暴潮、海浪、海岸侵蚀	0	0.26
江苏	海浪、马尾藻暴发、海岸侵蚀	7	4.63
浙江	风暴潮、海浪、海岸侵蚀	4	0.92
福建	风暴潮、海浪、海岸侵蚀	0	1.27
广东	风暴潮、海浪、海岸侵蚀	6	54.1
广西	风暴潮、海岸侵蚀	0	0.12
海南	海浪、海岸侵蚀	0	1.82
合计		17	63.98

资料来源：《2017 年中国海洋灾害报告》。

（一）赤潮和大型藻类暴发

近年来，由于近岸海水的富营养化、全球气候变化而导致的海水温度的变化等原因，中国近海的有害藻华发生频率不断提高，分布区域、规模和危害效应也在不断扩大，已成为中国最严重的海洋灾害之一。

1. 赤潮

2017 年，中国沿海共发现赤潮 68 次，累计面积 3 679 平方千米。6 月为赤潮的高发期，发现赤潮 23 次，累计面积 1 497 平方千米。东海海域发现赤潮的次数最多且累积面积大，分别为 40 次和 2 189 平方千米。[1]

---

[1] 国家海洋局：《2017 年中国海洋灾害公报》。

表 12-2　2008 年至 2017 年赤潮的基本情况

年份	发生次数	累计面积（平方千米）
2008	68	13 738
2009	68	14 102
2010	69	10 892
2011	55	6 076
2012	73	7 971
2013	46	4 070
2014	56	7 290
2015	35	2 809
2016	68	7 487
2017	68	3 679

资料来源：《中国海洋灾害报告》（2007—2017 年）。

　　2017 年，中国沿岸引发赤潮的优势种共有 34 种。米氏凯伦藻作为第一优势种引发赤潮次数最多且累计面积最大，分别为 12 次和 1 247 平方千米。单次持续时间最长的赤潮过程发生在浙江象山港内双山港至黄敦港海域以及铁港海域，持续时间 31 天，最大面积 50 平方千米。单次面积最大的赤潮发生在广东水东湾附近海域，最大面积 495 平方千米，持续时间 19 天。

表 12-3　2017 年中国各海域发现赤潮情况统计

发现海域	发现赤潮次数	累积面积（平方千米）
渤海海域	12	342
黄海海域	3	100
东海海域	40	2 189
南海海域	13	1 048
合计	68	3 679

资料来源：《2017 年中国海洋灾害公报》。

2. 绿潮①

2017 年，引发大面积绿潮的主要藻种为浒苔。5 月至 7 月，浒苔绿潮灾害影响我国黄海沿岸区域，覆盖面积和分布面积于 6 月 19 日达到最大值，分别为 281 平方千米和 29 522 平方千米，均为 5 年最小值。

2017 年，浒苔绿潮发现时间较往年晚，且 6 月上旬后苏北浅滩无大规模新生浒苔绿潮，结束时间较往年早，浒苔绿潮持续时间为近 5 年最短。浒苔绿潮分布面积为近 5 年最小值，覆盖面积为 2008 年有观测记录以来第二低值，仅高于 2012 年的 267 平方千米。

表 12-4　2008 年至 2017 年中国黄海沿岸海域绿潮的基本情况

年份	主要影响区域	最大分布面积（平方千米）	最大覆盖面积（平方千米）	种类
2008	山东青岛	25 000	650	浒苔
2009	山东青岛、烟台、威海、日照	58 000	2 100	浒苔
2010	山东青岛、烟台、威海、日照	298 00	650	浒苔
2011	山东青岛、烟台、威海、日照	26 400	560	浒苔
2012	山东青岛、烟台、威海、日照	19 400	261	浒苔
2013	山东青岛、烟台、威海、日照江苏连云港、盐城	29 733	790	浒苔
2014	山东青岛、日照以及江苏盐城、连云港	50 000	540	浒苔
2015	山东青岛、烟台、威海、日照	52 700	594	浒苔
2016	山东青岛、烟台海阳、威海	57 500	554	浒苔
2017	黄海沿岸	29 522	281	浒苔

资料来源：《中国海洋灾害公报》（2008—2017）。

3. 马尾藻暴发

2016 年至 2017 年，黄海南部海域马尾藻暴发。根据卫星遥感监测结果，2016 年 10 月，漂浮马尾藻主要分布在南黄海北部海域；12 月，马尾藻主要分布在江苏近岸海域，

---

① 国家海洋局：《2017 年中国海洋灾害公报》。

最大分布面积 7 700 平方千米，影响到江苏近岸的辐射沙洲海域。2017 年 1 月，江苏近岸海域的马尾藻分布面积持续减小。2 月上旬，仅在江苏启东近岸海域发现零星漂浮马尾藻。本次马尾藻暴发对江苏省盐城市南部及南通市紫菜养殖造成影响，导致养殖筏架倒塌、缆绳断裂，9.18 千公顷紫菜养殖区受灾，紫菜大量减产甚至绝收，直接经济损失 4.48 亿元。

（二）风暴潮与海浪[①]

1. 风暴潮

2017 年，中国沿海共发生风暴潮过程 16 次，造成直接经济损失 55.77 亿元，为近 5 年平均值的 60%。其中台风风暴潮过程 13 次，8 次造成灾害，直接经济损失 55.58 亿元，死亡（含失踪）6 人；温带风暴过程 3 次，2 次造成灾害，直接经济损失 0.19 亿元。风暴潮灾害较严重的省（自治区、直辖市）是广东省，因灾直接经济损失为 53.61 亿元，占风暴潮总直接经济损失的 96%。

表 12-5　2017 年沿海风暴潮灾害损失的基本情况

省（自治区、直辖市）	受灾人口		受灾面积		设施损毁			直接经济损失（亿元）
	受灾人口（万人）	死亡（含失踪）人数	农田（千公顷）	水产养殖（千公顷）	海岸工程（千米）	房屋（间）	船只（艘）	
山东	—	0	0	0	3	0	0	0.06
浙江	—	0	0.03	1.05	0.67	0	21	0.87
福建	—	0	0	2.61	2.08	0	47	1.21
广东	171.46	6	13.76	24.42	776.01	34	358	53.61
广西	—	0	0	0.01	0	0	0	0.01
合计	171.46	6	13.79	28.09	781.76	34	426	55.77

资料来源：《2017 中国海洋灾害公报》。

[①]　国家海洋局：《2017 年中国海洋灾害公报》。

表 12-6　2008 年至 2017 年风暴潮灾害的基本情况

年份	发生次数	致灾次数	受灾人次（万人）	死亡（含失踪）人数	直接经济损失（亿元）
2008	25	11	176.2	56	192.2
2009	32	8	872.1	57	85.0
2010	28	8	437.1	5	65.8
2011	22	6	234.68	0	48.8
2012	24	9	752.18	9	126.3
2013	26	14	1 380.34	0	152.96
2014	9	7	1 095.54	6	135.78
2015	10	8	786.53	7	72.62
2016	18	11	339.39	0	45.94
2017	16	10	171.46	6	55.77

资料来源：《中国海洋灾害公报》（2008—2017）。

2. 海浪

2016 年，中国近海共出现有效波高 4 米以上的灾害性海浪过程 34 次，其中台风浪 21 次，冷空气浪和气旋浪 13 次，造成直接经济损失 0.27 亿元，死亡（含失踪）11 人。海浪总体灾情偏轻，因灾造成的直接经济损失为前五年平均值（1.42 亿元）的 19%，死亡（含失踪）人数为近 5 年平均值（47 人）的 23%。海浪灾害造成人员和直接经济损失集中在江苏、浙江、福建、广东和海南等省。[1]

---

[1]　国家海洋局：《2017 年中国海洋灾害公报》。

表 12-7　2017 年沿海各省（自治区、直辖市）海浪灾害损失统计

省（自治区、直辖市）	死亡（含失踪）人数	水产养殖受灾面积（千公顷）	海岸工程损毁（千米）	船只损毁（艘）	直接经济损失（万元）
辽宁	0	0	3.5	0	250
山东	0	30	0.1	6	433
江苏	7	190	0	1	875
浙江	4	0	0	3	515
福建	0	0	0	4	580
广东	0	0	0	4	14.64
海南	0	0.11	0.56	3	30.3
合计	11	220.11	4.16	21	2 697.94

资料来源：《中国海洋灾害公报》，2017 年。

表 12-8　2008 年至 2017 年灾害性海浪的基本情况

年份	发生次数	死亡（含失踪）人数	直接经济损失（亿元）
2008	33	96	0.55
2009	32	38	8.03
2010	35	132	1.73
2011	37	68	4.42
2012	41	59	6.96
2013	43	121	6.3
2014	35	18	0.12
2015	33	23	0.059
2016	36	60	0.37
2017	34	11	2 697.94

资料来源：《中国海洋灾害公报》（2008—2017）。

（三）海冰

2016/2017 年冬季，渤海和黄海受海冰灾害影响，直接经济损失 0.01 亿元，是前 5 年平均值（0.75 亿元）的 1%，为 2015/2016 年冬季的 5%。

2016/2017 年冬季，渤海及黄海北部冰情为轻冰年（1.5 级），最大浮冰范围出现在 2017 年 1 月 24 日，覆盖面积 15 201 平方千米。辽东湾海域海冰最大覆盖面积为 10 515平方千米，出现在 1 月 24 日；渤海湾海域海冰最大覆盖面积为 440 平方千米，出现在 1 月 27 日；黄海北部海冰最大覆盖面积为 4 686 平方千米，出现在 1 月 24 日；莱州湾基本无冰。

表 12-9　2016/2017 年冬季渤海及黄海北部冰情

影响海域	初冰日 （年/月/日）	终冰日 （年/月/日）	海冰最大分布面积 （平方千米）	浮冰离岸最大距离 （海里）	一般冰厚 （厘米）	最大冰厚 （厘米）
辽东湾	2016/11/22	2017/3/3	10 515	49	5~15	30
渤海湾	2017/1/22	2017/2/1	440	2	5	10
黄海北部	2016/12/15	2017/2/21	4 686	16	5~15	25

资料来源：《中国海洋灾害公报》，2017 年。

（四）海平面上升

气候变暖导致陆源冰融化和海水热膨胀是海平面上升的主要原因。自 19 世纪中叶以来，全球海平面上升速率高于过去 2 000 年以来的平均速率。1901 年至 2010 年，全球海平面平均上升了 0.19 米。1901 年至 2010 年全球海平面上升的平均速率约为 1.7 毫米/年，1971 年至 2010 年为 2.0 毫米/年，1993 年至 2010 年为 3.2 毫米/年，海平面上升速率明显加快。[①]

中国沿海海平面变化总体呈波动上升趋势。1980 年至 2017 年，中国沿海海平面上升速率为 3.3 毫米/年，高于全球平均水平。

2017 年，中国沿海海平面较常年（1993 年至 2011 年）高 58 毫米，较 2016 年低 24 毫米，为 1980 年以来的第四高位。中国沿海近 6 年来的海平面处于 30 多年来的高位。

---

① 联合国政府间气候变化委员会：IPCC 第五次评估报告《气候变化 2013：自然科学基础》，2013 年。

（五）海岸侵蚀

2017 年海岸侵蚀监测显示，中国砂质海岸和粉砂淤泥质海岸侵蚀严重。砂质海岸侵蚀严重地区主要分布在辽宁、广东和海南监测岸段，其中海南三亚亚龙湾东侧海岸评价侵蚀速度为 6.2 米/年；粉砂淤泥质海岸侵蚀严重地区主要分别在江苏岸段，振东河闸至射阳河口海岸平均速度为 10.5 米/年。与 2016 年相比，砂质海岸侵蚀长度有所减少，但局部侵蚀加重；粉砂淤泥质海岸侵蚀长度有所增加。

海岸侵蚀造成了土地流失、房屋损毁等，给沿海地区的社会经济带来较大损失。2017 年，海岸侵蚀造成全国土地损失 14.34 公顷，房屋损毁 2 间，海堤、护岸损毁 1 874米，道路损毁 2 937 米，直接经济损失达到 3.45 亿元。[①]

表 12-10　2017 年海岸侵蚀损失统计

省（自治区、直辖市）	土地流失面积（公顷）	房屋损毁（间）	海堤护岸损毁（米）	道路损毁（米）	直接经济损失（亿元）
辽宁	1.61	1	134	0	0.18
河北	3.11	0	0	0	0.64
天津	0	0	0	2 540	0
山东	0.43	0	1 160	0	0.16
江苏	0	1	360	320	0.06
浙江	0	0	0	0	0
福建	0.01	0	0	0	0
广东	1.46	0	82	77	0.49
广西	0.59	0	138	0	0.1
海南	7.13	0	0	0	1.82
合计	14.34	2	1 874	2 937	3.45

资料来源：《2017 年中国海洋灾害公报》。

---

① 国家海洋局：《2017 年中国海洋灾害公报》。

（六）海水入侵与土壤盐渍化

2017 年，渤海滨海平原地区海水入侵较为严重，主要分布于辽宁盘锦，河北秦皇岛、唐山和沧州地区以及山东潍坊地区，海水入侵距离一般距岸 12~25 千米。黄海、东海和南海沿岸海水入侵范围较小。与 2016 年相比，辽宁盘锦监测区海水入侵范围明显扩大；辽宁丹东、江苏盐城、浙江台州、福建长乐、广东茂名、广西北海监测区海水入侵范围有所扩大。

2017 年，土壤盐渍化较严重的区域主要分布于辽宁盘锦，河北唐山和沧州，天津，山东潍坊等滨海平原地区，盐渍化距离一般距岸 9~25 千米，其他监测区盐渍化距离一般距岸 4 千米以内。与 2016 年相比，渤海滨海地区辽宁盘锦和葫芦岛、河北唐山部分监测区盐渍化范围有所扩大；黄海和东海海滨土壤盐渍化范围保持稳定或有所减小；南海滨海地区广西北海监测区土壤含盐量略有上升，盐渍化范围有所扩大。①

二、中国海洋防灾减灾体系建设进展

2017 年是深化海洋防灾减灾体系建设的重要一年，海洋防灾减灾工作面临新的形势和要求，取得了一系列成果。海洋防灾减灾工作与海洋规划和综合管理各项制度的联系加强，海洋防灾减灾主流化的趋势更加明显。海洋灾害预报预警和调查评估体系进一步完善，应对气候变化的能力得到提升，公众海洋灾害意识加强。

（一）海洋防灾减灾体系建设

国家海洋局于 2017 年 7 月印发《国家海洋局贯彻落实〈中共中央国务院关于推进防灾减灾救灾体制机制改革的意见〉工作方案》要求全面贯彻落实《中共中央国务院关于推进防灾减灾救灾体制机制改革的意见》，采取完善法规制度、健全体制机制、加强能力建设、强化监督检查等措施，全面推进海洋防灾减灾业务发展。该工作方案提出要持续推进海洋观测监测站网建设，完善海洋灾害预报预警和减灾体系。到 2019 年，完成以县为单位的海洋灾害风险评估和区划，划定海洋灾害重点防御区，建立沿海大型工程海洋灾害风险评估机制，开展风险与减灾能力调查及隐患排查治理。到 2020 年，建成布局合理、体系完整的全球海洋立体观（监）测业务网络，形成完全覆盖管辖海域、大洋和极地重点关注区的业务化灾害观（监）测能力，不断提升精细化海洋预报能力和灾害风险预警能力。

---

① 国家海洋局：《2017 年中国海洋灾害公报》。

推进海洋灾害防御立法,修订《海洋观测预报管理条例》配套制度,加强《海洋灾害防御条例》立法研究;加强海洋防灾减灾标准体系建设,实施"标准化+海洋防灾减灾"专项工程;实施海洋防灾减灾应急预案动态化管理,在国家和地方层面制订修订各类应急预案,形成纵向到底、横向到边的海洋灾害应急预案体系。建立中央和地方相结合的跨部门协调机制,推动跨部门信息和资源共享;健全海洋防灾减灾业务化体系,统筹、优化业务流程;完善社会力量和市场参与机制,推进海洋灾害保险试点工作。强化灾害风险防范,将海洋防灾减灾纳入沿海各级国民经济和社会发展总体规划;加强监督检查,将海洋防灾减灾相关工作列入海洋督察事项,对在重大海洋灾害应对中失职渎职的,依法依纪追究责任。

(二)海洋防灾减灾主流化

随着海洋防灾减灾综合体系的建立和完善,防灾减灾工作与海洋管理各项机制之间的联系逐渐加强,主要体现在以下方面。

一是防灾减灾逐渐纳入国家主体功能区划和海洋功能区划。2017年12月,国务院印发了《关于完善主体功能区战略和制度的若干意见》,提出科学划定海洋灾害重点防御区。2018年1月,国家海洋局印发《海洋灾害重点防御区划定技术导则:风暴潮部分》,规范海洋灾害重点防御区划定工作,提高海洋灾害防御能力。该技术导则明确,以沿海县(区)为单元,依据资料可靠、科学实用和动态管理的原则,考虑承灾体较脆弱、需采取防御措施的沿海区域,同时根据风暴潮灾害危险性分析结果,以及历史灾害情况、岸段重要性等,划定风暴潮灾害重点防御区。[①]《海洋功能区划技术导则》国家标准和《省级海洋功能区划技术规程》技术文件修订中纳入了海洋减灾内容,专门增加了各类海洋功能区具体的"海洋防灾减灾要求"。

二是防灾减灾逐渐纳入地方海岸带综合规划。广东省人民政府和国家海洋局在《广东省海岸带综合保护与利用总体规划》中明确提出了加强广东省海岸带海洋防灾减灾体系建设,切实提高灾害防范能力,并且将海洋防灾减灾纳入了广东省海岸带综合保护与利用总体规划支撑保障指标。在"优化海岸带空间格局"部分,提出加强城镇、乡村等人口聚集区的基层海洋减灾能力建设,为沿海社区及渔民、游客提供有针对性的海洋减灾服务产品。在"构建海陆生态屏障"中,提出针对海洋环境灾害,要强化事前防范,建立海洋环境灾害及重大突发事件风险评估体系;针对海洋自然灾害,提出开展风险评估和区划,划定重点防御区,制定实施差异化、有针对性的风险防范措

---

① 《国家海洋局印发〈技术导则〉规范海洋灾害重点防御区划定》,中国海洋减灾网,http://www.hyjianzai.gov.cn/article/jz_news/0/25272.html,2017年12月8日登录。

施；同时明确提出建立海岸带产业园区和涉海大型工程可行性论证阶段的风险评估制度，加强海洋灾害风险隐患排查和治理；强化海洋生态灾害和环境突发事件海陆联防联控，健全海洋灾害观测预警报体系，提升风险防范及应急处置能力；统筹运用工程减灾措施和生态系统减灾服务功能，提升海岸带地区综合减灾能力，构筑海岸带社会经济可持续发展的安全屏障。在"推动湾区发展"部分，针对各个湾区的海洋防灾减灾现状和沿岸重要承灾体分布，提出了有针对性的提高海洋防灾减灾能力措施。[①]

三是防灾减灾与海洋环境管理的联系加强。防灾减灾因素已纳入"南红北柳"和"蓝色港湾"等生态修复规划。国家海洋局海洋减灾中心编制了《关于构建中国南方滨海湿地防潮"海洋卫士"生态安全屏障的项目建议》，为下一步提升"南红北柳"等生态修复工程的海洋防灾减灾生态服务功能，提出具体的优化方案。

（三）海洋灾害预警预报体系建设

在过去两年里，随着《海洋观测预报和防灾减灾"十三五"规划》的颁布和实施，海洋灾害预警预报能力稳步提升。2016 年 10 月，国家海洋环境预报中心开始网格化预报的业务化试运行，标志着中国海洋预报实现了从数值预报到智能网格化预报的跨越。目前已实现海面风、浪、海温等几种要素的预报，范围涵盖管辖海域。每个"网格"为 50 千米×50 千米的正方形区域。网格化预报覆盖了中国海域 1 400 多个渔区，大幅提高了海洋预报的精度和预报产品的时空密度，可提升短时临近海洋灾害预报预警能力，将预报间隔时间缩短。与网格化预报相呼应，中国海洋数值预报业务全面开展，中国近海和全球数值预报产品分辨率分别达到 5 千米和 25 千米，预报时效均达到 5 天。[②]

2017 年 4 月，国家海洋局预报减灾司编制印发《中国近岸海域基础预报单元划分》技术文件，将中国近岸基础预报单元划分为 213 个，旨在推动县级海域海洋预报工作的开展。2017 年 11 月，国家海洋预报中心发布"智慧预报+"新产品，全国 213 个沿海县每天都能收到对应岸段的 72 小时海洋预报。这是国家海洋预报中心推出的中国近岸海域基础预报单元预报指导产品，填补了县级海洋预报空白。[③]

2017 年 8 月，历经 5 年，全国沿海 11 个省（自治区、直辖市）的警戒潮位核定工

① 《助力〈广东省海岸带综合保护与利用总体规划〉编制，推进海洋灾害风险防范业务主流化》，国家海洋局海洋减灾中心，http://www.nmhms.gov.cn/html/2369/2369.html，2017 年 12 月 15 日登录。

② 《海洋预报减灾：构筑沿海"安全墙"》，国家海洋局，http://www.soa.gov.cn/bmzz/jgbmzz2/ybjzs/201709/t20170928_58138.html，2017 年 12 月 15 日登录。

③ 《筑起蓝色防线——2017 年海洋预报减灾工作回顾》，中国海洋减灾网，http://www.hyjianzai.gov.cn/article/jz_news/0/25263.html，2018 年 1 月 12 日登录。

作全部完成，为海洋部门发布海洋灾害预警报和各级政府防潮减灾指挥决策提供了重要的依据。本轮警戒潮位核定工作，首次将中国全部大陆岸线科学划分为 259 个警戒岸段，系统地核定了警戒潮位值，填补了以岸段警戒潮位值为基准的预警报业务空白。通过实施新一轮警戒潮位核定，改变了以往风暴潮预警报结果只针对单一验潮站、与应急响应脱节的情况。[①]

在海洋灾害风险警示服务产品制作方面，国家海洋局海洋减灾中心选择山东省滨州市、浙江省温州市作为试点，开展了设施渔业受灾破坏机理分析与减灾预警体系建设，建立设施渔业受灾风险体系和定量评价方法。开展了重点滨海旅游裂流灾害危险性评价工作，有针对性地提出了滨海海滩旅游安全管理措施。

（四）完善海洋灾害调查评估体系

2017 年，在完善海洋灾情统计制度和历史灾情库建设方面，开展了一系列的工作，包括开展《海洋灾情调查评估和报送规定》修订和推进《海洋灾害情况统计报表制度》建设，在山东、浙江和福建三省选取了基础较好、灾害频发的市和县开展了"报表制度"的试填报工作。

国家海洋局海洋减灾中心收集整理了 1949 年以来风暴潮、海浪两个灾种的灾情数据，建立了灾情资料查询集、灾情资料摘录集、灾情数据集和灾害影像集，完成了 400余场风暴潮、海浪灾害的自然变异和破坏损失信息的指标化。收集整理 1949 年以前的海洋灾情数据，完成了明清和民国时期关于各海洋灾种灾情数据的指标化，开展了历史海洋灾情地图制作方法研究。

国家海洋局海洋减灾中心组织了联合调研组，深入到海水养殖典型地区开展调研，深入了解海水养殖底数和海洋灾害保险现状，掌握海水养殖设施受损原因和保险需求，为构建符合实际的保险工作机制和研发保险产品打下了坚实基础。

（五）海洋领域应对气候变化行动

海洋领域应对气候变化的重要举措包括加强海洋观测来明确气候变化对海洋的影响过程和机理以及通过"南红北柳"和"蓝色港湾"等生态整治和修复工程来加强海岸带对于气候变化的适应能力。2016 年 8 月，以海洋应用为主的"高分三号"卫星发射成功，它是中国第四颗海洋应用卫星。海洋卫星被誉为观测海洋的"天眼"，它可以快速、有效地监测海洋环境变化，实时传回各种复杂数据和图像，为海洋预报、海洋

---

① 《我国首次完成沿海大规模警戒潮位核定》，新浪新闻，http：//news. sina. com. cn/o/2017－08－30/doc－if-ykpuuh9658121. shtml，2017 年 12 月 14 日登录。

环境监测、海洋防灾减灾等提供多方位的信息支撑。2017 年 9 月，"向阳红 01"船在印度洋成功布放了 7 000 米级深海气候观测系统——白龙浮标，其所采集的现场数据可通过铱星实时传输回陆地岸站，实现系统实时处理，与海洋卫星形成互补，对提高中国短期气候预测能力、保障汛期防灾减灾至关重要。①

　　加强南北极观测和环境监测是认识气候变化的全球影响，以及实现"认识极地、保护极地、利用极地"的国家战略的重要手段。国家海洋局积极提出了"雪龙探极"重大工程等极地业务和科研项目大洋科学考察专项，并正在参与国际北极科学委员会提出的 MOSAiC（北极气候研究多学科漂流观测）计划。2017 年，中国第 8 次北极科学考察首次执行了北极业务化观测任务，为建立长期观测断面，开展系统考察，推进北极环境的长期业务化观测和监测奠定了基础。②

　　2016 年 5 月，财政部、国家海洋局印发的《关于中央财政支持实施蓝色海湾整治行动的通知》明确提出，开展蓝色海湾整治行动的城市，要促进近海水质稳中趋好，受损岸线、海湾得到修复，滨海湿地面积不断增加，围填海规模得到有效控制；在具有重要生态价值的海岛实施生态修复，促进有居民海岛生态系统保护，逐步实现"水清、岸绿、滩净、湾美、岛丽"的海洋生态文明建设目标。2016 年中央财政批准 25.9 亿元人民币，用于支持沿海 18 个城市开展蓝色海湾整治工程，重点开展海湾综合整治和生态岛礁建设。截至 2017 年 3 月，全国两批共 18 个城市被列入蓝色海湾整治行动中央财政支持序列。到 2020 年，"蓝色行动"将重点治理污染严重的 16 个海湾，推进 50 个沿海城市毗邻重点小海湾的整治修复，恢复滨海湿地面积不少于 8 500 公顷，修复近岸受损海域 4 000 平方千米，整治和修复岸线 2 000 千米。③蓝色海湾整治行动将进一步提升中国海洋环境生态保护与建设能力，同时也在很大程度上增加海岸带适应气候变化的能力。

（六）开展海洋防灾减灾示范与宣传教育

　　2014 年 4 月，国家海洋局下发《关于开展"海洋减灾综合示范区"建设工作的通知》，决定在浙江省温州市、广东省大亚湾区、福建省连江县、山东省寿光市建设首批国家海洋减灾综合示范区。截至 2017 年 5 月 8 日，4 个海洋减灾综合示范区全部验收

---

　　① 《海洋预报减灾：构筑沿海"安全墙"》，中国海洋减灾网，http：//www.hyjianzai.gov.cn/article/jz_works/2/25159.html，2017 年 12 月 14 日登录。

　　② 《中国第 8 次北极科考将首次执行北极业务化观测任务》，新华网，http：//news.xinhuanet.com/tech/2017－07/21/c_1121359634.htm，2017 年 12 月 25 日登录。

　　③ 《全力以赴打好"蓝色海湾"攻坚战 加油整治》，中国网，http：//www.china.com.cn/haiyang/2017－03/12/content_40445046_2.htm，2017 年 12 月 25 日登录。

完成，为地方海洋防灾减灾工作提供了重要的示范。各示范区因地制宜，采取了一系列加强海洋减灾应对能力的措施，如制定和实施海洋防灾减灾相关规划和制度、实施海洋防灾减灾重点工程、加强海洋观测站点和体系建设、开展大尺度的海洋灾害风险评估和区划、加强公众防灾减灾意识等。

国家海洋局围绕"5·12"全国防灾减灾日活动积极开展海洋防灾减灾宣传教育，并在山东寿光组织开展了"5·12"海洋防灾减灾宣传主场活动。通过开通"平安之海"微信公众号、使"平安之海"入驻网易新闻客户端等举措，将海洋减灾网的信息同步推送到微信、网易头条等新媒体平台，为公众提供灾害信息报送与获取功能，有效提升了公众参与海洋防灾减灾的便捷度，营造了全社会功能关注海洋减灾事业的良好氛围。[①]

三、海洋防灾减灾国际合作

联合国《2030 可持续发展议程》提出要"建设包容、安全、有抵御灾害能力和可持续的城市和人类住区"，并根据《2015—2030 年仙台减少灾害风险框架》在各层面建立和实施全面的灾害风险管理。随着联合国《2030 可持续发展议程》的通过，防灾减灾在全球治理层面的重要性更为凸显，与可持续发展的关系更为紧密。全面落实和推动海洋防灾减灾工作，是中国必须履行的国际义务，也为中国参与防灾减灾、可持续发展、气候变化领域的全球治理提供了重要契机。

在中国，"一带一路"倡议的实施，也为海洋防灾减灾国际合作提供了良好的政策环境。国家海洋局发布的《"一带一路"建设海上合作设想》提出共同提升海洋防灾减灾能力。倡议共建南海、阿拉伯海和亚丁湾等重点海域的海洋灾害预警报系统，共同研发海洋灾害预警报产品，为海上运输、海上护航、灾害防御等提供服务。支持南海海啸预警中心业务化运行，为周边国家提供海啸预警服务。推动与沿线国共建海洋防灾减灾合作机制，设立培训基地，开展海洋灾害风险防范、巨灾应对合作研究和应用示范，为沿线国提供技术援助。

（一）海洋观测和预警预报国际合作

全世界 80%以上的地震海啸灾害发生在太平洋。目前，美国太平洋海啸预警中心与日本西北太平洋海啸预警中心承担着该区域的海啸预警职责，在整个泛太平洋区域

---

① 《2017 年中国海洋减灾网年终总结工作交流会在海南琼中召开》，中国海洋减灾网，http：//www.hyjianzai.gov.cn/article/jz_news/0/25227.html，2017 年 12 月 26 日登录。

海啸防灾减灾中发挥着重要作用。

为提高南海海啸防灾减灾能力，中国呼吁建设南海区域海啸预警与减灾系统。2011 年，国家海洋局在太平洋海啸预警与减灾系统政府间协调组第 24 次会议上建议南海区域各国联合建立南海海啸预警与减灾系统，2012 年在马来西亚召开的南中国海区域工作组第二次会议重点审议并通过了中国牵头起草的《南中国海海啸预警与减灾系统建设方案》。2013 年 9 月举行的太平洋海啸预警与减灾系统政府间协调组第 25 次大会正式同意依托中国国家海洋局海啸预警中心建设 UNESCO/IOC 南海区域海啸预警中心。国家海洋局海啸预警中心揭牌成立、UNESCO/IOC 南海区域海啸预警中心获批建设，标志着中国海啸预警业务工作进入新的发展阶段。

2017 年 6 月，联合国教科文组织政府间海洋学委员会正式批准南海区域海啸预警中心于 2018 年开始业务化试运行的决议。2017 年 9 月，太平洋海啸预警与减灾系统指导委员会决定南海区域海啸预警中心于 2018 年 1 月 26 日开始海啸信息产品试发布。这标志着南海区域海啸预警中心由建设阶段将正式转入业务化试运行阶段。除了做好南海区域的海啸预警外，该中心将推进地震海啸监测和预警报技术研发，大力发展智能预报技术，继续加强地震海啸的观测监测能力建设，使海啸灾害的预报预警更快更准。此外，还要和周边国家深入合作，推动数据公开共享，并开展海啸监测预警技术培训。[1]

（二）海洋防灾减灾能力建设国际合作

中国-印尼海洋与气候联合研究中心建立于 2010 年，在中国和印度尼西亚两国政府的支持下，已开展了海洋与气候变化观测研究、海洋和海岸带环境保护、海洋资源开发利用领域的一系列双边和多边海洋科技合作项目，实施了 40 余次海上联合科考活动。共同建设了巴东海洋联合观测站，为 150 余名印度尼西亚青年学生、科学家提供了业务和技术培训机会。该观测站是中国在海外的第一个海洋联合观测站。中国-印尼海洋与气候联合研究中心在海洋调查、科学研究、人才培养等方面，有力地提高了印度尼西亚海洋科技发展的水平和海洋工作者的能力，也带动了中国与印度尼西亚海洋领域国际合作的全面开展。[2]

中泰气候与海洋生态联合实验室成立于 2013 年，标志着中泰海洋合作进入实质性发展阶段。双方共组织召开了 7 届中泰海洋科技合作研讨会、5 届中泰联合实验室管委

---

① 《预警海啸　惠及周边》，中国海洋在线，http：//epaper. oceanol. com/shtml/zghyb/20180228/72077. shtml，2018 年 1 月 30 日登录。

② 《中国与东盟国家低敏感海洋合作成果丰硕》，中国新闻网，http：//www. chinanews. com/gn/2016/04-27/7850162. shtml，2018 年 1 月 30 日登录。

会、4届联委会会议，成功实施了海洋观测与气候变化研究、热带典型生态系统的保护与恢复、海洋濒危动物保护等多个合作项目。双方已建立起完备的长期合作机制，为未来的全面合作奠定了坚实的基础。开展的众多科研项目为泰国海洋可持续发展提供了重要科学基础。开展的泰国湾海岸带脆弱性合作研究为泰国海岸带减灾防灾和可持续发展提供了科学依据，提高了该国抵御灾害的能力。安达曼海珊瑚礁白化现象研究项目为珊瑚礁的管理提供了科学依据，也有助于当地旅游业的健康发展。①

四、小结

2017年，中国海洋防灾减灾在推进体系建设、纳入海洋综合规划、预警预报体系建设、灾害调查评估、应对气候变化、防灾减灾示范与宣传教育等各个方面都取得了重要进展，为提高海洋防灾减灾能力奠定了良好的基础。加强海洋防灾减灾是沿海各国的共同诉求，也正在逐渐成为海洋国际合作的重要领域，在"一带一路"建设、参与全球海洋治理等方面必将发挥越来越积极的作用。

---

① 《中泰联合实验室促合作》，中国海洋在线，http://epaper.oceanol.com/shtml/zghyb/20160428/60304.shtml，2018年3月5日登录。

第五部分
海洋法律与权益

第十三章 中国的海洋法律

2017年是实施"十三五"规划的重要一年和推进供给侧结构性改革的深化之年，立法机关通过规范立法程序、提高立法质量、增进科学民主立法，着力在改善生态环境、节约能源资源、维护国家安全权益、规范行政行为等重点领域加强立法工作。海洋资源管理、生态文明建设、海上司法管辖、海洋督察等领域的法律规范完善和制度建设取得了重大进展。

一、海洋立法发展

中国现行的立法体制，是在中央集中统一领导下的中央和地方两级、多层次的立法体制。[1] 在中央层级，存在全国人大、全国人大常委会、国务院和国务院各部门等四个层级的立法机关；在地方层面，地方人大及其常委会和地方人民政府可以在与宪法、上级法律、行政法规不相抵触的前提下在行政区域内行使地方立法权。2017年党中央和沿海地方在海洋生态文明建设、实施海域综合管理，维护海上秩序和海洋权益等领域加强海洋立法，制定和修改法律法规并重，提高了立法质量和实施效果。

（一）海洋立法计划编制水平不断提高

立法规划和计划是享有立法权的国家机关根据党和国家的方针政策，结合国家经济、政治、文化社会和生态文明建设发展的实际需要，在立法预测的基础上，对一定时间内的总的立法思路和需要完成的立法项目作出的总体计划安排。[2] 立法规划和计划是增强立法工作的可预测性、提高立法质量的重要方式。立法规划一般主要指中长期的立法计划，一般是三年或五年及以上的立法计划，而立法计划一般指一年一度要完成的立法项目的计划安排。

2015年修订的《中华人民共和国立法法》增加了全国人民代表大会常务委员会和国务院法制机构编制立法规划和计划的要求，通过拟订立法规划和年度立法计划，增强对立法工作的统筹安排。2017年12月修改的《行政法规制定程序条例》《规章制定

---

① 李培传：《论立法》，北京：中国法制出版社，2013年，第172–188页。
② 李培传：《论立法》，北京：中国法制出版社，2013年，第268页。

程序条例》对于立法工作计划的拟定和实施作出了具体规定。2017 年 12 月，国家海洋局印发《国家海洋局海洋立法工作程序规定》，对海洋立法计划的拟定、海洋立法草案的起草报送、海洋法规评估解释的开展等工作作出了规定。

随着有关法律法规要求的不断提高，2017 年国家和地方立法机关编制立法计划的水平明显提升，涉海立法计划反映了海洋管理和法治建设的需要，对促进海洋活动有序开展、行政权力进一步规范运行具有重要意义。

1. 国家层级涉海立法计划

2017 年 4 月 11 日，全国人大常委会修改通过了《全国人大常委会 2017 年立法工作计划》①，对本年度立法工作作出规划和安排。2017 年是第十二届全国人大及其常委会履职的最后一年，围绕统筹推进"五位一体"总体布局和协调推进"四个全面"战略布局，立法工作主动适应改革的要求，发挥立法的引领和推动作用，将民法总则审议出台、深化国家监察体制改革立法作为重点工作，继续推进民主科学立法，提高立法质量，健全立法论证、听证机制，做好法律案通过前评估和立法后评估工作。2017年审议的法律案中，《中华人民共和国民法总则》《中华人民共和国水污染防治法（修改）》《中华人民共和国国家监察法》（以下简称《国家监察法》）的制定和修改，都对海洋管理产生重大影响；《中华人民共和国海上交通安全法》《中华人民共和国海洋基本法》作为预备及研究论证项目，由有关方面抓紧调研和起草工作，视情在 2017 年或者以后年度安排审议。

2017 年 2 月 27 日，国务院办公厅印发了《国务院 2017 年立法工作计划》（国办发〔2017〕23 号）②，加强年度立法工作的协调和指导。国务院重点立法工作将围绕加强改善生态环境、节约能源资源，实施国家安全战略、维护国家安全，规范行政行为、加强政府自身建设等方面展开。2017 年涉海立法项目包括：提请审议的《中华人民共和国海上交通安全法（修订草案）》（交通运输部起草），进行修订的《海洋石油勘探开发环境保护管理条例》（海洋局起草）。

2017 年 5 月 12 日，国家海洋局印发了《2017 年全国海洋立法工作计划》（国海法字〔2017〕233 号）③，全面贯彻落实党中央、国务院各项重大决策部署，切实提高立

---

① 《全国人大常委会 2017 年立法工作计划》，中国人大网，http：//www.npc.gov.cn/npc/xinwen/2017-05/02/content_2021068.htm，2017 年 12 月 14 日登录。

② 《国务院办公厅关于印发国务院 2017 年立法工作计划的通知》，中国政府网，http：//www.gov.cn/zhengce/content/2017-03/20/content_5178909.htm，2017 年 12 月 8 日登录。

③ 《国家海洋局关于印发 2017 年全国海洋立法工作计划的通知》，国家海洋局，http：//www.soa.gov.cn/zwgk/zcgh/fzdy/201705/t20170517_56119.html，2017 年 12 月 8 日登录。

法质量和效率，努力为沿海经济社会可持续发展做好法治服务和保障，创造良好的法治环境。2017 年重点立法领域覆盖了保护海洋生态环境，深化海洋管理"放管服"改革，维护国家海洋权益和海洋安全，规范各项海洋开发利用活动等海洋工作的各个方面。其中力争年内完成的立法项目共四件，分别是：制定《海洋观测站点管理办法》和《海洋观测资料管理办法》以及研究修订《海洋石油勘探开发环境保护管理条例》和《铺设海底电缆管道管理规定实施办法》。

2. 地方层级涉海立法计划

2017 年，各级沿海地方人大和沿海地方政府强化了立法预测工作，加强立法需求和立法预测研究，健全立法立项机制，用足用好立法权，科学有序筹划安排立法工作计划。沿海地方人大常委会和地方政府发布的立法计划数量大幅增加，在 11 个沿海省市和 5 个计划单列市中实现全面覆盖。大部分沿海省市地方性法规和政府规章项目由一个文件统一规划，江苏、福建、广东、广西、海南等少数地方的立法计划由省人大常委会和省政府分别公布。从立法项目来看，2017 年沿海地方立法重点领域集中在海上交通安全、海洋环境保护和海域使用管理三个方面，充分体现了沿海省市对于加强生态文明建设、规范海上交通秩序和深化海域使用管理体制改革的需求。

表 13-1　2017 年沿海地方发布海洋立法计划情况表①

沿海行政区划	人大常委会立法计划	地方政府立法计划	海洋立法项目（件数）						
			海洋环境	海洋资源	海域管理	海上交通安全	海岛保护	其他	小计
辽宁		√				1			1
大连	√			1	1				2
天津		√	1						2
河北		√				1			1

---

① 该表数据根据地方人大和政府公开发布的立法计划整理。参考的文件包括：《辽宁省人民政府 2017 年立法计划》《大连市人大常委会 2017 年立法计划》《天津市人民政府 2017 年度立法计划》《河北省人民政府 2017 年立法工作计划》《山东省人民政府 2017 年立法工作计划》《2017 年青岛市人民政府规章制定计划》《江苏省政府 2017 年立法工作计划》《江苏省人大常委会 2017 年立法计划》《浙江省人民政府 2017 年立法工作计划》《上海市人大常委会 2017 年度立法工作计划》《福建省人民政府 2017 年立法计划》《厦门市人民政府办公厅关于印发 2017 年市政府立法计划和执法检查计划的通知》《广东省人大常委会 2017 年立法工作计划》《广东省人民政府 2017 年制订规章计划》《深圳市人民政府 2017 年度立法工作计划》《广西壮族自治区人民政府 2017 年立法工作计划》《广西壮族自治区人大常委会 2017 年立法工作计划》《海南省人大常委会 2017 年立法工作计划》《海南省人民政府 2017 年立法工作计划》等。

沿海行政区划	人大常委会立法计划	地方政府立法计划	海洋立法项目（件数）						
			海洋环境	海洋资源	海域管理	海上交通安全	海岛保护	其他	小计
山东		√		1	1	2			4
青岛		√				1			1
江苏	√	√			1			1	2
浙江	√	√	/	/	/	/	/	/	0
宁波	√	√	/	/	/	/	/	/	0
上海	√						1		1
福建	√	√	3			1		1	5
厦门		√				2			2
广东	√	√	1		1		1	1	4
深圳		√	1		1				2
广西	√	√				1			1
海南	√	√			1	1		1	3
合计			6	2	6	11	2	4	31

注："√"表示沿海行政区划发布了对应的立法计划。

（二）国家海洋立法紧紧围绕深化改革与创新发展

2017 年，国家立法机构围绕大力推进海洋强国建设和生态文明建设需要，在监察体制改革、改善生态环境、维护国家权益、规范行政行为等重点领域开展海洋立法工作。

1. 快速推进国家监督领域顶层立法

为了推进全面依法治国，深化国家监察体制改革，全国人大常委会将行政监察法修改为国家监察法作为今年的立法重点。2017 年 6 月和 12 月，人大常委会两次审议了《国家监察法》草案，2017 年 11 月公开向社会征求意见。《国家监察法》草案共 10 章

67 条，规定了监察机关的基本定位、监察范围、职责权限、监察程序等基本内容①。

作为国家监督领域的基本法，《国家监察法》的制定将对海洋督察工作的开展产生一定影响。《国家监察法》侧重对公权力人员行使公权力廉政情况的监察，而海洋督察作为特定领域督察活动，是对地方政府落实海域海岛资源监管和海洋生态环境保护法定责任的督察。海洋督察针对的是海洋资源环境的突出问题，在督察过程中却少不了对工作人员违纪违法行为的追究，与国家监察存在一定竞合。《国家监察法》和海洋督察制度都是应国家深化改革需求而生的，目前都在不断完善和发展的过程中。可以预见的是，未来海洋督察制度需要在国家监督制度的整体框架下进行完善和细化。

2. 修改《中华人民共和国海洋环境保护法》

2017 年 11 月，全国人大常委会通过了《全国人民代表大会常务委员会关于修改〈中华人民共和国会计法〉等十一部法律的决定》，对《中华人民共和国海洋环境保护法》（以下简称《海洋环境保护法》）作出三处修改②：一是对入海排污口位置的选择由"审查批准"改为"备案"；二是将设置入海排污口需要征求海洋、海事、渔业等管理部门意见的前置义务改为"备案后通报"；三是在出现违法设置入海排污口的情况下，赋予海洋、海事、渔业等部门一定的救济权力。本次《海洋环境保护法》的修改是在 2016 年大调整后的进一步完善，主要是为了进一步贯彻国务院关于简政放权、优化服务改革的要求，同时也是对生态文明建设的进一步推进。

3. 启动《中华人民共和国海商法》修改

现行《中华人民共和国海商法》（以下简称《海商法》）于 1993 年 7 月 1 日开始实施。随着航运贸易实践的变化、国际公约的制定和修改及国内法律制度的发展完善，《海商法》的规定已经不能满足司法实践的需求。近年来最高人民法院和交通运输部一直在推动《海商法》的修改工作。本次《海商法》的修改，除了解决航运贸易和司法实践中的问题，更将从为海洋强国建设和"一带一路"建设提供支撑的角度对以下问题进行完善和加强：

一是加强海洋生态环境保护。中国有关船舶污染损害赔偿的法律制度并不健全，在管辖海域因船舶污染事故造成的损害赔偿率不高，司法裁判尺度不一，亟须通过

---

① 《监察法草案向社会公开征求意见》，中国人大网，http：//www.npc.gov.cn/npc/lfzt/rlyw/2017-12/27/content_2035460.htm，《中华人民共和国监察法草案面向社会征求意见》，腾讯新闻，https：//news.qq.com/a/20171107/085164.htm，2018 年 1 月 9 日登录。

② 《全国人民代表大会常务委员会关于修改〈中华人民共和国会计法〉等十一部法律的决定》，中国人大网，http：//www.npc.gov.cn/npc/xinwen/2017-11/04/content_2031495.htm，2018 年 1 月 9 日登录。

《海商法》修改予以完善。

二是促进海洋经济发展。船舶工业是为海洋资源开发提供技术装备的战略性产业，是国家实施海洋强国战略的基础，《海商法》修改可以考虑增加船舶建造合同内容，设计一套对国内船厂有利的国际谈判中的"示范法"，切实提高风险防范意识及合同谈判能力。

三是支撑"一带一路"建设。及时完善《海商法》第四章海上货物运输法律制度，明确第四章的适用范围，满足航运贸易需求，拓宽《海商法》在"一带一路"沿线国家的适用空间。

四是服务于海运强国战略。中国海运高端服务业水平与发达国家相比竞争力较弱，为了改变中国航运业大而不强的现状，需要在《海商法》中进一步关注合理平衡船货双方利益问题。①

4. 推进海洋生态文明建设

2016 年，中央全面深化改革领导小组审议通过了《海岸线保护与利用管理办法》和《围填海管控办法》，对全面加强海岸线保护与利用管理，加强围填海管控提出了纲领性要求。为了深入贯彻落实中央要求，加强海岸线保护修复，合理利用海洋资源，加大海洋生态环境保护力度，坚持保护优先、节约优先和绿色发展的原则，2017 年 10 月，国家海洋局先后印发了贯彻落实《围填海管控办法》的指导意见和实施方案以及贯彻落实《海岸线保护与利用管理办法》的指导意见和实施方案。②

《贯彻落实〈围填海管控办法〉的指导意见》共 8 条，提出充分贯彻落实《围填海管控办法》的重要意义、总体要求等，就整体谋划海域空间、加强海域资源保护，全面实施海洋主体功能区战略作出规定，就围填海总量控制、项目管理、项目用海门槛等进行了严格限定。根据"实施方案"的要求，落实围填海管控的目标是：到 2020 年，海域保护与利用格局全面优化、围填海总量得到有效控制、围填海绿色发展水平全面提升、海域开发和管理秩序全面规范。围填海管控的三项重点任务是：继续加大海域资源环境保护力度、全面提高海域资源节约利用水平、积极培育产业用海绿色发展的新动能。《贯彻落实〈海岸线保护与利用管理办法〉指导意见》提出了构建科学

① 王淑梅，侯伟：《关于〈海商法〉修改的几点意见》，湖北省高级人民法院，http：//www. whhsfy. hb-fy. gov. cn/DocManage/ViewDoc？ docId＝0c3131ec-6e95-47c4-a1af-3e6c73354819，2018 年 1 月 9 日登录。

② 《国家海洋局印发指导意见和实施方案　深入贯彻落实中央〈围填海管控办法〉》，国家海洋局，http：//www. soa. gov. cn/xw/hyyw_90/201710/t20171016_58262. html；《国家海洋局印发贯彻落实〈海岸线保护与利用管理办法〉指导意见和实施方案》，http：//www. soa. gov. cn/xw/hyyw_90/201710/t20171013_58250. html，2018 年 1 月 9 日登录。

适度有序的海岸线空间布局体系，确保到 2020 年全国大陆自然岸线保有率不低于 35%的目标。从强化海岸线综合管控协调机制、建立自然岸线管控目标责任制、严格实施执法检查、全面实施海洋督察等方面完善落实海岸线管理制度。《贯彻落实〈海岸线保护与利用管理办法〉实施方案》明确了沿海各地落实海岸线管控责任的四项任务是：海岸线调查统计与修测、海岸线分类保护、海岸线节约利用、海岸线整治修复。

2017 年 5 月，中央全面深化改革领导小组会议审议通过了《海域、无居民海岛有偿使用的意见》[①] 强调以生态保护优先和资源合理利用为导向，严禁开发利用需要严格保护的海域、无居民海岛；对可开发利用的海域、无居民海岛，通过提高用海用岛生态门槛，完善市场化配置方式，建立符合海域、无居民海岛资源价值规律的有偿使用制度。

5. 增强对管辖海域外海洋活动的规范

近年来，中国在极地和大洋的海洋活动逐渐增多，为了履行中国加入的国际条约的规定，贯彻海洋环境保护理念，海洋管理部门制定多项规范性文件，加强对管辖海域外海洋活动的管理。

对极地环境的保护是极地考察活动的重要方面，也是国际社会关注的焦点之一。2017 年 5 月、8 月和 2018 年 2 月，国家海洋局分别发布了《南极考察活动环境影响评估管理规定》[②] 《北极考察活动行政许可管理规定》[③] 和《南极活动环境保护管理规定》[④] 三个文件，完善了对极地考察活动中环境影响评估制度的规定，明确了对南极考察、旅游、探险、渔业、交通等所有活动的环境保护管理。为了防止南极考察活动对南极环境和南极生态系统造成不良影响，保障南极考察活动的顺利实施，《南极考察活动环境影响评估管理规定》要求公民、法人或其他组织在申请开展南极考察活动之前应进行环境影响评估。《北极考察活动行政许可管理规定》实行"属人管辖"，设置了许可制度、环评制度和监督制度三项主要制度，要求利用国家财政经费在北极一些地区开展考察活动的公民、法人或者其他组织均应向海洋主管部门提出相关申请。《南极

---

① 《中央深改组第三十五次会议审议通过〈海域、无居民海岛有偿使用的意见〉》，国家海洋局，http：//www. soa. gov. cn/xw/hyyw_90/201705/t20170524_56219. html，2018 年 1 月 12 日登录。

② 《国家海洋局关于印发〈南极考察活动环境影响评估管理规定〉的通知》，国家海洋局，http：//www. soa. gov. cn/zwgk/gfxwj/jddy/201705/t20170523_56199. html，2018 年 1 月 12 日登录。

③ 《国家海洋局关于印发〈北极考察活动行政许可管理规定〉的通知》，国家海洋局，http：//www. soa. gov. cn/zwgk/gfxwj/jddy/201709/t20170904_57692. html；解读《北极考察活动行政许可管理规定》，半月谈网，http：//www. banyuetan. org/chcontent/zc/zxzc/20171010/237306. shtml，2018 年 1 月 12 日登录。

④ 《国家海洋局关于印发〈南极活动环境保护管理规定〉的通知》，国家海洋局，http：//www. soa. gov. cn/zwgk/gfxwj/jddy/201802/t20180209_60334. html，2018 年 3 月 12 日登录。

活动环境保护管理规定》建立了以自然和生态环境承载能力为基础的南极活动总量控制制度，对南极活动组织者和活动者的违规行为设定了相应责任，建立南极考察活动的征信体系。

2017 年 4 月和 12 月，国家海洋局分别发布了《深海海底区域资源勘探开发许可管理办法》①《深海海底区域资源勘探开发样品管理暂行办法》和《深海海底区域资源勘探开发资料管理暂行办法》② 三项规定，有助于加强对深海海底区域资源勘探、开发活动的管理。《深海海底区域资源勘探开发许可管理办法》明确了勘探开发许可和监督检查制度。公民、法人或者其他组织在向国际海底管理局申请从事深海海底区域资源勘探、开发活动前，应当向国家海洋局提出申请。国家海洋局负责对深海海底区域资源勘探、开发活动的审批和监督管理。《深海海底区域资源勘探开发样品管理暂行办法》和《深海海底区域资源勘探开发资料管理暂行办法》规范了深海海底区域资源勘探、开发相关活动中所获取深海样品与资料的管理，充分发挥深海样品与资料的作用，保护深海样品与资料汇交人权益。

6. 实现海洋立法"立改废"整体联动

为了严肃立法，为执法创造条件，保证立法质量和实施效果，防止出现法律法规不衔接、不一致的问题，应当废止已经失效的法律法规，同时对其他相关法律规定作出修改，保证法律体系的和谐统一。2017 年 11 月 24 日，国家海洋局发布 2017 年第 7 号（总第 39 号）《国家海洋局关于公布废止的规范性文件目录的公告》，根据国务院"放管服"改革措施和上位法修改、废止情况，对海洋倾废、海域使用论证、无居民海岛使用权登记等五份规范性文件的废止情况进行了公布。在此基础上，国家海洋局发布了《关于公布继续有效的规范性文件目录（2017 年 5 月 31 日前）的公告》，对继续有效的规范性法律文件 152 个予以明确，保证了法律法规的权威性和有效性。

（三）地方层级海洋立法配合推进

地方有关机构结合当地实际情况，制定与国家法律和行政法规相配套的地方立法，一方面有利于使国家立法实施落到实处，确保立法目的的实现；另一方面也有利于调

---

① 《国家海洋局关于印发〈深海海底区域资源勘探开发许可管理办法〉的通知》，国家海洋局，http://www.soa.gov.cn/zwgk/gfxwj/jddy/201705/t20170503_55849.html，2018 年 1 月 12 日登录。

② 《国家海洋局关于印发〈深海海底区域资源勘探开发样品管理暂行办法〉的通知》，国家海洋局，http://www.soa.gov.cn/zwgk/gfxwj/jddy/201801/t20180103_59862.html；《国家海洋局关于印发〈深海海底区域资源勘探开发资料管理暂行办法〉的通知》，国家海洋局，http://www.soa.gov.cn/zwgk/gfxwj/jddy/201801/t20180103_59863.html，2018 年 2 月 27 日登录。

动地方的积极性和主动性，因地制宜推动地方社会和经济发展。2017 年，有立法权的沿海地方机关根据海洋领域实际需要制定多部地方性法规和政府规章，有效填补了国家海洋立法的空白之处，解决有法可依问题，对加强海洋生态文明建设、确保海洋经济有序运行发挥了重要作用。2017 年地方海洋立法主要集中在加强海岸线资源保护和利用、保护海洋生态环境、促进海洋经济发展、加强海洋活动秩序等方面。

1. 加强海岸线资源保护和利用管理

党和国家做出推进生态文明建设、拓展蓝色经济空间等重大战略部署以来，各级政府对于陆海统筹和海岸带综合管理问题给予了高度重视。为了贯彻落实党的十九大报告提出的"坚持陆海统筹"有关精神，福建、江苏等沿海地方加强了海岸带资源保护和利用的有关立法。

2017 年 9 月，福建省人大常委会公布了《福建省海岸带保护与利用管理条例》①，是继海南之后第二部关于海岸带保护利用的地方性法规，该条例明确了海岸带的范围，建立了由海洋与渔业行政主管部门牵头的海岸带综合管理体制，确立了执法联合联动机制，由省、市、县（区）政府组织相关部门制定海岸带监督管理年度计划，建立海岸带巡查制度。确立了海岸带分类保护利用原则，将海岸带分为严格保护区域、限制开发区域和优化利用区域三类。该条例还设置了建筑后退线制度，作为管理海岸带、加强海岸防灾减灾、保护海岸带景观的有效手段。

2017 年 10 月，江苏省政府发布了《江苏省港口岸线管理办法》②，加快省区域港口一体化发展，有助于合理开发利用和保护港口岸线资源，提高港口岸线利用的综合效益。该办法理顺了港口岸线管理相关部门之间的职责关系，提出市县港口管理部门应当制定港口岸线整合利用五年规划，避免对港口岸线资源的浪费。同时强调加强对港口岸线资源利用的事中事后监督，规定了港口岸线有关管理部门在港口建设项目开工建设时现场监督职责和监督检查职责。

此外，广东省人民政府和国家海洋局联合发布了《广东省海岸带综合保护与利用总体规划》，构建起陆海一体、功能清晰的海岸带空间治理格局，在此基础上推进省级海岸带管理立法工作。泉州、威海等沿海城市也在紧锣密鼓推进海岸带保护立法工作。

---

① 《福建省海岸带保护与利用管理条例》，福建人大网，http：//www.fjrd.gov.cn/ct/16-126714；《关于〈福建省海岸带保护与利用管理条例〉的解读》，福建省海洋与渔业厅，http：//www.fjof.gov.cn/xxgk/zcjd/qtzcwjjd/201710/t20171019_957261.htm，2018 年 1 月 12 日登录。

② 《〈江苏省港口岸线管理办法〉解读》，江苏政府网，http：//www.jiangsu.gov.cn/art/2017/10/31/art_32648_6118673.html，2018 年 1 月 12 日登录。

2. 推动海洋生态文明建设

2017 年 6 月，上海市人大常委会通过了《上海市人民代表大会常务委员会关于促进和保障崇明世界级生态岛建设的决定》①，提出将崇明建设成为具有引领示范效应，具备生态环境和谐优美、资源集约节约利用、经济社会协调可持续发展等综合性特点的世界级生态岛。该决定将节约优先、保护优先作为基本方针，严格控制常住人口总量、建设用地规模和建筑高度，严格划定生态保护红线。鼓励公众共同参与崇明生态岛建设，对崇明生态岛建设相关的机制保障、司法保障、法制保障和人大监督等内容也予以明确，及时制定、修改或者暂时调整、停止实施与崇明生态岛建设有关的地方性法规，严惩各类破坏生态环境的违法犯罪行为。

2017 年 7 月，海南省人大常委会通过了《关于修改〈海南省环境保护条例〉的决定》②，对接《中华人民共和国环境保护法》《中华人民共和国水污染防治法》等国家上位法的修改和当前环境保护、经济社会发展的需求，设置了更加严格的管理制度，其中涉及海洋环境保护的内容主要有：严格控制陆源污染物排海总量，建立实施重点海域排污总量控制制度，加强海洋环境治理，海域海岛综合整治和生态保护修复，有效保护脆弱生态海洋系统；海南省人民政府可以根据需要，划出一定海域设立海洋特别保护区、海洋自然保护区；有关新建、改建、扩建项目进行环境影响评价的制度，设项目环境影响评价登记表由环境保护或者海洋主管部门实行备案管理；加大了对于违法排放污染物、违反环境评价制度等环境违法行为的处罚力度。

2017 年 12 月，天津市人大常委会发布了《关于修改部分地方性法规的决定》，对《天津市海洋环境保护条例》等四部法规进行集中修改③，为与《中华人民共和国环境保护税法》中征收环境保护税、不再征收排污费等内容相衔接，删除了《天津市海洋环境保护条例》中关于收取排污费的规定。

3. 促进海洋经济发展

2017 年 5 月，青岛市政府公开向社会征求《青岛市国际邮轮港管理暂行办法》

---

① 《上海市人大关于促进和保障崇明世界级生态岛建设的决定》，东方网，http：//shzw. eastday. com/shzw/G/20170701/u1a13086751. html；《〈关于促进和保障崇明世界级生态岛建设的决定〉今天通过》，网易新闻，http：//news. 163. com/17/0623/18/CNKST7G500018AOR. html，2018 年 1 月 12 日登录。

② 《海南省人民代表大会常务委员会关于修改〈海南省环境保护条例〉的决定（附全文）》，海南政府网，http：//www. hainan. gov. cn/data/law/2017/07/2639/，2018 年 1 月 12 日登录。

③ 《本市 4 部环保法规"打包"修改》，天津人大网，http：//www. tjrd. gov. cn/lfjj/system/2017/12/25/030009645. shtml；《天津市人民代表大会常务委员会关于修改部分地方性法规的决定》，天津人大网，http：//www. tjrd. gov. cn/flfg/system/2017/12/25/030009647. shtml，2018 年 1 月 12 日登录。

（草案征求意见稿）意见。该暂行办法的目的是为了促进青岛国际邮轮港规划建设，内容包括邮轮港管理机构的职责分配，对重大突发事件的应急处置和应急预案，行政审批和行政服务的创新实施方式，从金融、土地政策上对青岛国际邮轮港建设给予支持。

2017年12月，山东省人大常委会通过了《山东省青岛西海岸新区条例》。① 该条例共8章55条，坚持新发展理念，以海洋经济发展为主题，明确建立与青岛西海岸新区发展相适应的行政管理体制，突出海洋经济的发展定位，重视军民融合发展，重点规范生态保护，从管理体制、规划建设、产业发展、军民融合、生态保护和保障措施等方面作了明确规定，从立法方面为促进青岛西海岸新区建设和发展提供了重要保障。

4. 其他地方海洋立法

2017年4月，大连市人大常委会通过了对《大连市特种海产品资源保护管理条例》② 的修改，规范了对特种海产品资源保护负有管理职责的机构，规定有行政管理职能的市人民政府派出机构根据授权，负责辖区内特种海产品资源保护管理工作；增加了在增养殖功能区采捕人工底播特种海产品，不受本条例关于禁渔期的限制。

2017年4月，海南省政府发布了《琼州海峡轮渡运输管理规定》③，加强琼州海峡轮渡运输管理，维护琼州海峡轮渡运输秩序，保障琼州海峡轮渡运输安全，规定了琼州海峡轮渡运输的具体监督管理职责分配，港口经营人、船舶经营人和水路运输辅助经营人的法定义务以及违法责任。

二、行政诉讼和海事司法

随着我国"一带一路"建设和海洋强国战略的推进，海洋开发利用活动日益增多，包括海事行政案件在内的新型司法案件呈多发趋势。国家对于海上安全和海洋权益维护、公民合法权益保障的要求不断增高，海洋行政复议和海事司法审判工作的保障作用日益凸显。

（一）行政权力运行进一步规范

按照中央关于全面推进依法治国的部署，海洋管理部门围绕建设法治政府和法治

---

① 《山东省青岛西海岸新区条例》，黄岛政府网，http://www.huangdao.gov.cn/html/2018-01/1801249411106461.html，2018年1月12日登录。
② 《大连市人大常委会关于修改〈大连市特种海产品资源保护管理条例〉的决定》，中国青年网，http://news.youth.cn/jsxw/201706/t20170613_10051125.htm，2018年2月27日登录。
③ 《琼州海峡轮渡运输管理规定（海南）》，海南政府网，http://www.hainan.gov.cn/data/law/2017/07/2599/，2018年2月27日登录。

海洋的目标任务，进一步加强行政权力的运行规范，完善行政决策程序和行政审批制度，依法开展行政应诉和行政复议工作。①

2016 年印发了《国家海洋局关于加强行政决策程序建设和权力运行监督的通知》，进一步健全领导班子集体决策制度和集体会议规则，将"五步程序"作为重大决策必经程序，建立决策全过程记录和决策过程档案制度。2016 年还印发了《国家海洋局行政应诉工作机制（试行）》，强化依法行政责任，明确行政应诉职责分工，建立"谁行为谁负责"的行政应诉工作机制及负责人出庭制度，明确行政应诉案件办理流程和应诉材料整理要求。修订印发《海洋听证办法》，进一步完善细化听证程序，全年组织 7 次听证。

依法审理行政复议案件，2016 年共审理 19 件行政复议案，撤销违法或不当行政行为 7 件，发送复议意见书 1 份。撤销原因主要包括：办理信息公开申请未严格履行《政府信息公开条例》规定的程序，对信息公开申请作出不予公开的答复缺乏法律法规依据；对违法用海举报作出的答复未涵盖全部举报内容或缺少证据证明履行了相应调查核实程序。同时积极应对行政应诉案件，进一步改进行政复议工作，严格依法落实行政复议责任，切实维护申请人合法权益。全年办理 10 件行政应诉案，主要涉及信息公开、违法用海举报。其中 5 件法院维持国家海洋局复议不予受理决定，2 件驳回原告诉讼请求，3 件驳回原告起诉。

（二）海事司法案件类型不断丰富

随着建设海洋强国和"一带一路"建设的实施，海事审判工作在维护国家海洋权益、服务国家战略、保障海洋生态文明、妥善解决海事行政争议中发挥着越来越重要的作用。为了满足日益多元的涉海司法需求，积极行使海上司法管辖权，最高人民法院接连颁布了一系列司法解释，规范了海事司法审判工作，全方位推动海事司法建设。2016 年 3 月发布的《关于海事法院受理案件范围的规定》和《关于海事诉讼管辖问题的规定》扩大了海事法院的受案范围，突出海事法院对海洋资源开发利用、海洋环境生态保护、海洋科学考察等纠纷的管辖以及对涉及海洋、环境生态资源活动的行政诉讼案件的管辖。② 2016 年 8 月《最高人民法院关于审理发生在我国管辖海域相关案件

---

① 《国家海洋局 2016 年法治海洋建设情况报告》，国家海洋局，http：//www.soa.gov.cn/bmzz/jgbmzz2/zcfzydyqys/201706/t20170614_56520.html，2017 年 12 月 12 日登录。

② 《最高人民法院关于海事法院受理案件范围的规定》，国家海洋局，http：//www.court.gov.cn/zixun-xiangqing-16682.html，《最高人民法院关于海事诉讼管辖问题的规定》，国家海洋局，http：//www.court.gov.cn/fabu-xiangqing-16683.html，2017 年 7 月 24 日登录。

若干问题的规定》① 对海洋渔业资源捕捞等有关法律规定在涉海案件中的具体适用作出了规定。2018 年 1 月 15 日，最高人民法院《关于审理海洋自然资源与生态环境损害赔偿纠纷案件若干问题的规定》② 正式施行，明确了海洋自然资源与生态环境损害索赔诉讼的性质与索赔主体和海洋自然资源与生态环境损害索赔诉讼的特别规则，有助于规范各级人民法院统一裁判尺度，且与环境保护部、国家海洋局等相关部门的损害评估技术标准充分匹配，共同完善国家生态损害赔偿制度。这些司法解释的出台，标志着涉海司法制度的进一步健全和完善，为我国行政管理部门开展海上综合管理活动提供司法保障。根据最高人民法院统计，2017 年各级法院审结一审海事案件 7.2 万件③，充分发挥海事司法保障作用，使海事司法管辖权覆盖我国管辖全部海域，促进了海洋行政机关综合管理水平，为辖区内海洋经济发展大局服务。

1. 服务海洋强国战略和"一带一路"建设

海事法院将服务"一带一路"建设和国家海洋强国战略作为审执工作重点，不断增强服务海洋经济发展效果，深入开展调研，制定服务"一带一路"建设的司法意见。北海海事法院定位服务国家海洋强国战略实施，制定了《关于为广西海洋经济发展提供海事司法服务和保障的意见》。④ 大连海事法院出台了《为国家战略提供保障服务的工作意见》，重点保障大连国际航运中心建设、哈尔滨物流集散基地建设以及"辽蒙欧""辽满欧""辽海欧"大通道建设和中蒙俄经济走廊建设。⑤ 海口海事法院形成《促进海洋产业保险，服务海洋强省建设》等报告，提出构建特色海洋产业的司法建议。⑥

---

① 《最高人民法院关于审理发生在我国管辖海域相关案件若干问题的规定（一）》，最高人民法院，http：//www. court. gov. cn/fabu-xiangqing-24261. html，《最高人民法院关于审理发生在我国管辖海域相关案件若干问题的规定（二）》，最高人民法院，http：//www. court. gov. cn/fabu-xiangqing-24271. html，2017 年 7 月 24 日登录。

② 《最高人民法院关于审理海洋自然资源与生态环境损害赔偿纠纷案件若干问题的规定》，最高人民法院，http：//www. court. gov. cn/fabu-xiangqing-76502. html，2018 年 3 月 12 日登录。

③ 《最高人民法院工作报告（摘要）》（2018 年 3 月 9 日），最高人民法院，http：//www. court. gov. cn/zixun-xiangqing-84292. html，2018 年 3 月 12 日登录。

④ 《北海海事法院 2017 年度工作报告》，北海海事法院，http：//www. bhhsfy. gov. cn/platformData/infoplat/pub/bhhs_32/docs/201802/d_655593909. html，2018 年 3 月 12 日登录。

⑤ 《大连海事法院工作报告》（2017 年 2 月 24 日），大连海事法院，http：//dlhsfy. chinacourt. org/article/detail/2017/06/id/2892523. shtml，2017 年 12 月 12 日登录。

⑥ 《海口海事法院 2016 年工作报告》，海口海事法院，http：//www. hkhsfy. gov. cn/showdata. aspx？id = 4218&classid = 36&subclassid = 66，2018 年 3 月 12 日登录。

2. 强化争议海域司法管辖

海事法院加强对争议海域海事纠纷行使司法管辖权，向国际社会宣示了中国在有关海域的主权，从司法层面体现了中国对有关海域的管辖，取得良好的法律效果和社会效果。2016 年 5 月 18 日，最高人民法院在关于黄岩岛附近海域海事案件管辖问题的司法批复中明确指出：黄岩岛属于我国固有领土，我国海事法院对发生在该海域的海事案件依法具有管辖权。[①] 这是最高人民法院首次从国家主权角度对存在争议的海域海事司法管辖问题作出明确说明。上海海事法院依法对该纠纷行使司法管辖权，既明确了我国对黄岩岛的主权，也展现了我国加强海事司法管辖的决心。2016 年厦门海事法院调解全国法院首例涉钓鱼岛海域的"闽霞渔 01971"轮船舶碰撞案，彰显中国对钓鱼岛海域的司法管辖权。[②] 海口海事法院加强南海海事审判的证据规则和证明标准问题研究，明确要求在法律文书中需标明法律事实发生的经纬度，彰显南海司法管辖权行使的正当性和合法性。

3. 加强海洋生态环境资源审判工作

为了促进绿色发展，加大海洋环境司法服务保障力度，各地海事法院加强海洋生态环境资源案件的审理，为海洋环境执法提供有力的司法支持。2016 年宁波海事法院出台了服务保障"五水共治"14 项举措，与浙江省海洋与渔业局签署协作备忘录，建立重特大突发性海洋污染事件的诉讼应急处理机制。[③] 厦门海事法院以诉前和解方式处理中国某基金会诉福建某实业有限公司等海洋环境公益诉讼案件，实现了保护海洋生态环境及促进地方绿色发展的双赢结果。[②]2017 年，北海海事法院审理了邓仕迎诉广西永凯糖纸有限责任公司等六企业通海水域污染损害责任纠纷案，为海事部门、环保部门海洋环境执法提供有力的司法支持。[④]

4. 监督支持海洋行政机关依法行政

2016 年海事行政案件管辖权划归海事法院以来，各海事法院加强对海事行政案件

---

① 白佳玉，王晨星：《海洋权益维护的司法考量：我国海事司法管辖的依据、发展与国际法意义》，载《云南民族大学学报（哲学社会科学版）》，2017 年第 5 期。

② 《厦门海事法院 2016 年工作报告》，厦门海事法院，http：//www. xmhsfy. gov. cn/InfoList. aspx？nid＝72&id＝397，2018 年 3 月 12 日登录。

③ 《2017 年宁波海事法院工作报告》，宁波海事法院，http：//www. nbhsfy. cn/info. jsp？aid＝27474，2018 年 3 月 12 日登录。

④ 《北海海事法院 2017 年度工作报告》，北海海事法院，http：//www. bhhsfy. gov. cn/platformData/infoplat/pub/bhhs_32/docs/201802/d_655593909. html，2018 年 3 月 12 日登录。

的审理，探索创新海事行政诉讼审理机制，为行政机关依法行政提供支持，同时加强对行政相对人合法权益的保护。为海洋经济发展营造良好执法环境，大连海事法院认真梳理、分析行政执法存在的问题，发布海事行政审判白皮书，支持、监督行政机关依法行政。① 青岛海事法院探索创新海事行政诉讼要素审理机制，将涉及海事行政许可、海事行政处罚、履行法定职责等不同类型案件，审查要点和环节予以清单化，增强庭审目的性，提升庭审效率，促进海事行政机关依法行政和海洋综合治理水平的提升。② 厦门海事法院审理了厦门市海洋与渔业局作为申请人提起的非诉执行系列案，该案涉及翔安区澳头码头的海域使用权问题，确认了涉海行政部门执法行为的合法性，赋予行政处罚强制执行力。③ 广州海事法院审理了肇庆海事局申请对 "平南华顺 689" 轮作出的行政处罚予以强制执行案件，认定该海事局行政处罚决定程序违法，依法裁定不予执行，维护了行政相对人合法权益。④

三、海洋法律制度的未来发展

党的十九大报告提出全面依法治国的新理念新思想新战略，对海洋法治建设提出了新要求，指明了未来健全完善海洋法律制度的发展方向。法治海洋是实现法治国家、法治政府的重要环节，是全面贯彻落实依法治国的具体体现；海洋法治水平和能力的提高，将进一步为海洋事业发展、加快海洋强国建设提供根本保障。

（一）党的十九大报告对海洋法治建设的要求

法治海洋是建设中国特色社会主义法治体系，建设社会主义法治国家的重要组成部分，在海洋领域全面推进依法治海、加快建设法治海洋，必须将法治理念和法治原则贯穿海洋工作的全过程。党的十九大报告中指出，"全面依法治国是国家治理的一场深刻革命及中国特色社会主义的本质要求和重要保障，必须坚持厉行法治，推进科学立法、严格执法、公正司法、全民守法"，从立法、执法、司法、守法各个方面对法治工作方针进行了调整。为了加快海洋法治建设，必须从健全海洋法律法规体系、严格

---

① 《大连海事法院工作报告》（2017 年 2 月 24 日），大连海事法院，http：//dlhsfy. chinacourt. org/article/detail/2017/06/id/2892523. shtml，2017 年 12 月 12 日登录。

② 《青岛海事法院工作报告》（2018 年 1 月 11 日），青岛海事法，http：//qdhsfy. sdcourt. gov. cn/qdhsfy/394038/394053/1814790/index. html，2018 年 3 月 12 日登录。

③ 《厦门海事法院 2016 年工作报告》，厦门海事法院，http：//www. xmhsfy. gov. cn/InfoList. aspx？nid = 72&id = 397。

④ 《广州海事法院 2017 年工作报告》，广州海事法院，http：//www. gzhsfy. gov. cn/shownews. php？id = 13277，2018 年 3 月 12 日登录。

依法行政管理海洋事务、强化对行政权力的制约监督三方面推进海洋法治体系完善，营造良好的法治环境。

第一，以法治引领保障重点海洋领域发展，完善海洋法律体系。完善的社会主义法治体系，必须坚持立法先行，抓住提高立法质量这个关键，以良法促进发展、保障善治。中国的海洋法律体系已经初步形成，海洋活动基本实现了有法可依，但是随着海洋资源环境问题的日益突出，海洋生态环境保护、海洋资源管理体制、海洋空间开发保护、国家海洋安全和海洋权益维护等重点领域的立法需求不断增长，需要进一步研究制定更加严格精细的法律规定。海洋立法必须在宪法、法律和行政法规赋予的权限内进行，对涉及公民、法人或者其他组织权利义务、落实行政审批要件、海上执法和社会影响重大的海洋资源环境管理事项，不得通过规范性文件越权规定。海洋立法应当创新立法体制、完善立法程序，科学制定实施海洋立法规划、计划，建立专家咨询论证制度和法律法规草案征求意见机制，充分发挥专家学者的作用，扩大公众参与程度，健全政府立法立项、起草、论证、协调、审议机制，增强海洋立法的科学性、民主性、有效性。

第二，推进海洋管理部门依法行政，严格规范海洋执法。党的十九大报告指明，建设法治政府的两个关键是依法行政和文明执法。海洋管理部门要依法全面正确履行政府职能，加强行政决策程序建设，全面规范行政权力运行，把公众参与、专家论证、风险评估、合法性审查和集体讨论决定作为重大决策的法定程序。全面规范海洋行政审批，及时公布行政审批目录，通过责任清单、权力清单形式推进管理部门职能、权限、程序和责任法定化，厘清权力的边界。海洋管理部门规范运行的另一个重要体现是海洋执法的文明公正。严格规范海洋执法，应当建立完善重大执法决定法制审核制度，建立健全常态化的行政执法责任追究机制，完善海洋执法程序规定，明确执法环节、步骤和责任，推行行政执法公示制度、执法全过程记录制度，提高执法透明度。

第三，接受各方监督，强化对海洋行政权力运行的制约，把权力关进制度的笼子。首先要积极推进海洋督察常态化，建立覆盖沿海各地区、海洋全系统的海洋督察工作机制，强化政府内部层级监督和专项监督，切实保护落实海域海岛资源监管和海洋生态环境保护法定责任。另一方面要加强行政复议和行政应诉工作，自觉接受司法监督。完善听证制度和行政复议制度，规范复议答复程序，依法公正独立作出复议决定。建立行政应诉工作机制和海洋行政主管部门负责人出庭应诉制度。健全海洋法律服务体系，推进海洋法律顾问制度，形成法治工作的合力。

（二）海洋立法重点领域和制度建设

党的十九大报告对建设法治政府、法治社会、全面推进依法治国提出了新的要求。

海洋是富民强国的重要发展空间，海洋事业发展的重点领域包括保障海洋经济发展、加强海洋资源环境保护、有效维护领土主权和海洋权益等，为中国海洋法律制度的发展指明了方向。

一是加强海洋生态与环境保护立法。从国内环境来看，中国经济发展进入新常态，对海洋资源的依赖度将不断提高，对碧海蓝天高品质海洋生态环境的需求更加迫切，海洋立法将进一步向保护海洋环境资源和生态空间方向倾斜。国家对于陆海统筹和海岸带综合管理、有关海域和陆域协同发展投入了极大关注，发布了一系列文件设置最严格围填海管理制度。今后以海岸带管理为代表的一批关于海洋环境保护、海洋资源管理的配套法规的制定和完善将是海洋领域的立法重点。

二是国家管辖范围以外海域活动规范的立法。从对外发展来看，随着"海洋强国"与"一带一路"倡议的不断推进，我国海上利益不断拓展，对于国际海洋治理的参与程度不断提升。目前中国在极地和深海海底活动方面的立法工作正在如火如荼地展开，特别是对于南极环境保护和活动管理立法以及《中华人民共和国深海法》配套制度的制定，将为中国履行国际公约义务、开展海洋科研、环保等活动提供更为充足的法律依据，同时也向国际社会展示中国负责任大国形象。此外，中国积极履行海洋大国义务，正在参与关于国家管辖范围以外区域海洋生物多样性国际协定的谈判工作①，未来也将成为国家管辖范围以外海域活动的重要法律制度。

三是依法行政海洋法律制度。随着国家监察体制改革的深入和海洋法治建设的开展，规范行政行为，强化权力运行监督将成为今后一段时期法治海洋建设的重要任务。实施海洋督察制度，开展常态化海洋督察是党和国家部署的重要任务，加快海洋督察工作流程、督察结果运用等相关配套制度的研究拟定将成为未来海洋立法的重点任务。

四是保障海洋公益服务立法。随着海上活动不断丰富，国家对于海洋公共服务能力的提升需求迫切，需要加快构建和完善海洋科研调查保障制度、海洋信息服务分享制度、海洋灾害的预报预警制度。《海洋调查管理条例》《海洋灾害防御条例》《海水利用管理条例》《海洋观测站点管理办法》和《海洋观测资料管理办法》等法律法规的研究和制定将是未来海洋管理部门重点推进的工作。

---

① 联合国大会在 2015 年 6 月 19 日通过了 A/RES/69/292 号决议，决定根据《联合国海洋法公约》的规定就国家管辖范围以外区域海洋生物多样性的养护和可持续利用问题拟定一份具有法律约束力的国际文书。

四、小结

　　国家和地方立法机关积极推进建设海洋生态文明、加强依法行政、保障海洋公共服务、规范管辖范围以外海域海洋活动等重点领域法律法规的制定和完善，为建设海洋强国、实施"一带一路"倡议提供法律基础。党的十九大报告对全面推进依法治国、加快法治政府和法治海洋建设提出了新的要求，未来几年内，维护国家海洋权益、保护海洋生态环境资源、推进海洋依法行政、加强海洋督察工作、规范管辖范围以外区域海洋活动仍是涉海立法的重要任务。海洋立法工作的发展，充分体现了建设中国特色社会主义法治体系的总体要求，朝着"科学立法、严格执法、公正司法、全民守法"的方向不断推进。

第十四章　中国的海洋权益

2017 年度中国与相关国家的海洋权益争端得到妥善管控和处理，热点问题开始降温，海上形势整体趋于稳定并向好发展，这得益于中国及周边多数国家的共同努力和相向而行。但是仍有个别国家和域外势力内外联动，成为中国周边海洋权益争端的不稳定因素。同时，中国需更加积极地参与国际海洋事务，履行国际义务，维护中国在公海、极地和大洋等区域的合法权益。

一、海上形势总体趋稳

自 2016 年下半年开始，中国周边海洋争端开始降温。2017 年是近年来海洋维权形势较为稳定的一年。在黄海和南海均出现了趋缓向好发展的态势，双边和区域合作取得发展。但日本、美国等少数国家仍继续在中国周边海域挑起事端。

（一）中韩妥善处理海洋争端

经过中韩共同努力，双方保持了在黄海划界谈判的势头，海上未出现过激的渔业纠纷，海洋环境研究及保护等领域的合作也取得新进展。

2015 年 12 月，中韩举行了首轮海洋划界会谈。[1] 此后，海洋划界谈判按双方议定计划平稳推进。2017 年 8 月，中韩在黄海的专属经济区和大陆架划界谈判司局级磋商如期举行。除相关法律问题外，最终界限划定前的渔业问题是双方都关注的问题。

黄海是中韩两国渔民共用的传统渔场。2001 年生效的《中韩渔业协定》对中韩海洋划界前的渔业问题作出了临时安排。此后，为维持海上作业秩序稳定、保障我国渔民合法权益，中韩进行了多次磋商谈判，有效减少了中韩渔业纠纷，促进了中韩渔业合作。2016 年 12 月 29 日，中韩渔业联合委员会召开第十六届年会。根据会议纪要，2017 年双方各自许可对方国 1 598 艘渔船（含 58 艘辅助船）进入本国专属经济区管理水域作业、捕捞配额为 57 750 吨。[2] 2017 年 3 月 3 日，中国农业部办公厅发布关于

---

[1]　关于中韩黄海划界基本情况，可参见《中国海洋发展报告（2016）》，第 253-254 页。

[2]　《中韩渔委会就 2017 年相互入渔安排达成协议》，农业部，http://www.moa.gov.cn/zwllm/zwdt/201612/t20161230_5422185.htm，2017 年 12 月 10 日登录。

2017 年实施中韩渔业协定有关问题的通知，就入渔规模和作业条件等事项作了具体安排。[1] 2017 年 11 月 16 日，中韩渔业联合委员会第十七届年会在重庆顺利结束。双方回顾了 2017 年《中韩渔业协定》执行情况，对 2018 年两国专属经济区管理水域对方国入渔安排以及维护海上作业秩序等重要问题签署了会议纪要。根据纪要，2018 年，双方各自许可对方国进入本国专属经济区管理水域作业的渔船数减少至 1 500 艘（不含辅助船），捕捞配额与 2017 年保持不变，仍为 57 750 吨。[2]

　　中韩在黄海环境研究及保护领域的合作也持续取得进展。2017 年 4 月 24 日至 28 日，中韩黄海环境联合研究 2017 年政府间专家组会议在韩国釜山召开，中韩双方近 20 名科学家参会，共同签署了《2017 年中韩黄海环境联合研究科学协议》。依据协议开展的联合调查研究将是中韩第 15 次对南黄海生态环境的综合调查，将为系统揭示黄海的资源环境变化提供科学支撑。[3]

　　中韩两国元首在 2017 年 11 月的会见巩固并进一步推动了两国在各领域的合作。11 月 11 日中国国家主席习近平在越南岘港会见韩国总统文在寅，双方同意继续加强两国高层交往和各领域交流合作。[4]

（二）南海形势趋稳向好发展

　　自 2016 年下半年开始，中国与南海周边的东盟国家加大了合作交流，取得了显著成效，南海地区呈现出近年来难得的稳定局面。回顾近年来南海形势发展，有以下问题值得关注。

　　第一，中国和东盟国家提出的"双轨思路"是妥善处理南海问题及推进南海合作发展的正确方向。在 2014 年 11 月东亚合作领导人系列会议上，中国和东盟国家提出的处理南海问题的"双轨思路"得到明确。"双轨思路"的基本内容是：有关具体争议由直接当事国在尊重历史事实和国际法基础上通过谈判协商和平解决；南海和平稳定由中国和东盟国家共同加以维护。以"双轨思路"处理南海问题对地区局势发展意义重大。[5]

　　2015 年 8 月，中国外长在新加坡举行的记者会上表示，中方在南海问题上将奉行

---

　　[1]《农业部办公厅关于 2017 年实施中韩渔业协定有关问题的通知》，农业部，http：//www.moa.gov.cn/gov-public/YYJ/201703/t20170310_5517661.htm，2017 年 9 月 6 登录。

　　[2]《中韩渔业联合委员会第十七届年会在重庆顺利举行》，中国渔业政务网，http：//www.cnfm.gov.cn/yyyw-yzj/201711/t20171121_5914371.htm，2017 年 12 月 10 日登录。

　　[3]《中韩签署 2017 年黄海环境联合研究科学协议》，中国科学院，http：//www.qdio.cas.cn/xwzx/kydt/hzjl/201705/t20170504_4783255.html，2017 年 12 月 10 日登录。

　　[4]《习近平会见韩国总统文在寅》，载《人民日报》，2017 年 11 月 12 日第 2 版。

　　[5] 钟声：《坚持以"双轨思路"处理南海问题》，载《人民日报》，2014 年 11 月 17 日第 21 版。

"五个坚持",即坚持维护南海的和平稳定,坚持通过谈判协商和平解决争议,坚持通过规则机制管控好分歧,坚持维护南海的航行和飞越自由,坚持通过合作实现互利共赢。① 可以将这"五个坚持"视为中国落实"双轨思路"的进一步政策立场。"双轨思路"和"五个坚持"符合南海周边国家的共同利益,充分考虑了南海问题的历史和现实。实践证明,南海周边国家若背离"双轨思路"和"五个坚持",必然会使南海问题复杂化、国际化,加剧南海领土主权和海洋划界争端,使既有的合作出现停顿甚至倒退。

第二,南海争端直接当事方保持双边关系稳定是妥善处理南海问题的重要基础。中国、越南和菲律宾是南海问题(尤其是南沙争端)的主要直接当事方,南海局势的稳定在很大程度上取决于中越关系、中菲关系的稳定。南海争端降温的直接原因是中菲关系的改善,双边交流合作重回正轨。2016 年 10 月菲律宾总统应邀对中国进行了国事访问,两国签署多项合作协议,并发表《中华人民共和国与菲律宾共和国联合声明》,双方重申"由直接有关的主权国家通过友好磋商和谈判,以和平方式解决领土和管辖权争议""同意继续商谈建立信任措施,提升互信和信心",建立一个双边磋商机制,就涉及南海的各自当前及其他关切进行定期磋商。② 2017 年 11 月,中国总理正式访问菲律宾,《中华人民共和国与菲律宾共和国联合声明》进一步确认和落实了两国元首达成的共识及合作协议。双方再次确认"由直接有关的主权国家通过友好磋商谈判,以和平方式解决领土和管辖权争议""承诺在南海保持自我克制,不采取使争议复杂化、扩大化及影响和平与稳定的行动"。③ 中菲两国的合作与交流已经逐一得到落实,合作领域也不断扩大:建立了中菲南海问题磋商机制,在包括海洋环保、减灾等领域加强合作;双方愿探讨在包括海洋油气勘探开发等海上合作方式;重申维护及促进地区和平稳定、南海航行和飞越自由、商贸自由及其他和平用途的重要性。③

2017 年,中越之间也加强了高层互访,双边合作及关于南海问题的共识也不断加强。2017 年 5 月,越南国家主席访问中国,两国元首就不断深化中越全面战略合作伙伴关系达成重要共识。关于海上问题,双方一致同意:继续恪守两党两国领导人达成的重要共识和《关于指导解决中越海上问题基本原则协议》,用好中越政府边界谈判机制,寻求双方均能接受的基本和长久解决办法;做好北部湾湾口外海域共同考察后续

---

① 《"双轨"思路和"五个坚持"是解决南海问题办法》,人民网,http://world.people.com.cn/n/2015/0804/c1002-27410490.html,2018 年 1 月 8 日登录。

② 《中华人民共和国与菲律宾共和国联合声明》,外交部:http://www.fmprc.gov.cn/web/zyxw/t1407676.shtml,2017 年 12 月 10 日登录。

③ 《中华人民共和国政府和菲律宾共和国政府联合声明》,外交部,http://www.fmprc.gov.cn/web/ziliao_674904/1179_674909/t1511205.shtml,2017 年 12 月 2 日登录。

工作，稳步推进北部湾湾口外划界谈判并积极推进该海域的共同开发，继续推进海上共同开发磋商，有效落实商定的海上低敏感领域合作项目；继续全面、有效落实《南海各方行为宣言》（DOC），在协商一致基础上早日达成"南海行为准则"；管控好海上分歧，不采取使局势复杂化、争议扩大化的行动，维护南海和平稳定。① 同时，还就与海上问题密切的其他具体事项达成一致意见："双方同意继续加强外交、国防、安全和执法领域交流合作。""推动《中越引渡条约》早日生效。办好两国海军、海警北部湾联合巡逻、舰船互访及海上联合搜救训练，加强两军和两国执法部门业务交流。""按照双方已达成的共识，积极推动落实海上渔业活动突发事件联系热线，妥善处理有关问题，使之符合两国友好关系。"② 2017 年 11 月发表的《中越联合声明》，再次确认和重申两国达的上述共识、机制与合作项目。③

　　第三，日渐成型的"南海行为准则"将为中国和东盟国家共同维护南海和平稳定增添新的制度保障。2016 年 7 月 25 日，中国和东盟国家外长就全面有效落实《南海各方行为宣言》发表联合声明，重申 2002 年的《南海各方行为宣言》具有里程碑意义，在维护地区和平稳定中发挥的重要作用；承诺全面有效完整落实宣言并在协商一致基础上实质性推动早日达成"南海行为准则"。④ 2017 年以来，各方加速了"南海行为准则"的磋商，不断取得重大进展。3 月 30 日，落实《南海各方行为宣言》第二十次联合工作组会议在柬埔寨结束，中国与东盟十国就"南海行为准则"框架文件内容基本达成一致，"南海行为准则"框架文件将包含序言、承诺及最终条款三部分内容。⑤ 5月 18 日，中国与东盟国家落实《南海各方行为宣言》第 14 次高官会在贵阳举行，"南海行为准则"框架草案获得一致通过，中国东盟高官提前实现在 2017 年上半年完成磋商的目标。8 月 6 日在菲律宾首都马尼拉举行的中国-东盟外长会顺利通过准则框架文

---

　　① 《中越联合公报》，新华网，http：//news. xinhuanet. com/world/2017 - 05/15/c_1120974281. htm? from = timeline&isappinstalled=0，2017 年 12 月 10 日登录。

　　② 《中越联合公报》，外交部，http：//www. fmprc. gov. cn/web/ziliao_674904/1179_674909/t1461612. shtml，2017 年 12 月 2 日登录。

　　③ 《中越联合声明》，新华网，http：//news. xinhuanet. com/2017-11/13/c_1121949420. htm，2017 年 12 月 2 日登录。

　　④ 《中国和东盟国家外交部长关于全面有效落实〈南海各方行为宣言〉的联合声明》，外交部，http：//www. fmprc. gov. cn/web/zyxw/t1384157. shtml，2017 年 12 月 10 日登录。

　　⑤ 《"南海行为准则"框架文件初步成型 各方满意》，参考消息，http：//www. cankaoxiaoxi. com/world/20170331/1833548. shtml，2017 年 12 月 10 日登录。

件，得到各方积极评价。① 11 月 13 日在菲律宾马尼拉举行的第 20 次中国–东盟领导人会议上，中国和东盟国家宣布启动"南海各方行为准则"案文磋商。在《南海各方行为宣言》发表后整整 15 年之际，中国与东盟在南海地区合作打造规则体系的努力迈出了最新的实质性步伐。在 2018 年，中国将与东盟国家就"南海各方行为准则"案文开展密集磋商。② 2017 年 11 月 14 日，李克强总理在第 12 届东亚峰会上表示，"南海行为准则"磋商取得重大进展，南海形势趋稳向好发展，这一形势令人振奋，充分展现了地区国家通过对话协商妥处分歧、维护南海和平稳定的共同意愿，也充分展现了地区国家有信心、有智慧、有能力妥善处理好南海问题。中国将继续致力于同东盟国家全面有效落实《南海各方行为宣言》，深化海上务实合作，积极推进"南海行为准则"磋商，争取在协商一致的基础上早日达成。③ 这种形势来之不易，是中国和东盟国家排除干扰、共同努力的结果。

（三）日本持续加强文攻武备

2017 年度，在黄海及南海整体趋稳的局势下，日本仍未放弃加强美日同盟以抗衡中国的基本政策，通过不同途径、在各个方面采取各种对抗而不是合作的措施，东海目前尚属平稳的局势存在随时被打破的可能。

一是不惜重金影响舆论。2016 年 11 月，日本自民党通过一项决议，要求安倍政府在历史和领土问题上加大对外战略传播力度。在日本外务省向政府提交的 2017 财年预算案中，"对外战略传播"项目共申请预算约合 5 亿美元，主要针对"领土、历史认识、安全保障"等议题，加强与日本相关的国际舆论分析和对外传播能力等。英国智库"亨利·杰克逊协会"被日本驻英大使馆以每月 1 万英镑的价格收买，帮助日本在英国制造和渲染"中国威胁论"，涉及人员包括英国前外相等政界人士和媒体记者。④

二是不断拉拢其他国家对抗中国。日本海上保安厅近年来面向亚洲招收培养海保骨干，范围已扩大至 7 国，包括印度尼西亚、马来西亚、菲律宾、越南等国家，主要

---

① 见《南海行为准则框架文件通过 中国优势逐渐稳固》，环球网，http：//mil. huanqiu. com/observation/2017-08/11088165. html，2017 年 12 月 10 日登录；"Asean foreign ministers endorse framework for sea code of conduct"，http：//www. manilatimes. net/asean-foreign-ministers-endorse-framework-sea-code-conduct/342579/，2017 年 12 月 10 日登录；"Asean ministers endorse framework for S. China Sea 'Code of Conduct'"，http：//globalnation. inquirer. net/159348/asean-ministers-endorse-framework-for-s-china-sea-code-of-conduct，2017 年 12 月 10 日登录。

② 《"南海行为准则"三步走设想如期实现，磋商启动具战略性意义》，澎湃新闻，http：//www. thepaper. cn/newsDetail_forward_1864972，2018 年 1 月 10 日登录。

③ 《李克强在第 12 届东亚峰会上的讲话》，外交部，http：//www. fmprc. gov. cn/web/ziliao_674904/zyjh_674906/t1510608. shtml，2017 年 11 月 15 日登录。

④ 谢若初，吕耀东：《收买舆论是日本的"百年骗术"》，载《解放军报》，2017 年 2 月 5 日第 4 版。

目的是拉拢沿海国家对抗中国。2017 年以来，日本首相安倍晋三往来穿梭出访亚太，意欲鼓动相关国家为其在亚太地区寻求"领导力"撑腰，并在南海问题上多次搅事。①

三是加大军事准备，企图实际控制钓鱼岛。2017 年 3 月 27 日，日本宣称隶属于水陆机动团的"水陆机动教育部队"和"水陆机动准备部队"先后举行成立仪式，自卫队的两栖夺岛作战能力进入了一个新阶段。水陆机动团依照美海军陆战队建立，主要负责离岛防御和夺岛作战。水陆机动团的武器装备升级显著，将同时具备从空中和海上迅速登陆的能力。②

2017 年 8 月 8 日，日本政府内阁会议批准了 2017 年版《防卫白皮书》。新版白皮书再次借助海洋安全问题渲染日本周边安全保障环境日趋严峻，鼓吹"中国威胁论"，妄图为安倍政府延续扩张性防卫政策造势铺路、提供借口，威胁了东海目前脆弱的稳定。③

二、美国持续介入中国领土及海洋争端

近年来，美国介入中国周边的领土主权和海洋争端的力度不断加强，手法不断多样化。美国以维护航行自由为名在中国专属经济区内频繁开展军事活动，以和平解决争端为借口对中国的正当维权行为施压，以遵守国际规则为幌子维护有利于美国的海洋秩序，以履行对盟友及伙伴的安全承诺为托辞展示美国再平衡的决心、重塑盟友的向心力。④

美国部分议员推动国内立法为介入东海南海争端提供依据。2017 年 3 月 15 日，美国部分议员推出《2017 年南海和东海制裁法案（参议院第 659 号）》（以下简称《制裁法案》），为中国所谓的不合法主张和单方面行动设限，若中国采取了上述行动，美国应对中国相关企业、机构和人员进行制裁。⑤ 美国企图通过炒作《制裁法案》表达对华强硬派的声音，恫吓域内外知华友华国家、机构和人员。

美国再次声称《美日安保条约》第五条适用于钓鱼岛。钓鱼岛的主权归属及其相关海域的划界问题是存在于中日之间的领土及海洋争端。美国近年来多次表示《美日

---

① 杨海航：《守护好我们的"祖宗海"》，中国网，http：//military. china. com/important/gundong/11065468/20170213/30248925. html。

② 《日本组建"海军陆战队"意在钓鱼岛》，央视网，http：//m. news. cctv. com/2017/03/28/ARTI4cZg9dXrGHyTrZbrOCfH170328. shtml，2017 年 10 月 10 日登录。

③ 《中国坚定不移维护领土主权和海洋权益》，载《人民日报》，2017 年 08 月 10 日 21 版。

④ 王森、杨光海：《美国南海政策：历史考察与趋势评析》，载《战略决策研究》，2017 年第 6 期。

⑤ https：//www. stripes. com/news/rubio-introduces-south-china-sea-sanctions-legislation-1. 459085，2017-10-20.

安保条约》第五条适用于钓鱼岛，公然介入钓鱼岛争端。2014 年奥巴马政府承诺，"美国反对任何旨在危及日本管理钓鱼岛的单方面行动"。[①] 2017 年 2 月 3 日，日本首相与美国国防部长会谈，确认了钓鱼岛是《日美安保条约》第五条适用对象的立场。该条规定了美国对日防卫义务，美方确认《日美安保条约》第五条适用于钓鱼岛，表明美方认为钓鱼岛是日方管理下的领土，在中日钓鱼岛争端中支持日方领土主张，"对东海以及中国周边局势都将产生严重影响，这将给日本强化武装提供理由，可能导致日本今后在钓鱼岛的军事扩张成为常态，日美两国间联合作战水平也将上升至新水准"。[②]

美国以"航行自由"为名更为频繁地挑战中国的海洋主张。美国将与其"长期以来在海洋自由方面享有的国家利益"不一致的其他沿海的权利和利益定性为所谓的"过度的海洋主张"。据美国《2017 财政年度航行自由计划报告》，美国继续以外交抗议和海上行动方式挑战其他沿海国家的相关权利主张。美国挑战的中国海洋主张遍及东海及南海，涉及领海基线、防空识别区、外国船舶在专属经济区的调查活动、军舰的无害通过、海洋地形的法律性质等问题。2017 年度，美国显然将中国作为挑战的重点，中国被挑战次数高达 6 次而高居"榜首"。[③] 美国对所要挑战的国家和挑战的理由显然进行了刻意挑选。美国在东海和南海争端中扮演的角色与其宣称的中立立场明显不符，这也是近年来南海争端愈演愈烈的重要原因之一。[④]

三、中国关注管辖海域以外权益问题

随着海洋强国建设及"21 世纪海上丝绸之路"倡议向纵深发展，中国在公海、国际海底区域和其他国家管辖海域的活动增多，力度加大，相关海洋权益争端也随之增多。中国需要对相关问题加大关注力度，采取更加积极有效的措施处理好相关争端，并为相关国际规则的制定和发展贡献力量。

---

① "U. S. -Japan Joint Statement：The United States and Japan：Shaping the Future of the Asia-Pacific and Beyond"，https：//obamawhitehouse. archives. gov/the-press-office/2014/04/25/us-japan-joint-statement-united-states-and-japan-shaping-future-asia-pac，2017 年 10 月 20 日登录。

② 《专家：〈日美安保条约〉适用钓鱼岛释放危险信号》，人民网，http：//military. people. com. cn/n1/2017/0204/c1011-29058063. html，2017 年 10 月 20 日登录。

③ "Annual Freedom of Navigation Report（Fiscal Year 2017）"，pp. 3-4. http：//policy. defense. gov/Portals/11/FY17%20DOD%20FON%20Report. pdf？ ver=2018-01-19-163418-053，2018 年 1 月 20 日登录。

④ 韦宗友：《美国南海政策新发展与中美亚太共处》，载《国际观察》，2016 年第 6 期，第 153 页。

（一）高度关注国家管辖以外海域遗传资源开发与保护

国家管辖范围以外海域遗传资源的开发与养护是近年来国际社会关注的热点问题。国家管辖范围以外海域约占全球海洋面积的 64%，制定国家管辖范围以外区域海洋生物多样性养护和可持续利用（BBNJ）的国际协定，被称为《联合国海洋法公约》（以下简称《公约》）的第三个执行协定，是现阶段国际法和海洋领域最受关注、最为重要的立法进程之一，攸关全球海洋权益的分配和海洋秩序的发展。中国作为快速发展的海洋大国，在国家管辖范围以外海域拥有广泛的利益。中国在新的国际规则制定中要确保在公海和国际海底区域的合法权益，同时积极履行负责任海洋大国国际义务，发挥与中国综合国力相称的影响力。[①]

（二）积极参与深海资源勘探开发规章制定

根据《公约》及 1994 年《关于执行 1982 年 12 月 10 日〈联合国海洋法公约〉第十一部分的协定》（以下简称《执行协定》），中国与其他缔约国一样，在国家管辖范围以外的深海海底区域拥有一系列资源开发、海洋科研及环境保护等权利，也承担相应的义务。

2017 年 5 月 12 日，国际海底管理局和中国五矿集团公司在北京签署了为期 15 年的多金属结核勘探合同。该合同区块位于太平洋克拉里昂-克利伯顿断裂区内，覆盖面积 72 745 平方千米。中国大洋协会还在西南印度洋中脊进行多金属硫化物勘探，在西太平洋进行富钴结壳勘探。[②]

国际海底管理局在 2017 年 8 月第 23 届会议上通过决议，将"区域"内矿产资源开发规章制定作为未来三年的优先事项，计划 2020 年前完成制定开发规章的所有程序。2017 年 8 月 14 日，中国代表团在管理局第 23 届会议理事会"开发规章草案"议题下发言，较为全面地概括了中国关于制定开发规章的六方面的看法和建议：第一，应以鼓励和促进资源开发为导向，同时依法确保海洋环境不受重大损害。应重在鼓励资源的开发和可持续利用，在更高层次上促进海洋环保；第二，应以《公约》和 1994 年《执行协定》为依据，且与现有三个勘探规章相衔接，与国际社会正在谈判的国家管辖范围以外区域海洋生物多样性养护和可持续利用相关规则相协调，并充分借鉴区域和各国开采矿产资源的有益经验；第三，应与现阶段人类在"区域"的活动及认识水平相适应，应基于客观事实和科学证据，循序推进，逐步细化和完善相关具体规则；

---

① 郑苗壮：《拓展我国在公海和国际海底区域合法权益》，载《中国海洋报》，2016 年 8 月 4 日第 2 版。

② 《中国五矿集团公司和国际海底管理局签署多金属结核勘探合同》，中华人民共和国常驻国际海底管理局代表处，http://china-isa.jm.china-embassy.org/chn/hdxx/t1462797.htm，2017 年 12 月 10 日登录。

第四，应妥善处理好有关各方的权利义务关系，要确保国际海底管理局、缔约国和承包者三者权利、义务和责任的平衡，承包者的正当合法权益应得到有效保障；第五，环境事项是开发规章的重要组成部分，环境规则应统筹考虑开发前环境影响评价、开发中的环境监测，以及开发后的环境治理，其与开发成本、缴费机制、分享机制等因素。《公约》第二〇六条有关环境影响评价的专门规定是确定环境影响评价的根本依据；第六，应统筹考虑缴费机制和收益分享机制，应严格遵循《公约》和《执行协定》的基本原则，在协商一致的基础上加以确定。①

2017 年 4 月 16 日，国家海洋局、外交部等六部委局联合印发《深海海底区域资源勘探与开发"十三五"规划》，该规划全面涵盖"十三五"期间我国在深海大洋领域的资源调查和勘探、技术创新、基础科学研究、产业化发展、深海全球治理以及支撑能力建设等方面。"十三五"期间深海大洋工作将以"海洋强国建设"为引领，坚持发展和安全并重，进一步提升深海资源调查、勘探、开发和环境保护能力。要科学研究、系统论证、积极推动"蛟龙探海"等重大工程。"蛟龙探海"作为《国民经济和社会发展第十三个五年规划纲要》中海洋领域的四个重大工程之一，对提升我国深海大洋实力，维护我国在深海大洋的安全和权益具有重要意义。②

（三）中国极地事务取得新进展

中国是北极的重要利益攸关方，北极的发展变化对中国影响深远。2017 年，中国在北极事务中取得积极进展。国家海洋局颁布了《北极考察活动行政许可管理规定》，旨在加强中国自身北极考察活动管理，体现了中国尊重北极周边国家主权、管辖权，保护北极生态环境的良好愿望，为进一步开展北极国际合作打下基础。③ 中国第 8 次北极科学考察队搭乘"雪龙"号首次穿越北极中央航道和西北航道，实现了中国首次环北冰洋科学考察，填补中国多项北极科考空白，"雪龙"号至此完成了北极三大航道的航行。中国将加快实施"雪龙探极"重大工程。"雪龙 2"号科考船由江南造船厂承建，已按计划完成前期建造工作，2018 年 3 月，各分段将建造完成，进入船坞合龙建造。④

中国是南极国际治理的重要参与者、南极科学探索的有力推动者、南极环境保护

---

①　《中国代表团在海管局第 23 届会议理事会"开发规章草案"议题下的发言》，http：//china-isa.jm.china-embassy.org/chn/hdxx/t1487167.htm，2017 年 12 月 10 日登录。

②　王宏：《继往开来　推动深海事业走向新辉煌》，载《中国海洋报》，2017 年 5 月 4 日第 1 版。

③　《国家海洋局副局长林山青解读〈北极考察活动行政许可管理规定〉》，国家海洋局，http：//www.soa.gov.cn/zwgk/zcjd/201709/t20170920_57973.html，2017 年 11 月 2 日登录。

④　《北极科考队乘"雪龙"号凯旋　征服北极三大航道》，新浪网，http：//sh.sina.com.cn/news/k/2017-10-11/detail-ifymrqmq3774521.shtml，2017 年 11 月 2 日登录。

的积极践行者。① 中国于 1983 年加入《南极条约》，1985 年成为《南极条约》协商国，2017 年 5 月，首次作为东道国成功承办了第 40 届南极条约协商国会议。5 月 22 日，在第 40 届南极条约协商会议召开之际，国家海洋局向国内外公开发布我国首个白皮书性质的《中国的南极事业》。该报告从中国发展南极事业的基本理念、南极考察历程、南极科学研究、南极保护与利用、参与南极全球治理、国际交流与合作、愿景与行动七个方面总结回顾了三十余年来中国南极事业"从无到有，由小到大"的发展历程和取得的辉煌成就。② 11 月 8 日，中国第 34 次南极科学考察队乘"雪龙"号科考船启程奔赴南极，重要任务之一是奔赴位于罗斯海西岸的恩科斯堡岛，启动中国第五个南极考察站的建设工作。③

中国目前已初步建成包括空基、岸基、船基、海基、冰基、海床基的国家南极观测网和"一船四站一基地"的南极考察保障平台（即"雪龙"船、长城站、中山站、昆仑站、泰山站和上海极地考察国内基地），基本满足南极考察活动的综合保障需求。同时，中国南极科学研究水平持续提升，大力开展南极文化宣传和科普教育，有效保护南极环境和生态系统，积极参与南极全球治理，广泛开展国际交流与合作。

（四）远海渔业纠纷和渔业权益引起关注

随着中国海洋开发能力的快速增长，中国在他国管辖海域的活动也越来越多，相应的海洋争端也不可避免地日益增多，中国远海渔业争端频发成为需要高度关注的问题。

2016 年，中国渔船曾被指控"非法捕鱼"并抵制执法而被阿根廷海岸警备队击沉。④ 2017 年 8 月 13 日，"福远渔冷 999"在厄瓜多尔戈拉帕格斯海洋保护区被当地执法人员扣押，2017 年 8 月 25 日至 27 日，厄瓜多尔圣克里斯托瓦尔法庭对该案进行 3 次庭审，依据其国内法《国家刑事组织法》，以"破坏野生动植物种罪"对该船的船长和所有船员作出裁判。据 2018 年 2 月 13 日的《农业部办公厅关于部分远洋渔业企业及渔船违法违规问题和处理意见的通报》反映了 2017 年度 10 起远洋渔业企业及渔船

---

① 中华人民共和国中央人民政府：《张高丽出席第 40 届南极条约协商会议开幕式并致辞》（2017 年 5 月 23 日），中国政府网，http：//www.gov.cn/xinwen/2017-05/23/content_5196172.htm，2017 年 12 月 11 日登录。

② 姜祖岩：《与国际社会共建南极美好未来——读〈中国的南极事业〉白皮书》，载《中国海洋报》，2017 年 5 月 31 日，第 A2 版。

③ 《南极建新站 300 多人乘坐雪龙号踏上新征程》，中国网，http：//www.china.com.cn/haiyang/2017-11/09/content_41868309.htm，2017 年 12 月 11 日登录。

④ "Argentina sinks Chinese trawler during pursuit for illegal fishing"，https：//www.theguardian.com/world/2016/mar/16/argentina-sinks-chinese-trawler-during-pursuit-for-illegal-fishing.

违法违规情况，"负面影响较大，有的引发重大涉外事件"。① 2018 年 2 月 23 日，阿根廷海岸警卫队发表声明，称当地时间 22 日发现一艘中国渔船在阿海域内违规捕捞，在警告无果后"用机关枪和大炮射击"并展开了近 8 个小时的追捕。② 加强管理，规范远洋捕捞，维护渔民权益，应予以重视。

四、小结

在中国及周边相关国家的共同努力下，自 2012 年开始加剧的周边海洋权益争端已经降温，2017 年度继续保持 2016 年下半年以来的趋缓态势。同时，中国与周边国家重启或扩大了海洋合作领域，取得了双方均满意的成果。但也应当认识到，个别周边国家仍采取对抗的旧思维，阻碍了双边关系的发展及地区稳定。美国、澳大利亚等域外国家基于不同的利益考虑，积极介入中国周边海洋争端，中国周边暂时的稳定状态随时被侵扰、打破的风险依然存在。同时，中国在公海、国际海底区域和其他国家管辖海域的活动增多，中国应高度关注管辖海域外海洋事务发展，妥善处理相关海洋争端，积极促进全球海洋治理。

---

① 农业部，http：//www. moa. gov. cn/govpublic/YYJ/201802/P020180228613723649879. ceb，2018 年 3 月 3 日登录。

② 《阿根廷称炮击中国"非法捕捞船"并展开近 8 个小时追捕》，环球网，http：//world. huanqiu. com/exclusive/2018-02/11624904. html，2018 年 3 月 3 日登录。

第十五章　中国的海洋安全

海洋安全是中国国家安全的重要组成部分。随着海洋安全在国家安全中的地位不断提升，海洋安全的范围和内涵不断发展，维护海洋安全面临的任务和挑战渐趋多样化。中国面临的海洋安全形势总体稳定，但影响海洋安全的不稳定因素长期存在、相互交织，周边海洋安全环境复杂多变。中国政府始终坚定维护国家海洋安全，坚持总体国家安全观，致力于维护世界、地区和周边海洋的和平与稳定。

一、中国海洋安全形势发展

近年来，受大国安全战略调整、周边邻国力量分化重组、地区和周边海洋安全热点和争议问题升温、海洋非传统安全问题凸显等多方面因素的影响，中国海洋安全面临的挑战和不稳定因素有所增加。2017 年，在总体国家安全观的指导下，中国积极应对海洋传统安全和非传统安全挑战，稳步推进与海洋大国和周边海洋邻国的海洋安全合作，妥善处理和管控海上争议，积极探索中国特色热点问题解决之道，确保了海洋安全环境继续保持总体稳定的局面。

（一）海洋安全形势保持总体稳定的发展态势

中国面临的海洋安全形势继续保持平稳。一年来，中国在推动国际安全合作和参与全球安全治理方面不断做出贡献，推动大国关系实现稳定发展，促进并维护地区和周边形势保持稳定，安全领域国际合作势头进一步增强。在推动国际安全合作与参与全球安全治理方面，中国倡导的"共同、综合、合作、可持续的安全观"和"共同构建普遍安全的人类命运共同体"等创新安全理念日益深入人心，成为推进全球安全治理，维护世界和平与安全的重要指导理念。

在推动大国关系稳定发展方面，中美元首一年之内三次会晤，多次通话通信，为新时期的中美关系确定发展方向，双方就各领域包括安全方面的合作达成一系列重要共识。中俄元首年内五次会晤，双方务实合作势头强劲，就维护全球战略稳定紧密配合，推动中俄战略安全磋商和中俄执法安全合作机制不断加强，使中俄安全合作达到新的阶段。中欧关系稳中有进，各领域包括安全方面的交流与互利合作进一步拓展。

2017 年，中国与周边国家的睦邻友好合作迈上新台阶，中国在地区安全合作与热点问题处理方面发挥重要作用,有力地维护了地区安全形势的稳定:中日关系呈现改善发展势头,中韩就处理"萨德"问题达成阶段性共识,中国与东盟关系从成长期向更高质量和更高水平的成熟期迈进。在半岛核问题上,中国发挥重要作用和影响力,努力维护了朝鲜半岛的和平稳定。南海局势降温趋缓,中国同东盟国家恢复并巩固了通过当事国对话协商和平解决争议的共识,推进了地区国家共同制定南海规则的进程。

在海洋安全形势保持稳定发展态势的同时,中国海洋安全面临的风险和挑战依然存在,不容忽视。特朗普政府调整美国的外交与安全政策,奉行"美国优先"政策,强化"印太战略",推动与亚太盟友合作,重新打造美国在军事上的绝对优势,对国际和地区安全格局产生重大影响。日本安倍政府在政治和安全上,继续强调修宪,延续扩张性防卫政策,引起地区国家和国际社会广泛关注。安全领域内军事因素上升。2017年各方军演轮番上演,规模扩大。射导与反导的矛与盾之争加剧。美国、俄罗斯、日本、韩国、沙特阿拉伯、印度等国家新武器、新战法、新军事安全战略不断出台。[①]地区和周边热点问题复杂多变,对周边稳定产生重要影响。朝鲜半岛形势持续紧张,深陷示强与对抗的恶性循环,前景不容乐观。南海问题降温趋缓,但暗流涌动,美国、日本、澳大利亚等域外国家利用东盟外长会议、七国集团峰会、香格里拉对话会等平台继续搅局南海,加大在南海巡航力度和军事存在。

面对复杂多变的国际和地区安全形势,中国"始终做世界和平的建设者、全球发展的贡献者、国际秩序的维护者",积极参与全球治理,推动与世界各国进行包括安全在内的国际合作,积极探索中国特色热点问题解决之道,为世界和地区的安全稳定发挥重要建设性作用。

(二) 国际安全战略环境趋于复杂

美国国家安全政策、亚太政策和对华政策均处于调整期,对国际安全战略环境带来重要影响。2017年1月中旬,在特朗普政府就任前,参议院军事委员会主席麦凯恩便提出了一份题为《重建美国权力》的报告,要求新一届美国政府在2018年至2022年财年大幅增加军事预算,2018年达到7 000亿美元,2022年达到8 000亿美元(2017年为5 837亿美元)。其中特别提出,2018年至2022年间,每年拨出15亿美元,5年共计75亿美元,作为"亚太稳定计划"的专项经费。[②] 2017年5月,美国国防部宣布支持"亚太稳定计划"。这些资金将用于升级军事基础设施、进行进一步的军事演习以

---

① 《2017年国际形势的几个特点》,中国投资信息有限公司,http://www.ciis.org.cn/chinese/2017-12/25/content_40118630.htm,2018年1月11日登录。

② 《"亚太稳定计划"终结"亚太再平衡"?》,新华网,http://news.xinhuanet.com/globe/2017-06/12/c_136359477.htm,2018年1月12日登录。

及部署更多部队和舰艇。

2017 年 11 月，特朗普在其亚洲之行中提到了"一个自由开放的印太"，一时间特朗普的"印太战略"成为媒体关注的热点。12 月 2 日，总统国家安全事务助理麦克马斯特在里根国防论坛上，也就特朗普政府的"印太愿景"作了说明。12 月 18 日，特朗普政府发布了 2017 年《国家安全战略》报告，再次确认了"一个自由开放的印太地区"的用语。不过，就目前情势来看，特朗普的"印太战略"还十分模糊。①

特朗普的"印太战略"构想得到了日本、印度和澳大利亚不同程度的回应。日本首相安倍与特朗普共同会见记者时表示，"'印太'这一覆盖了整个亚太地区，穿过印度洋，直达中东和非洲的广袤地域，是世界经济增长中心。我们认为，维护和加强自由开放的海洋秩序对该地区的和平与繁荣至关重要，我们同意加强合作，实现自由和开放的'印太'"。② 特朗普的"印太战略"构想具有明显的中国指向性，给中国的国家安全环境带来一定影响。

2017 年 12 月，美国总统特朗普发布了他上台后的首份《国家安全战略报告》，作为美国对外安全政策的指导性文件，这份长达 68 页的报告共提及"中国"33 次，并将中国和俄罗斯定位为"战略竞争对手"。③ 对此，中国驻美使馆回应，美方一方面宣称"要同中国发展伙伴关系"，一方面把中国放在对立面，这是自相矛盾的，不仅不符合中美两国利益交融，相互依存的现实，与双方在双边和国际领域开展合作的努力也背道而驰。中国和美国在安全领域的互信与合作任重道远。

（三）军事安全因素继续凸显

美国继续加强在亚太地区的美军力量。特朗普上任伊始，就要求国会在 2018 年的国防财政预算上，从 2017 年 5 827 亿美元的基础上增加 540 亿美元，以支撑他的"重建美军"计划，包括将美国陆军由 47.5 万人增至 54 万人，海军陆战队将扩至 36 个营，空军确保拥有至少 1 200 架战机，海军军舰数量从目前的 274 艘增加到 350 艘等内容。在要求从整体上加强美军的同时，特朗普政府正在加强亚太地区的军事力量部署。目前，美国在亚太地区的部署主要有 2 个航母战斗群、8 个驻外海空军基地以及关岛基地，总兵力约 15.3 万人，舰艇总数 70 余艘，海空军飞机 600 余架，规模占到美国海外

---

① 《特朗普政府"印太战略"仍不明朗》，载《中国国防报》，2017 年 12 月 22 日第 022 版。

② 《特朗普的"印太战略"前景如何？》，中国军网，http：//www.81.cn/rd/2017-11/20/content_7833178_3.htm，2018 年 1 月 11 日登录。

③ 《美国出台〈国家安全战略报告〉：中美会走向新"冷战"吗?》，上海国际问题研究院，http：//www.siis.org.cn/Research/Info/4351，2018 年 1 月 11 日登录。

兵力总数的近 60%。①

2017 年 8 月，日本政府在内阁会议上批准了 2017 年版《防卫白皮书》。新版白皮书涉华部分篇幅较 2016 年有增无减，长达 34 页，对中国的常规军事活动和正当国防建设妄加评论，重点借助海洋安全问题渲染"中国威胁"。新白皮书对中国海军的例行训练、海警船巡航钓鱼岛海域、在南沙群岛部署国土防卫设施等正当行为肆意歪曲，扬言中国海军的活动呈"扩大化倾向"，声称这对包括日本在内的地区乃至国际社会安全保障环境造成影响，"令人强烈担忧"。在渲染日本安保环境恶化的同时，新版白皮书还详尽介绍日本国家安全保障战略、防卫计划大纲、中期防卫力整备计划等日本基本防卫政策，并汇总防卫力建设取得的进展、防卫支出连续 5 年增长、与多国签署防卫装备及技术合作协定等安倍政府扩张性防卫政策的最新动向。其中，备受各方争议的日本新安保法再次独立成章。②

2017 年 11 月，澳大利亚时隔 14 年再次发布《外交政策白皮书》，新白皮书为澳大利亚未来的外交政策设立了五大目标，并重点关注印度洋—太平洋地区事务，同时也和其他地区的国家建立及强化联系。五大目标为：促进开放、包容和繁荣的印太区域；尊重区域内所有国家的权利；反对保护主义、促进商业发展；确保澳大利亚人在恐怖主义等威胁背景下的安全；维护国际秩序，进一步支持太平洋及东帝汶等国家。此外，澳大利亚在太平洋区域还设立了三大首要任务：更广泛的经济合作和劳动力流动性；海洋安全；强化人际联系、技能及领导力。

2017 年各方军演轮番上演，规模扩大。因朝核问题，朝鲜半岛问题呈现新一轮紧张局势，美韩密集开展军事演习等活动，对黄东海安全形势产生影响。2017 年 8 月，美韩举行为期 11 天的"乙支自由卫士"联合军演，共有 5 万余名韩军和 1.75 万余名美军兵力参演。③2017 年 11 月 29 日，朝鲜试射的"火星-15"型洲际弹道导弹，引发朝鲜半岛又一轮紧张气氛。随即，美韩搞起了大军演，于 12 月 4 日开始进行"警戒王牌"空中演习，为期 8 天。

（四）南海安全形势降温趋缓

在中国与东盟国家共同努力下，南海形势明显降温趋稳，并呈现积极发展态势，

① 《"亚太稳定计划"为特朗普亚太战略探风》，搜狐网，http：//www.sohu.com/a/163525242_120809，2018年 1 月 11 日登录。

② 《日本 2017 防卫白皮书渲染周边"威胁"引中韩抗议》，人民网，http：//japan.people.com.cn/n1/2017/0809/c35421-29459756.html，2017 年 12 月 10 日登录。

③ 《韩美"乙支自由卫士"军演结束 美重申对韩协防承诺》，人民网，http：//world.people.com.cn/n1/2017/0831/c1002-29506139.html，2017 年 12 月 12 日登录。

有关各方回归通过谈判磋商解决争议的正轨，国家间关系持续改善。2017 年 5 月，中国–东盟落实《南海各方行为宣言》高官会通过"南海行为准则"框架草案。8 月 6 日，在菲律宾马尼拉举行的中国–东盟外长会通过了"南海行为准则"框架文件。这是中国和东盟方面为管控南海争议、进一步降低南海紧张、防止南海问题干扰与破坏双方关系大局所采取的一重大举措。在 11 月召开的第 12 届东亚峰会上，李克强总理表示，中国和东盟已启动"南海行为准则"下一步案文磋商。这充分展现了地区国家通过对话协商妥处分歧、维护南海和平稳定的共同意愿。

在南海安全形势降温趋缓的同时，域外国家仍试图继续搅局南海。在东盟外长系列会议结束后，美国、日本、澳大利亚发表联合声明，敦促中菲遵守所谓的"南海仲裁案"裁决，并呼吁东盟成员国尽快与中国签订具有法律约束力的准则。声明中就中国在南海和东海的海洋活动称，"强烈反对单方面行动"。美国、日本和澳大利亚外长发表联合声明，不点名地对中国横加指责，对南海问题指手画脚。8 月 10 日美国导弹驱逐舰"麦凯恩"号再次进入南海开展"航行自由行动"即为例证。为加强在南海地区的军事存在，遏制中国在南海地区影响力的增长，美国持续扩大与南海周边国家的军事演习活动，不断举行联合军演，强化对南海地区的军事影响力。

二、中国海洋安全观发展

近年来，中国提出了"总体国家安全观""共同、综合、合作、可持续的安全观""共同构建普遍安全的人类命运共同体"等创新安全理念，对于维护中国国家海洋安全、推进地区海洋安全合作产生了深远的影响，具有重大的理论和实践意义。

（一）总体国家安全观

中国国家主席习近平在 2014 年 4 月 15 日主持召开中央国家安全委员会第一次会议时提出，要准确把握国家安全形势变化新特点新趋势，坚持总体国家安全观，走出一条中国特色国家安全道路。海洋安全是国家安全的重要组成部分，维护国家海洋安全同样必须要坚持总体国家安全观，以人民安全为宗旨，以政治安全为根本，以经济安全为基础，以军事、文化、社会安全为保障，以促进国际安全为依托，走出中国特色国家安全道路。维护国家海洋安全既要重视外部安全，又要重视内部安全；既要重视国土安全，又要重视国民安全；既要重视传统安全，又要重视非传统安全；既要重视发展问题，又要重视安全问题；既要重视自身安全，又要重视共同安全。

（二）共同、综合、合作、可持续的安全观

2014 年 5 月，在上海举行的亚洲相互协作与信任措施会议第四次峰会上，习近平

主席首次正式提出，我们应该积极倡导共同、综合、合作、可持续安全的亚洲安全观，创新安全理念，搭建地区安全合作新架构，努力走出一条共建、共享、共赢的亚洲安全之路。这一安全观得到与会各国代表的普遍认同，并写入当年的《上海宣言》。习近平主席在 2015 年 9 月联合国大会一般性辩论的讲话中提出，要摒弃一切形式的冷战思维，树立共同、综合、合作、可持续安全的新观念。中国发布的《中国关于联合国成立 70 周年的立场文件》也明确提出了这一点。

2016 年 9 月，习近平主席在 20 国集团工商峰会开幕式上发表讲话时进一步强调，抛弃过时的冷战思维，树立共同、综合、合作、可持续的新安全观是当务之急。这不仅把亚洲安全观提升到全球安全观，而且强调了各国树立可持续安全观的必要性与紧迫性。2017 年 1 月，习近平主席在联合国日内瓦总部发表了题为《共同构建人类命运共同体》的主旨演讲，主张为建设一个普遍安全的世界，各方应该树立共同、综合、合作、可持续的安全观，从而使可持续安全观成为共建人类命运共同体的有机组成部分。海洋安全是国家安全的重要组成部分，海洋安全合作是亚太安全合作的重要领域，共同、综合、合作、可持续的安全观对推动构建地区海洋安全架构、促进海洋安全合作，具有重要指导意义。

（三）共同构建普遍安全的人类命运共同体

习近平主席在 2017 年 9 月 26 日出席国际刑警组织第 86 届全体大会开幕式并发表题为《坚持合作创新法治共赢 携手开展全球安全治理》的主旨演讲，强调中国愿同各国政府及其执法机构、各国际组织一道，高举合作、创新、法治、共赢的旗帜，共同构建普遍安全的人类命运共同体。

对于如何构建普遍安全的人类命运共同体，习近平主席提出了"四点主张"。一要坚持合作共建，实现持久安全。安全问题是双向的、联动的，各国应该树立共同、综合、合作、可持续的全球安全观，树立合作应对安全挑战的意识，以合作谋安全、谋稳定，以安全促和平、促发展。二要坚持改革创新，实现共同治理。各国政府和政府间组织要承担安全治理的主体责任，推动全球安全治理体系朝着更加公平、更加合理、更加有效的方向发展。三要坚持法治精神，实现公平正义。国与国之间开展执法安全合作，既要遵守两国各自的法律规定，又要确保国际法平等统一适用，不能搞双重标准，更不能合则用、不合则弃。四要坚持互利共赢，实现平衡普惠。各方应该坚定奉行双赢、多赢、共赢理念，在谋求自身安全时兼顾他国安全，努力走出一条互利共赢的安全之路。①

三、维护海洋安全的政策和举措

在总体国家安全观的指导下，中国政府积极应对海洋安全面临的传统和非传统安全威胁，坚决维护国家主权和海洋安全利益，坚持通过双边谈判来解决争议、管控矛盾，高度重视海洋生态安全，积极开展海洋安全领域的对话与合作，努力维护地区的和平与稳定。

（一）中国的海洋安全政策

1. 坚决维护领土主权和海洋权益

中国明确将国家主权、国家安全、领土完整、国家统一、中国宪法确立的国家政治制度和社会大局稳定以及经济社会可持续发展的基本保障列为必须坚决维护的六项核心利益。岛礁领土事关国家主权和领土完整问题，海洋权益关乎着国家的发展利益，都需要国家坚决予以维护。国家领导人多次强调维护领土主权和海洋权益的重要意义。习近平主席在接见第五次全国边海防工作会议代表时强调："要坚持把国家主权和安全放在第一位，贯彻总体国家安全观，周密组织边境管控和海上维权行动，坚决维护领土主权和海洋权益，筑牢边海防铜墙铁壁。"② 在出席中央外事工作会议并发表重要讲话时，习近平主席也强调："要坚决维护领土主权和海洋权益，维护国家统一，妥善处理好领土岛屿争端问题。"③

2. 坚持奉行防御战略

中国坚持走和平发展道路，反对霸权主义，这已明确写入中国宪法。中国国防政策完全是防御性的，是和平的。2015 年 5 月，国务院新闻办公室发布的《中国的军事战略》白皮书，提出"海军按照近海防御、远海护卫的战略要求，逐步实现近海防御型向近海防御与远海护卫型结合转变，构建合成、多能、高效的海上作战力量体系，

---

① 《共同构建普遍安全的人类命运共同体》，人民网，http：//gd. people. cn/n2/2017/0927/c123932-30780176. html，2017 年 10 月 18 日登录。

② 《习近平接见第五次全国边海防工作会议代表》，中国新闻网，http：//www. chinanews. com/gn/2014/06-27/6328937. shtml，2017 年 1 月 4 日登录。

③ 《习近平：中国须有自己特色的大国外交》，人民网，http：//politics. people. cn/n/2014/1130/c70731-26118817. html，2017 年 2 月 13 日登录。

提高战略威慑与反击、海上机动作战、海上联合作战、综合防御作战和综合保障能力"。中国海军虽然面临越来越多的远海护卫任务,但中国海军依然奉行防御战略,目的是保卫国家的领土主权、海洋权益和其他海上利益。习近平总书记在中国共产党第十九次全国代表大会上强调,中国奉行防御性的国防政策。中国发展不对任何国家构成威胁。中国无论发展到什么程度,永远不称霸,永远不搞扩张。①

3. 坚持维护世界和地区海洋和平稳定

维护世界和平,反对侵略扩张,是中国海洋安全政策的重要目标和任务。中国反对霸权主义和强权政治,反对战争政策、侵略政策和扩张政策,反对军备竞赛,支持一切有利于维护世界和地区和平、安全、稳定的活动。在处理领土主权和海洋权益争议问题上,中国一贯从和平发展的国家战略和睦邻友好的周边外交政策出发,着眼维护地区和平稳定,致力于通过直接谈判和协商,和平解决争议。中国军队坚决贯彻国家的大政方针,坚持核心利益至上,加强海区控制与管理,建立完善体系化巡逻机制,为国家海上执法、渔业生产和油气开发等活动提供安全保障,妥善处置各种海空情况和突发事件,依法履行防务职能,捍卫了主权权益,遏制了危机升级。② 与相关国家开展海洋安全合作,共同维护世界和地区海洋安全是完全符合中国国家海洋安全利益的。李克强总理在访问希腊时强调,中国"愿同相关国家加强沟通与合作,完善双边和多边机制,共同维护海上航行自由与通道安全,共同打击海盗、海上恐怖主义,应对海洋灾害,构建和平安宁的海洋秩序"。

(二) 维护海洋安全的举措

1. 推进岛礁建设和常态化维权巡航执法

习近平总书记在作党的十九大报告时指出,南海岛礁建设积极推进。2017 年 1 月 1 日,中国发布南沙永暑、渚碧、美济三大岛礁海洋环境预报。同时,国家海洋局在中国南沙三大岛礁开展的海洋气象、水文观测、常规海洋环境监测正式投入业务化运行。南海是船舶航行频繁和海上作业密集的海域,也是海洋灾害频发多发区域。在南沙三大岛礁实现海洋环境预报发布,可以更好地满足南海海洋环境保护、海洋防灾减灾、科研以及海上航行安全等日益增长的保障需求,显著提高南海区域海洋环境保护、海

---

① 《习近平同志代表第十八届中央委员会向大会作的报告摘登》,人民网,http：//cpc. people. com. cn/19th/n1/2017/1019/c414305-29595277. html,2017 年 11 月 12 日登录。

② 任海泉：《世界变革中的中国防御性国防政策》,人民网,http：//theory. people. com. cn/n/2013/1008/c40531-23120138. html,2014 年 12 月 23 日登录。

岛监视监测、海洋调查与科研、防灾减灾和海上搜救等海上公共服务的能力。南沙岛礁的海洋观测预报业务发展对于和平开发利用南海海洋资源、主动承担起南海环境保障的国际责任和义务以及推动中国和南海周边国家的社会、经济发展具有重要价值。

2017 年，中国继续积极稳妥地开展管辖海域的巡航执法活动。根据国家海洋局网站公布的信息统计，中国海警舰船编队全年在钓鱼岛领海巡航共计 29 次。2017 年中国海警共派出近千艘次舰艇、3 万多人次警力执行海上维权执法任务，航迹遍布中国管辖海域以及西太平洋、印度洋等，总航程近百万海里。一年来，中国海警积极部署重点岛礁管控，严密组织实施专项维权执法任务，派出舰艇力量护渔执法，为有关涉海部门海上生产作业提供护航，助力中国海洋经济健康稳定发展。中国海警多次开展护渔护航行动，有效保护了中国渔民生命财产安全，为沿海人民群众生产作业筑起一道安全屏障。2017 年，中国海警参与海上救助 272 起，救助遇险船舶 62 艘、人员 425 人。[1]

2. 妥善应对争议、有效管控分歧

中美元首会晤中，双方在维护南海和平稳定、支持对话管控争议等方面达成了一系列共识，两国希望通过"外交安全对话"等机制在海洋问题上保持沟通。中日举行第八轮海洋事务高级别磋商，就东海相关问题交换了意见，并探讨了开展海上合作的方式。中菲正式启动南海问题双边磋商机制，两国在南海问题上重新回到了双边对话和协商解决争议的正确道路。中越关系进一步巩固，习近平主席成功访问越南，两国在共同维护南海和平稳定、妥善处理海洋问题以及稳步推进海上合作等方面达成重要共识。中国同东盟国家通过对话就南海问题达成诸多共识：其一，有关各方认识到南海目前趋于平稳的局势，有利于维护南海的和平与稳定，也有利于有关各国推动海上合作，应把这种态势保持下去；其二，在南海问题的解决过程当中，最富有建设性的途径和方式是直接当事国的对话协商，且这种方式已经取得了重要的初步成果；其三，中国与有关各方可以通过处理好南海问题中的低敏感议题，为南海问题的解决创造良好的地缘环境；其四，中国与东盟国家应当保持在南海问题处理上的战略定力，以及在"南海行为准则"磋商中的工作节奏，不断排除外部的干扰。[2]

3. 开展例行军事训练和演习

2017 年，中国开展了一系列的例行军事训练和演习，彰显了中国维护海洋安全的

---

[1] 《2017 年中国海警维权执法巡航总航程近百万海里》，新华网，http：//www. xinhuanet. com/2018−02−26/c_1122455763. htm，2018 年 3 月 1 日登录。

[2] 王晓鹏：《2017 年亚太海洋局势回顾与 2018 年展望》，中国海洋在线，http：//www. oceanol. com/guoji/201801/23/c72977. html，2018 年 1 月 25 日登录。

决心和能力。2017年年初，中国海军航空母舰"辽宁"舰编队顺利完成跨海区跨年度训练和试验任务，顺利返回青岛航母军港。自2016年12月20日起航以来，由"辽宁"舰和数艘驱护舰及多架歼-15舰载战斗机和多型舰载直升机组成的航母编队，组织了长时间连续航行并交替转换海区训练。编队航迹跨越渤海、黄海、东海和南海等海区，航经宫古海峡、巴士海峡、台湾海峡等海峡水道。[①] 2017年3月2日，中国海军在西太平洋海域组织舰机实兵对抗演练，中国海军远海训练舰艇编队参加舰机实兵对抗演练。中国海军航空兵轰炸机、歼击机、警戒机等多型多架飞机，经宫古海峡赴西太平洋某海域，与航经这一海域的海军远海训练舰艇编队进行了实兵对抗演练。2017年12月11日，中国空军战机进行远洋训练。中国空军新闻发言人称，中国空军在11日开展了例行性常态化体系远洋训练，多架轰炸机、侦察机"绕岛巡航"，锤炼提升了维护国家主权和领土完整的能力。[②]

4. 高度重视海洋生态安全

2017年8月30日，历时5年的全国沿海地区警戒潮位核定工作全部完成。警戒潮位是指防护区沿岸可能出现险情或潮灾，需进入戒备或救灾状态的潮位既定值，是海洋部门发布海洋灾害预警报的工作基准，也是各级政府防潮减灾指挥决策的重要依据。在进行风暴潮预警报时，预报员根据天气系统和海洋环境通过数值模拟或经验等手段，给出影响岸段可能会达到的潮位值，发出红、橙、黄、蓝相应颜色的预警，为各级政府和公众防御海洋灾害提供支持。

近年来，中国海洋经济发展迅速，沿海地区的岸线特征、开发状况和防潮设施等情况变化较大，原警戒潮位值已无法适应新形势下海洋灾害预警和防灾减灾工作的需要。本次警戒潮位核定综合考虑海洋观测站网布局、灾害防御能力、历史灾情及重点保障目标等多方面因素，首次将中国全部大陆岸线科学划分为259个警戒岸段，系统地核定了警戒潮位值，填补了以岸段警戒潮位值为基准的预警报业务空白。新一轮警戒潮位核定的实施，改变了以往风暴潮预警报结果只针对单一验潮站、与应急响应脱节的情况，有效解决了"警戒潮位不警戒"的问题，海洋灾害风险预警能力上了一个新台阶，为保障人民生命财产安全和海洋经济健康发展创造了条件。

---

① 《中国航母编队顺利返回青岛母港　成功检验战斗力成果》，中国网，http：//military.china.com/important/11132797/20170113/30172492.html，2017年1月15日登录。

② 《中国空军多型战机成体系"绕岛巡航"》，新华网，http：//www.xinhuanet.com/mil/2017-12/12/c_1122100484.htm，2017年12月15日登录。

（三）海洋安全合作

开展海洋安全对话合作，增进互信，建立海上信任措施，有助于改善海洋安全环境、推进地区海洋安全架构建设。2017年，中国继续加强与有关国家在海洋安全领域的对话合作，积极参与海洋安全多边对话平台和机制，取得了丰硕成果。

1. 中美海洋安全对话稳步推进

2017年，习近平主席与特朗普总统举行三次会晤，推动和引领中美关系向前发展。2017年4月，习近平主席与特朗普总统在美国佛罗里达海湖庄园会晤，就中美关系和共同关心的重大国际地区问题交换意见，达成了多项重要共识。双方宣布建立全面经济、外交安全、执法及网络安全、社会和人文四个对话合作机制。中方重申了在南海问题上的原则立场。作为落实两国元首达成重要共识之举，首轮中美外交安全对话于2017年6月在美国华盛顿举行。在涉及海洋安全方面，中美达成的主要共识有：双方愿通过加强对话与合作，努力促进亚太地区和平、稳定、繁荣，双方决定就改善两国互动的基本原则进行讨论。双方均表示支持维护南海和平稳定；支持根据公认的国际法原则，包括1982年《联合国海洋法公约》（以下简称《公约》），基于友好谈判协商和平解决争议；支持通过对话管控争议。双方认识到两军关系是中美关系的重要稳定因素，积极寻求发展建设性的、务实有效和富有成果的关系。双方同意认真落实年度交流合作项目，加强高层交往，尽早实现两国防长互访、美军参联会主席访华。双方致力于深化在人道主义救援减灾、反海盗、军事医学等共同领域的合作。双方重申建立相互理解、降低两军误判风险的重要性。双方重申致力于落实建立信任措施的谅解备忘录，包括"重大军事行动相互通报机制"和"海空相遇安全行为准则"。[①]

2017年11月，应习近平主席邀请，特朗普总统对中国进行国事访问。两国元首就新时代中美关系发展达成了多方面重要共识，会晤取得重要、丰硕成果。两国元首重申了两军关系的重要性，致力于扩大两军各层级交往与对话。双方同意加强在重大国际、地区和全球性问题上的沟通与合作，共同推动有关问题的妥善处理和解决，促进世界和地区的和平与稳定。两国元首重申致力于促进亚太地区的和平、稳定与繁荣，决定继续探讨关于改善两国互动的基本原则。习近平主席重申了中方在南海问题上的一贯立场。两国元首表示支持维护南海和平稳定，支持根据公认的国际法，包括1982年《公约》，基于友好谈判协商和平解决争议，支持通过对话管控争议。双方支持维护

———————

① 《中美双方在首轮中美外交安全对话期间达成的有关共识》，外交部，http：//www.fmprc.gov.cn/web/zyxw/t1472819.shtml，2017年12月11日登录。

各国依据国际法享有的航行和飞越自由，同意在海洋环保等领域开展更多对话与合作。①

2. 中俄海洋安全合作保持高水平运行

中俄全面战略协作伙伴关系在双方努力下保持高水平运行。2017 年，习近平主席与普京总统实现了互访，举行五次会晤，在关乎全球战略稳定的重大问题上始终紧密协作，在关乎欧亚地区振兴的发展战略上加强深度对接，引领中俄战略协作向着更高水平、更宽领域、更深层次不断迈进，中俄关系已经成为当今世界维护和平安宁、主持公平正义、倡导合作共赢的重要基石。中俄总理在 2017 年举行了第二十二次定期会晤。中俄执法安全合作机制第四次会议和中俄第十三轮战略安全磋商于 2017 年 7 月在北京召开。2017 年，中俄举行了"海上联合–2017"军事演习，这是中俄两国连续六年举办该系列军事演习。中俄"海上联合"系列军事演习，是巩固中俄两国全面战略协作伙伴关系的实际举措，是加深两国两军特别是海军交流合作的重要行动，有利于两国共同维护世界和平与地区稳定。

3. 中日海洋安全合作继续恢复和发展

2017 年 12 月 5 日至 6 日，第八轮中日海洋事务高级别磋商在上海市举行。双方举行了磋商机制全体会议和机制下设的政治与法律、海上防务、海上执法与安全、海洋经济四个工作组会议，就东海相关问题交换意见，并探讨了开展海上合作的方式。双方确认通过包括本机制在内的双边渠道就海洋政策及法律保持沟通的重要性。双方就建立并启动防务部门海空联络机制取得积极进展。此外，双方同意继续加强防务部门间的交流，增进互信。中国公安部边防管理局和日本海上保安厅同意根据双方签署的会议纪要，继续开展防范打击走私、偷渡、贩毒等跨境犯罪方面的合作，适时举行专家互访。中国海警局和日本海上保安厅对于已有联络窗口在双方信息交换方面发挥的作用以及工作层人员交流给予肯定，并就强化两国海上执法部门间的合作深入交换意见。双方欢迎中国国家海洋局与日本环境省在本机制下就海洋垃圾合作取得的成果，并同意于 2018 年举办中日海洋垃圾合作专家对话平台第二次会议和第二届中日海洋垃圾研讨会，继续加强海洋垃圾领域的合作与交流。双方同意重启"中日海运政策论坛"，讨论双方共同关心的海运政策合作。双方同意继续加强双边安全和防污染机制下的合作，讨论共同关心的海事领域事务。双方再次确认签署中日海上搜救协定的重要

---

① 《中美元首会晤达成多方面重要共识　同意共同努力推动两国关系取得更大发展》，外交部，http://www.fmprc.gov.cn/web/zyxw/t1509111.shtml，2017 年 12 月 11 日登录。

性，同意今后继续进行在双多边框架下的搜救合作。双方同意探讨在海洋地质科学领域开展合作研究的可行性。双方同意就东海问题原则共识相关问题加强沟通交流。双方原则同意 2018 年上半年在日本举行第九轮中日海洋事务高级别磋商。

4. 中国与东盟海洋安全合作深入开展

在 2017 年 8 月召开的中国-东盟外长会上，中国和东盟外长签署谅解备忘录，顺利通过"南海行为准则"框架文件。中国提出制定"中国-东盟战略伙伴关系 2030 年愿景"、实现"一带一路"倡议同东盟互联互通规划的对接等七大倡议，得到东盟方积极回应。王毅外长指出，中国-东盟战略伙伴关系迈入了全面发展并且可持续的新阶段。在此新阶段，双方要增强战略定力，坚决排除内外干扰，聚焦和平与发展的大方向。同时，积极的眼光看待对方，视彼此为发展机遇，照顾彼此重大关切，就地区发展和彼此政策走向等加强对话，增进相互了解，减少相互猜忌。至于一些绕不开、暂时解决不了的问题，双方应坚持相互尊重、友好协商态度，求同存异、妥善管控。

2017 年中国-东盟国家海上联合搜救实船演练在广东湛江海域举行。来自中国、泰国、菲律宾、柬埔寨、缅甸、老挝和文莱 7 个国家相关机构的代表和海上搜救力量参演，参演船艇达 20 艘，飞机 3 架，参演人员约 1 000 人。此次演习是迄今为止，中国与东盟国家规模最大的一次海上联合搜救实船演练。

5. 中国与南海周边国家海洋安全合作稳步推进

中菲关系实现全面转圜，两国关系展现稳定发展的前景。一年来，习近平主席两次会见杜特尔特总统，李克强总理成功访问菲律宾。2017 年 7 月，菲律宾外交部就"南海仲裁案"所谓裁决公布一周年发表的声明基调积极，申明应本着睦邻友好精神解决南海争端；杜特尔特的国情咨文低调谈论南海，表示两国正在处理相关问题。中国为菲律宾打击毒品犯罪、恐怖主义和基础设施建设等方面提供援助和帮助。中国将菲律宾视为共建"21 世纪海上丝绸之路"不可或缺的重要伙伴，希望合作为菲律宾发展提供更加持久强劲的动力。菲律宾支持中方提出的"一带一路"倡议和互联互通设想，愿以担任东盟轮值主席国为契机，推动东盟发展规划与"一带一路"倡议进行深度对接，促进东盟-中国关系深入发展。

2017 年，中越关系呈现持续积极发展态势。两国保持频繁的双边高层互访和接触，对巩固和发展越中传统友谊，促进两国全面战略合作伙伴关系持续健康稳定发展具有重要意义。2017 年 4 月 17 日，中国-越南双边合作指导委员会第十次会议在北京举行。双方积极评价双边合作指导委员会成立十年来为推动中越关系发展发挥的重要作用。双方同意，积极落实两党两国领导人共识，以深化高层交往为主线，统筹规划全年工作，着力推进共建"一带一路"和"两廊一圈"、投资、产能、基础设施、跨境经济合作区等领域合作，继续加强人文交流，妥善管控分歧，维护海上和平稳定，推动中越全面战略合作伙伴关系持续健康向前发展。中越海警 2017 年第一次北部湾共同渔区海上联合检查在 2017 年 4 月举行。中国和越南海警分别派出 2 艘舰船参与行动，在整个巡航过程中，双方海上指挥舰建立不间断通信联络，双方执法人员密切配合，协调处理现场有关事宜。2017 年 11 月，习近平主席出访越南，与越共中央总书记阮富仲举行会谈，双方同意保持和加强高层交往优良传统，相互坚定奉行友好政策，加强战略沟通，增进政治互信，妥善处理分歧，引领中越关系正确方向。充分发挥中越双边合作指导委员会作用，加强外交、国防、公安、安全等各部门各层级交流合作。双方同意按照两党两国领导人达成的重要共识，妥善处理海上问题，稳步推进包括共同开发在内的各种形式的海上合作，共同致力于维护南海的和平与稳定。

2017 年 5 月，习近平会见马来西亚总理纳吉布，两国领导人表示，愿继续致力于推动中马关系向更高水平、更深程度、更广范围发展，加强贸易投资、基础设施建设、人文、反恐安全等领域合作。

四、小结

当前维护国家海洋安全面临的主要任务是多方面的，包括维护岛礁主权和领土完整，保卫领海安全和维护管辖海域海洋权益，维护海上通道和航线安全，维护海外利益安全。2017 年，中国海洋安全形势保持总体稳定的同时，面临的挑战有所增加，海洋安全面临的国际与地区安全环境趋紧，周边海洋安全形势复杂多变，军事安全因素继续凸显，非传统安全问题依然突出。在总体国家安全观的指导下，中国积极应对海洋传统安全和非传统安全挑战，坚决维护国家主权、海洋安全和权益，高度重视海洋生态安全，妥善处理和管控海上争议，积极开展海洋安全对话合作，为中国的和平发展和海洋强国建设营造了相对和平稳定的安全环境。

第六部分
全球海洋治理

第十六章　全球海洋治理的现状与发展

全球化进程的深入拓展与新科技革命的快速发展，极大地促进了国家间相互依赖的加深，全球性问题也愈加凸显。在海洋领域，国际社会面临着一系列危及全人类生存与发展的共同性问题，深化全球海洋治理日益成为国际社会积极主动应对全球性海洋问题的必要途径和方式。

一、全球海洋治理概述

冷战结束后，随着全球化进程的日益深入，全球治理问题越来越成为国际政治中普遍关注的现实问题。20 世纪 90 年代以来，很多西方国际政治学者对"治理"和"全球治理"从不同角度进行了研究和阐述。一些重要的国际组织也纷纷发表报告，专门阐述治理（governance）、善治（good governance）和全球治理（global governance）问题。当前，最为广泛引用的定义出自联合国框架下建立的"全球治理委员会"（Commission on Global Governance）。它在联合国成立 50 周年之际发表的《天涯成比邻》（Our Global Neighborhood：The Report of the Commission on Global Governance）研究报告中指出，全球治理是"个人和机构、公共和私人管理一系列共同事务方式的总和，它是一种可以持续调和冲突或多样利益诉求并采取合作行为的过程，包括具有强制力的正式制度与机制以及无论个人还是机构都在自身利益上同意或认可的各种非正式制度安排"①。全球治理委员会的定义还概括出全球治理的特征：全球治理的主体包含公共部门和私有部门的行为体；通过各行为体之间的相互合作与协调来管理全球事务；全球治理既是一个实现良治的活动过程，也是一套由规则和规范所构成的机制或制度，并且全球治理对参与的主体具有指导和限制作用；全球治理也依赖于各个不同层面的行为体持续不断的合作与协调互动。②

全球海洋治理是指以全球治理的方式处理国际社会共同关注的海洋问题。随着海洋开发与利用等人类海上活动的大规模推进，气候变化导致的海平面上升和海洋酸化

---

① The Commission on Global Governance, "Our Global Neighborhood：The Report of the Commission on Global Governance", Chapter 1, http：//www.gdrc——org/u-gov/global-neighbourhood/chap1.htm，2018 年 1 月 22 日登录。

② 叶江：《试论欧盟的全球治理理念、实践及影响——基于全球气候治理的分析》，载《欧洲研究》，2014 年第 3 期，第 73 页。

以及海洋污染导致的海洋生态环境不断恶化，海盗、海上恐怖活动、海上走私、贩毒、贩卖人口和非法捕鱼等非传统安全问题日益突出，各国对上述问题的应对已经超出了国家管理的边界，需要包括各国政府、国际组织、非政府组织、企业和个人等在内的行为体相互协调与合作，共同处置和管理共同面临的威胁和危机。全球海洋治理是国家内部海洋治理的延伸。有学者将"全球海洋治理"定义为：在全球化背景下，各国政府、国际组织、非政府组织、企业及个人等主体，为在海洋领域应对公共的危机和追求共同的利益，通过协商和合作，制定和实施全球性或跨国性的法律、规范、原则、战略、规划、计划及政策等具体措施，共同解决在利用海洋空间、开发海洋资源和保护海洋环境等活动中出现的各种问题。① 全球海洋治理的主体包括主权国家、国际组织、非政府组织、企业及个人。全球海洋治理的对象是在海洋领域应对在全球范围内共同面临的危机和问题。方式是通过协商与合作方式达成一致后予以推行，而不是从上至下的行政命令方式。全球海洋治理的议题不仅包括国际政治外交事务，还包括法律和政策、机制和实施等方面。

1992年联合国环境与发展大会通过《21世纪议程》。该议程是关于全球治理的21世纪可持续发展行动计划，是至21世纪在全球范围内各国政府、联合国组织、发展机构、非政府组织和独立团体在人类活动对环境产生影响的各个方面的综合的行动蓝图。《21世纪议程》第17章专门论述了海洋、海洋保护和海洋资源的合理利用与开发问题，是首次对全球海洋治理问题进行论述的全球性政策文件。此后，大部分全球治理文件都涉及全球海洋问题，相关的重要政策文件包括：2002年《可持续发展问题世界首脑会议执行计划》、2012年联合国可持续发展大会题为"我们希望的未来"成果文件以及2014年《小岛屿发展中国家快速行动方式》（《萨摩亚途径》）、《2030年可持续发展议程》和联合国大会第69/313号决议所载《第三次发展筹资问题国际会议亚的斯亚贝巴行动议程》（以下简称《亚的斯亚贝巴行动议程》）。

《亚的斯亚贝巴行动议程》为2015年之后的发展筹资提供了全球框架，强调海洋及其资源的养护和可持续利用对可持续发展的重要意义，包括有利于消除贫穷、使经济持续增长、保证粮食安全、创造可持续生计及体面工作，同时也有利于保护海洋环境的生物多样性，应对气候变化的影响。② 该行动议程是对上述文件中所做承诺的加强和进一步发展。

2015年9月，联合国可持续发展峰会通过《2030年可持续发展议程》，呼吁各国现在就采取行动，为今后15年实现17项可持续发展目标而努力，其中目标14是保护

① 黄任望：《全球海洋治理初探》，载《海洋开发与管理》，2014年第3期，第51页。
② 联合国秘书长：《海洋和海洋法》，《秘书长的报告》，第53段，A/71/74/Add. 1，2016年9月6日。

和可持续利用海洋和海洋资源以促进可持续发展，其中包括 10 项具体目标，3 项与执行手段有关。后者中的具体目标 14. c 涉及通过执行《联合国海洋法公约》（以下简称《公约》）这一养护和可持续利用海洋及其资源的法律框架所体现的国际法。该议程为未来 15 年世界各国保护和可持续利用海洋的国际合作指明了方向，勾画了蓝图。

2016 年 11 月，欧盟通过了首个欧盟层面的全球海洋治理联合声明文件，题为"国际海洋治理：我们海洋的未来议程"，将改善全球海洋治理架构、减轻人类活动对海洋的压力和发展可持续的蓝色经济、加强国际海洋研究和数据获取作为三大优先领域，致力于应对气候变化、贫穷、粮食安全、海上犯罪活动等全球性海洋威胁。[①]

二、全球海洋治理的法律机制框架与涉海国际组织

全球海洋治理是基于规则的治理。目前在全球、地区、国家间等层面已经建立起较为完备的规则体系和机制框架，多层面的涉海国际组织参与其中。

（一）法律和规则体系

《公约》为各国、国际组织在海洋上的活动提供了总体法律框架。《公约》作为一部框架性的公约，对海洋活动的具体领域作出了规定，包括海洋生物和非生物资源开发、海洋环境保护和生物多样性、海洋安全、海洋科学研究等，是全球海洋治理的最主要依据。

关于渔业的全球性法律制度，包括：在《公约》的执行协定《联合国鱼类种群协定》，在联合国粮农组织框架下的《联合国粮农组织遵守协定》《关于港口国预防、制止和消除非法、不报告、不管制捕鱼的措施协定》《粮农组织负责任渔业准则和国际行动计划》《公海深海渔业管理国际指南》《确保小规模渔业的自愿准则》等一系列法律规则。

关于海事和航运的全球性法律制度，则是在国际海事组织机制下制定的一系列公约、协定、指南和技术规范，重要的公约包括：《1974 年救助海上人命公约》《1973 年防止船舶污染国际公约》《海员培训、发证和值班标准国际公约》；其他涉及海上安全和船舶与港口规定的公约，如《1972 年海上防止碰撞国际规定公约》《1979 年海上搜救国际公约》；涉及防止船舶污染和船舶责任与赔偿的公约，如《1969 年国际干预公海油污事故公约》《油污染损害民事责任国际公约》等。

---

① Joint Communication to the European Parliament, the Council, the European economic and Social Committee and the Committee of the Regions, "International ocean governance: an agenda for the future of our oceans", https://ec. europa. eu/maritimeaffairs/policy/ocean-governance, 2018-01-08.

关于生物多样性和海洋环境保护的全球法律框架，包括《生物多样性公约》《迁徙物种公约和谅解备忘录》《濒危物种国际贸易公约》等。保护陆地活动对海洋环境影响的全球行动项目，包括《控制危险废料越境转移及其处置巴塞尔公约》《斯德哥尔摩持续性有机污染物公约》《关于汞的水俣公约》《国际湿地保护公约》《联合国教科文组织水下文化遗产保护公约》《联合国气候变化框架公约》和《京都议定书》《巴黎协定》等。此外，《国际劳工组织公约》《人权、难民法和人权法》《世界贸易组织协定》《世界知识产权条约》等都涉及海洋治理问题。

除各国、国际组织缔结的多边公约以及联合国通过的政策文件外，联合国大会每年审议通过一系列关于海洋事务的决议，举行关于海洋和海洋法事务磋商，形成年度报告。联合国还每年召开《公约》缔约国会议、联合国海洋和海洋法不限成员名额非正式协商进程、不定期召开的联合国渔业种群协定审查会议、不定期召开的可持续发展高级政治论坛、关于萨摩亚途径和毛里求斯战略后续机制等，相关会议均会形成会议文件，反映各国的共识和行动承诺。目前，各国正就《公约》国家管辖范围以外区域生物多样性养护与可持续利用进行谈判，以期制定一部有法律拘束力的执行协定。

（二）涉海国际组织

联合国框架下的机构，包括联合国粮农组织、联合国教科文组织政府间海洋学委员会、联合国环境计划署、联合国开发计划署、联合国难民署、国际海底管理局等都涉及全球范围内的海洋治理。其他组织，包括国际海事组织、国际原子能机构、世界气象组织、全球环境基金、国际人权组织、世界知识产权组织等均在其职责范围内对海洋问题作出规定，开展工作。

在区域层面，也建立了区域性的组织和机制，包括区域渔业管理组织，如中西太平洋渔业委员会、美洲间热带金枪鱼委员会、北太平洋渔业委员会、亚太渔业委员会、印度洋金枪鱼委员会、大西洋金枪鱼国际委员会、西北大西洋渔业组织、地中海渔业总委员会等。区域性的政治、安全和经济组织，如东盟地区论坛、亚太经合组织等。

此外，非政府组织、私人企业等近年来越来越多地参与到全球海洋治理进程中，如绿色和平组织、保护国际、世界自然基金会等。

三、全球海洋治理的发展趋势

随着各国间的海上交通、经济往来等日益紧密，人们对全球海洋公共产品的需求日益增多，应对和处理国际社会面临的新的非传统海洋安全、海洋垃圾、气候变化、北极问题、非法捕鱼等问题需要完善既有的规则或建立新的规则。全球海洋治理进入了深度调整优化阶段，其发展趋势也呈现出一些特点。

（一）围绕全球海洋治理规则制定的话语权竞争更趋激烈

沿海国管理和控制的海洋区域占海洋总面积的1/3，国家管辖以外区域的公海和国际海底区域不属于任何国家，是各国都可进入或利用的公共区域。近年来，沿海国在加强对管辖内海域及其资源管理和控制的同时，越来越关注国家管辖范围以外区域的治理问题。各海洋强国、欧盟、发展中国家、涉海国际组织等基于自身利益和立场，都深入参与到全球海洋治理的规则制定中，以期在谋求本国利益最大化的基础上实现维护全球的共同利益。美国不是《公约》的缔约国，凭借其军事和科技优势维持其在全球海洋事务中的领导地位和在全球海洋治理体系中的主导地位，以确保未来发展空间和海洋活动自由。欧盟利用其较高的发展程度和技术优势，占据环保的道义制高点，在全球海洋治理中发挥强势作用。发展中国家"抱团"积极发声，注重维护自身海洋利益和促进本国经济发展。目前，联合国成员国、政府间和非政府组织正就国家管辖范围以外区域海洋生物多样性问题进行磋商，准备就制定具有法律拘束力的执行协定向联合国大会提出建议，实现国家管辖范围以外区域海洋生物多样性的养护和可持续利用。国际海底管理局正研究制定"区域"内矿产资源开发规章。在南极条约协商国机制下，有关国家和国际组织就设立南极地区的公海保护区进行磋商。由于各国政府和其他利益相关方技术水平、发展阶段、各自立场等不同，各方基于自身利益和立场，围绕全球海洋治理规则制定的相互博弈将日益激烈。

（二）以海洋环境和生态保护为导向的全球海洋治理新规则正在形成

为解决日益凸显的全球性海洋问题，各治理主体正在以海洋环境保护为导向，完善细化海上船舶航行、公海渔业捕捞和深海采矿等主要海洋活动的法律制度，在治理缺口以及新兴领域制定相关规则。在船舶航行和废弃物倾倒方面已制定《国际防止船舶污染公约》《防止倾倒废物和其他物质污染海洋的公约》等20多项公约，很多公约的技术条款都提供了逐步提高实施标准的时间表，以渐进方式实施环境保护标准。在深海矿产资源勘探和开采方面已制定三项勘探规章，并将要制定开发规章和环境规章，重视海底矿产资源勘探开发对其他海洋活动及其环境要素的影响。在渔业捕捞方面已制定《负责任渔业行为守则》《港口国措施协定》等多项管理制定和技术指南，采取冻结产量，维持现有配额等方式，加强对渔业生态系统的保护，维持现有捕捞能力。各国就国家管辖范围以外区域海洋生物多样性问题进行磋商，将在《公约》框架下就海洋遗传资源、公海保护区、海洋环境影响评价等问题制定具有法律约束力的执行协定，弥补在该问题上存在的法律和管制缺口，达到分享利用海洋遗传资源产生的惠益、提高海洋活动门槛、限制海洋活动空间的目的。对海洋垃圾（微塑料）、海洋酸化等新兴问题，国际社会也在酝酿制定相关法律与技术规则。

（三） 国际组织和非政府组织将在全球海洋治理中发挥重要作用

作为目前全球海洋事务合作与协调的有效平台，联合国以及联合国框架下的多边国际机构，包括联合国粮农组织、联合国教科文组织以及《公约》建立的国际海底管理局等国际组织和国际海事组织等都较好地兼顾了海洋开发利用与环境保护，兼顾了发达国家和发展中国家的关切，对国际社会的政治经济进程产生直接的重大影响，逐步成为体现各方平等参与、集体领导的重要全球海洋治理机制，并且呈现加速发展的趋势。政府间国际组织、非政府公民社会组织等非国家行为体深入参与全球海洋治理的事务，在国际海洋事务中扮演着越来越重要的角色，在一定程度上影响着以主权国家为基本行为体的国际政治基本结构。2017 年 6 月召开的联合国支持落实可持续发展目标 14 期间，许多非政府组织参加了全体会议、伙伴关系对话和边会，并举办了边会，作出了自愿承诺。政府间国际组织权力的加强，非政府的公民社会组织的深入参与和国家主权的主体作用，已经成为全球海洋治理过程中一个相辅相成的现象。

（四） 不同涉海国际组织之间的协调难度仍将长期存在

在国际组织层面对海洋事务的管理和协调往往以行业为基础。全球海洋治理面临的许多问题往往是综合性的，跨越多个国际组织的职责范围或涉及多个国际公约的相互协调，或需要多个国际组织的协作。如国家管辖范围以外区域生物多样性问题的磋商，涉及《生物多样性公约》、国际海底管理局、联合国粮农组织、区域渔业管理组织等多个国际组织、机制和公约的协调。实践中，涉及多个国际组织之间的协调往往通过特设工作组或非常设工作组体现，如《生物多样性公约》与国际海事组织之间、联合国粮农组织与区域渔业管理组织、濒危野生动植物国际贸易公约以及《生物多样性公约》之间建立的特设工作组。联合国框架下的涉海事务综合机构如联合国海洋事务协调机制（UN-OCEANS）、政府间海洋学委员会（IOC），尚难以在全球海洋治理中发挥应有的综合协调作用①。

---

① Joint Communication to the European Parliament, the Council, the European economic and Social Committee and the Committee of the Regions, "International ocean governance: an agenda for the future of our oceans", https://ec. europa. eu/maritimeaffairs/policy/ocean-governance, 2018-03-11.

四、全球海洋治理的重要行动
——联合国支持落实可持续发展目标 14 会议①

联合国支持落实可持续发展目标 14 会议是联合国框架下围绕《2030 年可持续发展议程》中目标 14 专门举办的会议，是联合国首次就推进 2030 年可持续发展议程中的单一目标召开会议，被称为"海洋治理历史性大会"。

（一）概况

根据联合国大会 2016 年 9 月 9 日作出的第 70/303 号决议，为推进《2030 年可持续发展议程》中关于海洋和海岸带的可持续发展目标 14 的落实，结合世界海洋日，联合国支持落实可持续发展目标 14 会议（以下简称"联合国可持续发展会议"）于 2017 年 6 月 5 日至 9 日在美国纽约联合国总部举行。会议由斐济和瑞典政府共同主办，联合国 193 个会员国代表、10 余位国家元首与政府首脑、70 多名部长以及商界、学术界、民间团体、海洋专家等近 5 000 人参加大会和会间各类活动。会议内容充实，成果丰富，5 天内共举行了 18 次全体会议，7 场合作伙伴对话，146 场边会，41 次展览，促成了一系列成果性文件，包括 22 个具体的举措，以促进全球承诺和合作伙伴关系。各国政府、政府间组织、非政府组织、学术机构、民间团体在应对海洋污染、管理养护海洋生态系统、减轻海洋酸化、渔业可持续化、增加小岛屿发展中国家和最不发达国家经济利益、增加海洋科研与技术转让、履行国际法等方面提交了 1 380 项自愿承诺，其中政府承诺 598 项，占承诺清单的 45%。与会者分享了最先进的知识以及最新的海洋科学信息和面临的挑战，展示了许多创新解决方案，这都反映在其提交的自愿承诺中。经成员国协商一致通过了题为《我们的海洋，我们的未来：呼吁采取行动》的宣言。会议对国际社会海洋资源的保护和可持续利用进程产生了重要影响。

（二）联合国秘书长致辞

联合国秘书长古特雷斯在大会开幕式上致辞，提出五点意见：第一，污染、过度捕捞和气候变化的影响，正在严重破坏海洋的健康。最近一项研究指出，如果不采取措施，到 2050 年，海洋中塑料垃圾的总重量可能超过鱼类的总重量。许多物种可能在几十年内灭绝。工业、捕捞业、航运、采矿和旅游业相互矛盾的用海需求，正在给海

---

① 本部分内容来自对联合国网站公布文件的整理，https：//oceanconference. un. org/documents，2017 年 9 月 30 日登录。

洋生态系统带来不可持续的巨大压力。联合国可持续发展目标 14，即海洋可持续发展目标，必须成为我们建设清洁和健康的海洋的路线图。当务之急是必须结束人为地将经济需求与海洋的健康分隔开来的错误做法。第二，应在现行法律框架的基础上，促进强有力的政治领导和建设新的伙伴关系。采取具体的步骤，包括从扩大海洋保护区，到加强渔业管理，从减少污染，到清理塑料废物。第三，必须把《可持续发展 2030 年议程》《巴黎协定》和《亚的斯亚贝巴行动议程》的政治意愿转化为资助承诺。第四，必须深化知识基础，加强资料与信息的收集与分析。如果无法衡量，就无法改进。第五，必须推广最佳实践和经验。联合国在上述工作中可发挥关键作用。

(三) 7 个伙伴关系对话会

会议期间举办了 7 个伙伴关系对话会，主题包括：应对海洋污染；管理、保护、养护和恢复海洋与海岸带生态系统；最大限度减少和解决海洋酸化问题；建设可持续渔业；增加小岛屿发展中国家和最不发达国家的经济利益，为小规模渔民利用海洋资源和进入市场创造条件；增加科学知识、发展研究能力和开展海洋技术转让；通过执行《公约》所反映的国际法，加强对海洋及其资源的养护与可持续利用。主要讨论内容如下。

1. 应对海洋污染

该伙伴关系对话由印度尼西亚和挪威代表作为共同主席。为了落实可持续发展目标 14.1 规定的任务，与会者一致认为必须立即采取行动，到 2025 年解决各种形式的海洋污染。在对话中，提到与各种不同形式的海洋污染有关的问题，特别是海洋垃圾（包括微塑料）和营养盐污染问题，还提到其他的和新的污染风险，包括废弃的渔具、水下噪声和船舶污染等。现在国际上已经有了采取行动和变革的势头。许多国家和组织宣布了自愿承诺，采取各种具体行动治理海洋污染，特别是海洋垃圾和微塑料污染。与会者强调了预防的重要性，强调应加强废物管理方面的能力建设与技术转让，以预防塑料废物和其他各种污染物进入水域，或通过教育与宣传，促进人们改变行为方式。与会者认识到海洋污染问题复杂的跨边境性质，海洋污染涉及广泛的社会及经济驱动因素，与消费和生产模式密切相关，认识到建立政府、私营部门和民间社会之间跨多个维度的伙伴关系和促进跨边境合作，对于有效应对海洋污染问题具有十分重要的意义。很多与会者强调从政策层面应对塑料废物和微塑料问题的重要性，提出应征收塑料使用费，禁止使用一次性塑料，禁止在化妆品和个人护理品中使用微珠。

2. 管理、保护、养护和恢复海洋与海岸带生态系统

该对话会议由帕劳和意大利代表担任共同主席。主题涉及的内容是可持续发展目

标 14.2 和 14.5。对话会议专家小组成员做了报告，包括：如何成功地管理、保护、养护和恢复海洋与海岸带生态系统的建议；如何确保当地社区的参与和发展替代生计以及公平分享以区域为单元的管理措施所带来的利益；如何衡量以区域为单元的管理措施带来的影响和有效性及其社会-经济成本与效益。在互动对话中，与会各方讨论了范围十分广泛的海洋与海岸带生态系统的管理、养护、保护和恢复措施，包括应用生态系统方法、海洋空间规划和海洋保护区等措施。与会者强调，在制定可持续管理与保护海洋和海岸带生态系统的政策和措施的过程中，必须动员所有利益相关方，特别是基层社区积极参与。为实施可持续发展目标 14 和整个《2030 年可持续发展议程》，最重要的是要有充分、及时和可供使用的实施手段，并需要发挥不同框架的协同增效作用。应加强多国和多利益相关方的伙伴关系建设。如同气候变化和生物多样性问题一样，海洋问题需要得到特别关注，需要有特殊的地位，应确保在各类全球论坛中，有来自海洋界的强大声音。与会者提出建立"蓝色基金"的建议，建立新的和充满活力的融资机制。这一基金将能充分和有效地满足所有成员国的需求，包括最不发达国家和小岛屿发展中国家的需求。

3. 最大限度地减少和应对海洋酸化

该伙伴关系对话会议由莫桑比克和摩纳哥代表担任共同主席。对话会议对海洋酸化的危害性有了更为普遍性的共识。海洋酸化是一个全球性问题，对海洋物种和生态系统以及对那些依赖健康海洋提供服务来维持生计的人们与产业都有着重要影响。海洋酸化正在与海洋变暖、海洋中氧含量下降和海平面上升同时发生。预计这些现象的综合效应将对海洋生态系统和栖息地产生重大影响。最危险的是那些依靠海洋生态系统获取食品、维持生计和保护海岸带的小岛屿发展中国家和沿海社会。这些国家和地区在海洋酸化面前十分脆弱，应对能力较差。社会各界可以采取的最重要行动是，根据联合国《巴黎协定》确定的 1.5℃ 的温控目标，减少向大气排放二氧化碳。与会者提出，海洋酸化需要用综合方法进行观测、研究和加以解决，包括所有相关组织之间加强合作。国际科学合作应帮助小岛屿发展中国家和弱势群体为气候变化提前做好规划，为了做到这一点，需要在当地和区域层面上衡量这种变化。与会者提出加强能力建设与科学培训，提供与风险有关的信息，改进管理手段，进而帮助做好地方和区域规划工作并促进可持续发展。为了促进脆弱岛屿和沿海社区应对气候变化和促进可持续发展，需要有资金支持。与会者认识到，国际法在海洋酸化问题上存在着空缺，国际法和全球多边行动计划应有解决海洋酸化问题的内容和举措。为了解决海洋酸化问题，还必须将科学道德伦理问题与环境问题结合起来。限制碳排放应成为所有人的优先任务，必须用综合和全方位方法应对海洋酸化与气候变化。与会者认为，伙伴关系对话和作出的自愿承诺，是在建设健康的海洋和促进可持续发展道路上的重要基石。

4. 建设可持续发展的渔业

该伙伴关系对话会议由塞内加尔和加拿大代表担任共同主席。对话会议指出，全球有 30 多亿人依赖鱼类获得蛋白质，3 亿人以海洋渔业为生。无论是在发展中国家还是在发达国家，从人均数量和绝对值上看，渔产品的消费都在增长。在过去 20 年里，全球的渔业管理与资源状况发生了巨大变化。全球渔业总产量目前达 1.7 亿吨，捕捞渔业为 9 500 万吨。大约有 1/3 的资源被过度捕捞，捕捞量超过了最大可持续捕捞量。海洋及其资源在渔业领域面临的三大挑战十分突出，需要尽快给予共同关注：一是非法、未报告和无管制的捕捞；二是对公海共有洄游和迁移性鱼类以及对近海国家管辖海域鱼类的管理；三是改善发展中国家（包括小岛屿发展中国家）沿海地区的渔业状况。与会者分析了这些挑战背后的动因包括：一是专属经济区和公海的过度捕捞，威胁着生物多样性和粮食安全；二是全球的有害（渔业）补贴约为 350 亿美元，其中包括助长捕捞能力的补贴 200 亿美元，这种补贴直接对过度捕捞起到了推波助澜的作用；三是人口的动态变化，包括人口的增长、贫困和社会经济状况、给予经济补偿的移民和强制性移民达到新高；四是气候变化和史无前例严重的气候事件。与会者提出，要消除和减轻这些问题，必须共同努力，提高地方、国家和区域的以科学为基础的管理水平，动员广大的利益相关者积极参与，依靠有拘束力或自愿的协议和通过国际合作，争取各方强有力的支持。非法、未报告和无管制的捕捞，可以依靠现有的诸多协议、公约和办法加以解决，诸如《港口国措施》，捕捞量登记制度和全球渔船登记制度等以及《金枪鱼可追溯性和透明度宣言》或《瑙鲁协定》缔约方的"船舶日制度"等举措加以补充。根据《公约》和《联合国鱼类种群协定》，各区域也建立了各类管理机制，即区域渔业管理组织。通过这些组织，可以争取到所需要的政治、科学与财政支持，以便为我们提供更广泛而有效的服务。最后，各国必须与世界贸易组织共同努力，取缔助长产能过剩和过度捕捞的有害渔业补贴。

5. 增加小岛屿发展中国家和最不发达国家的经济利益，为小规模渔业利用海洋资源与进入市场创造条件

该伙伴关系对话会议由格林纳达和爱沙尼亚代表担任共同主席。会议的重点是促进伙伴关系建设，并找到旨在解决小岛屿发展中国家、最不发达国家和小规模渔业社区面临问题的办法。会议讨论了可持续发展目标 14 中两个截然不同但又相互关联的目标。第一是可持续发展目标 14.7，涉及的是通过可持续利用海洋资源为小岛屿发展中国家和最不发达国家带来越来越多的经济利益；第二是可持续发展目标 14.b，内容是

为小规模渔民开发利用海洋资源和进入市场创造条件。与会者指出，在发展蓝色经济的各个方面，社区管理都十分重要，它与保护小规模个体渔民权利的政策一样重要。在制定影响渔业社区生活与生计的政策时，应考虑渔业社区问题和鼓励他们积极参与。会议发言涉及的内容还包括：渔业和水产养殖的社会责任与人权问题；向采用影响较小的渔具方向过渡；在渔业管理中使用卫星图像；加强世界贸易组织为推进实施卫生与植物检疫措施服务的能力建设等。有人还建议提高旨在执行《粮食安全和消除贫困背景下保障可持续小规模渔业自愿准则》的能力。各国政府代表和其他利益相关方还讨论了一些创新性替代融资机制问题，包括设立主权"蓝色债券"，从支持可持续发展的私人投资者手中筹集资金。会议认为，小岛屿发展中国家和最不发达国家的人民有着可持续管理海洋资源的悠久历史，并有这方面的专长，因此必须受到尊重和支持。但是，也需要为小岛屿发展中国家和最不发达国家的沿海社区提供更多和更好的维持生计的替代办法，以减轻这些资源受到的压力。与会者还强调，与所有利益相关方建立广泛的伙伴关系，是实现这些目标的前提。此外，还应牢记，正在讨论的问题涉及许多国家，不能拿一个模式去套所有的国家，没有包治百病的统一良方。每个国家都有自己独特的问题，因此，必须采取符合当地实际情况的举措。

6. 增加科学知识、发展研究能力和促进海洋技术转让

该伙伴关系对话会议由冰岛和秘鲁代表担任共同主席。会议强调加强科学与政策间互动的重要性，必须在科学家与决策者之间搭起桥梁，必须克服两者间"缺乏共同语言"的问题，培养倾听和共享研究成果的文化，还必须把工作扩展到社会科学领域和其他学科。在决策的各个阶段，当地居民和民间社会的参与具有重要意义。会议认为，海洋资料与数据向公众开放和查阅具有重要意义，必须在发展中国家和发达国家的所有地区发展资料收集处理等相关能力，并为确保区域内和区域间资料与数据的一致性和可比性建立所需机制。海洋的许多区域还是未知领域，会议提出了对海底进行测绘、对生物多样性进行调查和确保对海洋进行有效观测（特别是观测关键海洋参数）的重要性。会议还进一步指出，在渔业科学方面，最近几年，已经针对资料欠缺问题建立了评估方法。与会者讨论了在诸多方面推进海洋技术转让的问题，包括：水下噪音；微塑料和陆地农业活动对海洋生态系统和渔业的影响等。技术转让也可为生物技术、生态系统服务和水产养殖的发展创造机会。与会者还讨论了在促进主要利益相关方参与海洋管理方面的承诺。这些利益相关方包括：土著民；年轻人（通过"太平洋地区海洋大使计划"）；发展中国家的微型和中小型渔业企业。赋予这些群体权力，将有利于未来的海洋健康。海洋教育和海洋知识普及具有十分重要的意义，许多组织正在依靠知识和创新中心枢纽与研究所推进这一工作。另外，一些代表表示要大力支持

"为促进可持续发展服务的海洋科学国际十年"，以继续促进海洋意识宣传与教育。

7. 执行《公约》所反映的国际法，加强海洋及其资源的养护与可持续利用

该伙伴关系对话会议由澳大利亚和肯尼亚代表担任共同主席。该主题涉及的内容是可持续发展目标 14. c。会议讨论了在加强养护与可持续利用海洋及其资源方面存在的法律和执行问题，同时讨论了如何加强伙伴关系，以提高执行涉海国际海洋法律法规的意识和促进参加现有国际协议及公约。会议提出有效地实施《公约》是实现可持续发展目标 14 和《2030 年可持续发展议程》中与海洋相关的其他目标的关键。许多公约和协议都对《公约》进行了补充，在制定和实施旨在保护与可持续利用海洋及其资源的法律框架方面，已经取得了很好的进展。国际社会正在努力在《公约》框架下制定具有拘束力的，旨在保护和可持续利用国家管辖范围以外区域海洋生物多样性的国际协议。与会者注意到目前仍然存在的差距有：① 联合国会员国普遍加入并执行《公约》及其执行协议的目标尚未实现。为了确保与保护和可持续利用海洋及其资源有关的法律的确定性与稳定性，必须划定国家管辖界限，并根据《公约》解决海洋边界争端。② 目前，适用的海洋法律制度主要是按行业和领域分别制定的。③ 在许多情况下，执行并不平衡，效率不高。这导致了实施方面的诸多问题：一是资源不足，包括人力和财力不足，这是妨碍国际法执行的主要障碍；二是非法活动，包括非法和未报告的捕捞活动猖獗；三是在某些情况下，国际海洋法律意识不高，各国需要采取严格的措施履行各自义务；四是几乎没有建立起专门为解决这些问题和执行《公约》提供服务的伙伴关系。

（四）多个主题的边会

在联合国海洋可持续发展会议期间，共有 235 个包括政府部门、政府间组织、非政府组织和其他组织在内的机构举办了多个主题的边会。这些边会主题涵盖渔业可持续发展、处理海洋污染、提高小岛屿发展中国家和最不发达国家经济利益、构建蓝色伙伴关系、保护和修复海洋与沿海生态系统等领域。其中，关于可持续渔业的边会 29 个，关于应对海洋污染的边会 14 个，关于提高小岛屿发展中国家和最不发达国家经济利益的边会 14 个，关于构建蓝色伙伴关系的边会 12 个，关于保护和修复海洋与沿海生态系统的边会 11 个，关于蓝色经济的边会 10 个，关于提高科学技术、发展研究能力和海洋技术转让的边会 8 个，关于海洋保护区的边会 8 个，关于减少和处理海洋酸化的边会 2 个，关于加强对海洋及其资源的养护和可持续利用的边会 2 个，其他主题的边会 49 个。

举办边会的国家政府共 59 个，其中德国、挪威、瑞典、法国、意大利、哥斯达黎

加、塞舌尔、马绍尔群岛共和国、印度尼西亚、伯利兹举办 3 次及以上边会。

表 16-1　举办边会的国家

序号	举办边会次数		
	1 次	2 次	3 次及以上
1	阿根廷	巴西	哥斯达黎加
2	洪都拉斯	美国	德国
3	中国	格林纳达	挪威
4	葡萄牙	荷兰	瑞典
5	埃及	泰国	法国
6	佛得角共和国	孟加拉国	塞舌尔
7	马来西亚	汤加王国	马绍尔群岛共和国
8	英国	日本	印度尼西亚
9	所罗门群岛	马达加斯加	意大利
10	新加坡	斐济	伯利兹
11	韩国	库克群岛	
12	哥伦比亚	牙买加	
13	基里巴斯	帕劳群岛	
14	新喀里多尼亚	西班牙	
15	智利	澳大利亚	
16	瓦努阿图	马尔代夫	
17	特立尼达和多巴哥共和国	芬兰	
18	爱沙尼亚	摩洛哥	
19	瑞士	阿联酋	
20	厄立特里亚国		
21	萨摩亚		
22	波兰		
23	巴哈马群岛		
24	埃塞尔比亚		

续表

序号	举办边会次数		
	1 次	2 次	3 次及以上
25	肯尼亚		
26	冰岛		
27	墨西哥		
28	比利时		
29	塞内加尔共和国		
30	马耳他		

资料来源：联合国网站。

举办边会的联合国机构 20 个，其中联合国开发计划署、联合国环境规划署、联合国教科文组织、联合国粮农组织、联合国经社部、联合国贸发会、世界银行集团举办 3 次及以上边会。举办边会的政府间组织约 31 个，其中欧盟、太平洋岛国论坛、经合组织、生物多样性公约秘书处举办 3 次以上边会。

表 16-2　举办边会的联合国机构

序号	举办边会的联合国机构	序号	举办边会的联合国机构
1	联合国开发计划署	11	世界气象组织
2	联合国环境规划署	12	世界银行集团
3	联合国教科文组织	13	联合国毒品和犯罪问题办公室
4	联合国海洋事务和海洋法律部	14	联合国贸发会
5	国际移徙组织	15	联合国水资源组织
6	联合国粮农组织	16	联合国项目事务厅
7	联合国人权高专办	17	国际劳工组织
8	联合国经社部	18	联合国工业发展组织
9	联合国亚洲及太平洋经济社会委员会	19	联合国世界旅游组织
10	联合国伙伴关系办公室	20	联合国儿童与青少年组织

资料来源：联合国网站。

五、小结

　　全球海洋面临的很多问题已经超越了国家海洋边界范围和国家治理的范畴，需要各国通过协调与合作，共同开展全球海洋治理。全球海洋治理是站在全人类和整个国际社会的高度思考危及海洋可持续发展问题并采取行动。全球海洋治理不是零和博弈，而是多赢的过程。全球海洋治理应以联合国为核心平台开展各项全球治理磋商和行动。在联合国框架下已经建立了比较完善的国际法律制度、规则和政策，许多联合国框架下机构和主管国际组织都在主管范围内对全球海洋治理发挥重要作用。联合国支持可持续发展目标 14 会议是各国政府、政府间国际组织和非政府组织共同参与全球海洋治理的一次重大活动，将对国际社会共同采取行动确保海洋可持续发展发挥重要作用。

第十七章　中国与全球海洋治理

中国高度重视并积极参与全球海洋治理活动。中国政府注重结合自身利益，站在维护海洋可持续发展的高度深入参与深海、南北极等新疆域的规则制定，对于国际社会共同关注的海洋问题积极提出中国方案，分享中国经验。

一、中国参与全球海洋治理的理念

2015 年 10 月 12 日，习近平总书记在主持中共中央政治局第二十七次集体学习时提出，随着全球性挑战增多，加强全球治理、推进全球治理体制变革已是大势所趋。要推动全球治理理念创新发展，积极发掘中华文化中积极的处世之道和治理理念是当今时代的共鸣点，继续丰富打造人类命运共同体等主张，弘扬共商共建共享的全球治理理念。这是中国首次明确提出"共商共建共享"的全球治理理念。

党的十九大报告指出，中国秉持共商共建共享的全球治理观，将继续发挥负责任大国作用，积极参与全球治理体系改革和建设，不断贡献中国智慧和力量。"共商共建共享"构成了加强全球治理、推进全球治理体系与治理能力现代化的系统链条，缺一不可。"共商"即各国共同协商、深化交流，加强各国之间的互信，共同协商解决国际政治纷争与经济矛盾。"共建"即各国共同参与、合作共建，分享发展机遇，扩大共同利益，从而形成互利共赢的利益共同体。"共享"即各国平等发展、共同分享，让世界上每个国家及其人民都享有平等的发展机会，共同分享世界经济发展成果。①

中国政府高度重视并积极参与制定海洋等新兴领域治理规则。中共中央政治局2016 年 9 月 27 日下午就二十国集团领导人峰会和全球治理体系变革进行第三十五次集体学习。习近平总书记指出，党的十八大以来，我们抓住机遇、主动作为，坚决维护以联合国宪章宗旨和原则为核心的国际秩序，坚决维护中国人民以巨大民族牺牲换来的第二次世界大战胜利成果，提出"一带一路"倡议，发起成立亚洲基础设施投资银行等新型多边金融机构，促成国际货币基金组织完成份额和治理机制改革，积极参与制定海洋、极地、网络、外空、核安全、反腐败、气候变化等新兴领域治理规则，推

---

① 陈建中：《为构建人类命运共同体注入新动力新活力共商共建共享的全球治理理念具有深远意义》，2017年 9 月 12 日，人民网，http://theory.people.com.cn，2018 年 1 月 11 日登录。

动改革全球治理体系中不公正不合理的安排。

长期以来，中国高度重视参与在海洋领域的全球治理，引领地区海洋合作。中国先后制定并大力推动《南海及其周边海洋国际合作框架计划（2011—2015）》《南海及其周边海洋国际合作框架计划2016—2020》的实施。推动落实"一带一路"倡议，与"沿线"国开展务实合作，同时积极与世界海洋大国构建优势互补型的蓝色伙伴关系。迄今，中国已与近30个国家（地区）签署了40余份政府间或部门间海洋合作协议或谅解备忘录，与多个国家建成了联合海洋观测站和联合海洋研究中心（实验室），发起并实施了60多个务实合作项目，开展与美国、英国、欧盟、日本、韩国、印度尼西亚、巴基斯坦、印度、孟加拉等国的双边海洋事务对话与磋商。

中国积极参与联合国框架下的全球海洋治理机制，如《联合国海洋法公约》（以下简称《公约》）缔约国会议、海洋法和海洋事务非正式磋商进程、国际海底管理局勘探和开发规章制定、联合国粮农组织关于渔业问题的协定和规章等，深入参与国际海事组织框架下规则制度的制定和实施。近年来，中国积极参与"国家管辖范围以外区域海洋生物多样性养护与可持续利用"和《2030年可持续发展议程》等重要国际谈判和磋商进程，提出《中国落实2030年可持续发展议程国别方案》①，包括落实海洋可持续发展目标14的各项措施，成功举办亚太经合组织第四届海洋部长会议和北太平洋海洋科学大会等重要国际会议。

二、中国深入参与联合国海洋可持续发展大会

2017年6月5日至9日，联合国举办海洋可持续发展大会期间，中国政府代表团参加了海洋大会、伙伴关系对话会，并与葡萄牙、泰国代表团以及相关国际组织共同举办了一场"构建蓝色伙伴关系，促进海洋可持续发展"的边会，举办了海洋科技创新促进蓝色经济发展展览，展现了中国在参与全球海洋治理、落实海洋可持续发展目标方面的立场、倡议和行动。

（一）在全体会议上提出构建蓝色伙伴关系倡议

2017年6月7日，联合国海洋可持续发展大会举行一般性辩论，中国政府代表团团长、国家海洋局副局长林山青在会上作嘉宾发言，介绍中国海洋管理经验，提出构

---

① 具体内容参见《中国落实2030年可持续发展议程国别方案》，外交部，http：//www. fmprc. gov. cn/web/ziliao_674904/zt_674979/dnzt_674981/qtzt/2030kcxfzyc_686343/P020161012715836816237. pdf，2017年12月20日登录。

建蓝色伙伴关系等三点倡议①。林山青提出，中国政府率先发布《中国落实 2030 年可持续发展议程国别方案》，将落实可持续发展目标 14 与本国的海洋事业发展相结合。林青山从海洋生产总值、海洋生态保护、海洋防灾减灾、海洋科技和国际合作等方面介绍了中国海洋事业发展现状，并就推动可持续发展议程目标 14 的有效落实问题向与会代表提出三点倡议：一是要着力构建蓝色伙伴关系，增进全球海洋治理的平等互信。中国愿立足自身发展，积极与各国和国际组织在海洋领域构建开放包容、具体务实、互利共赢的蓝色伙伴关系。国家和国际组织不分大小，均可平等地表达关切，尤其要注意倾听发展中国家声音，使蓝色伙伴关系的建立和实施能够切实适应并服务于海洋可持续发展，共同应对全球海洋面临的挑战。二是大力发展蓝色经济，促进海洋发展的良性循环。提高各国对海洋生态价值、经济价值、社会价值、人文价值的认知能力，鼓励各国发展内生动力，发展节约、安全、环境友好型的海洋产业。在国际、区域和国家层面打造海洋经济发展优势互补、海洋生态环境保护共同行动、海洋科技合作伙伴、海洋文化交流融通、海洋公共服务产品共建共享等"五位一体"机制。三是推动海洋生态文明建设，共同承担全球海洋治理责任。树立人和自然的平等观，在保护生态环境的前提下发展，在发展的基础上改善生态环境。在海洋领域，鼓励各国和国际组织、机构积极实施以生态系统为基础的海洋综合管理，共担海洋环境保护和灾害风险防御的责任。完善海洋空间规划、坚持陆海统筹和海岸带综合管理，推动海洋生态环境质量逐步改善，打造人海和谐的美丽海洋，实现全球海洋可持续发展。

（二）在"应对海洋污染"首场伙伴关系对话会上分享成功实践

2017 年 6 月 5 日，联合国海洋可持续发展大会举行了首场伙伴关系对话会，主题是"应对海洋污染"。中国国家海洋局海洋环境保护司副司长霍传林作为嘉宾参加了本场对话会②。会上，霍传林阐述了中国政府应对海洋污染的立场和实践，表示中国正在并将继续采取实际行动应对海洋污染，减少污染对海洋生态系统的损害，促进海洋的可持续发展。主要举措包括：一是严格控制围填海，建设海洋生态屏障，进一步提高沿岸海洋生态系统对污染的截留消纳能力；二是全面控制污染物排放，加快实施重点海域入海污染物总量控制制度，全面清理非法或设置不合理的入海排污口，减少陆源污染向海排放；三是遵循减量化、资源化、无害化的原则，实施生活垃圾分类，采取有效措施防止垃圾入海；四是在海洋微塑料、放射性跨界污染等方面开展联合监测与

---

① 参见《中国在联合国海洋大会上亮出中国观点贡献中国智慧》，国家海洋局，http：//www.soa.gov.cn/xw/hyyw_90/201706/t20170609_56465.html，2018 年 1 月 12 日登录。

② 参见《携手合作共促全球海洋可持续发展——联合国海洋大会 7 个伙伴关系对话会纵览》，国家海洋局，http：//www.soa.gov.cn/xw/ztbd/ztbd_2017/lhgkcxfzhy/201707/t20170705_56831.html，2018 年 1 月 12 日登录。

技术合作研究，进一步提高对海洋污染的物质来源、作用机理、危害消除等方面的科学认知与应对能力；四是倡议各方通力合作，分享各自在海洋污染治理方面的成功经验，并携手应对跨界污染问题。

（三）在"管理、保护、养护与恢复海洋和海岸系统"伙伴关系对话会上介绍中国经验

2017年6月6日，联合国海洋可持续发展大会举行第二场伙伴关系对话会，主题为"管理、保护、养护与恢复海洋和海岸系统"。国家海洋局副局长林山青作为主讲嘉宾发言，介绍中国经验①。中国政府以生态文明建设为统领，践行五大理念，中国海洋生态环境保护工作正努力实现由"开发与保护并重"向"生态保护优先"转变，并从法制建设、空间资源利用、能力建设、污染防治、保护修复五个方面介绍了经验。中国政府历来高度重视海洋生态保护工作，通过不断完善法律体系，为海洋生态保护提供较为完善的法律保障。不断强化海洋空间资源利用管理，努力实现由过度、无偿开发向有序、有度、有偿使用转变。在海洋监测能力建设方面，努力实现由单一污染监测向海洋生态综合监测转变。在海洋污染防治方面，努力实现由单一浓度排放控制向陆海统筹的海洋污染综合防治转变。中国还大力推进海洋生态保护修复，努力实现由点状保护、政府单一投入向面状保护、系统修复、多元投入转变。中国将继续贯彻"生态保护优先"的理念，加强沿海和海洋生态系统和生物多样性，进一步加强国际合作，本着相互尊重、平等合作、互利共赢的原则，分享各方在海洋领域的科学和管理实践，共同应对海洋污染和酸化、海洋生态保护与修复、海洋灾害等方面的挑战。

（四）在"增加科学知识，培养研究能力和转让海洋技术"伙伴关系对话会上积极倡导海洋科研合作

6月8日，联合国海洋可持续发展大会举办了题为"增加科学知识，培养研究能力和转让海洋技术"的第六场伙伴关系对话会。来自100多个国家和相关组织代表出席会议，其中25个国家和国际组织代表作互动辩论发言。中国国家海洋技术中心副主任夏登文作为讨论嘉宾参加了该对话会。②夏登文在题为《致力于科技创新，支撑海洋可持续发展》的发言中，介绍了中国通过科技创新支撑海洋可持续发展方面的努力。中国政府通过实施科技兴海战略，注重海洋科学研究与技术创新，不断深化国际合作，

---

① 参见《国家海洋局林山青副局长在联合国海洋会议第二场伙伴关系对话上担任主讲嘉宾》，国家海洋局，http：//www.soa.gov.cn/xw/hyyw_90/201706/t20170609_56466.html，2018年1月12日登录。

② 参见《携手合作共促全球海洋可持续发展——联合国海洋大会7场伙伴关系对话会纵览》，国家海洋局，http：//www.soa.gov.cn/xw/ztbd/ztbd_2017/lhgkcxfzhy/201707/t20170705_56831.html，2018年1月12日登录。

努力提高海洋科技支撑能力和水平。主要举措包括：一是为应对气候变化、防灾减灾，实施了海洋调查与研究专项，积极参与业务化海洋学观测国际合作计划，开展多边及双边合作，不断增强对海洋的认知；二是为保护海洋环境，开展了海洋功能区划理论体系研究构建与实践，发展海洋监测技术以及海岸带整治修复技术，以强化基于生态系统的海洋综合管理；三是为支撑蓝色经济发展，设立专项资金，研发深海探测、健康养殖、生物医药、海水淡化、海洋可再生能源等技术，开展创新区域示范，以培育蓝色产业。中方代表提出如下倡议：各方加强合作，共享科技成果和经验；通过科技创新，积极应对新问题、新挑战；发展海洋科技，助力蓝色经济发展，获得与会人员的积极响应。

（五）举办"构建蓝色伙伴关系，促进全球海洋治理"边会，大力倡导构建蓝色伙伴关系

2017年6月5日联合国海洋可持续发展大会首日，中国国家海洋局与葡萄牙海洋部、泰国自然资源与环境部、联合国教科文组织政府间海洋学委员会、保护国际基金会等共同举办主题为"构建蓝色伙伴关系，促进全球海洋治理"的边会①。来自各国、各国际组织和相关机构的80多位大会代表参加了本次边会。联合国副秘书长吴红波、国家海洋局副局长林山青，葡萄牙、泰国等国家以及国际组织代表先后发言。吴红波充分肯定了构建蓝色伙伴关系对于实现海洋可持续发展的重要意义，并强调没有国与国之间、组织与组织之间顺畅、协调、高效的伙伴关系，就无法实现海洋资源的可持续利用与养护。吴红波呼吁各方通过深入交流海洋养护经验、加强机构机制作用以及加强能力建设等途径，不断促进蓝色伙伴关系的构建。林山青倡议各方合作建立开放包容、具体务实、互利共赢的蓝色伙伴关系，有效调动和整合相关方面的知识、技术和资金资源，为海洋可持续发展各领域行动注入持久的活力。与会代表普遍认为，为实现可持续发展目标14及其各项子目标，各国和各国际组织应高度重视国际合作、缔结新型的伙伴关系——蓝色伙伴关系。本次边会展现了中国与各方共同构建蓝色伙伴关系、致力于全球海洋治理的意愿和构想，有助于进一步加深各方对蓝色伙伴关系的理解，在推动深入合作过程中凝聚共识、寻找利益共同点。

三、中国参与全球海洋治理的其他活动

2017年，中国深入参与全球海洋事务，推进地区和国际海洋合作，在有关海洋治

① 参见《国家海洋局倡议召开的边会取得重要共识》，国家海洋局，http://www.soa.gov.cn/xw/hyyw_90/201706/t20170609_56467.html，2018年1月12日登录。

理机制框架下积极提出发展蓝色经济、建立蓝色伙伴关系等倡议，并积极分享中国海洋事业发展的实践经验，提出建设性意见。

（一）深度参与国家管辖范围以外区域海洋生物多样性养护与可持续利用（BBNJ）规则制定

根据联合国大会在 2015 年 6 月作出的第 69/292 号决议，各成员国将就国家管辖范围以外区域海洋生物多样性的养护和可持续利用问题拟订一份具有法律约束力的国际文书。该国际文书有望成为《公约》的第三个执行协定。2017 年 7 月，国际协定谈判预备委员会 4 次会议如期结束，各方在国家管辖范围以外区域海洋生物多样性国际协定框架上达成初步共识，形成向联合国大会提交审议的国家管辖范围以外区域海洋生物多样性养护与可持续利用国际协定草案要素。中国代表团参加了各次会议，并对该国际文书的草案要素提出了书面意见，就中国政府的基本立场和在海洋遗传资源包括惠益分享、划区管理工具包括海洋保护区、环境影响评价、能力建设和海洋技术转让以及跨区域问题上的立场进行了系统阐述，建设性地参与了磋商。

（二）参与深海矿产资源开发规章制定工作

为促进"区域"矿产资源承包者从勘探转向开采，国际海底管理局将拟定关于"区域"内矿产资源开采规章作为近期优先事项，为未来商业开发活动打好法律基础。开采规章的拟定工作自 2014 年正式启动以来，经历了征集信息、规章框架和工作草案等环节。2017 年 8 月，国际海底管理局第 23 届会议审议并发布了开采规章正式草案，进一步征求成员国和相关利益攸关方的意见。草案主要内容包括开采计划的申请、开采合同、环境问题、合同义务、开采工作计划的审议和修改、开采合同的财务条款、信息收集与处理、管理费以及争端解决等。中国政府于 2017 年 12 月 20 日向国际海底管理局提交了《中华人民共和国政府关于〈"区域"内矿产资源开发规章草案〉的评论意见》，国家海洋局海洋发展战略研究所、上海交通大学极地与深海发展战略研究中心、中国大洋矿产资源研究开发协会、中国五矿集团公司、国际海底管理局法律与技术委员会前委员李裕伟分别提交了关于该开发规章草案的评论意见[①]。中国政府对该草

[①] 参见 "Submissions to International Seabed Authority's Draft Regulation on Exploitation of Mineral Resources in the Area"，2018 年 1 月 10 日，国际海底管理局，https：//www.isa.org.jm/files/documents/EN/Regs/2017/List-1.pdf，2018 年 3 月 11 日登录。

案的总体立场包括①：根据《公约》，"区域"及其资源是人类的共同继承财产。开发规章是落实"人类共同继承财产"原则的重要规则，攸关国际社会整体利益，意义重大。

① 关于开发规章的立法依据，应当遵循以下几点：首先，开发规章应当全面、完整、准确和严格地遵守《公约》及其附件以及《关于执行 1982 年 12 月 10 日〈联合国海洋法公约〉第十一部分的协定》（以下简称《执行协定》）的规定和精神，不得与《公约》及其附件以及《执行协定》相违背；其次，开发规章应当与国际海底管理局此前制定的《"区域"内多金属结核探矿和勘探规章》《"区域"内多金属硫化物探矿和勘探规章》以及《"区域"内富钴铁锰结壳探矿和勘探规章》的内容相衔接，确保《公约》及其附件以及《执行协定》所确立的"区域"内资源勘探和开发制度得以遵循和实施；再次，开发规章的制定应当积极考虑国际海洋法法庭海底争端分庭于2011 年 2 月 1 日就"区域"内活动担保国责任问题发表的咨询意见；最后，开发规章的制定应当考虑拟议中的"国家管辖范围以外区域海洋生物多样性养护和可持续利用国际文书"相关进展，同时借鉴各国在陆上或国家管辖海域内开采矿产资源的惯常实践和有益经验。

② 开发规章应当体现全人类的利益、担保国及其承包者利益之间的合理平衡。

③ 开发规章应当以鼓励和促进"区域"内矿产资源的开发为导向，同时按照《公约》及其附件以及《执行协定》的规定，切实保护海洋环境不受"区域"内开发活动可能产生的有害影响。

④ 开发规章应当明确、清晰地界定"区域"内资源开发活动中有关各方的权利、义务和责任：一要确保国际海底管理局、缔约国和承包者三者的权利、义务和责任符合《公约》及其附件以及《执行协定》所作定位；二要确保承包者自身权利和义务的平衡。开发规章的正文不仅要全面规定承包者应承担的各项义务，也要全面规定承包者所享有的各项权利，包括勘探合同承包者的优先开发权。

⑤ 开发规章应当规定公平合理的缴费机制。国际海底管理局秘书处在 ISBA/23/C/12 号文件中提及，关于财务条款的草案第七部分的工作目前仍正在进行，并且计划在2018 年继续讨论有关内容。我们期待相关工作及其成果严格遵循《公约》及其附件以及《执行协定》的基本原则，平衡反映各方关切。

⑥ 开发规章应当规定具体和可操作的惠益分享机制。"区域"内开发活动所产生的惠益，包括财政和其他经济利益，应当按照《公约》及其附件以及《执行协定》所确立的原则和规则予以分配，切实体现"区域"及其资源是人类共同继承财产的原则。

---

① 参见 "Submissions to International Seabed Authority's Draft Regulation on Exploitation of Mineral Resources in the Area"，2018 年 1 月 10 日，国际海底管理局，https：//www. isa. org. jm/files/documents/EN/Regs/2017/List - 1. pdf，2018 年 3 月 11 日登录。

⑦ 开发规章设立的争端解决机制应当在遵循《公约》及其附件以及《执行协定》有关规定的基础上，允许和鼓励争端当事方优先通过谈判和磋商来解决争端。如有关争端无法通过谈判和磋商得到解决，可考虑诉诸当事方明示同意的第三方争端解决程序。

⑧ 开发规章应当与现阶段人类在"区域"的活动及认识水平相适应，其制定工作应当从当前社会、经济、科技、法律等方面的实际出发，基于客观事实和科学证据，循序推进。

（三）积极参与南北极治理

2017 年，国际上围绕科学考察、环境保护与开发等问题的南北极治理多边机制活动频繁。中国参加了关于南北极治理的一系列会议。3 月，第四届国际北极论坛在俄罗斯阿尔汉格尔斯克召开，探讨北极发展与环境话题。国务院副总理汪洋应邀出席在俄罗斯阿尔汉格尔斯克市举行的第四届"北极－对话区域"国际北极论坛，并在开幕式上致辞。汪洋表示，中国是北极事务重要利益攸关方，依法参与北极事务由来已久。中国是北极事务的参与者、建设者、贡献者，有意愿、也有能力对北极发展与合作发挥更大作用。中国秉承尊重、合作、可持续三大政策理念参与北极事务。新形势下，我们要加强北极生态环境保护，不断深化对北极的科学探索，依法合理开发利用北极资源，完善北极治理体制机制，共同维护北极和平与稳定。中国愿同各国深入交流，拓展合作，共同开创北极美好新未来。5 月，中国主办了第 40 届南极条约协商会议。5 月，北极理事会第 10 届部长级会议在美国阿拉斯加州召开，签署了《费尔班克斯宣言》，新接纳了 7 个观察员国。10 月，第五届北极圈大会在冰岛首都雷克雅未克召开。11 月，北冰洋公海渔业政府间第六轮磋商会议在美国华盛顿举行，中国等 10 个国家和地区就《防止中北冰洋不管制公海渔业协定》文本达成一致。

在南极条约协商国会议期间，中国首次发布了白皮书性质的《中国的南极事业》报告，提出了中国政府在国际南极事务中的基本立场、中国南极事业的未来发展愿景和行动纲领。2018 年 1 月，中国首次发布《中国的北极政策》白皮书，阐明了中国参与北极事务的基本立场和政策主张。

为促进南北极考察活动的有序开展，中国主管部门对内加强对开展南北极考察活动的管理，对外强化对南北极考察活动的负责任立场。2017 年 5 月 18 日，国家海洋局印发了《南极考察活动环境影响评估管理规定》。2017 年 8 月 30 日，国家海洋局印发了《北极考察活动行政许可管理规定》。

（四）务实推进中国－欧盟蓝色年活动

2015 年 10 月 13 日，国家海洋局局长王宏在北京与欧盟环境、海洋事务和渔业委员卡尔梅奴·维拉在进行高级别对话期间，就设立"中国-欧盟蓝色年"达成共识，希望通过双方更加务实、具体的合作，建立海洋伙伴关系，更好地促进海洋经济可持续发展目标的实现。2016年第十八次中欧领导人会晤期间，双方确定2017年为"中国-欧盟蓝色年"，这是落实2010年中国与欧盟签署的《中华人民共和国和欧盟委员会关于在海洋综合管理方面建立高层对话机制的谅解备忘录》的重要体现，是推动双方在海洋综合管理、海洋环保、蓝色经济、海洋科技、海洋新能源开发和利用、北极国际事务等方面合作的重要契机。[①] 双方同意2017年2月在布鲁塞尔举行"中国-欧盟蓝色年"开幕式，12月在中国举行闭幕式，并积极保持磋商，增进海洋领域合作共识，推动中欧适时签署"中欧合作2020战略规划"。双方就此成立了工作组，进一步就合作细节进行落实。

为落实第十八次中欧领导人会晤成果，进一步深化"中国-欧盟蓝色年"合作计划，一年来，中欧双方在海洋政策、生态保护、科技创新、产业发展等领域开展了卓有成效的交流与合作。双方还加强了在蓝色经济和蓝色产业方面务实合作，推动国内外涉海企业、科研机构、金融机构、产业协会、管理部门间形成蓝色伙伴关系，推动制定蓝色产业国际分类标准，促进中欧蓝色经济互联互通与经贸合作，促进中欧蓝色交流与合作，推动海洋领域政策沟通、投融资服务、技术交流和项目对接等系列合作。中国-欧盟蓝色年闭幕式暨首届中欧蓝色产业合作论坛于2017年12月7日至9日在深圳举办。中国国家海洋局局长王宏，欧盟委员会环境、海洋事务和渔业委员卡尔梅努·维拉共同出席闭幕活动。双方高度评价了中欧蓝色年取得的成果。

表 17-1 中国-欧盟蓝色年项目计划

序号	活动	时间	地点	提议方
1	中国-欧盟蓝色年开幕式	6月2日	布鲁塞尔	欧盟委员会
主题1：海洋治理				
2	海洋事务高级别对话	3月2日	布鲁塞尔	欧盟委员会
3	海洋功能区划会议	3月15至17日	巴黎	欧盟委员会
4	高级别创新合作对话	6月2日	布鲁塞尔	欧盟委员会

---

① 参见《王宏就"中国-欧盟蓝色年"与卡尔梅奴达成共识》，2015年10月14日，中国网，http://www.china.com.cn/haiyang/2015-10/14/content_36813321.htm，2018年3月11日登录。

续表

序号	活动	时间	地点	提议方
主题2：蓝色经济				
5	厦门国际海洋周	11月	厦门	中国
6	中国海洋经济博览会	11月	湛江	中国
7	中国-欧盟蓝碳研讨会	11月	厦门	中国
8	中国-欧盟蓝色产业高级别论坛	12月	深圳	中国
主题3：海洋保育				
9	绿色周-海洋日	6月	布鲁塞尔	欧盟委员会
10	世界海洋日	6月8日	南京	中国
主题4：海洋监测				
11	与欧洲海洋委员会和欧洲海洋观测数据网进行海洋监测交流	3月3日	布鲁日	欧盟委员会
12	海洋观测交流	6月2日	布鲁塞尔	欧盟委员会
闭幕				
13	中国-欧盟蓝色年闭幕式	12月	北京	中国

资料来源：国家海洋局国际合作司提供。

（五）举办中国-小岛屿国家海洋部长圆桌会议，共促海岛地区可持续发展

2017年9月21日至22日，以"蓝色经济·生态海岛"为主题的中国-小岛屿国家海洋部长圆桌会议在福建平潭召开。① 中国与来自斯里兰卡、马尔代夫、斐济、弗得角、萨摩亚、巴布亚新几内亚、瓦努阿图、几内亚比绍、圣多美与普林西比、安提瓜和巴布达、格林纳达等12个岛屿国家的代表，共同商讨海岛经济发展、生态保护、防灾减灾、供水安全等问题。与会各方形成《平潭宣言》。会议期间还举办了平潭国际海岛论坛。

国家海洋局局长王宏就构建蓝色伙伴关系、共促海岛地区可持续发展提出四点倡

---

① 参见《中国-小岛屿国家海洋部长圆桌会议召开》，国家海洋局，http：//www.soa.gov.cn/xw/hyyw_90/201709/t20170921_58028.html，2018年3月11日登录。

议：一是构建蓝色伙伴关系，增进参与全球海洋治理的平等互信；二是大力发展蓝色经济，打造海洋经济发展的利益共同体；三是推动海洋生态文明建设，共同承担全球海洋治理责任；四是坚持合作共赢，共建多层高效合作机制。王宏在主旨报告中介绍了中国在落实联合国可持续发展目标 14 方面将采取的措施，分享了中国的做法和经验：一是积极践行蓝色经济的发展理念；二是积极应对气候变化与防灾减灾；三是大力推动海岛生态环境保护；四是以科技创新为引领，破解海岛供水与能源瓶颈，五是积极开展海洋国际合作。

与会者认为，此次会议深化了中国和岛屿国家之间的相互理解和沟通，了解了不同国家的情况及需求，认识到在蓝色经济、海洋环境保护、岛屿管理与可持续发展、防灾减灾、海洋技术应用等方面的合作潜力，愿意积极参与"一带一路"倡议框架下的相关项目，共享发展成果。

四、小结

随着中国综合国力的增长和海洋事业的不断发展，中国正在成为参与全球海洋治理的重要力量。就中国自身参与全球海洋治理的进程而言，中国正在积极参与国际多边海洋事务，提出海洋合作倡议，具有一定的主动性。但从全球范围看，中国并不是全球海洋治理中的"主角"，在更多情况下还是"配角"。在认知与理念、采取行动方面，还表现得较为被动和滞后。从自身能力来看，受中国国内发展的不平衡和仍处于发展中国家地位的制约，中国深度参与全球海洋治理并发挥显著作用还将是一个循序渐进的过程，不可能一蹴而就。中国应从多为本地区和全球提供公共产品着手，为全球海洋治理多做贡献。

附　件

附件 1

中国领海基线示意图（部分）

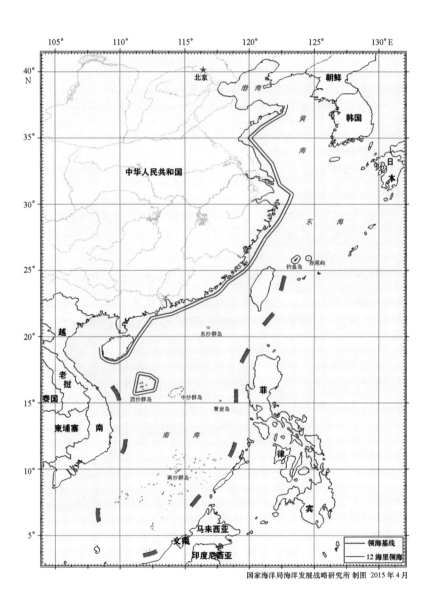

国家海洋局海洋发展战略研究所 制图 2015 年 4 月

附件 2

党的十九大报告中的涉海问题论述摘录

2017 年 10 月 18 日，中国共产党第十九次全国代表大会在北京人民大会堂开幕。习近平代表第十八届中央委员会向大会作了题为《决胜全面建成小康社会　夺取新时代中国特色社会主义伟大胜利》的报告。在报告中，习近平总书记肯定了南海岛礁建设和中国海军取得的成就，并提出要建设海洋强国、美丽中国。关于海洋，报告中提到，党的十八大以来的五年：

◎经济建设取得重大成就。区域发展协调性增强，"一带一路"建设京津冀协同发展、长江经济带发展成效显著。

◎创新驱动发展战略大力实施，创新型国家建设成果丰硕，天宫、蛟龙、天眼、悟空、墨子、大飞机等重大科技成果相继问世。

◎南海岛礁建设积极推进。

◎强军兴军开创新局面……加强练兵备战，有效遂行海上维权、反恐维稳、抢险救灾、国际维和、亚丁湾护航、人道主义救援等重大任务，武器装备加快发展，军事斗争准备取得重大进展。人民军队在中国特色强军之路上迈出坚定步伐。

未来五年，将要这么做：

◎实施区域协调发展战略……坚持陆海统筹，加快建设海洋强国。

◎推动形成全面开放新格局……要以"一带一路"建设为重点，坚持引进来和走出去并重，遵循共商共建共享原则，加强创新能力开放合作，形成陆海内外联动、东西双向互济的开放格局。

◎赋予自由贸易试验区更大改革自主权，探索建设自由贸易港。

◎加快生态文明体制改革，建设美丽中国……着力解决突出环境问题……加快水污染防治，实施流域环境和近岸海域综合治理。

◎加大生态系统保护力度……强化湿地保护和恢复。

◎坚持走中国特色强军之路，全面推进国防和军队现代化。国防和军队建设正站在新的历史起点上。面对国家安全环境的深刻变化，面对强国强军的时代要求，必须全面贯彻新时代党的强军思想，贯彻新形势下军事战略方针，建设强大的现代化陆军、海军、空军、火箭军和战略支援部队，打造坚强高效的战区联合作战指挥机构，构建中国特色现代作战体系，担当起党和人民赋予的新时代使命任务。

适应世界新军事革命发展趋势和国家安全需求，提高建设质量和效益，确保到2020年基本实现机械化，信息化建设取得重大进展，战略能力有大的提升。同国家现代化进程相一致，全面推进军事理论现代化、军队组织形态现代化、军事人员现代化、武器装备现代化，力争到2035年基本实现国防和军队现代化，到本世纪中叶把人民军队全面建成世界一流军队。

……

军队是要准备打仗的，一切工作都必须坚持战斗力标准，向能打仗、打胜仗聚焦。扎实做好各战略方向军事斗争准备，统筹推进传统安全领域和新型安全领域军事斗争准备，发展新型作战力量和保障力量，开展实战化军事训练，加强军事力量运用，加快军事智能化发展，提高基于网络信息体系的联合作战能力、全域作战能力，有效塑造态势、管控危机、遏制战争、打赢战争。

坚持富国和强军相统一，强化统一领导、顶层设计、改革创新和重大项目落实，深化国防科技工业改革，形成军民融合深度发展格局，构建一体化的国家战略体系和能力。完善国防动员体系，建设强大稳固的现代边海空防。

附件 3

中共中央关于深化党和国家机构改革的决定

(2018 年 2 月 28 日中国共产党第十九届中央委员会第三次全体会议通过)

为贯彻落实党的十九大关于深化机构改革的决策部署，十九届中央委员会第三次全体会议研究了深化党和国家机构改革问题，作出如下决定。

一、深化党和国家机构改革是推进国家治理体系和治理能力现代化的一场深刻变革

党和国家机构职能体系是中国特色社会主义制度的重要组成部分，是我们党治国理政的重要保障。提高党的执政能力和领导水平，广泛调动各方面积极性、主动性、创造性，有效治理国家和社会，推动党和国家事业发展，必须适应新时代中国特色社会主义发展要求，深化党和国家机构改革。

党中央历来高度重视党和国家机构建设和改革。新中国成立后，在我们党领导下，我国确立了社会主义基本制度，逐步建立起具有我国特点的党和国家机构职能体系，为我们党治国理政、推进社会主义建设发挥了重要作用。改革开放以来，适应党和国家工作中心转移、社会主义市场经济发展和各方面工作不断深入的需要，我们党积极推进党和国家机构改革，各方面机构职能不断优化、逐步规范，实现了从计划经济条件下的机构职能体系向社会主义市场经济条件下的机构职能体系的重大转变，推动了改革开放和社会主义现代化建设。

党的十八大以来，以习近平同志为核心的党中央明确提出，全面深化改革的总目标是完善和发展中国特色社会主义制度、推进国家治理体系和治理能力现代化。我们适应统筹推进"五位一体"总体布局、协调推进"四个全面"战略布局的要求，加强党的领导，坚持问题导向，突出重点领域，深化党和国家机构改革，在一些重要领域和关键环节取得重大进展，为党和国家事业取得历史性成就、发生历史性变革提供了有力保障。

当前，面对新时代新任务提出的新要求，党和国家机构设置和职能配置同统筹推进"五位一体"总体布局、协调推进"四个全面"战略布局的要求还不完全适应，同实现国家治理体系和治理能力现代化的要求还不完全适应。主要是：一些领域党的机构设置和职能配置还不够健全有力，保障党的全面领导、推进全面从严治党的体制机制有待完善；一些领域党政机构重叠、职责交叉、权责脱节问题比较突出；一些政府机构设置和职责划分不够科学，职责缺位和效能不高问题凸显，政府职能转变还不到位；一些领域中央和地方机构职能上下一般粗，权责划分不尽合理；基层机构设置和权力配置有待完善，组织群众、服务群众能力需要进一步提高；军民融合发展水平有待提高；群团组织政治性、先进性、群众性需要增强；事业单位定位不准、职能不清、效率不高等问题依然存在；一些领域权力运行制约和监督机制不够完善，滥用职权、以权谋私等问题仍然存在；机构编制科学化、规范化、法定化相对滞后，机构编制管理方式有待改进。这些问题，必须抓紧解决。

我们党要更好领导人民进行伟大斗争、建设伟大工程、推进伟大事业、实现伟大梦想，必须加快推进国家治理体系和治理能力现代化，努力形成更加成熟、更加定型的中国特色社会主义制度。这是摆在我们党面前的一项重大任务。我国发展新的历史方位，我国社会主要矛盾的变化，到二○二○年全面建成小康社会，到二○三五年基本实现社会主义现代化，到本世纪中叶全面建成社会主义现代化强国，迫切要求通过科学设置机构、合理配置职能、统筹使用编制、完善体制机制，使市场在资源配置中起决定性作用、更好发挥政府作用，更好推进党和国家各项事业发展，更好满足人民日益增长的美好生活需要，更好推动人的全面发展、社会全面进步、人民共同富裕。

总之，深化党和国家机构改革，是新时代坚持和发展中国特色社会主义的必然要求，是加强党的长期执政能力建设的必然要求，是社会主义制度自我完善和发展的必然要求，是实现"两个一百年"奋斗目标、建设社会主义现代化国家、实现中华民族伟大复兴的必然要求。全党必须统一思想、坚定信心、抓住机遇，在全面深化改革进程中，下决心解决党和国家机构职能体系中存在的障碍和弊端，更好发挥我国社会主义制度优越性。

二、深化党和国家机构改革的指导思想、目标、原则

深化党和国家机构改革，必须全面贯彻党的十九大精神，坚持以马克思列宁主义、毛泽东思想、邓小平理论、"三个代表"重要思想、科学发展观、习近平新时代中国特色社会主义思想为指导，适应新时代中国特色社会主义发展要求，坚持稳中求进工作总基调，坚持正确改革方向，坚持以人民为中心，坚持全面依法治国，以加强党的全

面领导为统领，以国家治理体系和治理能力现代化为导向，以推进党和国家机构职能优化协同高效为着力点，改革机构设置，优化职能配置，深化转职能、转方式、转作风，提高效率效能，为决胜全面建成小康社会、开启全面建设社会主义现代化国家新征程、实现中华民族伟大复兴的中国梦提供有力制度保障。

深化党和国家机构改革，目标是构建系统完备、科学规范、运行高效的党和国家机构职能体系，形成总揽全局、协调各方的党的领导体系，职责明确、依法行政的政府治理体系，中国特色、世界一流的武装力量体系，联系广泛、服务群众的群团工作体系，推动人大、政府、政协、监察机关、审判机关、检察机关、人民团体、企事业单位、社会组织等在党的统一领导下协调行动、增强合力，全面提高国家治理能力和治理水平。

深化党和国家机构改革，既要立足于实现第一个百年奋斗目标，针对突出矛盾，抓重点、补短板、强弱项、防风险，从党和国家机构职能上为决胜全面建成小康社会提供保障；又要着眼于实现第二个百年奋斗目标，注重解决事关长远的体制机制问题，打基础、立支柱、定架构，为形成更加完善的中国特色社会主义制度创造有利条件。

深化党和国家机构改革，要遵循以下原则。

——坚持党的全面领导。党的全面领导是深化党和国家机构改革的根本保证。必须坚持中国特色社会主义方向，增强政治意识、大局意识、核心意识、看齐意识，坚定中国特色社会主义道路自信、理论自信、制度自信、文化自信，坚决维护以习近平同志为核心的党中央权威和集中统一领导，自觉在思想上政治上行动上同党中央保持高度一致，把加强党对一切工作的领导贯穿改革各方面和全过程，完善保证党的全面领导的制度安排，改进党的领导方式和执政方式，提高党把方向、谋大局、定政策、促改革的能力和定力。

——坚持以人民为中心。全心全意为人民服务是党的根本宗旨，实现好、维护好、发展好最广大人民根本利益是党的一切工作的出发点和落脚点。必须坚持人民主体地位，坚持立党为公、执政为民，贯彻党的群众路线，健全人民当家作主制度体系，完善为民谋利、为民办事、为民解忧、保障人民权益、倾听人民心声、接受人民监督的体制机制，为人民依法管理国家事务、管理经济文化事业、管理社会事务提供更有力的保障。

——坚持优化协同高效。优化就是要科学合理、权责一致，协同就是要有统有分、有主有次，高效就是要履职到位、流程通畅。必须坚持问题导向，聚焦发展所需、基层所盼、民心所向，优化党和国家机构设置和职能配置，坚持一类事项原则上由一个部门统筹、一件事情原则上由一个部门负责，加强相关机构配合联动，避免政出多门、责任不明、推诿扯皮，下决心破除制约改革发展的体制机制弊端，使党和国家机构设置更加科学、职能更加优化、权责更加协同、监督监管更加有力、运行更加高效。

——坚持全面依法治国。依法治国是党领导人民治理国家的基本方式。必须坚持改革和法治相统一、相促进，坚持依法治国、依法执政、依法行政共同推进，坚持法治国家、法治政府、法治社会一体建设，依法依规完善党和国家机构职能，依法履行职责，依法管理机构和编制，既发挥法治规范和保障改革的作用，在法治下推进改革，做到重大改革于法有据，又通过改革加强法治工作，做到在改革中完善和强化法治。

三、完善坚持党的全面领导的制度

党政军民学，东西南北中，党是领导一切的。加强党对各领域各方面工作领导，是深化党和国家机构改革的首要任务。要优化党的组织机构，确保党的领导全覆盖，确保党的领导更加坚强有力。

（一）建立健全党对重大工作的领导体制机制。加强党的全面领导，首先要加强党对涉及党和国家事业全局的重大工作的集中统一领导。党中央决策议事协调机构在中央政治局及其常委会领导下开展工作。优化党中央决策议事协调机构，负责重大工作的顶层设计、总体布局、统筹协调、整体推进。加强和优化党对深化改革、依法治国、经济、农业农村、纪检监察、组织、宣传思想文化、国家安全、政法、统战、民族宗教、教育、科技、网信、外交、审计等工作的领导。其他方面的议事协调机构，要同党中央决策议事协调机构的设立调整相衔接，保证党中央令行禁止和工作高效。各地区各部门党委（党组）要坚持依规治党，完善相应体制机制，提升协调能力，把党中央各项决策部署落到实处。

（二）强化党的组织在同级组织中的领导地位。理顺党的组织同其他组织的关系，更好发挥党总揽全局、协调各方作用。在国家机关、事业单位、群团组织、社会组织、企业和其他组织中设立的党委（党组），接受批准其成立的党委统一领导，定期汇报工作，确保党的方针政策和决策部署在同级组织中得到贯彻落实。加快在新型经济组织和社会组织中建立健全党的组织机构，做到党的工作进展到哪里，党的组织就覆盖到哪里。

（三）更好发挥党的职能部门作用。优化党的组织、宣传、统战、政法、机关党建、教育培训等部门职责配置，加强归口协调职能，统筹本系统本领域工作。优化设置各类党委办事机构，可以由职能部门承担的事项归由职能部门承担。优化规范设置党的派出机关，加强对相关领域、行业、系统工作的领导。按照精干高效原则设置各级党委直属事业单位。各级党委（党组）要增强抓落实能力，强化协调、督办职能。

（四）统筹设置党政机构。根据坚持党中央集中统一领导的要求，科学设定党和国家机构，准确定位、合理分工、增强合力，防止机构重叠、职能重复、工作重合。党的有关机构可以同职能相近、联系紧密的其他部门统筹设置，实行合并设立或合署办公，整合优化力量和资源，发挥综合效益。

（五）推进党的纪律检查体制和国家监察体制改革。深化党的纪律检查体制改革，推进纪检工作双重领导体制具体化、程序化、制度化，强化上级纪委对下级纪委的领导。健全党和国家监督体系，完善权力运行制约和监督机制，组建国家、省、市、县监察委员会，同党的纪律检查机关合署办公，实现党内监督和国家机关监督、党的纪律检查和国家监察有机统一，实现对所有行使公权力的公职人员监察全覆盖。完善巡视巡察工作，增强以党内监督为主、其他监督相贯通的监察合力。

四、优化政府机构设置和职能配置

转变政府职能，是深化党和国家机构改革的重要任务。要坚决破除制约使市场在资源配置中起决定性作用、更好发挥政府作用的体制机制弊端，围绕推动高质量发展，建设现代化经济体系，加强和完善政府经济调节、市场监管、社会管理、公共服务、生态环境保护职能，调整优化政府机构职能，全面提高政府效能，建设人民满意的服务型政府。

（一）合理配置宏观管理部门职能。科学设定宏观管理部门职责和权限，强化制定国家发展战略、统一规划体系的职能，更好发挥国家战略、规划导向作用。完善宏观调控体系，创新调控方式，构建发展规划、财政、金融等政策协调和工作协同机制。强化经济监测预测预警能力，综合运用大数据、云计算等技术手段，增强宏观调控前瞻性、针对性、协同性。加强和优化政府反垄断、反不正当竞争职能，打破行政性垄断，防止市场垄断，清理废除妨碍统一市场和公平竞争的各种规定和做法。加强和优化政府法治职能，推进法治政府建设。加强和优化政府财税职能，进一步理顺统一税制和分级财政的关系，夯实国家治理的重要基础。加强和优化金融管理职能，增强货币政策、宏观审慎政策、金融监管协调性，优化金融监管力量，健全金融监管体系，守住不发生系统性金融风险的底线，维护国家金融安全。加强、优化、转变政府科技管理和服务职能，完善科技创新制度和组织体系，加强知识产权保护，落实创新驱动发展战略。加强和优化政府"三农"工作职能，扎实实施乡村振兴战略。构建统一高效审计监督体系，实现全覆盖。加强和优化政府对外经济、出入境人员服务管理工作职能，推动落实互利共赢的开放战略。

（二）深入推进简政放权。减少微观管理事务和具体审批事项，最大限度减少政府对市场资源的直接配置，最大限度减少政府对市场活动的直接干预，提高资源配置效率和公平性，激发各类市场主体活力。清理和规范各类行政许可、资质资格、中介服务等管理事项，加快要素价格市场化改革，放宽服务业准入限制，优化政务服务，完善办事流程，规范行政裁量权，大幅降低制度性交易成本，鼓励更多社会主体投身创新创业。全面实施市场准入负面清单制度，保障各类市场主体机会平等、权利平等、规则平等，营造良好营商环境。

（三）完善市场监管和执法体制。改革和理顺市场监管体制，整合监管职能，加强监管协同，形成市场监管合力。深化行政执法体制改革，统筹配置行政处罚职能和执法资源，相对集中行政处罚权，整合精简执法队伍，解决多头多层重复执法问题。一个部门设有多支执法队伍的，原则上整合为一支队伍。推动整合同一领域或相近领域执法队伍，实行综合设置。减少执法层级，推动执法力量下沉。完善执法程序，严格执法责任，加强执法监督，做到严格规范公正文明执法。

（四）改革自然资源和生态环境管理体制。实行最严格的生态环境保护制度，构建政府为主导、企业为主体、社会组织和公众共同参与的环境治理体系，为生态文明建设提供制度保障。设立国有自然资源资产管理和自然生态监管机构，完善生态环境管理制度，统一行使全民所有自然资源资产所有者职责，统一行使所有国土空间用途管制和生态保护修复职责，统一行使监管城乡各类污染排放和行政执法职责。强化国土空间规划对各专项规划的指导约束作用，推进"多规合一"，实现土地利用规划、城乡规划等有机融合。

（五）完善公共服务管理体制。健全公共服务体系，推进基本公共服务均等化、普惠化、便捷化，推进城乡区域基本公共服务制度统一。政府职能部门要把工作重心从单纯注重本行业本系统公共事业发展转向更多创造公平机会和公正环境，促进公共资源向基层延伸、向农村覆盖、向边远地区和生活困难群众倾斜，促进全社会受益机会和权利均等。加强和优化政府在社会保障、教育文化、法律服务、卫生健康、医疗保障等方面的职能，更好保障和改善民生。推动教育、文化、法律、卫生、体育、健康、养老等公共服务提供主体多元化、提供方式多样化。推进非基本公共服务市场化改革，引入竞争机制，扩大购买服务。加强、优化、统筹国家应急能力建设，构建统一领导、权责一致、权威高效的国家应急能力体系，提高保障生产安全、维护公共安全、防灾减灾救灾等方面能力，确保人民生命财产安全和社会稳定。

（六）强化事中事后监管。改变重审批轻监管的行政管理方式，把更多行政资源从事前审批转到加强事中事后监管上来。创新监管方式，全面推进"双随机、一公开"和"互联网+监管"，加快推进政府监管信息共享，切实提高透明度，加强对涉及人民生命财产安全领域的监管，主动服务新技术新产业新业态新模式发展，提高监管执法效能。加强信用体系建设，健全信用监管，加大信息公开力度，加快市场主体信用信息平台建设，发挥同行业和社会监督作用。

（七）提高行政效率。精干设置各级政府部门及其内设机构，科学配置权力，减少机构数量，简化中间层次，推行扁平化管理，形成自上而下的高效率组织体系。明确责任，严格绩效管理和行政问责，加强日常工作考核，建立健全奖优惩劣的制度。打破"信息孤岛"，统一明确各部门信息共享的种类、标准、范围、流程，加快推进部门政务信息联通共用。改进工作方式，提高服务水平。加强作风建设，坚决克服形式主义、官僚主义、享乐主义和奢靡之风。

五、统筹党政军群机构改革

统筹党政军群机构改革，是加强党的集中统一领导、实现机构职能优化协同高效的必然要求。要统筹设置相关机构和配置相近职能，理顺和优化党的部门、国家机关、群团组织、事业单位的职责，推进跨军地改革，增强党的领导力，提高政府执行力，激发群团组织和社会组织活力，增强人民军队战斗力，使各类机构有机衔接、相互协调。

（一）完善党政机构布局。正确理解和落实党政职责分工，理顺党政机构职责关系，形成统一高效的领导体制，保证党实施集中统一领导，保证其他机构协同联动、高效运行。系统谋划和确定党政机构改革事项，统筹调配资源，减少多头管理，减少职责分散交叉，使党政机构职能分工合理、责任明确、运转协调。

（二）深化人大、政协和司法机构改革。人民代表大会制度是坚持党的领导、人民当家作主、依法治国有机统一的根本政治制度安排。要发挥人大及其常委会在立法工作中的主导作用，加强人大对预算决算、国有资产管理等的监督职能，健全人大组织制度和工作制度，完善人大专门委员会设置，更好发挥其职能作用。推进人民政协履职能力建设，加强人民政协民主监督，优化政协专门委员会设置，更好发挥其作为专门协商机构的作用。深化司法体制改革，优化司法职权配置，全面落实司法责任制，完善法官、检察官员额制，推进以审判为中心的诉讼制度改革，推进法院、检察院内设机构改革，提高司法公信力，更好维护社会公平正义，努力让人民群众在每一个司法案件中感受到公平正义。

（三）深化群团组织改革。健全党委统一领导群团工作的制度，推动群团组织增强政治性、先进性、群众性，优化机构设置，完善管理模式，创新运行机制，坚持眼睛向下、面向基层，将力量配备、服务资源向基层倾斜，更好适应基层和群众需要。促进党政机构同群团组织功能有机衔接，支持和鼓励群团组织承担适合其承担的公共职能，增强群团组织团结教育、维护权益、服务群众功能，更好发挥群团组织作为党和政府联系人民群众的桥梁和纽带作用。

（四）推进社会组织改革。按照共建共治共享要求，完善党委领导、政府负责、社会协同、公众参与、法治保障的社会治理体制。加快实施政社分开，激发社会组织活力，克服社会组织行政化倾向。适合由社会组织提供的公共服务和解决的事项，由社会组织依法提供和管理。依法加强对各类社会组织的监管，推动社会组织规范自律，实现政府治理和社会调节、居民自治良性互动。

（五）加快推进事业单位改革。党政群所属事业单位是提供公共服务的重要力量。全面推进承担行政职能的事业单位改革，理顺政事关系，实现政事分开，不再设立承担行政职能的事业单位。加大从事经营活动事业单位改革力度，推进事企分开。区分情况实施公益类事业单位改革，面向社会提供公益服务的事业单位，理顺同主管部门的关系，逐步推进管办分离，强化公益属性，破除逐利机制；主要为机关提供支持保障的事业单位，优化职能和人员结构，同机关统筹管理。全面加强事业单位党的建设，完善事业单位党的领导体制和工作机制。

（六）深化跨军地改革。按照军是军、警是警、民是民原则，深化武警部队、民兵和预备役部队跨军地改革，推进公安现役部队改革。军队办的幼儿园、企业、农场等可以交给地方办的，原则上交给地方办。完善党领导下统筹管理经济社会发展、国防建设的组织管理体系、工作运行体系和政策制度体系，深化国防科技工业体制改革，健全军地协调机制，推动军民融合深度发展，构建一体化的国家战略体系和能力。组建退役军人管理保障机构，协调各方面力量，更好为退役军人服务。

六、合理设置地方机构

统筹优化地方机构设置和职能配置，构建从中央到地方运行顺畅、充满活力、令行禁止的工作体系。科学设置中央和地方事权，理顺中央和地方职责关系，更好发挥中央和地方两个积极性，中央加强宏观事务管理，地方在保证党中央令行禁止前提下管理好本地区事务，合理设置和配置各层级机构及其职能。

（一）确保集中统一领导。地方机构设置要保证有效实施党中央方针政策和国家法律法规。省、市、县各级涉及党中央集中统一领导和国家法制统一、政令统一、市场统一的机构职能要基本对应，明确同中央对口的组织机构，确保上下贯通、执行有力。

（二）赋予省级及以下机构更多自主权。增强地方治理能力，把直接面向基层、量大面广、由地方实施更为便捷有效的经济社会管理事项下放给地方。除中央有明确规定外，允许地方因地制宜设置机构和配置职能，允许把因地制宜设置的机构并入同上级机关对口的机构，在规定限额内确定机构数量、名称、排序等。

（三）构建简约高效的基层管理体制。加强基层政权建设，夯实国家治理体系和治理能力的基础。基层政权机构设置和人力资源调配必须面向人民群众、符合基层事务特点，不简单照搬上级机关设置模式。根据工作实际需要，整合基层的审批、服务、执法等方面力量，统筹机构编制资源，整合相关职能设立综合性机构，实行扁平化和网格化管理。推动治理重心下移，尽可能把资源、服务、管理放到基层，使基层有人有权有物，保证基层事情基层办、基层权力给基层、基层事情有人办。上级机关要优化对基层的领导方式，既允许"一对多"，由一个基层机构承接多个上级机构的任务；也允许"多对一"，由基层不同机构向同一个上级机构请示汇报。明确政策标准和工作流程，加强督促检查，健全监督体系，规范基层管理行为，确保权力不被滥用。推进直接服务民生的公共事业部门改革，改进服务方式，最大限度方便群众。

（四）规范垂直管理体制和地方分级管理体制。理顺和明确权责关系，属于中央事权、由中央负责的事项，中央设立垂直机构实行规范管理，健全垂直管理机构和地方协作配合机制。属于中央和地方协同管理、需要地方负责的事项，实行分级管理，中央加强指导、协调、监督。

七、推进机构编制法定化

机构编制法定化是深化党和国家机构改革的重要保障。要依法管理各类组织机构，加快推进机构、职能、权限、程序、责任法定化。

（一）完善党和国家机构法规制度。加强党内法规制度建设，制定中国共产党机构编制工作条例。研究制定机构编制法。增强"三定"规定严肃性和权威性，完善党政部门机构设置、职能配置、人员编制规定。全面推行政府部门权责清单制度，实现权责清单同"三定"规定有机衔接，规范和约束履职行为，让权力在阳光下运行。

（二）强化机构编制管理刚性约束。强化党对机构编制工作的集中统一领导，统筹使用各类编制资源，加大部门间、地区间编制统筹调配力度，满足党和国家事业发展需要。根据经济社会发展和推进国家治理体系现代化需要，建立编制管理动态调整机制。加强机构编制管理评估，优化编制资源配置。加快建立机构编制管理同组织人事、财政预算管理共享的信息平台，全面推行机构编制实名制管理，充分发挥机构编制在管理全流程中的基础性作用。按照办事公开要求，及时公开机构编制有关信息，接受各方监督。严格机构编制管理权限和程序，严禁越权审批。严格执行机构限额、领导职数、编制种类和总量等规定，不得在限额外设置机构，不得超职数配备领导干部，不得擅自增加编制种类，不得突破总量增加编制。严格控制编外聘用人员，从严规范适用岗位、职责权限和各项管理制度。

（三）加大机构编制违纪违法行为查处力度。严格执行机构编制管理法律法规和党内法规，坚决查处各类违纪违法行为，严肃追责问责。坚决整治上级部门通过项目资金分配、考核督查、评比表彰等方式干预下级机构设置、职能配置和编制配备的行为。全面清理部门规章和规范性文件，废除涉及条条干预条款。完善机构编制同纪检监察机关和组织人事、审计等部门的协作联动机制，形成监督检查合力。

八、加强党对深化党和国家机构改革的领导

深化党和国家机构改革是一个系统工程。各级党委和政府要把思想和行动统一到党中央关于深化党和国家机构改革的决策部署上来，增强"四个意识"，坚定"四个自信"，坚决维护以习近平同志为核心的党中央权威和集中统一领导，把握好改革发展稳定关系，不折不扣抓好党中央决策部署贯彻落实。

党中央统一领导深化党和国家机构改革工作，发挥统筹协调、整体推进、督促落实作用。要增强改革的系统性、整体性、协同性，加强党政军群各方面机构改革配合，使各项改革相互促进、相得益彰，形成总体效应。实施机构改革方案需要制定或修改法律法规的，要及时启动相关程序。

各地区各部门要坚决落实党中央确定的深化党和国家机构改革任务，党委和政府要履行主体责任。涉及机构职能调整的部门要服从大局，确保机构职能等按要求及时调整到位，不允许搞变通、拖延改革。要抓紧完成转隶交接和"三定"工作，尽快进入角色、履职到位。要把深化党和国家机构改革同简政放权、放管结合、优化服务结合起来，加快转变职能，理顺职责关系。

中央和地方机构改革在工作部署、组织实施上要有机衔接、有序推进。在党中央统一部署下启动中央、省级机构改革，省以下机构改革在省级机构改革基本完成后开展。鼓励地方和基层积极探索，及时总结经验。坚持蹄疾步稳推进改革，条件成熟的加大力度突破，条件暂不具备的先行试点、渐次推进。

各地区各部门要严明纪律，机构改革方案报党中央批准后方可实施，不能擅自行动，不要一哄而起。严格执行有关规定，严禁突击提拔干部，严肃财经纪律，坚决防止国有资产流失。

各级党委和政府要强化责任担当，精心组织，狠抓落实，履行对深化党和国家机构改革的领导责任。要抓紧研究解决党和国家机构改革过程中出现的新情况新问题，加强思想政治工作，正确引导社会舆论，营造良好社会环境，确保各项工作平稳有序进行。

建立健全评估和督察机制，加强对深化党和国家机构改革落实情况的督导检查。

完善相关机制，发挥好统筹、协调、督促、推动作用。新调整组建的部门要及时建立健全党组织，加强对机构改革实施的组织领导。

全党全国各族人民要紧密团结在以习近平同志为核心的党中央周围，统一思想，统一行动，锐意改革，确保完成深化党和国家机构改革的各项任务，不断构建系统完备、科学规范、运行高效的党和国家机构职能体系，为决胜全面建成小康社会、加快推进社会主义现代化、实现中华民族伟大复兴的中国梦而奋斗！

附件 4

深化党和国家机构改革方案

在新的历史起点上深化党和国家机构改革，必须全面贯彻党的十九大精神，坚持以马克思列宁主义、毛泽东思想、邓小平理论、"三个代表"重要思想、科学发展观、习近平新时代中国特色社会主义思想为指导，牢固树立政治意识、大局意识、核心意识、看齐意识，坚决维护以习近平同志为核心的党中央权威和集中统一领导，适应新时代中国特色社会主义发展要求，坚持稳中求进工作总基调，坚持正确改革方向，坚持以人民为中心，坚持全面依法治国，以加强党的全面领导为统领，以国家治理体系和治理能力现代化为导向，以推进党和国家机构职能优化协同高效为着力点，改革机构设置，优化职能配置，深化转职能、转方式、转作风，提高效率效能，积极构建系统完备、科学规范、运行高效的党和国家机构职能体系，为决胜全面建成小康社会、开启全面建设社会主义现代化国家新征程、实现中华民族伟大复兴的中国梦提供有力制度保障。

一、深化党中央机构改革

中国共产党领导是中国特色社会主义最本质的特征。党政军民学，东西南北中，党是领导一切的。深化党中央机构改革，要着眼于健全加强党的全面领导的制度，优化党的组织机构，建立健全党对重大工作的领导体制机制，更好发挥党的职能部门作用，推进职责相近的党政机关合并设立或合署办公，优化部门职责，提高党把方向、谋大局、定政策、促改革的能力和定力，确保党的领导全覆盖，确保党的领导更加坚强有力。

（一）组建国家监察委员会。为加强党对反腐败工作的集中统一领导，实现党内监督和国家机关监督、党的纪律检查和国家监察有机统一，实现对所有行使公权力的公职人员监察全覆盖，将监察部、国家预防腐败局的职责，最高人民检察院查处贪污贿赂、失职渎职以及预防职务犯罪等反腐败相关职责整合，组建国家监察委员会，同中央纪律检查委员会合署办公，履行纪检、监察两项职责，实行一套工作机构、两个机关名称。

主要职责是，维护党的章程和其他党内法规，检查党的路线方针政策和决议执行情况，对党员领导干部行使权力进行监督，维护宪法法律，对公职人员依法履职、秉公用权、廉洁从政以及道德操守情况进行监督检查，对涉嫌职务违法和职务犯罪的行为进行调查并作出政务处分决定，对履行职责不力、失职失责的领导人员进行问责，负责组织协调党风廉政建设和反腐败宣传等。

国家监察委员会由全国人民代表大会产生，接受全国人民代表大会及其常务委员会的监督。

不再保留监察部、国家预防腐败局。

（二）组建中央全面依法治国委员会。全面依法治国是中国特色社会主义的本质要求和重要保障。为加强党中央对法治中国建设的集中统一领导，健全党领导全面依法治国的制度和工作机制，更好落实全面依法治国基本方略，组建中央全面依法治国委员会，负责全面依法治国的顶层设计、总体布局、统筹协调、整体推进、督促落实，作为党中央决策议事协调机构。

主要职责是，统筹协调全面依法治国工作，坚持依法治国、依法执政、依法行政共同推进，坚持法治国家、法治政府、法治社会一体建设，研究全面依法治国重大事项、重大问题，统筹推进科学立法、严格执法、公正司法、全民守法，协调推进中国特色社会主义法治体系和社会主义法治国家建设等。

中央全面依法治国委员会办公室设在司法部。

（三）组建中央审计委员会。为加强党中央对审计工作的领导，构建集中统一、全面覆盖、权威高效的审计监督体系，更好发挥审计监督作用，组建中央审计委员会，作为党中央决策议事协调机构。

主要职责是，研究提出并组织实施在审计领域坚持党的领导、加强党的建设方针政策，审议审计监督重大政策和改革方案，审议年度中央预算执行和其他财政支出情况审计报告，审议决策审计监督其他重大事项等。

中央审计委员会办公室设在审计署。

（四）中央全面深化改革领导小组、中央网络安全和信息化领导小组、中央财经领导小组、中央外事工作领导小组改为委员会。为加强党中央对涉及党和国家事业全局的重大工作的集中统一领导，强化决策和统筹协调职责，将中央全面深化改革领导小组、中央网络安全和信息化领导小组、中央财经领导小组、中央外事工作领导小组分别改为中央全面深化改革委员会、中央网络安全和信息化委员会、中央财经委员会、中央外事工作委员会，负责相关领域重大工作的顶层设计、总体布局、统筹协调、整体推进、督促落实。

4 个委员会的办事机构分别为中央全面深化改革委员会办公室、中央网络安全和信息化委员会办公室、中央财经委员会办公室、中央外事工作委员会办公室。

（五）组建中央教育工作领导小组。为加强党中央对教育工作的集中统一领导，全面贯彻党的教育方针，加强教育领域党的建设，做好学校思想政治工作，落实立德树人根本任务，深化教育改革，加快教育现代化，办好人民满意的教育，组建中央教育工作领导小组，作为党中央决策议事协调机构。

主要职责是，研究提出并组织实施在教育领域坚持党的领导、加强党的建设方针政策，研究部署教育领域思想政治、意识形态工作，审议国家教育发展战略、中长期规划、教育重大政策和体制改革方案，协调解决教育工作重大问题等。

中央教育工作领导小组秘书组设在教育部。

（六）组建中央和国家机关工作委员会。为加强中央和国家机关党的建设，落实全面从严治党要求，深入推进党的建设新的伟大工程，统一部署中央和国家机关党建工作，整合资源、形成合力，将中央直属机关工作委员会和中央国家机关工作委员会的职责整合，组建中央和国家机关工作委员会，作为党中央派出机构。

主要职责是，统一组织、规划、部署中央和国家机关党的工作，指导中央和国家机关党的政治建设、思想建设、组织建设、作风建设、纪律建设，指导中央和国家机关各级党组织实施对党员特别是党员领导干部的监督和管理，领导中央和国家机关各部门机关党的纪律检查工作，归口指导行业协会商会党建工作等。

不再保留中央直属机关工作委员会、中央国家机关工作委员会。

（七）组建新的中央党校（国家行政学院）。党校是我们党教育培训党员领导干部的主渠道。为全面加强党对干部培训工作的集中统一领导，统筹谋划干部培训工作，统筹部署重大理论研究，统筹指导全国各级党校（行政学院）工作，将中央党校和国家行政学院的职责整合，组建新的中央党校（国家行政学院），实行一个机构两块牌子，作为党中央直属事业单位。

主要职责是，承担全国高中级领导干部和中青年后备干部培训，开展重大理论问题和现实问题研究，研究宣传习近平新时代中国特色社会主义思想，承担党中央决策咨询服务，培养马克思主义理论骨干，对全国各级党校（行政学院）进行业务指导等。

（八）组建中央党史和文献研究院。党史和文献工作是党的事业的重要组成部分，在党和国家工作大局中具有不可替代的重要地位和作用。为加强党的历史和理论研究，统筹党史研究、文献编辑和著作编译资源力量，构建党的理论研究综合体系，促进党的理论研究和党的实践研究相结合，打造党的历史和理论研究高端平台，将中央党史研究室、中央文献研究室、中央编译局的职责整合，组建中央党史和文献研究院，作为党中央直属事业单位。中央党史和文献研究院对外保留中央编译局牌子。

主要职责是，研究马克思主义基本理论、马克思主义中国化及其主要代表人物，研究习近平新时代中国特色社会主义思想，研究中国共产党历史，编辑编译马克思主义经典作家重要文献、党和国家重要文献、主要领导人著作，征集整理重要党史文献资料等。

不再保留中央党史研究室、中央文献研究室、中央编译局。

（九）中央组织部统一管理中央机构编制委员会办公室。为加强党对机构编制和机构改革的集中统一领导，理顺机构编制管理和干部管理的体制机制，调整优化中央机构编制委员会领导体制，作为党中央决策议事协调机构，统筹负责党和国家机构职能编制工作。

中央机构编制委员会办公室作为中央机构编制委员会的办事机构，承担中央机构编制委员会日常工作，归口中央组织部管理。

（十）中央组织部统一管理公务员工作。为更好落实党管干部原则，加强党对公务员队伍的集中统一领导，更好统筹干部管理，建立健全统一规范高效的公务员管理体制，将国家公务员局并入中央组织部。中央组织部对外保留国家公务员局牌子。

调整后，中央组织部在公务员管理方面的主要职责是，统一管理公务员录用调配、考核奖惩、培训和工资福利等事务，研究拟订公务员管理政策和法律法规草案并组织实施，指导全国公务员队伍建设和绩效管理，负责国家公务员管理国际交流合作等。

不再保留单设的国家公务员局。

（十一）中央宣传部统一管理新闻出版工作。为加强党对新闻舆论工作的集中统一领导，加强对出版活动的管理，发展和繁荣中国特色社会主义出版事业，将国家新闻出版广电总局的新闻出版管理职责划入中央宣传部。中央宣传部对外加挂国家新闻出版署（国家版权局）牌子。

调整后，中央宣传部关于新闻出版管理方面的主要职责是，贯彻落实党的宣传工作方针，拟订新闻出版业的管理政策并督促落实，管理新闻出版行政事务，统筹规划和指导协调新闻出版事业、产业发展，监督管理出版物内容和质量，监督管理印刷业，管理著作权，管理出版物进口等。

（十二）中央宣传部统一管理电影工作。为更好发挥电影在宣传思想和文化娱乐方面的特殊重要作用，发展和繁荣电影事业，将国家新闻出版广电总局的电影管理职责划入中央宣传部。中央宣传部对外加挂国家电影局牌子。

调整后，中央宣传部关于电影管理方面的主要职责是，管理电影行政事务，指导监管电影制片、发行、放映工作，组织对电影内容进行审查，指导协调全国性重大电影活动，承担对外合作制片、输入输出影片的国际合作交流等。

（十三）中央统战部统一领导国家民族事务委员会。为加强党对民族工作的集中统一领导，将民族工作放在统战工作大局下统一部署、统筹协调、形成合力，更好贯彻落实党的民族工作方针，更好协调处理民族工作中的重大事项，将国家民族事务委员会归口中央统战部领导。国家民族事务委员会仍作为国务院组成部门。

调整后，中央统战部在民族工作方面的主要职责是，贯彻落实党的民族工作方针，研究拟订民族工作的政策和重大措施，协调处理民族工作中的重大问题，根据分工做好少数民族干部工作，领导国家民族事务委员会依法管理民族事务，全面促进民族事业发展等。

（十四）中央统战部统一管理宗教工作。为加强党对宗教工作的集中统一领导，全面贯彻党的宗教工作基本方针，坚持我国宗教的中国化方向，统筹统战和宗教等资源力量，积极引导宗教与社会主义社会相适应，将国家宗教事务局并入中央统战部。中央统战部对外保留国家宗教事务局牌子。

调整后，中央统战部在宗教事务管理方面的主要职责是，贯彻落实党的宗教工作基本方针和政策，研究拟订宗教工作的政策措施并督促落实，统筹协调宗教工作，依法管理宗教行政事务，保护公民宗教信仰自由和正常的宗教活动，巩固和发展同宗教界的爱国统一战线等。

不再保留单设的国家宗教事务局。

（十五）中央统战部统一管理侨务工作。为加强党对海外统战工作的集中统一领导，更加广泛地团结联系海外侨胞和归侨侨眷，更好发挥群众团体作用，将国务院侨务办公室并入中央统战部。中央统战部对外保留国务院侨务办公室牌子。

调整后，中央统战部在侨务方面的主要职责是，统一领导海外统战工作，管理侨务行政事务，负责拟订侨务工作政策和规划，调查研究国内外侨情和侨务工作情况，统筹协调有关部门和社会团体涉侨工作，联系香港、澳门和海外有关社团及代表人士，指导推动涉侨宣传、文化交流和华文教育工作等。

国务院侨务办公室海外华人华侨社团联谊等职责划归中国侨联行使，发挥中国侨联作为党和政府联系广大归侨侨眷和海外侨胞的桥梁纽带作用。

不再保留单设的国务院侨务办公室。

（十六）优化中央网络安全和信息化委员会办公室职责。为维护国家网络空间安全和利益，将国家计算机网络与信息安全管理中心由工业和信息化部管理调整为由中央网络安全和信息化委员会办公室管理。

工业和信息化部仍负责协调电信网、互联网、专用通信网的建设，组织、指导通信行业技术创新和技术进步，对国家计算机网络与信息安全管理中心基础设施建设、技术创新提供保障，在各省（自治区、直辖市）设置的通信管理局管理体制、主要职责、人员编制维持不变。

（十七）不再设立中央维护海洋权益工作领导小组。为坚决维护国家主权和海洋权益，更好统筹外交外事与涉海部门的资源和力量，将维护海洋权益工作纳入中央外事工作全局中统一谋划、统一部署，不再设立中央维护海洋权益工作领导小组，有关职责交由中央外事工作委员会及其办公室承担，在中央外事工作委员会办公室内设维护海洋权益工作办公室。

调整后，中央外事工作委员会及其办公室在维护海洋权益方面的主要职责是，组织协调和指导督促各有关方面落实党中央关于维护海洋权益的决策部署，收集汇总和分析研判涉及国家海洋权益的情报信息，协调应对紧急突发事态，组织研究维护海洋权益重大问题并提出对策建议等。

（十八）不再设立中央社会治安综合治理委员会及其办公室。为加强党对政法工作和社会治安综合治理等工作的统筹协调，加快社会治安防控体系建设，不再设立中央社会治安综合治理委员会及其办公室，有关职责交由中央政法委员会承担。

调整后，中央政法委员会在社会治安综合治理方面的主要职责是，负责组织协调、推动和督促各地区各有关部门开展社会治安综合治理工作，汇总掌握社会治安综合治理动态，协调处置重大突发事件，研究社会治安综合治理有关重大问题，提出社会治安综合治理工作对策建议等。

（十九）不再设立中央维护稳定工作领导小组及其办公室。为加强党对政法工作的集中统一领导，更好统筹协调政法机关资源力量，强化维稳工作的系统性，推进平安中国建设，不再设立中央维护稳定工作领导小组及其办公室，有关职责交由中央政法委员会承担。

调整后，中央政法委员会在维护社会稳定方面的主要职责是，统筹协调政法机关等部门处理影响社会稳定的重大事项，协调应对和处置重大突发事件，了解掌握和分析研判影响社会稳定的情况动态，预防、化解影响稳定的社会矛盾和风险等。

（二十）将中央防范和处理邪教问题领导小组及其办公室职责划归中央政法委员会、公安部。为更好统筹协调执政安全和社会稳定工作，建立健全党委和政府领导、部门分工负责、社会协同参与的防范治理邪教工作机制，发挥政法部门职能作用，提高组织、协调、执行能力，形成工作合力和常态化工作机制，将防范和处理邪教工作职责交由中央政法委员会、公安部承担。

调整后，中央政法委员会在防范和处理邪教工作方面的主要职责是，协调指导各相关部门做好反邪教工作，分析研判有关情况信息并向党中央提出政策建议，协调处置重大突发性事件等。公安部在防范和处理邪教工作方面的主要职责是，收集邪教组织影响社会稳定、危害社会治安的情况并进行分析研判，依法打击邪教组织的违法犯罪活动等。

二、深化全国人大机构改革

人民代表大会制度是坚持党的领导、人民当家作主、依法治国有机统一的根本政治制度安排。要适应新时代我国社会主要矛盾变化，完善全国人大专门委员会设置，更好发挥职能作用。

（二十一）组建全国人大社会建设委员会。为适应统筹推进"五位一体"总体布局需要，加强社会建设，创新社会管理，更好保障和改善民生，推进社会领域法律制度建设，整合全国人大内务司法委员会、财政经济委员会、教育科学文化卫生委员会的相关职责，组建全国人大社会建设委员会，作为全国人大专门委员会。

主要职责是，研究、拟订、审议劳动就业、社会保障、民政事务、群团组织、安全生产等方面的有关议案、法律草案，开展有关调查研究，开展有关执法检查等。

（二十二）全国人大内务司法委员会更名为全国人大监察和司法委员会。为健全党和国家监督体系，适应国家监察体制改革需要，促进国家监察工作顺利开展，将全国人大内务司法委员会更名为全国人大监察和司法委员会。

全国人大监察和司法委员会在原有工作职责基础上，增加配合深化国家监察体制改革、完善国家监察制度体系、推动实现党内监督和国家机关监督有机统一方面的职责。

（二十三）全国人大法律委员会更名为全国人大宪法和法律委员会。为弘扬宪法精神，增强宪法意识，维护宪法权威，加强宪法实施和监督，推进合宪性审查工作，将全国人大法律委员会更名为全国人大宪法和法律委员会。

全国人大宪法和法律委员会在继续承担统一审议法律草案工作的基础上，增加推动宪法实施、开展宪法解释、推进合宪性审查、加强宪法监督、配合宪法宣传等职责。

三、深化国务院机构改革

深化国务院机构改革，要着眼于转变政府职能，坚决破除制约使市场在资源配置中起决定性作用、更好发挥政府作用的体制机制弊端，围绕推动高质量发展，建设现代化经济体系，加强和完善政府经济调节、市场监管、社会管理、公共服务、生态环境保护职能，结合新的时代条件和实践要求，着力推进重点领域、关键环节的机构职能优化和调整，构建起职责明确、依法行政的政府治理体系，增强政府公信力和执行力，加快建设人民满意的服务型政府。

（二十四）组建自然资源部。建设生态文明是中华民族永续发展的千年大计。必须树立和践行绿水青山就是金山银山的理念，统筹山水林田湖草系统治理。为统一行使全民所有自然资源资产所有者职责，统一行使所有国土空间用途管制和生态保护修复职责，着力解决自然资源所有者不到位、空间规划重叠等问题，将国土资源部的职责，国家发展和改革委员会的组织编制主体功能区规划职责，住房和城乡建设部的城乡规划管理职责，水利部的水资源调查和确权登记管理职责，农业部的草原资源调查和确权登记管理职责，国家林业局的森林、湿地等资源调查和确权登记管理职责，国家海洋局的职责，国家测绘地理信息局的职责整合，组建自然资源部，作为国务院组成部门。自然资源部对外保留国家海洋局牌子。

主要职责是，对自然资源开发利用和保护进行监管，建立空间规划体系并监督实施，履行全民所有各类自然资源资产所有者职责，统一调查和确权登记，建立自然资源有偿使用制度，负责测绘和地质勘查行业管理等。

不再保留国土资源部、国家海洋局、国家测绘地理信息局。

（二十五）组建生态环境部。保护环境是我国的基本国策，要像对待生命一样对待生态环境，实行最严格的生态环境保护制度，形成绿色发展方式和生活方式，着力解决突出环境问题。为整合分散的生态环境保护职责，统一行使生态和城乡各类污染排放监管与行政执法职责，加强环境污染治理，保障国家生态安全，建设美丽中国，将环境保护部的职责，国家发展和改革委员会的应对气候变化和减排职责，国土资源部的监督防止地下水污染职责，水利部的编制水功能区划、排污口设置管理、流域水环境保护职责，农业部的监督指导农业面源污染治理职责，国家海洋局的海洋环境保护职责，国务院南水北调工程建设委员会办公室的南水北调工程项目区环境保护职责整合，组建生态环境部，作为国务院组成部门。生态环境部对外保留国家核安全局牌子。

主要职责是，拟订并组织实施生态环境政策、规划和标准，统一负责生态环境监测和执法工作，监督管理污染防治、核与辐射安全，组织开展中央环境保护督察等。

不再保留环境保护部。

（二十六）组建农业农村部。农业农村农民问题是关系国计民生的根本性问题，必须始终把解决好"三农"问题作为全党工作重中之重。为加强党对"三农"工作的集中统一领导，坚持农业农村优先发展，统筹实施乡村振兴战略，推动农业全面升级、农村全面进步、农民全面发展，加快实现农业农村现代化，将中央农村工作领导小组办公室的职责，农业部的职责以及国家发展和改革委员会的农业投资项目、财政部的农业综合开发项目、国土资源部的农田整治项目、水利部的农田水利建设项目等管理职责整合，组建农业农村部，作为国务院组成部门。中央农村工作领导小组办公室设在农业农村部。

主要职责是，统筹研究和组织实施"三农"工作战略、规划和政策，监督管理种植业、畜牧业、渔业、农垦、农业机械化、农产品质量安全，负责农业投资管理等。

将农业部的渔船检验和监督管理职责划入交通运输部。

不再保留农业部。

（二十七）组建文化和旅游部。满足人民过上美好生活新期待，必须提供丰富的精神食粮。为增强和彰显文化自信，坚持中国特色社会主义文化发展道路，统筹文化事业、文化产业发展和旅游资源开发，提高国家文化软实力和中华文化影响力，将文化部、国家旅游局的职责整合，组建文化和旅游部，作为国务院组成部门。

主要职责是，贯彻落实党的文化工作方针政策，研究拟订文化和旅游工作政策措施，统筹规划文化事业、文化产业、旅游业发展，深入实施文化惠民工程，组织实施文化资源普查、挖掘和保护工作，维护各类文化市场包括旅游市场秩序，加强对外文化交流，推动中华文化走出去等。

不再保留文化部、国家旅游局。

（二十八）组建国家卫生健康委员会。人民健康是民族昌盛和国家富强的重要标志。为推动实施健康中国战略，树立大卫生、大健康理念，把以治病为中心转变到以人民健康为中心，预防控制重大疾病，积极应对人口老龄化，加快老龄事业和产业发展，为人民群众提供全方位全周期健康服务，将国家卫生和计划生育委员会、国务院深化医药卫生体制改革领导小组办公室、全国老龄工作委员会办公室的职责，工业和信息化部的牵头《烟草控制框架公约》履约工作职责，国家安全生产监督管理总局的职业安全健康监督管理职责整合，组建国家卫生健康委员会，作为国务院组成部门。

主要职责是，拟订国民健康政策，协调推进深化医药卫生体制改革，组织制定国家基本药物制度，监督管理公共卫生、医疗服务和卫生应急，负责计划生育管理和服务工作，拟订应对人口老龄化、医养结合政策措施等。

保留全国老龄工作委员会，日常工作由国家卫生健康委员会承担。民政部代管的中国老龄协会改由国家卫生健康委员会代管。国家中医药管理局由国家卫生健康委员会管理。

不再保留国家卫生和计划生育委员会。不再设立国务院深化医药卫生体制改革领导小组办公室。

（二十九）组建退役军人事务部。为维护军人军属合法权益，加强退役军人服务保障体系建设，建立健全集中统一、职责清晰的退役军人管理保障体制，让军人成为全社会尊崇的职业，将民政部的退役军人优抚安置职责，人力资源和社会保障部的军官转业安置职责，以及中央军委政治工作部、后勤保障部有关职责整合，组建退役军人事务部，作为国务院组成部门。

主要职责是，拟订退役军人思想政治、管理保障等工作政策法规并组织实施，褒扬彰显退役军人为党、国家和人民牺牲奉献的精神风范和价值导向，负责军队转业干部、复员干部、退休干部、退役士兵的移交安置工作和自主择业退役军人服务管理、待遇保障工作，组织开展退役军人教育培训、优待抚恤等，指导全国拥军优属工作，负责烈士及退役军人荣誉奖励、军人公墓维护以及纪念活动等。

（三十）组建应急管理部。提高国家应急管理能力和水平，提高防灾减灾救灾能力，确保人民群众生命财产安全和社会稳定，是我们党治国理政的一项重大任务。为防范化解重特大安全风险，健全公共安全体系，整合优化应急力量和资源，推动形成统一指挥、专常兼备、反应灵敏、上下联动、平战结合的中国特色应急管理体制，将国家安全生产监督管理总局的职责，国务院办公厅的应急管理职责，公安部的消防管理职责，民政部的救灾职责，国土资源部的地质灾害防治、水利部的水旱灾害防治、农业部的草原防火、国家林业局的森林防火相关职责，中国地震局的震灾应急救援职责以及国家防汛抗旱总指挥部、国家减灾委员会、国务院抗震救灾指挥部、国家森林防火指挥部的职责整合，组建应急管理部，作为国务院组成部门。

主要职责是，组织编制国家应急总体预案和规划，指导各地区各部门应对突发事件工作，推动应急预案体系建设和预案演练。建立灾情报告系统并统一发布灾情，统筹应急力量建设和物资储备并在救灾时统一调度，组织灾害救助体系建设，指导安全生产类、自然灾害类应急救援，承担国家应对特别重大灾害指挥部工作。指导火灾、水旱灾害、地质灾害等防治。负责安全生产综合监督管理和工矿商贸行业安全生产监督管理等。公安消防部队、武警森林部队转制后，与安全生产等应急救援队伍一并作为综合性常备应急骨干力量，由应急管理部管理，实行专门管理和政策保障，采取符合其自身特点的职务职级序列和管理办法，提高职业荣誉感，保持有生力量和战斗力。应急管理部要处理好防灾和救灾的关系，明确与相关部门和地方各自职责分工，建立协调配合机制。

中国地震局、国家煤矿安全监察局由应急管理部管理。

不再保留国家安全生产监督管理总局。

（三十一）重新组建科学技术部。创新是引领发展的第一动力，是建设现代化经济体系的战略支撑。为更好实施科教兴国战略、人才强国战略、创新驱动发展战略，加强国家创新体系建设，优化配置科技资源，推动建设高端科技创新人才队伍，健全技术创新激励机制，加快建设创新型国家，将科学技术部、国家外国专家局的职责整合，重新组建科学技术部，作为国务院组成部门。科学技术部对外保留国家外国专家局牌子。

主要职责是，拟订国家创新驱动发展战略方针以及科技发展、基础研究规划和政策并组织实施，统筹推进国家创新体系建设和科技体制改革，组织协调国家重大基础研究和应用基础研究，编制国家重大科技项目规划并监督实施，牵头建立统一的国家科技管理平台和科研项目资金协调、评估、监管机制，负责引进国外智力工作等。

国家自然科学基金委员会改由科学技术部管理。

不再保留单设的国家外国专家局。

（三十二）重新组建司法部。全面依法治国是国家治理的一场深刻革命，必须在党的领导下，遵循法治规律，创新体制机制，全面深化依法治国实践。为贯彻落实全面依法治国基本方略，加强党对法治政府建设的集中统一领导，统筹行政立法、行政执法、法律事务管理和普法宣传，推动政府工作纳入法治轨道，将司法部和国务院法制办公室的职责整合，重新组建司法部，作为国务院组成部门。

主要职责是，负责有关法律和行政法规草案起草，负责立法协调和备案审查、解释，综合协调行政执法，指导行政复议应诉，负责普法宣传，负责监狱、戒毒、社区矫正管理，负责律师公证和司法鉴定仲裁管理，承担国家司法协助等。

不再保留国务院法制办公室。

（三十三）优化审计署职责。改革审计管理体制，保障依法独立行使审计监督权，是健全党和国家监督体系的重要内容。为整合审计监督力量，减少职责交叉分散，避免重复检查和监督盲区，增强监督效能，将国家发展和改革委员会的重大项目稽察、财政部的中央预算执行情况和其他财政收支情况的监督检查、国务院国有资产监督管理委员会的国有企业领导干部经济责任审计和国有重点大型企业监事会的职责划入审计署，相应对派出审计监督力量进行整合优化，构建统一高效审计监督体系。

不再设立国有重点大型企业监事会。

（三十四）组建国家市场监督管理总局。改革市场监管体系，实行统一的市场监管，是建立统一开放竞争有序的现代市场体系的关键环节。为完善市场监管体制，推动实施质量强国战略，营造诚实守信、公平竞争的市场环境，进一步推进市场监管综合执法、加强产品质量安全监管，让人民群众买得放心、用得放心、吃得放心，将国家工商行政管理总局的职责，国家质量监督检验检疫总局的职责，国家食品药品监督管理总局的职责，国家发展和改革委员会的价格监督检查与反垄断执法职责，商务部的经营者集中反垄断执法以及国务院反垄断委员会办公室等职责整合，组建国家市场监督管理总局，作为国务院直属机构。

主要职责是，负责市场综合监督管理，统一登记市场主体并建立信息公示和共享机制，组织市场监管综合执法工作，承担反垄断统一执法，规范和维护市场秩序，组织实施质量强国战略，负责工业产品质量安全、食品安全、特种设备安全监管，统一管理计量标准、检验检测、认证认可工作等。

组建国家药品监督管理局，由国家市场监督管理总局管理，主要职责是负责药品、化妆品、医疗器械的注册并实施监督管理。

将国家质量监督检验检疫总局的出入境检验检疫管理职责和队伍划入海关总署。

保留国务院食品安全委员会、国务院反垄断委员会，具体工作由国家市场监督管理总局承担。

国家认证认可监督管理委员会、国家标准化管理委员会职责划入国家市场监督管理总局，对外保留牌子。

不再保留国家工商行政管理总局、国家质量监督检验检疫总局、国家食品药品监督管理总局。

（三十五）组建国家广播电视总局。为加强党对新闻舆论工作的集中统一领导，加强对重要宣传阵地的管理，牢牢掌握意识形态工作领导权，充分发挥广播电视媒体作为党的喉舌作用，在国家新闻出版广电总局广播电视管理职责的基础上组建国家广播电视总局，作为国务院直属机构。

主要职责是，贯彻党的宣传方针政策，拟订广播电视管理的政策措施并督促落实，统筹规划和指导协调广播电视事业、产业发展，推进广播电视领域的体制机制改革，监督管理、审查广播电视与网络视听节目内容和质量，负责广播电视节目的进口、收录和管理，协调推动广播电视领域走出去工作等。

不再保留国家新闻出版广电总局。

（三十六）组建中央广播电视总台。坚持正确舆论导向，高度重视传播手段建设和创新，提高新闻舆论传播力、引导力、影响力、公信力，是牢牢掌握意识形态工作领导权的重要抓手。为加强党对重要舆论阵地的集中建设和管理，增强广播电视媒体整体实力和竞争力，推动广播电视媒体、新兴媒体融合发展，加快国际传播能力建设，整合中央电视台（中国国际电视台）、中央人民广播电台、中国国际广播电台，组建中央广播电视总台，作为国务院直属事业单位，归口中央宣传部领导。

主要职责是，宣传党的理论和路线方针政策，统筹组织重大宣传报道，组织广播电视创作生产，制作和播出广播电视精品，引导社会热点，加强和改进舆论监督，推动多媒体融合发展，加强国际传播能力建设，讲好中国故事等。

撤销中央电视台（中国国际电视台）、中央人民广播电台、中国国际广播电台建制。对内保留原呼号，对外统一呼号为"中国之声"。

（三十七）组建中国银行保险监督管理委员会。金融是现代经济的核心，必须高度重视防控金融风险、保障国家金融安全。为深化金融监管体制改革，解决现行体制存在的监管职责不清晰、交叉监管和监管空白等问题，强化综合监管，优化监管资源配置，更好统筹系统重要性金融机构监管，逐步建立符合现代金融特点、统筹协调监管、有力有效的现代金融监管框架，守住不发生系统性金融风险的底线，将中国银行业监督管理委员会和中国保险监督管理委员会的职责整合，组建中国银行保险监督管理委员会，作为国务院直属事业单位。

主要职责是，依照法律法规统一监督管理银行业和保险业，保护金融消费者合法权益，维护银行业和保险业合法、稳健运行，防范和化解金融风险，维护金融稳定等。

将中国银行业监督管理委员会和中国保险监督管理委员会拟订银行业、保险业重要法律法规草案和审慎监管基本制度的职责划入中国人民银行。

不再保留中国银行业监督管理委员会、中国保险监督管理委员会。

（三十八）组建国家国际发展合作署。为充分发挥对外援助作为大国外交的重要手段作用，加强对外援助的战略谋划和统筹协调，推动援外工作统一管理，改革优化援外方式，更好服务国家外交总体布局和共建"一带一路"等，将商务部对外援助工作有关职责、外交部对外援助协调等职责整合，组建国家国际发展合作署，作为国务院直属机构。

主要职责是，拟订对外援助战略方针、规划、政策，统筹协调援外重大问题并提出建议，推进援外方式改革，编制对外援助方案和计划，确定对外援助项目并监督评估实施情况等。对外援助的具体执行工作仍由相关部门按分工承担。

（三十九）组建国家医疗保障局。医疗保险制度对于保障人民群众就医需求、减轻医药费用负担、提高健康水平有着重要作用。为完善统一的城乡居民基本医疗保险制度和大病保险制度，不断提高医疗保障水平，确保医保资金合理使用、安全可控，推进医疗、医保、医药"三医联动"改革，更好保障病有所医，将人力资源和社会保障部的城镇职工和城镇居民基本医疗保险、生育保险职责，国家卫生和计划生育委员会的新型农村合作医疗职责，国家发展和改革委员会的药品和医疗服务价格管理职责，民政部的医疗救助职责整合，组建国家医疗保障局，作为国务院直属机构。

主要职责是，拟订医疗保险、生育保险、医疗救助等医疗保障制度的政策、规划、标准并组织实施，监督管理相关医疗保障基金，完善国家异地就医管理和费用结算平台，组织制定和调整药品、医疗服务价格和收费标准，制定药品和医用耗材的招标采购政策并监督实施，监督管理纳入医保支出范围内的医疗服务行为和医疗费用等。

（四十）组建国家粮食和物资储备局。为加强国家储备的统筹规划，构建统一的国家物资储备体系，强化中央储备粮棉的监督管理，提升国家储备应对突发事件的能力，将国家粮食局的职责，国家发展和改革委员会的组织实施国家战略物资收储、轮换和管理，管理国家粮食、棉花和食糖储备等职责，以及民政部、商务部、国家能源局等部门的组织实施国家战略和应急储备物资收储、轮换和日常管理职责整合，组建国家粮食和物资储备局，由国家发展和改革委员会管理。

主要职责是，根据国家储备总体发展规划和品种目录，组织实施国家战略和应急储备物资的收储、轮换、管理，统一负责储备基础设施的建设与管理，对管理的政府储备、企业储备以及储备政策落实情况进行监督检查，负责粮食流通行业管理和中央储备粮棉行政管理等。

不再保留国家粮食局。

（四十一）组建国家移民管理局。随着我国综合国力进一步提升，来华工作生活的外国人不断增加，对做好移民管理服务提出新要求。为加强对移民及出入境管理的统筹协调，更好形成移民管理工作合力，将公安部的出入境管理、边防检查职责整合，建立健全签证管理协调机制，组建国家移民管理局，加挂中华人民共和国出入境管理局牌子，由公安部管理。

主要职责是，协调拟订移民政策并组织实施，负责出入境管理、口岸证件查验和边民往来管理，负责外国人停留居留和永久居留管理、难民管理、国籍管理，牵头协调非法入境、非法居留、非法就业外国人治理和非法移民遣返，负责中国公民因私出入国（境）服务管理，承担移民领域国际合作等。

（四十二）组建国家林业和草原局。为加大生态系统保护力度，统筹森林、草原、湿地监督管理，加快建立以国家公园为主体的自然保护地体系，保障国家生态安全，将国家林业局的职责，农业部的草原监督管理职责，以及国土资源部、住房和城乡建设部、水利部、农业部、国家海洋局等部门的自然保护区、风景名胜区、自然遗产、地质公园等管理职责整合，组建国家林业和草原局，由自然资源部管理。国家林业和草原局加挂国家公园管理局牌子。

主要职责是，监督管理森林、草原、湿地、荒漠和陆生野生动植物资源开发利用和保护，组织生态保护和修复，开展造林绿化工作，管理国家公园等各类自然保护地等。

不再保留国家林业局。

（四十三）重新组建国家知识产权局。强化知识产权创造、保护、运用，是加快建设创新型国家的重要举措。为解决商标、专利分头管理和重复执法问题，完善知识产权管理体制，将国家知识产权局的职责、国家工商行政管理总局的商标管理职责、国家质量监督检验检疫总局的原产地地理标志管理职责整合，重新组建国家知识产权局，由国家市场监督管理总局管理。

主要职责是，负责保护知识产权工作，推动知识产权保护体系建设，负责商标、专利、原产地地理标志的注册登记和行政裁决，指导商标、专利执法工作等。商标、专利执法职责交由市场监管综合执法队伍承担。

（四十四）国务院三峡工程建设委员会及其办公室、国务院南水北调工程建设委员会及其办公室并入水利部。目前，三峡主体工程建设任务已经完成，南水北调东线和中线工程已经竣工。为加强对重大水利工程建设和运行的统一管理，理顺职责关系，将国务院三峡工程建设委员会及其办公室、国务院南水北调工程建设委员会及其办公室并入水利部。由水利部承担三峡工程和南水北调工程的运行管理、后续工程建设管理和移民后期扶持管理等职责。

不再保留国务院三峡工程建设委员会及其办公室、国务院南水北调工程建设委员会及其办公室。

（四十五）调整全国社会保障基金理事会隶属关系。为加强社会保障基金管理和监督，理顺职责关系，保证基金安全和实现保值增值目标，将全国社会保障基金理事会由国务院管理调整为由财政部管理，承担基金安全和保值增值的主体责任，作为基金投资运营机构，不再明确行政级别。

（四十六）改革国税地税征管体制。为降低征纳成本，理顺职责关系，提高征管效率，为纳税人提供更加优质高效便利服务，将省级和省级以下国税地税机构合并，具体承担所辖区域内各项税收、非税收入征管等职责。为提高社会保险资金征管效率，将基本养老保险费、基本医疗保险费、失业保险费等各项社会保险费交由税务部门统一征收。国税地税机构合并后，实行以国家税务总局为主与省（自治区、直辖市）政府双重领导管理体制。国家税务总局要会同省级党委和政府加强税务系统党的领导，做好党的建设、思想政治建设和干部队伍建设工作，优化各层级税务组织体系和征管职责，按照"瘦身"与"健身"相结合原则，完善结构布局和力量配置，构建优化高效统一的税收征管体系。

四、深化全国政协机构改革

人民政协是具有中国特色的制度安排，是社会主义协商民主的重要渠道和专门协商机构。要加强人民政协民主监督，增强人民政协界别的代表性，加强委员队伍建设，优化政协专门委员会设置。

（四十七）组建全国政协农业和农村委员会。将全国政协经济委员会联系农业界和研究"三农"问题等职责调整到全国政协农业和农村委员会。

主要职责是，组织委员学习宣传党和国家农业农村方面的方针政策和法律法规，就"三农"问题开展调查研究，提出意见、建议和提案，团结和联系农业和农村界委员反映社情民意。

（四十八）全国政协文史和学习委员会更名为全国政协文化文史和学习委员会。将全国政协教科文卫体委员会承担的联系文化艺术界等相关工作调整到全国政协文化文史和学习委员会。

主要职责是，组织委员学习宣传党和国家文化艺术文史方面的方针政策和法律法规，就文化艺术文史问题开展调查研究，提出意见、建议和提案，团结和联系文化艺术文史界委员反映社情民意。

（四十九）全国政协教科文卫体委员会更名为全国政协教科卫体委员会。主要职责是，组织委员学习宣传党和国家教育、科技、卫生、体育方面的方针政策和法律法规，就教育、科技、卫生、体育问题开展调查研究，提出意见、建议和提案，团结和联系教育、科技、卫生、体育界委员反映社情民意。

五、深化行政执法体制改革

深化行政执法体制改革，统筹配置行政处罚职能和执法资源，相对集中行政处罚权，是深化机构改革的重要任务。根据不同层级政府的事权和职能，按照减少层次、整合队伍、提高效率的原则，大幅减少执法队伍种类，合理配置执法力量。一个部门设有多支执法队伍的，原则上整合为一支队伍。推动整合同一领域或相近领域执法队伍，实行综合设置。完善执法程序，严格执法责任，做到严格规范公正文明执法。

（五十）整合组建市场监管综合执法队伍。整合工商、质检、食品、药品、物价、商标、专利等执法职责和队伍，组建市场监管综合执法队伍。由国家市场监督管理总局指导。鼓励地方将其他直接到市场、进企业、面向基层、面对老百姓的执法队伍，如商务执法、盐业执法等，整合划入市场监管综合执法队伍。药品经营销售等行为的执法，由市县市场监管综合执法队伍统一承担。

（五十一）整合组建生态环境保护综合执法队伍。整合环境保护和国土、农业、水利、海洋等部门相关污染防治和生态保护执法职责、队伍，统一实行生态环境保护执法。由生态环境部指导。

（五十二）整合组建文化市场综合执法队伍。将旅游市场执法职责和队伍整合划入文化市场综合执法队伍，统一行使文化、文物、出版、广播电视、电影、旅游市场行政执法职责。由文化和旅游部指导。

（五十三）整合组建交通运输综合执法队伍。整合交通运输系统内路政、运政等涉及交通运输的执法职责、队伍，实行统一执法。由交通运输部指导。

（五十四）整合组建农业综合执法队伍。将农业系统内兽医兽药、生猪屠宰、种子、化肥、农药、农机、农产品质量等执法队伍整合，实行统一执法。由农业农村部指导。

继续探索实行跨领域跨部门综合执法，建立健全综合执法主管部门、相关行业管理部门、综合执法队伍间协调配合、信息共享机制和跨部门、跨区域执法协作联动机制。对涉及的相关法律法规及时进行清理修订。

六、深化跨军地改革

着眼全面落实党对人民解放军和其他武装力量的绝对领导，贯彻落实党中央关于调整武警部队领导指挥体制的决定，按照军是军、警是警、民是民原则，将列武警部队序列、国务院部门领导管理的现役力量全部退出武警，将国家海洋局领导管理的海警队伍转隶武警部队，将武警部队担负民事属性任务的黄金、森林、水电部队整体移交国家相关职能部门并改编为非现役专业队伍，同时撤收武警部队海关执勤兵力，彻底理顺武警部队领导管理和指挥使用关系。

（五十五）公安边防部队改制。公安边防部队不再列武警部队序列，全部退出现役。

公安边防部队转到地方后，成建制划归公安机关，并结合新组建国家移民管理局进行适当调整整合。现役编制全部转为人民警察编制。

（五十六）公安消防部队改制。公安消防部队不再列武警部队序列，全部退出现役。

公安消防部队转到地方后，现役编制全部转为行政编制，成建制划归应急管理部，承担灭火救援和其他应急救援工作，充分发挥应急救援主力军和国家队的作用。

（五十七）公安警卫部队改制。公安警卫部队不再列武警部队序列，全部退出现役。

公安警卫部队转到地方后，警卫局（处）由同级公安机关管理的体制不变，承担规定的警卫任务，现役编制全部转为人民警察编制。

（五十八）海警队伍转隶武警部队。按照先移交、后整编的方式，将国家海洋局（中国海警局）领导管理的海警队伍及相关职能全部划归武警部队。

（五十九）武警部队不再领导管理武警黄金、森林、水电部队。按照先移交、后整编的方式，将武警黄金、森林、水电部队整体移交国家有关职能部门，官兵集体转业改编为非现役专业队伍。

武警黄金部队转为非现役专业队伍后，并入自然资源部，承担国家基础性公益性地质工作任务和多金属矿产资源勘查任务，现役编制转为财政补助事业编制。原有的部分企业职能划转中国黄金总公司。

武警森林部队转为非现役专业队伍后，现役编制转为行政编制，并入应急管理部，承担森林灭火等应急救援任务，发挥国家应急救援专业队作用。

武警水电部队转为非现役专业队伍后，充分利用原有的专业技术力量，承担水利水电工程建设任务，组建为国有企业，可继续使用中国安能建设总公司名称，由国务院国有资产监督管理委员会管理。

（六十）武警部队不再承担海关执勤任务。参与海关执勤的兵力一次性整体撤收，归建武警部队。

为补充武警部队撤勤后海关一线监管力量缺口，海关系统要结合检验检疫系统整合，加大内部挖潜力度，同时通过核定军转编制接收一部分转业官兵，并通过实行购买服务、聘用安保人员等方式加以解决。

七、深化群团组织改革

群团组织改革要认真落实党中央关于群团改革的决策部署，健全党委统一领导群团工作的制度，紧紧围绕保持和增强政治性、先进性、群众性这条主线，强化问题意识，以更大力度、更实举措推进改革，着力解决"机关化、行政化、贵族化、娱乐化"等问题，把群团组织建设得更加充满活力、更加坚强有力。

牢牢把握改革正确方向，始终坚持党对群团组织的领导，坚决贯彻党的意志和主张，自觉服从服务党和国家工作大局，找准工作结合点和着力点，落实以人民为中心的工作导向，增强群团组织的吸引力影响力。要聚焦突出问题，改革机关设置、优化管理模式、创新运行机制，坚持眼睛向下、面向基层，将力量配备、服务资源向基层倾斜，更好适应基层和群众需要。促进党政机构同群团组织功能有机衔接，支持和鼓励群团组织承接适合由群团组织承担的公共服务职能，增强群团组织团结教育、维护权益、服务群众功能，充分发挥党和政府联系人民群众的桥梁纽带作用。加强组织领导，加强统筹协调，加强分类指导，加强督察问责，认真总结经验，切实把党中央对群团工作和群团改革的各项要求落到实处。

八、深化地方机构改革

地方机构改革要全面贯彻落实党中央关于深化党和国家机构改革的决策部署，坚持加强党的全面领导，坚持省市县统筹、党政群统筹，根据各层级党委和政府的主要职责，合理调整和设置机构，理顺权责关系，改革方案按程序报批后组织实施。

深化地方机构改革，要着力完善维护党中央权威和集中统一领导的体制机制，省市县各级涉及党中央集中统一领导和国家法制统一、政令统一、市场统一的机构职能要基本对应。赋予省级及以下机构更多自主权，突出不同层级职责特点，允许地方根据本地区经济社会发展实际，在规定限额内因地制宜设置机构和配置职能。统筹设置党政群机构，在省市县对职能相近的党政机关探索合并设立或合署办公，市县要加大党政机关合并设立或合署办公力度。借鉴经济发达镇行政管理体制改革试点经验，适应街道、乡镇工作特点和便民服务需要，构建简约高效的基层管理体制。

加强各级党政机构限额管理，地方各级党委机构限额与同级政府机构限额统一计算。承担行政职能的事业单位，统一纳入地方党政机构限额管理。省级党政机构数额，由党中央批准和管理。市县两级党政机构数额，由省级党委实施严格管理。

强化机构编制管理刚性约束，坚持总量控制，严禁超编进人、超限额设置机构、超职数配备领导干部。结合全面深化党和国家机构改革，对编制进行整合规范，加大部门间、地区间编制统筹调配力度。在省（自治区、直辖市）范围内，打破编制分配之后地区所有、部门所有、单位所有的模式，随职能变化相应调整编制。

坚持蹄疾步稳、紧凑有序推进改革，中央和国家机关机构改革要在 2018 年年底前落实到位。省级党政机构改革方案要在 2018 年 9 月底前报党中央审批，在 2018 年年底前机构调整基本到位。省以下党政机构改革，由省级党委统一领导，在 2018 年年底前报党中央备案。所有地方机构改革任务在 2019 年 3 月底前基本完成。

深化党和国家机构改革是推进国家治理体系和治理能力现代化的一场深刻变革，是关系党和国家事业全局的重大政治任务。各地区各部门各单位要坚决维护以习近平同志为核心的党中央权威和集中统一领导，坚持正确改革方向，把思想和行动统一到党中央关于深化党和国家机构改革的重大决策部署上来，不折不扣落实党中央决策部署。要着力统一思想认识，把思想政治工作贯穿改革全过程，引导各级干部强化政治意识、大局意识、核心意识、看齐意识，领导干部要带头讲政治、顾大局、守纪律、促改革，坚决维护党中央改革决策的权威性和严肃性。要加强组织领导，各级党委和政府要把抓改革举措落地作为政治责任，党委（党组）主要领导要当好第一责任人，对党中央明确的改革任务要坚决落实到位，涉及机构变动、职责调整的部门，要服从大局，确保机构、职责、队伍等按要求及时调整到位，不允许搞变通、拖延改革。要加强对各地区各部门机构改革落实情况的督导检查。各地区各部门推进机构改革情况和遇到的重大问题及时向党中央报告请示。

附件 5

习近平关于深化党和国家机构改革决定稿和方案稿的说明

受中央政治局委托，我就《中共中央关于深化党和国家机构改革的决定》稿和《深化党和国家机构改革方案》稿作说明。

一、关于决定稿和方案稿起草背景和过程

党的十九大对深化机构改革作出重要部署，要求统筹考虑各类机构设置，科学配置党政部门及内设机构权力、明确职责。党的十九大闭幕后，中央政治局常委会、中央政治局决定，党的十九届三中全会专题研究深化党和国家机构改革问题，并决定成立文件起草组，由我担任组长。

改革开放以来历次三中全会都研究深化改革问题，党的十八届三中全会专门研究了全面深化改革问题。时隔 5 年后，党的十九届三中全会专门研究深化党和国家机构改革问题，目的是在全面深化改革进程中抓住有利时机，下决心解决党和国家机构设置和职能配置中存在的突出矛盾和问题。

党的十八大以来，党中央提出了"五位一体"总体布局和"四个全面"战略布局，并根据新形势新任务的要求不断全面深化改革。我们出台的很多改革方案，如党的领导体制改革、纪律检查制度改革、政治体制改革、法律制度改革、司法体制改革、社会治理体制改革、生态文明体制改革等，都涉及党和国家机构改革。通过全面深化改革，我们已经在加强党的领导、推进依法治国、理顺政府和市场关系、健全国家治理体系、提高治理能力等方面及若干重要领域和关键环节取得重大突破。

同时，我们也要看到，党和国家机构职能中存在的一些深层次体制难题还没有解决；一些问题反映比较强烈、看得也比较准，但由于方方面面因素难以下决断；还有一些问题，由于以往主要是调整政府机构，受改革范围限制还没有涉及。随着全面深化改革不断推进，又出现一些新情况新问题，各方面对机构改革提出不少意见和建议，对深化党和国家机构改革呼声很高。

考虑到这些情况，2015 年，我就要求中央全面深化改革领导小组对深化党和国家机构改革进行调研。去年 7 月，我就深化党和国家机构改革作出指示，强调随着全面深化改革不断推进，深化党和国家机构改革工作需要提上议事日程；这次机构改革，党政军群等方面要统筹考虑，可由中央全面深化改革领导小组牵头进行研究；首先应该进行深入调查，坚持问题导向，把各地区各部门各方面对机构改革的意见摸清楚，把机构设置存在的问题弄清楚，在此基础上科学拟定方案。

去年下半年以来，中央改革办、中央编办开展了调研论证，组成 10 个调研组，分赴 31 个省区市、71 个中央和国家机关部门，当面听取了 139 位省部级主要负责同志的意见和建议；共向 657 个市县的 1 197 位党委和政府主要负责同志个人发放了调研问卷，31 个省区市的改革办、编办都提交了深化地方机构改革调研报告。

归纳调研成果，各方面认为，现行机构设置同国家治理体系和治理能力现代化的要求相比还有许多不适应的地方，"五位一体"总体布局、"四个全面"战略布局在机构设置上还没有充分体现。主要是：党的机构设置不够健全有力，党政机构职责重叠，仍存在叠床架屋问题，政府机构职责分散交叉，政府职能转变还不彻底，中央地方机构上下一般粗问题突出，群团改革、事业单位改革还未完全到位，等等。各地区各部门对全面加强党的领导、全面依法治国、优化自然资源资产管理、生态环境保护、市场监管、文化市场监管等方面体制的呼声很高。

各地区各部门认为，这次应该下更大决心，突出加强党的领导、理顺党政关系，统筹谋划机构设置，争取更明显的成效。主要是：加强党的统筹协调机构，对职能相近或密切相关的党政机构、事业单位进行适当整合，调整优化中央和国家机关有关部门职能，撤销职能弱化、职责有重复或阶段性任务已完成的机构，新设立部分机构，坚持全国统筹、上下联动推动机构改革，等等。

2017 年 12 月 11 日，文件起草组召开第一次全体会议，文件起草工作正式启动。文件起草组深入开展专题研究论证，总结以往改革经验，吸收调研成果，反复讨论修改。其间，中央政治局常委会、中央政治局召开会议审议全会决定稿和方案稿。

根据中央政治局会议决定，2018 年 2 月 1 日中央办公厅发出《关于对〈中共中央关于深化党和国家机构改革的决定〉稿征求意见的通知》，决定稿下发党内一定范围征求意见，包括征求党内老同志意见。我主持召开座谈会，当面听取各民主党派中央、全国工商联负责人和无党派人士代表的意见和建议。各有关单位共反馈书面报告 117 份，党外人士提交发言稿 10 份。

各地区各部门各方面一致表示，坚决拥护党中央关于深化党和国家机构改革的重大决策，完全赞同决定稿确定的指导思想、目标原则、总体部署。大家的意见主要包括。一是在中国特色社会主义进入"两个一百年"奋斗目标历史交汇期、改革开放 40

周年的关键时间节点，党中央从党和国家事业发展全局的战略高度，作出深化党和国家机构改革这一重大政治决策，顺应新时代发展要求，符合党心民心，非常必要，十分及时。二是这次深化党和国家机构改革紧扣加强党的长期执政能力建设，以加强党的全面领导为统领，以国家治理体系和治理能力现代化为导向，以推进党和国家机构职能优化协同高效为着力点，全面贯彻了党的十九大提出的重大战略目标、战略部署、战略任务，使机构设置和职能配置进一步适应统筹推进"五位一体"总体布局和协调推进"四个全面"战略布局的需要，必将对新时代坚持和发展中国特色社会主义产生重大的现实意义和深远的历史意义。三是这次深化党和国家机构改革坚持问题导向，聚焦一批长期想解决而没有解决的重大问题，既推动中央层面的改革、又促进地方和基层的改革，体现了加强党的长期执政能力建设和提高国家治理水平的有机统一、机构改革和制度完善的有机统一、原则性规定和战略性谋划的有机统一。四是要增强"四个意识"，坚定"四个自信"，坚持稳中求进，不折不扣抓好贯彻落实。

在征求意见过程中，各方面提出了许多好的意见和建议。经统计，各方面共提出修改意见641条，扣除重复意见后为550条，其中原则性意见143条，具体修改意见407条；具体修改意见中，实质性修改意见396条，文字性修改意见11条。党中央责成文件起草组认真梳理和研究这些意见和建议，对决定稿作出修改。文件起草组经过认真研究，共对决定稿作出171处修改，覆盖192条意见。中央政治局常委会会议、中央政治局会议先后审议了修改后的决定稿。方案稿也在听取有关方面意见和建议后作了调整完善。这两个文件稿，是在党中央领导下发扬民主、集思广益的结果，凝聚了各方面智慧。

这次提请全会审议的决定稿和方案稿，相互支撑、有机统一。决定稿是指导性文件，着重阐述深化机构改革的重大意义、指导思想、原则思路、目标任务。方案稿是规划图和施工图，提出深化党和国家机构改革的具体方案。

二、关于深化党和国家机构改革决定稿的主要考虑和基本框架

决定稿起草，突出了5个方面的考虑。一是适应新时代中国特色社会主义发展需要，落实党的十九大提出的深化党和国家机构改革的战略任务。二是以坚持和加强党的全面领导为主线，完善坚持党的全面领导的制度，把党的领导贯彻到党和国家机关全面正确履行职责各领域各环节。三是坚持统筹党政军群机构改革，站在新的历史起点上，突出改革的系统性、整体性、协同性。四是坚持问题导向，突出重要领域和关键环节，有什么问题就解决什么问题，看准的要下决心改，真正解决突出问题。五是坚持远近结合，既立足当前解决突出矛盾，也着眼长远解决体制机制问题。

全会决定稿共分三大板块，导语和第一部分、第二部分构成第一板块，属于总论，主要阐述深化党和国家机构改革的重大意义、指导思想、目标原则。第三至七部分构成第二板块，属于分论，主要从完善党的全面领导的制度、优化政府机构设置和职能配置、统筹党政军群机构改革、合理设置地方机构、推进机构编制法定化等5个方面，部署深化党和国家机构改革的主要任务和重大举措。第八部分构成第三板块，讲组织领导，主要阐述加强对深化党和国家机构改革的领导，对贯彻落实提出原则要求。

这里，我就决定稿涉及的几个问题介绍一下党中央的考虑。

第一，关于加强党的全面领导。这是深化党和国家机构改革必须坚持的重要原则。中国共产党领导是中国特色社会主义最本质的特征，是全党全国各族人民共同意志和根本利益的体现，是决胜全面建成小康社会、夺取新时代中国特色社会主义伟大胜利的根本保证。我们党在一个有着13亿多人口的大国长期执政，要保证国家统一、法制统一、政令统一、市场统一，要实现经济发展、政治清明、文化昌盛、社会公正、生态良好，要顺利推进新时代中国特色社会主义各项事业，必须完善坚持党的领导的体制机制，更好发挥党的领导这一最大优势，担负好进行伟大斗争、建设伟大工程、推进伟大事业、实现伟大梦想的重大职责。

在我国政治生活中，党是居于领导地位的，加强党的集中统一领导，支持人大、政府、政协和监察机关、审判机关、检察机关、人民团体、企事业单位、社会组织履行职能、开展工作、发挥作用，这两个方面是统一的。决定稿紧紧把握适应新时代中国特色社会主义发展要求，构建坚持党的全面领导、反映最广大人民根本利益的党和国家机构职能体系这一主线，着力从制度安排上发挥党的领导这个最大的体制优势，统筹考虑党和国家各类机构设置，协调好并发挥出各类机构职能作用，完善科学领导和决策、有效管理和执行的体制机制，确保党长期执政和国家长治久安。

全面加强党的领导同坚持以人民为中心是高度统一的。深化党和国家机构改革的目的是更好推进党和国家事业发展，更好满足人民日益增长的美好生活需要，更好推动人的全面发展、社会全面进步、人民共同富裕。要坚持人民主体地位，坚持立党为公、执政为民，贯彻党的群众路线，健全人民当家作主制度体系，完善为民谋利、为民办事、为民解忧和保障人民权益、接受人民监督的体制机制，为人民管理国家事务、管理经济文化事业、管理社会事务提供更有力的保障。

第二，关于优化协同高效。我们适应新时代新形势新要求，强调这次改革要坚持优化协同高效。优化就是机构职能要科学合理、权责一致，协同就是要有统有分、有主有次，高效就是要履职到位、流程通畅。只要这个目标达到了，该精简的就精简，该加强的就加强，而不是为了精简而精简。优化协同高效不仅是这次深化党和国家机构改革的原则要求，也是衡量改革能否达到预期目标的重要标准。

第三，关于理顺党政职责关系。这次改革的一个重要特点，就是统筹设置党政机构。决定稿提出坚持一类事项原则上由一个部门统筹，一件事情原则上由一个部门负责，避免政出多门、责任不明、推诿扯皮，科学设定党和国家机构，正确定位、合理分工、增强合力，防止机构重叠、职能重复、工作重合。党的有关机构可以同职能相近、联系紧密的其他部门统筹设置，实行合并设立或合署办公，使党和国家机构职能更加优化、权责更加协同、运行更加高效。

这次深化党和国家机构改革，有些中央决策议事协调机构的办事机构，就设在了国务院部门。这样做，有助于理顺党政机构职责关系，统筹调配资源，减少多头管理，减少职责分散交叉，使党政机构职能分工合理、责任明确、运转协调，形成统一高效的领导体制，保证党实施集中统一领导，保证其他机构协调联动。

第四，关于统筹党政军群机构改革。各级各类党政机构是一个有机整体。推进国家治理体系和治理能力现代化，必须统筹考虑党和国家机构设置，科学配置党政机构职责，理顺同群团、事业单位的关系，协调并发挥各类机构职能作用，形成适应新时代发展要求的党政群、事业单位机构新格局。前期党中央批准的国防和军队改革方案涉及政府机构改革的任务，还有正在实施的群团改革，也要结合这次深化党和国家机构改革落实好。

这次深化党和国家机构改革，是要统筹推进脖子以上机构改革和脖子以下机构改革，充分发挥中央和地方两个积极性，构建从中央到地方各级机构政令统一、运行顺畅、充满活力的工作体系。不同层级各有其职能重点，对那些由下级管理更为直接高效的事务，应该赋予地方更多自主权，这样既能充分调动地方积极性、因地制宜做好工作，又有利于中央部门集中精力抓大事、谋全局。要理顺中央和地方职责关系，中央加强宏观事务管理，地方在保证党中央令行禁止前提下管理好本地区事务，合理配置各层级间职能，构建简约高效的基层管理体制，保证有效贯彻落实党中央方针政策和国家法律法规。

第五，关于坚持改革和法治相统一。改革和法治是两个轮子，这就是全面深化改革和全面依法治国的辩证关系。深化党和国家机构改革，要做到改革和立法相统一、相促进，发挥法治规范和保障改革的作用，做到重大改革于法有据、依法依规进行。同时，要同步考虑改革涉及的立法问题，需要制定或修改法律的要通过法定程序进行，做到在法治下推进改革，在改革中完善法治。

三、关于深化党和国家机构改革方案稿的重点内容

方案稿对深化党和国家机构改革作出了整体部署。这里，我就方案稿涉及的重要领域和重要方面的机构改革作个说明。

第一，在完善党中央机构职能方面，主要推进以下改革。一是组建国家监察委员会。党的十九大对健全党和国家监督体系作出部署，目的就是要加强对权力运行的制约和监督，让人民监督权力，让权力在阳光下运行，把权力关进制度的笼子。在党和国家各项监督制度中，党内监督是第一位的。深化国家监察体制改革，目的是加强党对反腐败工作的统一领导，实现对所有行使公权力的公职人员监察全覆盖。国家监察委员会就是中国特色的国家反腐败机构。国家监察委员会同中央纪委合署办公，履行纪检、监察两项职责，实行一套工作机构、两个机关名称。不再保留监察部、国家预防腐败局。这项改革是事关全局的重大政治体制改革，具有鲜明的中国特色，展现了我们党自我革命的勇气和担当，意义重大而深远。

二是加强和优化党中央决策议事协调机构。党的十八大以来，党中央在全面深化改革、国家安全、网络安全、军民融合发展等涉及党和国家工作全局的重要领域成立决策议事协调机构，对加强党对相关工作的领导和统筹协调，起到至关重要的作用。方案稿提出，组建中央全面依法治国委员会，其办公室设在司法部；组建中央审计委员会，其办公室设在审计署；组建中央教育工作领导小组，其秘书组设在教育部；将中央全面深化改革领导小组、中央网络安全和信息化领导小组、中央财经领导小组、中央外事工作领导小组改为委员会，调整优化中央机构编制委员会领导体制。按主要战线、主要领域适当归并党中央决策议事协调机构，统一各委员会名称，目的就是加强党中央对重大工作的集中统一领导，确保党始终总揽全局、协调各方，确保党的领导更加坚强有力。

同时，不再设立中央维护海洋权益工作领导小组、不再设立中央社会治安综合治理委员会及其办公室、不再设立中央维护稳定工作领导小组及其办公室，有关职责交由相关职能部门承担。将中央防范和处理邪教问题领导小组及其办公室职责划归中央政法委员会、公安部。撤销有关议事协调机构，是为了理顺职责、整合力量，不是某方面工作不重要了，可以撒手不管了。有关部门要把工作承接好，把职责任务履行好。

三是优化整合党中央直属的机关党建、教育培训、党史研究等机构设置。长期以来，一些党的机构之间、党政机构之间、事业单位之间职责重叠、交叉分散的问题比较突出，一定程度上影响了工作效率。为加强中央和国家机关党的建设，合并中央直属机关工作委员会和中央国家机关工作委员会，组建中央和国家机关工作委员会，作

为党中央派出机构，统一领导中央和国家机关各部门党的工作；合并中央党校和国家行政学院，组建新的中央党校（国家行政学院），实行一个机构两块牌子，作为党中央直属事业单位；合并中央党史研究室、中央文献研究室和中央编译局，组建中央党史和文献研究院，作为党中央直属事业单位，对外保留中央编译局牌子。

四是加强党中央职能部门的统一归口协调管理职能。方案稿坚持一类事项原则上由一个部门统筹，突出核心职能、整合相近职能、充实协调职能，调整党政机关设置和职能配置。为更好落实党管干部、管机构编制原则，加强党对公务员队伍和机构编制的集中统一领导，更好统筹干部、机构编制资源，由中央组织部统一管理公务员工作，统一管理中央编办。为加强党对重要宣传阵地的管理，牢牢掌握意识形态工作领导权，由中央宣传部统一管理新闻出版工作，统一管理电影工作，归口管理新组建的国家广播电视总局、中央广播电视总台。为加强党的集中统一领导，减少党政部门职责交叉，将国家宗教事务局、国务院侨务办公室并入中央统战部，统一管理宗教工作、侨务工作，同时由中央统战部统一领导国家民族事务委员会。这有利于把缺位的职责补齐，让交叉的职责清晰起来，提高工作效能。

第二，在完善国务院机构职能方面，主要推进以下改革。一是组建自然资源部。为落实绿水青山就是金山银山的理念，解决自然资源所有者不到位、空间性规划重叠、部门职责交叉重复等问题，实现山水林田湖草各类自然资源的整体保护、系统修复和综合治理，加强自然资源管理，将国土资源部的职责，国家发展和改革委员会的组织编制主体功能区规划职责，住房和城乡建设部的城乡规划管理职责，水利部的水资源调查和确权登记管理职责，农业部的草原资源调查和确权登记管理职责，国家林业局的森林、湿地等资源调查和确权登记管理职责，国家海洋局的职责，国家测绘地理信息局的职责整合，组建自然资源部，统一行使全民所有自然资源资产所有者职责，统一行使所有国土空间用途管制和生态保护修复职责。

二是组建生态环境部。为推动建设美丽中国、加强生态环境保护，将环境保护部职责同其他相关部门生态环境保护职责进行整合，组建生态环境部，统一行使生态和城乡各类污染排放监管和行政执法职责。国家应对气候变化及节能减排工作领导小组有关应对气候变化和减排方面的具体工作由生态环境部承担。

三是组建农业农村部。党的十九大明确提出要坚持农业农村优先发展，始终把解决好"三农"问题作为全党工作重中之重。为加强党对"三农"工作的集中统一领导，扎实实施乡村振兴战略，整合中央农村工作领导小组办公室、农业部、国家发展和改革委员会、财政部、国土资源部、水利部等相关涉农职责，组建农业农村部。中央农村工作领导小组办公室改设在农业农村部，承担中央农村工作领导小组日常工作。

四是组建文化和旅游部。发展中国特色社会主义文化，坚守中华文化立场，立足当代中国现实，结合当今时代条件，发展面向现代化、面向世界、面向未来的，民族的科学的大众的社会主义文化，是我们党的一项重要任务。为更好加强社会主义先进文化建设，弘扬中华优秀传统文化，将文化部、国家旅游局的职责整合，组建文化和旅游部。

五是组建国家卫生健康委员会。为更好为人民群众提供全方位全周期健康服务，将国家卫生和计划生育委员会、国务院深化医药卫生体制改革领导小组办公室、全国老龄工作委员会办公室等的职责整合，组建国家卫生健康委员会。不再设立国务院深化医药卫生体制改革领导小组办公室。

六是组建退役军人事务部。为让军人成为全社会尊崇的职业，维护军人军属合法权益，将民政部、人力资源和社会保障部以及中央军委政治工作部、后勤保障部有关职责整合，组建退役军人事务部。

七是组建应急管理部。我国是灾害多发频发的国家，必须把防范化解重特大安全风险，加强应急管理和能力建设，切实保障人民群众生命财产安全摆到重要位置。为提升防灾减灾救灾能力，将国家安全生产监督管理总局的职责和国办、公安部、民政部、国土资源部、水利部、农业部、林业局、中国地震局涉及应急管理的职责，以及国家防汛抗旱总指挥部、国家减灾委员会、国务院抗震救灾指挥部、国家森林防火指挥部的职责整合，组建应急管理部。主要负责国家应急管理及体系建设，组织开展防灾救灾减灾工作，承担国家应对特别重大灾害指挥部工作；负责安全生产综合监督管理和工矿商贸行业安全生产监督管理等。这样做，既考虑了我国实际情况，也借鉴了国外管理经验，有利于整合优化应急力量和资源，建成一支综合性常备应急骨干力量，推动形成统一指挥、专常兼备、反应灵敏、上下联动、平战结合的中国特色应急管理体制。公安消防部队、武警森林部队转制后，同安全生产等应急救援队伍一并作为综合性常备应急骨干力量，由应急管理部管理。发生一般性灾害时，由各级政府负责，应急管理部统一响应支援。发生特别重大灾害时，应急管理部作为指挥部，协助中央组织应急处置工作。

八是重新组建科学技术部。为加快建设创新型国家、优化配置科技资源、推动科技创新人才队伍建设，整合划入国家外国专家局的职责，国家自然科学基金委员会由科学技术部管理。

九是重新组建司法部。为更好贯彻落实全面依法治国基本方略、加强党对法治政府建设的领导，统筹行政立法、行政执法、法律事务管理和普法宣传，推动政府工作纳入法治轨道，将司法部和国务院法制办的职责整合，重新组建司法部。不再保留国务院法制办。

十是优化审计署职责。为整合审计监督力量、增强监管效能，将国家发展和改革委员会的重大项目稽查、财政部的中央预算执行情况和其他财政收支情况的监督检查、国务院国有资产监督管理委员会的国有企业领导干部经济责任审计和国有重点大型企业监事会的职责划入审计署，相应对派出审计监督力量进行整合优化，形成统一高效的审计监督体系。不再设立国有重点大型企业监事会。

十一是组建国家市场监督管理总局、重新组建国家知识产权局。党的十八大以来，不少地方在改革市场监管体系、实行统一的市场监管和综合执法方面进行了创新探索，效果是好的。为加强和改善市场监管，将国家工商行政管理总局、国家质量监督检验检疫总局、国家食品药品监督管理总局市场管理的相关职责，国家发展和改革委员会的价格监督检查与反垄断执法职责，商务部的经营者集中反垄断执法以及国务院反垄断委员会办公室等职责整合，组建国家市场监督管理总局，作为国务院直属机构，负责市场综合监督管理，承担反垄断统一执法，组织实施质量强国战略，负责工业产品质量安全、食品安全、特种设备安全监管，统一管理计量标准、检验检测、认证认可工作等。考虑到药品监管的特殊性，单独设置国家药品监督管理局，由国家市场监督管理总局管理。为强化知识产权创造、保护、运用，将国家知识产权局的职责、国家工商行政管理总局商标管理的职责、国家质量监督检验检疫总局原产地地理标志管理的职责整合，重新组建国家知识产权局，由国家市场监督管理总局管理。

十二是组建国家广播电视总局、中央广播电视总台。在国家新闻出版广电总局广播电视管理职责基础上，组建国家广播电视总局，作为国务院直属机构。整合中央电视台（中国国际电视台）、中央人民广播电台、中国国际广播电台，组建中央广播电视总台，作为国务院直属事业单位。这项改革的目的是要增强广播电视媒体整体实力和竞争力，推动广播电视媒体、新兴媒体融合发展，加快国际传播能力建设，讲好中国故事，传播中国声音。

十三是组建中国银行保险监督管理委员会。近年来，我国金融业发展明显加快，形成了多样化的金融机构体系、复杂的产品结构体系、信息化的交易体系、更加开放的金融市场，对现行的分业监管体制带来重大挑战。为优化监管资源配置，更好统筹系统重要性金融机构监管，逐步建立符合现代金融特点、统筹协调监管、有力有效的现代金融监管框架，守住不发生系统性金融风险的底线，将中国银行业监督管理委员会和中国保险监督管理委员会的职责整合，组建中国银行保险监督管理委员会，作为国务院直属事业单位。不再保留中国银行业监督管理委员会、中国保险监督管理委员会。

十四是组建国家国际发展合作署。对外援助是大国外交的重要手段，我国将继续发挥负责任大国作用，加大对发展中国家特别是最不发达国家援助力度，促进缩小南北发展差距。为加强对外援助的战略谋划和统筹协调，更好服务于国家外交总体布局和"一带一路"等，将商务部、外交部等对外援助有关职责整合，组建国家国际发展合作署。援外工作具有高度战略性、政治性、政策敏感性，必须坚持党中央集中统一领导，对外援助的具体执行工作仍由外交部、商务部等部门按现行分工承担。

十五是组建国家医疗保障局，调整理顺社保基金理事会隶属关系。实行医疗、医保、医药联动，是深化医药卫生体制改革的重要目标。为完善统一的城乡居民基本医疗保险制度和大病保险制度，更好保障病有所医，将人力资源和社会保障部的城镇职工和城镇居民基本医疗保险、生育保险职责，国家卫生和计划生育委员会的新型农村合作医疗职责，国家发展和改革委员会的药品和医疗服务价格管理职责，民政部的医疗救助职责整合，组建国家医疗保障局，作为国务院直属机构。社会保障基金是国家社会保障储备基金，将社保基金理事会由国务院直属事业单位调整为财政部管理，作为基金投资运营机构，不再明确行政级别。

十六是组建国家粮食和物资储备局。为加强国家储备的统筹规划、提升国家储备防范和应对突发事件的能力，将国家粮食局的职责，国家发展和改革委员会的组织实施国家战略物资收储、轮换和管理，管理国家粮食、棉花和食糖储备等职责，以及民政部、商务部、国家能源局等部门的组织实施战略和应急储备物资收储、轮换和日常管理职责整合，组建国家粮食和物资储备局，由国家发展和改革委员会管理。

十七是组建国家移民管理局。随着我国综合国力不断提升，来华工作生活的外国人不断增加，对做好移民管理服务提出新要求。为加强对移民及出入境管理的统筹协调，整合公安部出入境管理、边防检查职责，加强有关移民政策的统筹协调，组建国家移民管理局，加挂中华人民共和国出入境管理局牌子，由公安部管理。

十八是组建国家林业和草原局。国家林业和草原局监督管理森林、草原、湿地、荒漠和陆生野生动植物资源开发利用和保护，组织生态保护和修复，开展造林绿化工作，管理国家公园等各类自然保护地等。

十九是改革国税地税征管体制。将省级和省级以下国税地税机构合并，承担所辖区域内各项税收、非税收入征管职责。国税地税合并后，实行以国家税务总局为主与省区市人民政府双重领导管理体制。

二十是推进综合执法。按照减少层次、整合队伍、提高效率的原则，推动按领域或职责任务相近领域整合执法队伍，实行综合设置。这次改革整合组建市场监管综合执法、生态环保综合执法、文化市场综合执法、交通运输综合执法、农业综合执法等5支队伍。

为理顺职责关系，加强对重大水利工程建设和运行的统一管理，将国务院三峡工程建设委员会及其办公室、国务院南水北调工程建设委员会及其办公室相关职责并入水利部，不再保留国务院三峡工程建设委员会及其办公室、国务院南水北调工程建设委员会及其办公室。

第三，在全国人大、全国政协专门委员会设置方面，主要进行以下改革。人民代表大会会制度是坚持党的领导、人民当家作主、依法治国有机统一的根本政治制度安排。要适应新时代社会主要矛盾变化，健全完善全国人大专门委员会设置。组建全国人大社会建设委员会，将全国人大内务司法委员会更名为全国人大监察和司法委员会，将全国人大法律委员会更名为全国人大宪法和法律委员会。

人民政协是具有中国特色的制度安排，是社会主义协商民主的重要渠道和专门协商机构。为适应党和国家战略部署需要，增强人民政协界别的代表性，组建全国政协农业和农村委员会，将全国政协文史和学习委员会更名为全国政协文化文史和学习委员会，全国政协教科文卫体委员会更名为全国政协教科卫体委员会。

第四，在跨军地改革方面，主要进行以下改革。为全面落实党对人民解放军和其他武装力量的绝对领导，按照军是军、警是警、民是民原则，安排公安边防部队、公安消防部队、公安警卫部队退出现役，公安边防部队、警卫部队转为警察；公安消防部队划归应急管理部，实行专门管理和政策保障。安排海警队伍转隶武警部队。安排武警森林、黄金部队退出现役，转为专业队伍，分别由应急管理部和自然资源部管理。安排武警水电部队退出现役，转为国有企业，由国务院国资委管理。撤收武警部队海关执勤兵力。对需要政府承接和配合的任务，要在国务院机构改革中做好统筹协调和有效衔接，结合这些武警部队的不同功能定位和专业特点，采取不同的改革方式，确定各自的管理体制和管理模式。

改革后，党中央机构共计减少6个，其中，正部级机构减少4个、副部级机构减少2个。国务院机构共计减少15个，其中，正部级机构减少8个、副部级机构减少7个。党政合计，共计减少21个部级机构，其中，正部级12个，副部级9个。全国人大和全国政协各增加1个专门委员会。

此外，方案还就继续深入推进群团改革、统筹推进地方机构改革提出了原则要求，明确了路线图、时间表，要结合实际贯彻落实。

总的看，这次深化机构改革是一场系统性、整体性、重构性的变革，力度规模之大、涉及范围之广、触及利益之深前所未有，既有当下"改"的举措，又有长久"立"的设计，是一个比较全面、比较彻底、比较可行的改革顶层设计。深化党和国家机构改革是要动奶酪的、是要触动利益的，也是真刀真枪的，是需要拿出自我革新的勇气和胸怀的。大家要坚持从大局出发考虑问题，从党和国家事业发展出发考虑问题，从让人民群众过上美好生活出发考虑问题，全面理解和正确对待深化党和国家机构改革方案提出的重大举措，深刻领会有关改革的重大意义，自觉支持改革、拥护改革，认真负责提出建设性意见和建议。

附件 6

2017 年国家社会科学基金涉海项目简表

年度	项目名称	负责人	承担单位	项目类别
2017	习近平海洋强国思想研究	贾宇	国家海洋局海洋发展战略研究所	重大项目
	国家海洋治理体系构建研究	胡志勇	上海社科院	重大项目
	全球海洋治理新态势下中国海洋安全法律保障问题研究	李卫海	中国政法大学	重大项目
	南海《更路簿》抢救性征集、整理与综合研究	阎根齐	海南大学	重大项目
	中国海权发展模式及海洋法制完善研究	初北平	大连海事大学	重大项目
	面向全球海洋治理的中国海上执法能力建设研究	王琪	中国海洋大学	重点项目
	中越南海争端的历史、现状、趋势与对策研究	赵卫华	广东外语外贸大学	重点项目
	海南渔民《更路簿》地名命名与南海维权研究	阎根齐	海南大学	重点项目
	中国共产党海洋意识的历史演变研究	王历荣	浙江中医药大学	一般项目
	我国海洋牧场蓝色碳汇补偿研究	沈金生	中国海洋大学	一般项目
	基于分区分类的海洋生态红线差别化管控政策研究	许妍	国家海洋环境监测中心	一般项目
	中国海洋经济国际竞争力提升战略和政策研究	伍业锋	暨南大学	一般项目
	中国海洋环境拐点测算与生态红线制度研究	王印红	中国海洋大学	一般项目
	"21 世纪海上丝绸之路"背景下的南海地缘战略通道研究	于营	海南大学	一般项目
	"命运共同体"视角下的北极海洋生态安全治理机制研究	杨振姣	中国海洋大学	一般项目
	海洋生态环境损害赔偿的困境与对策研究	梅宏	中国海洋大学	一般项目
	《联合国海洋法公约》中强制调解程序与中国应对措施研究	潘俊武	西北政法大学	一般项目
	《斯瓦尔巴德条约》与中国北极权益拓展研究	卢芳华	华北科技学院	一般项目
	南海历史性权利问题及所谓"南海仲裁案"之后中国的应对研究	冯寿波	南京信息工程大学	一般项目

年度	项目名称	负责人	承担单位	项目类别
	我国海洋生态损害赔偿基金制度研究	单红军	大连海事大学	一般项目
	南海诸岛适用大陆国家远洋群岛制度的实证法基础及路径研究	姚莹	吉林大学	一般项目
	习近平总书记关于经略南海战略思想研究	张扬	中共海南省委党校	一般项目
	中国的南极磷虾渔业发展政策研究	邹磊磊	上海海洋大学	一般项目
	东盟对南海问题的话语演变及我的对策研究	黄里云	广西大学	一般项目
	海权纠纷背景下政府应对渔业涉外突发事件策略研究	王丽霞	华侨大学	一般项目
	针对南海问题预警决策的"南海云系统"构建研究	陈书鹏	上海海事大学	一般项目
	美国智库关于中国南海问题的研究述评（2009—2016）	庞卫东	河南牧业经济学院	一般项目
	南海争端中美国的战略定位与政策手段研究	齐皓	中国社会科学院	一般项目
	"北极航道"与世界贸易格局和地缘政治格局的演变研究	胡麦秀	上海海洋大学	一般项目
	晚清民国时期南海海洋灾害与社会应对研究	史振卿	海南师范大学	一般项目
2017	"一带一路"背景下海洋经济对沿海经济发展带动效应测度与路径选择研究	王银银	南通大学	青年项目
	遏制台湾当局南海政策"去中国化"的法律策略研究	叶正国	武汉大学	青年项目
	无人设备引发的海上执法问题研究	陈惠珍	中山大学	青年项目
	海洋法公约视角下公海保护区建设困境与对策研究	胡斌	重庆大学	青年项目
	历史性权利纳入海洋基本法问题研究	雷筱璐	武汉大学	青年项目
	《联合国海洋法公约》附件七仲裁制度的完善与中国的政策选项研究	谢琼	中共中央党校	青年项目
	"21世纪海上丝绸之路"建设与南海问题交互影响机制研究	林勇新	中国南海研究院	青年项目
	明清闽台海洋政策变迁中的官府与士绅研究	苏惠苹	闽南师范大学	青年项目
	海洋文化与中斯佛教交流研究	司聘	中国社会科学院	青年项目
	南海渔民的民间信仰调查研究	曾令明	三亚学院	青年项目
	基于关联数据的南海水下文化遗产文献资源共享和可视化检索研究	张兴旺	桂林理工大学	青年项目

附件 7

北极考察活动行政许可管理规定

国家海洋局（2017 年 8 月 30 日发布）

第一章　总则

第一条　为规范我国北极考察活动行政许可行为，保障北极考察活动有序开展，依据《中华人民共和国国家安全法》、《中华人民共和国行政许可法》、《国务院对确需保留的行政审批项目设定行政许可的决定》等规定，参照《联合国海洋法公约》、《斯匹次卑尔根群岛条约》等国际条约，制定本规定。

第二条　本规定所称北极考察活动，指在北极地区开展的以探索和认知自然和人文要素为目的的探险、调查、勘察、观测、监测、研究及其保障等形式的活动。

本规定所称北极地区是指北极理事会通过的《加强北极国际科学合作协定》中所认定的地理区域（附录一）。

第三条　公民、法人或者其他组织组织开展涉及以下所列事项的北极考察活动时，应当向国务院海洋主管部门提出申请：

（一）利用国家财政经费组织开展的北极考察活动；

（二）公民、法人或者其他组织开展的其他北极考察活动，主要包括：

1. 在《斯匹次卑尔根群岛条约》适用区域设立固定（临时或长期）考察站、考察装置或进行重大北极考察活动；

2. 在北极的公海及其深海海底区域和上空进行的北极考察活动；

3. 为北极观测需要进行的在北极区域内选址等相关活动；

4. 除前 3 项情形外，其他需进入我国考察站或接触考察装置等对国家组织的北极考察活动产生直接影响的活动。

第四条　在中华人民共和国境内组织前往北极开展本规定第三条所列北极考察活动的申请、受理、审查、批准和监督管理等事务，适用本规定。

第五条　国家鼓励和支持公民、法人或者其他组织有序开展北极科学考察活动。

对北极考察活动的审批，应当遵循公开、公平、公正、便民、高效的原则。

第六条 公民、法人或者其他组织对本规定第三条所列北极考察活动的行政许可享有陈述权、申辩权；有权依法申请行政复议或者提起行政诉讼。

第七条 公民、法人或者其他组织开展北极考察活动，应当保护北极环境与生态系统，不得违反相关国际条约、中国有关法律法规的规定，并应遵守当地国法律，尊重当地的风俗习惯。

第八条 任何单位和个人对违反本规定的行为有权进行举报，主管部门应当及时核实、处理，在 20 个工作日内将相关情况反馈举报人。

第二章　申请与受理

第九条 国务院海洋主管部门负责北极考察活动的审批。

第十条 国务院海洋主管部门应当在部门政府网站公示下列与办理北极考察活动相关的行政许可内容：

（一）北极考察活动的行政许可事项、依据和程序；

（二）申请者需要提交的全部材料目录；

（三）受理北极考察活动审批的部门、通信地址、联系电话和监督电话。

国务院海洋主管部门应当根据申请者的要求，对公示的内容予以说明和解释。

第十一条 公民、法人或者其他组织赴北极开展本规定第三条第（一）项、第（二）项的 1、2 种考察活动前，应当向国务院海洋主管部门提交申请书，并对内容的真实性负责，承担相应的法律责任。申请书包括以下内容：

（一）活动名称；

（二）申请者信息；

（三）活动方案（包括活动目的、意义、活动周期、活动路线、活动区域、活动内容、交通工具和现场后勤支撑能力等）；

（四）中英文环境影响评估文件；

（五）突发事件应急预案；

（六）活动者名单、身份证明材料及身体健康证明材料；

（七）自营船舶或航空器开展活动的，需提供船舶或航空器证书及相应保险合同复印件；租用船舶或航空器开展活动的，需提供租赁合同或者承诺证明；

（八）活动所在国家对活动的要求及履行这些要求的情况。如果活动所在国家要求就考察活动取得批准，应提供考察活动所在国家的批准文件原件及复印件，或者说明取得批准的进度。

第十二条 国家建立北极观测网。国务院海洋主管部门统一规划和管理北极科学观测活动，实现资源优化配置及共享。

公民、法人或者其他组织为开展北极科学观测进行的在北极区域内选址等活动，应当向国务院海洋主管部门提交申请书，并对内容的真实性负责，承担相应的法律责任。申请书包括以下内容：

（一）申请者信息；

（二）选址论证报告；

（三）中英文环境影响评估文件；

（四）观测选址在北极国家管辖范围内的，应当提交选址所在国家对观测活动的要求及履行这些要求的情况。如果观测选址所在国家要求就观测活动取得批准，应提供观测选址所在国家的批准文件原件及复印件，或者说明取得批准的进度。

如活动同时符合本规定第十一条情形的，申请书中还应当包含第十一条所列第（一）、（三）、（五）、（六）、（七）、（八）项内容。

第十三条　公民、法人或者其他组织在北极区域内开展本规定第三条第（二）项中的第 4 种考察活动前，应当向国务院海洋主管部门提交申请书，并对内容的真实性负责，承担相应的法律责任。申请书包括以下内容：

（一）申请者信息；

（二）对国家组织的北极考察活动产生直接影响的活动内容及必要性说明；

（三）中英文环境影响评估文件，需包含活动对考察站、设备及国家组织的北极考察活动产生的影响评估；

（四）参与活动的人员名单及身份证明材料。

第十四条　国务院海洋主管部门根据北极考察活动对环境的影响程度，对考察活动的环境影响评估实行分类管理。公民、法人或者其他组织应当根据考察活动对北极环境的影响程度，分别组织编制中英文环境影响评估表或者环境影响评估报告书。

第十五条　对北极环境产生轻微或短暂影响的北极考察活动，应当编制环境影响评估表。环境影响评估表应当包括以下内容：

（一）在北极的活动时间、区域、路线、活动概况等；

（二）活动的替代方案及影响；

（三）活动对北极环境可能产生的直接和累积影响分析；

（四）预防和减缓措施及技术可行性分析；

（五）是否符合当地环境生态保护规定及标准；

（六）结论。

第十六条　对北极环境产生较大及重大影响的北极考察活动，应当编制环境影响评估报告书。环境影响评估报告书应当包括以下内容：

（一）在北极的活动时间、区域、路线、活动概况等；

（二）活动的替代方案及影响（包含不开展考察活动的替代方案）；

（三）考察活动区域的环境现状描述与分析；

（四）活动对北极环境可能产生的直接、间接和累积影响预测与分析；

（五）预防和减缓措施及技术可行性分析；

（六）长期环境监测方案及环境管理计划；

（七）是否符合当地环境生态保护规定及标准；

（八）结论。

第十七条 国务院海洋主管部门对申请者提出的申请，应当根据下列情况分别做出处理：

（一）申请事项依本规定不需要审批的，应当即时告知申请者不予受理；

（二）申请事项依法不属于国务院海洋主管部门职权范围的，应当即时做出不予受理的决定，并告知申请者向国家有关行政主管部门提交申请；

（三）申请材料存在可以当场更正错误的，应当允许申请者当场更正并重新提交，但申请材料中涉及技术性的实质内容除外；

（四）申请材料不齐全或者不符合法定形式的，应当当场或者在 5 日内一次告知申请者需要补正的全部内容，逾期不告知的，自收到申请材料之日起即为受理；补正的申请材料应当在告知之后 5 日内补交，仍然不符合有关要求的，国务院海洋主管部门可以要求继续补正；

（五）申请材料齐全、符合法定形式，或者申请者按照要求提交全部补正申请材料的，应当受理申请。

第十八条 国务院海洋主管部门受理或者不予受理活动申请的，应当出具加盖国务院海洋主管部门专用印章和注明日期的书面凭证。

第十九条 活动申请受理之后至行政许可决定做出前，申请者书面要求撤回申请的，国务院海洋主管部门终止办理，并通知申请者。

第二十条 变更下列内容之一的，申请者应当向国务院海洋主管部门提交变更申请：

（一）活动周期；

（二）活动者名单及基本情况。

第二十一条 有下列情况之一的，应当重新申请：

（一）改变活动的目的、内容及预期目标；

（二）超过批准的有效期限进行活动的；

（三）其他重大事项的改变。

第三章 审查与决定

第二十二条 国务院海洋主管部门在受理申请后，应当对活动的安全性、科学性、可行性、规划性、环保性等进行审查。

第二十三条 国务院海洋主管部门自受理申请之日起 20 个工作日内作出行政许可决定。二十个工作日内不能作出决定的，经国务院海洋主管部门负责人批准，可以延长十个工作日。

第二十四条 国务院海洋主管部门在审查申请时，可以组织专家进行评审，并由专家出具评审建议。

专家评审所需时间不计算在审批期限内。

第二十五条 批准本规定所列活动的，应当颁发许可证；不予批准的，应当以书面形式将理由告知申请者。

第二十六条 许可证应当载明下列内容：

（一）申请者信息；

（二）准许活动的内容；

（三）应履行的义务；

（四）有效期限；

（五）批准机关、批准日期和批准编号。

开展本规定第三条第（一）项、第（二）项的 1、2 种考察活动的，取得许可证后，应当根据国家北极考察计划安排开展活动。

活动者在开展考察活动时，应携带许可证。

第二十七条 有下列情形之一的，国务院海洋主管部门应当做出不予批准的决定：

申请者为无民事行为能力人、限制民事行为能力人，或者由无民事行为能力人、限制民事行为能力人担任法定代表人的法人或者其他组织；

拟开展的北极考察活动违反有关国际条约的；

不符合国家北极规划的；

对北极环境或生态系统可能造成重大损害的；

因违法被限制再次开展北极考察活动的；

考察活动可能损害我国国家利益的；

隐瞒有关情况或者提供虚假材料的；

考察活动发生突发事件的可能性较大，应制定应急预案的申请者未能制定或者不具备能力实施的；

对国家组织的考察活动可能造成较大负面影响的；

有其他法律、法规禁止的情形的。

第四章　监督管理

第二十八条　公民、法人或者其他组织开展本规定第三条所列考察活动的，活动结束后应当填写报告书，并在 30 日内提交国务院海洋主管部门。

报告书包括以下内容：

（一）活动概况；

（二）对国家北极考察计划的执行情况；

（三）活动对当地环境的影响及减缓措施；

（四）其他应当报告的事项。

第二十九条　开展本规定第三条第（一）项、第（二）项的 1、2 种考察活动的活动者应将北极考察活动所获得的数据、资料、样品和成果妥善保存，按国家档案管理要求及时归档，并按国务院海洋主管部门的有关样品和数据的管理办法交汇和共享。

第三十条　国务院海洋主管部门发现本部门工作人员违反规定准予北极考察活动行政许可的，应当立即予以纠正。

第三十一条　国务院海洋主管部门对考察活动行政许可的实施情况进行监督检查。被检查者应当配合监督检查工作。

国务院海洋主管部门现场履行监督检查职责时，可以采取以下措施：

（一）要求被检查者出示许可证；

（二）要求被检查者就执行许可证的情况做出说明；

（三）对被检查者在许可证允许范围内在北极使用的设施、装备、车辆、船舶、航空器、保存的记录以及与北极环境和生态系统保护相关的事项进行检查；

（四）要求被检查者停止违反本规定或超出行政许可授权的行为，履行法定义务。

第三十二条　未取得行政许可开展本规定第三条所列北极考察活动的，国务院海洋主管部门应当记录其违规情节，可以不予批准其再次开展北极考察活动；情节严重的，通报有关主管部门进行行政处罚；构成犯罪的，依法追究刑事责任。

申请者隐瞒有关情况或者提供虚假材料申请许可证，国务院海洋主管部门不予受理或者不予行政许可，并给予警告。

申请者以欺骗、贿赂等不正当手段取得许可证的，或未按照许可证批准范围开展本规定第三条所列北极考察活动的，国务院海洋主管部门应当撤销许可证，记录其违规情节，可以不予批准其再次开展北极考察活动；情节严重的，由有关主管部门依法进行处罚；构成犯罪的，依法追究刑事责任。

违反本规定第二十八条和第二十九条规定，或不配合监督检查工作的，国务院海洋主管部门应当记录其违规情节，可以不予批准其再次开展北极考察活动；情节严重的，通报有关主管部门进行行政处罚。

第五章　附则

第三十三条　本规定由国务院海洋主管部门负责解释，自颁布之日起实施。

附录一

《加强北极国际科学合作协定》认定的地理区域

为本协定目的而认定的地理区域由下列每一缔约国各自描述，包括本协定缔约国政府行使主权、主权权利或管辖权的区域，其中包括这些区域内的陆地、内水和符合国际法的邻接的领海、专属经济区和大陆架。认定的地理区域还包括北纬 62 度以北公海上的国家管辖范围以外区域。

缔约国同意，认定的地理区域仅为本协定的目的而描述。本协定的任何条款不影响任何海洋法定权利的存在或界定，或国家之间依据国际法所划定的任何边界。

加拿大：加拿大育空地区、西北地区和努纳武特地区的领土及邻接的加拿大海域。

丹麦王国：丹麦王国领土，包括格陵兰岛和法罗群岛以及格陵兰岛专属经济区和法罗群岛渔业区最南端以北的海域。

芬兰：芬兰领土及其海域。

冰岛：冰岛领土及其海域。

挪威：北纬 62 度以北海域和北极圈（北纬 66.6 度）以北的陆地。

俄罗斯联邦：

1. 摩尔曼斯克地区的领土；

2. 涅涅茨自治区的领土；

3. 楚科奇自治区的领土；

4. 亚马尔-涅涅茨自治区的领土；

5. "沃尔库塔"自治区的领土（科米自治共和国）；

6. 阿莱科霍夫区、阿纳巴尔民族（多尔干-埃文克）区、布伦区、尼日涅科列姆斯克区、乌斯季延区［萨哈自治共和国（雅库特）］的领土；

7. 诺里尔斯克市区、泰梅尔多尔干–涅涅茨自治区、图鲁汉斯克区（克拉斯诺亚尔斯克地区）的领土；

8. "阿尔汉格尔斯克市"、"梅津自治区"、"新地岛"、"新德文斯克市"、"奥涅加自治区"、"普里莫尔斯基自治区"、"北德文斯克（阿尔汉格尔斯克地区）"的领土；

9. 苏联中央执行委员会常务委员会 1926 年 4 月 15 日 "关于宣布苏维埃社会主义共和国联盟在北冰洋的陆地和岛屿上的领土的公告" 的决议以及苏联其他法律中确认的北冰洋上的陆地和岛屿；

及其邻接的海域。

注：上述 5~8 项中所列的自治区的领土以 2014 年 4 月 1 日的划界为准。

瑞典：北纬 60.5 度以北的瑞典领土及其海域。

美利坚合众国：北极圈以北和波丘派恩河、育空河与卡斯科奎姆河构成的边界以北和以西的所有美国领土；阿留申岛链；及其北冰洋和波福特海、白令海和楚科奇海上的邻接海域。

附件 8

南极活动环境保护管理规定

国家海洋局（2018 年 2 月 8 日发布）

第一条　为履行《南极条约》、《关于环境保护的南极条约议定书》及《南极海洋生物资源养护公约》，保护南极环境和生态系统，保障和促进我国南极活动安全和有序发展，制定本规定。

第二条　中华人民共和国公民、法人或其他组织在中华人民共和国境内组织前往南极开展活动的，适用本规定。

第三条　本规定中下列用语的含义是：

（一）南极，是指南纬 60 度以南的地区，包括该地区的所有冰架及其上空；

（二）南极活动，是指在南极开展的考察、旅游、探险、文化教育、体育、渔业、交通运输等所有活动；

（三）南极活动组织者，是指在中华人民共和国境内组织前往南极开展活动的公民、法人或其他组织；

（四）南极活动者，是指适用本规定的参加南极活动的公民；

（五）南极特别区域，是指根据南极条约体系划定的有特殊管理规定的区域，包括南极特别保护区、南极特别管理区等。

第四条　国家海洋局负责南极活动环境保护的管理工作，履行向国际组织通报等南极条约体系规定义务。

南极考察活动由国家海洋局依照国务院令第 412 号实施管理。

第五条　南极活动组织者及南极活动者应当采取必要措施，保护南极环境和生态系统，最大限度减少活动对南极环境和生态系统的影响和损害。

南极活动组织者、南极活动者应当自行承担可能发生的保障、搜救、医疗和撤离等相关事务的一切费用。如果活动对南极生态环境或相关历史纪念物造成污染损害的，南极活动组织者、南极活动者应承担清除污染和修复损害的一切费用。

第六条　申请开展南极活动的，应当按照南极活动环境影响评估的要求，编制中英文环境影响评估文件报国家海洋局。国家海洋局在受理后提供培训。

国家海洋局将根据南极自然和生态环境承载能力，分区域建立南极活动总量控制制度。

第七条　禁止南极活动组织者及南极活动者开展以下活动：

（一）带入、处理放射性废物及其他有毒、有害物质或潜在污染物，带入非南极本土的动物、植物和微生物；

（二）采集和带出陨石、岩石、土壤及化石；

（三）猎捕或获取南极哺乳动物、鸟类、无脊椎动物及植物的整体或部分样本，以及其他可能对南极动植物造成有害干扰的活动；

（四）进入南极特别保护区或其他国家海洋局基于安全和环保考虑禁止进入的区域；

（五）建立人工建造物；

（六）其他可能损伤南极环境和生态系统的活动。

但以从事南极科学研究、或为科学研究提供保障、或为文化教育机构提供标本、活体等用途为目的的活动，应按照《南极考察活动行政许可管理规定》、《南、北极考察活动审批事项服务指南》向国家海洋局提出申请，并经许可后方可进行。

第八条　开展南极活动，应当对废弃物实施分类管理，不得随意丢弃，并记录处理结果。废弃物应当由专门的废弃物管理员进行管理。离开南极时应当尽量将废弃物带出南极；无法带出的应当在焚化炉内焚化，并将焚化后的固体遗留物带出南极。

废弃物的分类、带出及焚化要求应当参照《关于环境保护的南极条约议定书》及其附件和我国的相关规定进行。

第九条　在南极航行的船舶应当符合我国缔结或参加的有关国际公约及我国法律法规的相关规定。

第十条　赴南极活动的航空器，包括无人机，应当遵守我国缔结或参加的有关国际公约及我国法律法规的相关规定，按照许可的地点及航线起降及飞行，采取有效措施防止对南极动植物、环境和生态系统造成不必要的干扰或损害。

航空器，包括无人机，在南极特别保护区内起降或者飞越南极特别保护区的，应当取得国家海洋局的特别许可。

第十一条　进入特别保护区以外的其他南极特别区域需要遵守其管理计划或养护措施。

南极特别区域的相关信息由国家海洋局负责发布。

第十二条　为保障南极科考正常秩序，南极活动访问我国南极科学考察站的，应当提前取得国家海洋局的同意。南极活动组织者应当于到达南极科学考察站前 24 小时至 72 小时之内提前通知南极科学考察站。如南极科学考察站有突发特殊情况不便接待的，可以与组织者协商调整访问时间或取消访问。

南极活动者在访问南极科学考察站或科学考察设施的过程中，应当遵守国家海洋局和南极科学考察站的相关规定，不得干扰科研活动，未经许可不得进入工作场所，不得移动和损坏科学设备或标记物，在非紧急情况下不得使用科学考察的营地或物品。

访问外国考察站的，按照考察站所属国家相关规定办理。

第十三条 在南极发生以下紧急情况时，南极活动组织者或南极活动者可以不经批准而采取必要的应急措施，同时应当尽可能将其对南极环境和生态系统的损伤降到最低，并及时向国家海洋局或由其指定的南极监督检查员报告：

（一）人员、船舶和航空器遇险需要紧急救助；

（二）重要装备、设备和设施受到安全威胁；

（三）发生环境紧急情况。

在紧急情况下，南极活动组织者或南极活动者可以使用紧急避难所。如果南极活动组织者或南极活动者在紧急避难所使用设备或物资，一旦紧急情况结束，应当通过领队或指定负责人通知最近的南极科学考察站或相关国家的主管部门，并尽可能补充物资。

第十四条 南极活动组织者在组织开展南极活动前应当对南极活动者进行南极环境和生态保护知识的教育，包括本规定及相关法律法规的内容。

第十五条 南极活动组织者应当为南极活动者委派合格的领队，领队应当具备充分的南极活动经验以及南极环境和生态保护知识，并引导和监督活动者遵守本规定。

第十六条 南极活动组织者应当在南极活动结束后 30 日内向国家海洋局提交南极活动报告书。报告书应当包括以下事项：

（一）南极活动的整体行程；

（二）在南极登陆的日期和地点，及每次登陆的活动者人数；

（三）在南极登陆后的活动内容；

（四）活动使用交通工具的名称、国籍等信息；

（五）环境影响评估未预测到的对南极环境及生态系统产生的重大影响；

（六）紧急情况和采取的行动；

（七）其他有必要报告的内容。

第十七条 国家海洋局依法派遣南极活动监督检查员依照本规定对南极活动进行监督检查。国家海洋局可以视情况派遣监督检查员随队参加南极活动，南极活动组织者应当配合。

第十八条 南极活动组织者或南极活动者违反本规定的，国家海洋局应当视其情节记录其违规事实，将其列入不良记录组织者或活动者名单，在一到三年内限制其再次开展南极活动。

　　国家海洋局建立南极活动信息共享机制及南极活动环境保护管理协调机制，向国务院有关主管部门及时通报有不良记录的南极活动组织者或活动者信息，并依法将违法违规组织者和活动者移送有关部门追究其法律责任。

　　第十九条　本规定自发布之日起生效。

附件 9

南极考察活动环境影响评估管理规定

国家海洋局（2017 年 5 月 18 日发布）

第一章　总则

第一条　为加强南极考察活动的环境管理，防止南极考察活动对南极环境和南极生态系统造成不良影响，保障南极考察活动的顺利实施，履行《南极条约》、《关于环境保护的南极条约议定书》规定的国际法律义务，根据《国务院对确需保留的行政审批项目设定行政许可的决定》、《南极考察活动行政许可管理规定》等有关规定，制定本规定。

第二条　本规定所称环境影响评估，是指在拟议阶段就南极考察活动对南极环境和生态系统可能造成的影响进行分析、预测和评估，提出预防或减轻不良环境影响的措施。

本规定所称南极考察活动，指在南纬 60 度以南的地区，包括该地区的所有冰架开展的以探索和认知自然和人文要素为目的的探险、调查、勘察、观测、监测、研究及其保障等形式的活动。

本规定所称轻微或短暂影响，是指《关于环境保护的南极条约议定书》中所规定的轻微或短暂影响。

第三条　公民、法人或其他组织拟组织开展南极考察活动的，应当在申请开展南极考察活动之前依照本规定进行环境影响评估。

第四条　南极考察活动环境影响评估应当遵循客观、公开、公正原则。

开展南极考察活动应当坚持对南极环境和生态系统产生不利影响最小化的原则。

第五条　国家海洋行政主管部门归口管理南极考察活动的环境影响评估工作，其主要职责是：

（一）制定南极考察活动环境影响评估管理规章制度；

（二）编制和发布南极考察活动环境影响评估文件框架内容、适用语言和格式的要求；

（三）负责南极环境影响评估文件的审查、备案和报送国际组织工作；

（四）负责南极考察活动环境影响评估管理工作的监督、检查和协调；

（五）组织开展南极考察活动环境影响评估管理的科学研究、国际合作与技术交流；

（六）负责制定南极考察活动环境影响的评估指标体系及标准规范；

（七）建立南极考察活动环境影响评估的基础数据库。

第二章　环境影响评估文件

第六条　公民、法人或者其他组织在申请开展南极考察活动之前应当对南极考察活动方案进行环境影响评估，并填写完整的中、英文环境影响评估表。

公民、法人或者其他组织根据环境影响评估表的结论，如活动可能对南极环境及相关生态系统产生相当于或大于轻微或短暂影响的，应当编制中、英文环境影响评估报告书，根据申请开展的南极考察活动对南极环境影响程度的不同分为全面环境影响评估报告书和初步环境影响评估报告书。如活动可能对南极环境及相关生态系统产生小于轻微或短暂影响的，无须编制环境影响评估报告书。

第七条　在南极建设、改造考察站、机场和码头等大型人工建造物以及开展国家海洋行政主管部门认定的其他可能对南极环境和生态系统产生大于轻微或短暂影响活动的，应当提交全面环境影响评估报告书。

第八条　全面环境影响评估报告书包括以下内容：

（一）南极考察活动负责人或机构信息、环境影响评估报告书编制人和顾问专家信息、拟开展的活动和环境影响评估情况简介；

（二）活动方案，包括拟开展活动的目的、意义、必要性、时间、区域、路线、内容、交通工具、保障措施、废弃物处理方式、拟带入南极的物品、特殊活动事项等；

（三）活动区域初始环境描述；

（四）环境影响评估时使用的方法和数据；

（五）活动对南极环境产生的直接影响及对南极环境累积影响的分析、预测和评估；

（六）活动对南极环境产生的间接影响及对科学研究和其他用途或价值的影响的分析、预测和评估；

（七）活动的替代方案及影响；

（八）不开展活动的替代方案及影响；

（九）预防和减缓措施及其技术论证；

（十）活动对环境影响的监测方案；

（十一）环境风险应急预案；

（十二）认知差距；

（十三）结论。

全面环境影响评估报告书可以自行或者委托有编制南极考察活动环境影响评估报告能力的机构编制。

第九条 除根据《南极考察活动行政许可管理规定》和本规定第七条应当进行全面环境影响评估的情形外，在南极地区开展相关活动，对南极环境产生轻微或短暂影响的，应当编制初步环境影响评估报告书。

第十条 初步环境影响评估报告书包括以下内容：

（一）南极考察活动负责人、环境影响评估报告书编制人信息，拟开展的活动和环境影响评估情况简介；

（二）活动方案，包括南极考察活动的目的、意义、必要性、时间、区域、路线、内容、交通工具、保障措施、废弃物处理方式、拟带入南极的物品、特殊活动事项等，以及对其他科学研究、本区域用途和价值方面的影响等；

（三）活动区域初始环境描述；

（四）活动对南极环境产生的直接影响、间接影响及对南极环境累积影响的分析、预测和评估，并说明进行环境影响评估时使用的方法、数据等；

（五）活动的替代方案及影响；

（六）预防和减缓措施及其技术论证、监测方案；

（七）认知差距；

（八）结论。

初步环境影响评估报告书可以自行或者委托有编制南极考察活动环境影响评估报告能力的机构编制。

第十一条 环境影响评估文件应当中、英文版本表述一致，内容真实、准确，能够客观反映本次南极考察活动对于南极环境和生态系统的实际影响，提出的预防或减缓措施应当真实、可行。

第十二条 有下列情形之一的，应当依照本管理规定重新进行环境影响评估：

（一）改变活动目的、内容及预期目标的；

（二）改变在南极的活动路线的；

（三）超过批准的有效期限进行活动的；

（四）应当编制初步环境影响评估报告书或全面环境影响评估报告书而未编制的；

（五）其他重大事项改变的。

第十三条　经批准开展南极考察活动的，应当严格按照获准方案进行，并尽可能采取各种措施将其活动对南极环境和生态系统的影响降到最低。

第三章　评估文件的受理与审查

第十四条　需要进行初步环境影响评估的南极考察活动申请者应当于每年的 4 月 1 日至 4 月 30 日之间，在向国家海洋行政主管部门提交的南极考察活动申请文件中包含环境影响评估表和初步环境影响评估文件。

需要进行全面环境影响评估的南极考察活动，应当至少于活动开始前 15 个月之前向国家海洋行政主管部门提交申请文件，申请文件中应包含全面环境影响评估文件。

国家海洋行政主管部门应当将审查合格的全面环境影响评估文件提交南极条约协商会议审议，审议时间不计入南极考察活动许可审查期限。

第十五条　南极考察活动环境影响评估报告的审查应当在南极考察活动许可审查期限内完成。

第十六条　审查机关视情况可以邀请相关专业的专家对环境影响评估文件进行评审。专家评审可以采取审查会、函审或其他形式，由不少于 5 人的单数相关专业专家组成专家评审组。专家评审组出具评审意见，并对评审结论负责。

第十七条　审查机关将环境影响评估报告的审查结果告知申请者，该结果作为国家海洋行政主管部门审批该南极考察活动申请的重要依据。

第十八条　中外合作开展南极考察活动，根据合作协议，应当由中方进行环境影响评估的，按本规定执行，应当由外方进行环境影响评估的，参与该活动的中方公民、法人或者其他组织可向国家海洋行政主管部门提交该国官方批准的环境影响评估文件，国家海洋行政主管部门经审核后可视为有效。南极考察活动申请人仍应当依法提交南极考察活动申请文件。

第四章　监督管理

第十九条　南极考察活动结束后，公民、法人或者其他组织的负责人应当编写报告书，并在 30 日内提交国家海洋行政主管部门。

报告书的内容应当包括本次南极考察活动对环境实际产生的影响和已经采取的减缓措施及其效果。

第二十条　国家海洋行政主管部门依法向南极派遣南极考察活动监督检查人员，对经过批准开展的南极考察活动及其对于南极环境和生态系统造成的影响进行监督检查。

  第二十一条 未按照环境影响评估文件的内容说明开展活动、积极采取预防和减缓措施消除环境影响的，或是实际开展的活动对南极环境和生态系统的影响严重超出环境影响评估结论的，现场监督检查人员应当责令其立即停止活动，限期离开南极。对于情节严重的，国家海洋行政主管部门可以不予批准其再次开展南极考察活动。

第五章 附则

  第二十二条 南极考察活动以外的其他极地活动的环境影响评估管理工作参照本规定执行。

  第二十三条 本规定由国家海洋行政主管部门负责解释。

  第二十四条 本规定自颁布之日起施行。

附件 10

2017 年中国南北极科学考察任务及成果

次序	时间	任务及成果
第 34 次南极科学考察	2017 年 11 月 8 日至 2018 年 4 月 21 日	此次考察取得多个"首次"。一是完成了中国第五个南极考察站——恩克斯堡岛新站临时建筑和临时码头的搭建。二是开展了南大洋业务化调查。第 34 次南极科学考察队在南极半岛海域、普里兹湾、戴维斯海、罗斯海等海域及沿"雪龙"号船航线开展了业务化调查。"向阳红 01"船与"雪龙"号船首次同步实施南大洋调查。三是考察队首次在西风带海域阿蒙森海 51 万平方千米范围内开展海洋站位综合调查，完成了 5 个断面 37 个站位的全深度、多学科综合调查，是中国南极考察史上最长的全深度海洋综合观测经向大断面，还在阿蒙森海陆架区实施了首次地球物理调查。四是首次实现"雪鹰 601"固定翼飞机运载大规模人员进出南极中山站，"雪鹰 601"总计执行 80 次起降。在科研观测方面，"雪鹰 601"共完成 19 个架次的飞行观测，累计飞行超过 4.5 万千米，观测区域覆盖东南极冰架系统、冰下山脉、冰下湖泊及深部峡谷系统等。五是完成了中山站夏季考察，首次参与保护南极重要历史文化遗址国际合作
第 8 次北极科学考察	2017 年 7 月 20 日至 2017 年 10 月 10 日	第 8 次北极科学考察首次穿越北极中央航道和西北航道，实现了中国首次环北冰洋科学考察，并取得了多项突破性成果。一是首次开展环北冰洋考察，开展了海洋基础环境、海冰、生物多样性、海洋脱氧酸化、人工核素和海洋塑料垃圾等要素调查。此次考察极大地拓展了中国北极海洋环境业务化调查的区域范围和内容，对中国北极业务化考察体系建设、北极环境评价和资源利用、北极前沿科学研究做出了积极贡献。二是首次穿越北极中央航道，并在北冰洋公海区开展科学调查，填补了中国在拉布拉多海、巴芬湾海域的调查空白。三是首航北极西北航道，加强国际合作，开展海洋环境和海底地形调查。中国第 8 次北极科学考察队乘"雪龙"号首航西北航道期间，完成 3 042 千米的航渡海底地形地貌数据采集，并在巴芬湾西侧陆坡区完成了 1 400 平方千米区块的海底地形勘测，填补了中国在该海域的调查空白，为中国对西北航道的商业利用积累了第一手资料。三是首次在北极和亚北极地区开展海洋塑料垃圾、微塑料和人工核素监测

　　资料来源：根据中国极地考察网（http：//www.chinare.gov.cn/caa/）资料整理。

附件 11

国家海洋调查船队成员船信息一览表

序号	类型	船舶名称	船队编号	所属单位	母港	建成年份	排水量（吨）	入队时间
1		雪龙	CMRV11G01	中国极地研究中心	上海	1993	21 025	2012 年 4 月
2		大洋一号	CMRV11G02	中国大洋矿产资源研究开发协会	青岛	1984	5 600	2012 年 4 月
3		向阳红 06	CMRV11G03	国家海洋局北海分局	青岛	1995	4 900	2012 年 4 月
4		向阳红 09	CMRV11G04	国家海洋局北海分局	青岛	1978	4 435	2012 年 4 月
5		向阳红 14	CMRV11G05	国家海洋局南海分局	广州	1981	4 400	2012 年 4 月
6		向阳红 20	CMRV11G06	国家海洋局东海分局	上海	1969	3 090	2012 年 4 月
7		科学一号（退役）	CMRV11G07	中国科学院海洋研究所	青岛	1981	3 324.35	2012 年 4 月
8		实验 3	CMRV11G08	中国科学院	广州	1981	3 324.35	2012 年 4 月
9		实验 1	CMRV11G09	中国科学院	广州	2009	2 555	2012 年 4 月
10	远洋调查船	育鲲	CMRV11G10	大连海事大学	大连	2008	5 878.8	2012 年 4 月
11		东方红 2	CMRV11G11	中国海洋大学	青岛	1995	3 500	2012 年 4 月
12		发现号	CMRV12G12	上海海洋石油局第一海洋地质调查大队	拿骚	1980	4 000	2012 年 12 月
13		发现 2 号	CMRV12G13	上海海洋石油局第一海洋地质调查大队	拿骚	1993	2 722	2012 年 12 月
14		中国海监 169	CMRV13G14	中国海监第八支队	广州	1982	4 590	2013 年 5 月
15		中国海监 168（退队）	CMRV13G15	中国海监第八支队	广州	1982	3 356.73	2013 年 5 月
16		中国海监 84	CMRV13G16	国家海洋局南海分局	广州	2011	1 740	2013 年 5 月
17		向阳红 10	CMRV14G17	国家海洋局第二海洋研究所/浙江太和航运有限公司	温州	2014	4 615.8	2014 年 3 月
18		科学	CMRV15G18	中国科学院海洋研究所	青岛	2012	5 027.9	2015 年 5 月
19		向阳红 03	CMRV16G19	国家海洋局第三海洋研究所	厦门	2016	5 176.4	2016 年 3 月

序号	类型	船舶名称	船队编号	所属单位	母港	建成年份	排水量（吨）	入队时间
20		中国海监 111	CMRV16G20	国家海洋局北海分局	青岛	1982	4 420	2016 年 3 月
21		向阳红 18	CMRV16G21	国家海洋局第一海洋研究所	青岛	2015	2 380	2016 年 3 月
22	远洋调查船	向阳红 01	CMRV16G22	国家海洋局第一海洋研究所	青岛	2016	4 980	2016 年 6 月
23		嘉庚	CMRV17G26	厦门大学	厦门	2017	3 728	2017 年 6 月
24		张謇	CMRV17G25	上海彩虹鱼科考船科技服务有限公司	上海	2016	4 800	2017 年 6 月
25		海洋石油 709	CMRV17G24	中海油田服务股份有限公司	天津	2005	5 526.413	2017 年 6 月
26		海洋石油 708	CMRV17G23	中海油田服务股份有限公司	天津	2011	11 986	2017 年 6 月
27		中国海监 72	CMRV11R01	国家海洋局南海分局	广州	1989	898.8	2012 年 4 月
28		向阳红 08	CMRV11R02	国家海洋局北海分局	青岛	2008	608.3	2012 年 4 月
29		向阳红 07	CMRV11R03	国家海洋局北海分局	青岛	2003	307	2012 年 4 月
30		科学三号	CMRV11R04	中国科学院海洋研究所	青岛	2006	1 224	2012 年 4 月
31		海洋 2 号（退队）	CMRV11R05	厦门大学	厦门	2010	76	2012.04
32		延平 2 号	CMRV11R06	福建海洋研究所	厦门	1997	818	2012 年 4 月
33		润江 1	CMRV11R07	舟山润禾海洋科技开发服务有限责任公司	舟山	2010	659.2	2012 年 4 月
34	近海调查船	意兴	CMRV11R08	大连保税区永年国际贸易有限公司	大连	1996	424	2012 年 4 月
35		中国海监 47	CMRV12R09	国家海洋局东海分局	宁波	1973	777.58	2012 年 12 月
36		中国海监 49	CMRV12R10	国家海洋局东海分局	宁波	1996	1 146.7	2012 年 12 月
37		中国海监 53	CMRV12R11	国家海洋局东海分局	上海	1976	1 327	2012 年 12 月
38		中国海监 62	CMRV12R12	国家海洋局东海分局	厦门	1973	778	2012 年 12 月
39		向阳红 28	CMRV15R18	国家海洋局东海分局	上海	1982	1 317	2015 年 5 月
40		勘 407	CMRV12R13	上海海洋石油局第一海洋地质调查大队	上海	1981	1 500	2012 年 12 月
41		兴业号（退队）	CMRV12R14	上海海洋石油局第一海洋地质调查大队	上海	2001	455	2012 年 12 月
42		北斗	CMRV14R16	中国水产科学研究院黄海水产研究所	青岛	1984	1 600	2014 年 3 月

续表

序号	类型	船舶名称	船队编号	所属单位	母港	建成年份	排水量（吨）	入队时间
43	近海调查船	南锋	CMRV15R19	中国水产科学研究院南海水产研究所	广州	2009	1 980	2015 年 5 月
44		中国考古 01	CMRV15R20	国家文物局	青岛	2014	900	2015 年 5 月
45		浙海科 1	CMRV14R17	浙江海洋大学	舟山	2013	296	2014 年 3 月
46		海大号	CMRV14R15	青岛海大海洋能源工程技术股份有限公司	青岛	2013	2 650	2014 年 3 月
47		中国海监 15	CMRV16R21	国家海洋局北海分局	青岛	2010	1 740	2016 年 3 月
48		中国海监 27	CMRV16R22	国家海洋局北海分局	青岛	2005	1 350	2016 年 3 月
49		中国海监 17	CMRV16R23	国家海洋局北海分局	青岛	2005	1 150	2016 年 3 月
50		中国海监 18	CMRV16R24	国家海洋局北海分局	青岛	1995	1 050	2016 年 3 月
51		向阳红 81	CMRV16R25	国家深海基地管理中心	青岛	2015	390	2016 年 3 月
52		创新一	CMRV17R28	中国科学院烟台海岸带研究所	烟台	2016	589	2017 年 6 月
53		海力	CMRV17R27	青岛海力海洋调查科技服务有限公司	青岛	2009	1 113.2	2017 年 6 月
54		南海 503	CMRV17R26	中海油田服务股份有限公司	湛江	1979	2 880	2017 年 6 月

附件 12

深海海底区域资源勘探开发样品
管理暂行办法

国家海洋局（2017 年 12 月 29 日发布）

第一章　总则

　　第一条　为规范在深海海底区域资源勘探、开发和相关环境保护、科学技术研究、资源调查活动中所获取深海样品的管理，充分发挥深海样品的作用，促进深海科学技术交流、合作及成果共享，保护深海样品汇交人权益，根据《中华人民共和国深海海底区域资源勘探开发法》、《中华人民共和国保守国家秘密法》、《中华人民共和国档案法》等有关法律法规，制定本办法。

　　第二条　中华人民共和国公民、法人或者其他组织从事深海海底区域资源勘探、开发和相关环境保护、科学技术研究、资源调查活动获取的各类深海样品的汇交、整理、登记、保管、利用和国际交换等，适用本办法。

　　第三条　国家实行深海样品统一汇交与集中管理制度，积极推进深海样品共享利用，保护汇交人的合法权益。

　　第四条　国家海洋局主管全国深海样品汇交工作，负责全国深海样品管理的监督与协调，履行下列职责：

　　（一）组织制定深海样品管理的指导政策、相关制度和技术标准；

　　（二）监督检查深海样品管理指导政策、相关制度和技术标准的实施；

　　（三）负责审定对外公布的深海样品目录。

　　第五条　国家海洋局深海样品管理机构负责全国深海样品的具体管理工作，履行下列职责：

　　（一）研究、拟订深海样品日常管理工作制度和相关标准；

　　（二）负责全国深海样品的接收、分类整理、编码登记、处理加工、安全保存和共享使用；

　　（三）开展深海样品管理及与之相关的应用技术方法研究；

（四）建设和维护深海样品库，保障样品安全；

（五）建设、维护和业务化运行深海样品管理信息系统与共享服务平台，编制、发布深海样品目录；

（六）面向社会提供深海样品委托代管、处理加工等服务；

（七）开展深海科学普及活动，向社会提供展品服务；

（八）配合相关部门实施深海样品国际交换任务；

（九）定期向国家海洋局提交工作报告。

第二章　深海样品汇交

第六条　从事深海海底区域资源勘探、开发和相关环境保护、科学技术研究、资源调查活动的公民、法人或者其他组织，应当按照本办法的规定向深海样品管理机构汇交深海样品，并保证所汇交样品站位完整、类型齐全，相关记录真实可靠、符合标准。

第七条　按照经费来源及承担任务类型，对深海样品实行分类管理：

（一）由国家财政经费支持，从事深海海底区域资源勘探、开发和相关环境保护、科学技术研究、资源调查及相关涉外合作与交流等活动中获取的各类深海样品（以下简称"国家深海样品"）。

（二）由其他来源经费支持，从事深海海底区域资源勘探、开发和相关环境保护、科学技术研究、资源调查及相关涉外合作与交流等活动中获取的各类深海样品（以下称"其他深海样品"）。

第八条　深海样品的汇交内容如下：

（一）国家深海样品：

1. 样品及目录清单；

2. 样品采集、分取使用、处理加工、分析测试等信息记录文件；

3. 样品分析测试报告及整编数据；

4. 航次现场报告、航次报告。

（二）其他深海样品：

汇交样品或样品目录。不具备深海样品保存条件与共享服务能力的，应汇交深海样品。对涉及国家利益和战略需求的深海样品，应当按照国家深海样品汇交内容进行汇交。国家鼓励其他深海样品参照国家深海样品汇交内容进行汇交。

第九条　深海样品的汇交时限如下：

（一）国家深海样品。

1. 航次调查获取的样品、现场矿石分析副样，样品采集、航次现场分取使用、处理加工与分析测试信息记录文件，航次现场样品分析测试报告及整编数据，航次现场报告等，应在航次现场验收前汇交；不进行航次验收的，应在航次结束后1个月内汇交。

2. 矿石分析副样，样品处理加工与分析测试信息记录文件，样品分析测试报告及整编数据，航次报告等，应在任务验收前汇交；不进行任务验收的，应在航次结束后两年内汇交。

3. 涉外合作与交流获取的样品及相关信息记录，应在活动结束后1个月内汇交。

（二）其他深海样品。

原则上参照国家深海样品汇交时限汇交，具体汇交时限可由汇交人与深海样品管理机构协商确定。

第十条　汇交人应采取必要措施，确保深海样品汇交前的安全。

汇交的样品应包装规范、标识清晰，符合国家海洋局的有关规定及国家有关技术标准。

汇交样品的信息记录文件、有关报告、整编数据等，应当符合国家海洋局的有关规定及国家有关技术标准。

第十一条　汇交样品，应做好汇交记录。完成深海样品汇交后，深海样品管理机构应向汇交人出具汇交证明。

第十二条　接收深海样品后，深海样品管理机构应及时清点、整理，并将样品汇交、整理情况书面报告国家海洋局。

第三章　深海样品保管

第十三条　深海样品管理机构应建立符合国家有关标准规范的深海样品保管场所，配备专业技术人员，配置必要的设施设备，建立健全深海样品接收、样品整理、安全保存、共享服务、数据整合工作制度，具备深海样品安全保存、信息化管理与共享服务能力。

第十四条　接收深海样品后，深海样品管理机构应按照有关标准规范，对接收的深海样品进行分类整理、编码登记、封装标识，建立馆藏样品目录，并按保存要求，存入相应环境条件的样品库房。

由汇交人自行保管的其他深海样品，应参照前款规定整理保存样品。

第十五条　深海样品管理机构应及时编制整理深海样品目录，经国家海洋局审定后发布。

第十六条 深海样品管理机构应对样品采集、分取使用、处理加工、分析测试等信息记录进行检查校对，确保深海样品管理信息系统相关数据完整、准确。

深海样品管理机构应按照有关标准，对样品管理相关文档进行分类整理、编目立卷，建立文档目录清单。

第十七条 深海样品管理机构应提供深海样品共享服务，并通过网络实现馆藏样品目录及汇交人自行保管的其他深海样品目录的远程浏览、在线申请及分取进程查询。

第十八条 深海样品管理机构应建立安全管理与应急预警机制，确保深海样品的安全保存，确保深海样品、信息数据的安全。

第十九条 汇交人可对汇交样品申请设置保护期。

（一）国家深海样品，由汇交人向深海样品管理机构提出书面申请，经国家海洋局审定后由深海样品管理机构提供样品保护，保护期一般为申请审定后两年。

（二）其他深海样品，可由汇交人与深海样品管理机构协商设置保护期，保护期从汇交之日起算，一般不超过三年。

（三）特殊情况下确需延长保护期的，可由汇交人向深海样品管理机构提出书面申请，经国家海洋局审定后延长保护期，保护期原则上不得超过五年。

（四）汇交人享有所汇交深海样品的优先使用权。未经汇交人书面同意或国家海洋局审定，深海样品管理机构不得向他人提供保护期内的样品。

第二十条 因国家深海安全和公共利益需要，国家可以无偿利用保护期内的深海样品。

第二十一条 深海样品管理机构应当按规定保管深海样品，不得非法披露、提供利用保护期内的深海样品，不得封锁公开的深海样品。

第四章 深海样品申请与使用

第二十二条 使用深海样品，需提出申请，并提供证明申请人承担任务及所需样品类型、数量等信息的申请材料。

第二十三条 使用深海样品，应承担如下任务之一：

（一）深海海底区域资源勘探、开发和相关环境保护、科学技术研究、资源调查航次现场报告、航次报告编写；

（二）深海海底区域资源勘探、开发和相关环境保护、科学技术研究、资源调查任务相关研究项目、课题；

（三）深海海底资源矿区申请或相关报告编写；

（四）研究深海相关科学问题的其他研究项目或课题；

（五）教学、科普展示等公益事业。

第二十四条 深海样品管理机构收到样品使用申请后，应对申请进行查验，结合可分配馆藏样品及使用成果情况，编制样品分取方案，报送国家海洋局审定。

第二十五条 收到国家海洋局答复意见后，深海样品管理机构一般应在 15 个工作日内完成样品分取。

申请样品量过大时，可邀请申请人到访协助取样，并视情况延长样品分取时限。

涉及自行保管的其他深海样品，应按要求提供分取使用。

第二十六条 深海样品管理机构应统筹深海样品使用，避免样品重复分析造成浪费。

申请样品开展分析测试工作的，如深海样品管理机构已有相应使用成果，应优先使用已有成果；确需重复开展工作的，应给出充分理由。

第二十七条 申请深海样品用于深海海底区域资源勘探、开发和相关环境保护、科学技术研究、资源调查活动的，应按要求汇交深海样品使用成果；公开发表成果的，应标明资助采样航次或采样任务。对国家资助的深海海底区域资源勘探、开发和相关环境保护、科学技术研究、资源调查活动，样品使用成果汇交合格，方可进行结题验收。

申请深海样品用于科普、教学任务的，应提交工作总结报告，说明样品使用情况、受众人数，以及所组织与样品有关的活动情况。公开展示深海样品的，应标明资助采样航次或采样任务。

第二十八条 申请使用深海样品，应遵守国家有关法律、法规及政策。汇交深海样品使用成果时，应同时返还未使用的深海样品，使用人不得自行丢弃、转让、交换、出售深海样品或将深海样品用于其他非申请目的。

第二十九条 汇交样品使用成果，应当符合国家海洋局的有关规定及国家有关技术标准。

任何单位和个人不得伪造样品使用成果，不得在使用成果汇交中弄虚作假。

第三十条 接收深海样品使用成果后，深海样品管理机构应及时核查校对、整理成果实物及资料，并公开发布使用成果目录。

使用成果的目录发布、申请使用及使用人责任等参照深海样品目录发布、申请使用及使用人责任执行。

第三十一条 深海样品及使用成果的国际交换由国家海洋局统一管理，具体国际交换业务由深海样品管理机构组织实施。

第五章 法律责任

第三十二条 汇交样品或样品使用成果存在严重问题且不予解决的，不得再次申请使用深海样品及样品使用成果，直至按照要求完成汇交。

汇交人未依照本规定汇交深海样品的，按照《中华人民共和国深海海底区域资源勘探开发法》第二十四条及相关规定追究责任。

第三十三条 未能妥善保管深海样品，造成损失或严重影响的，视情节轻重，依据国家有关法律法规对保管单位及相关管理人员和直接责任人予以处理。

第三十四条 样品申请人超越申请用途和范围使用深海样品，或者违规丢弃、转让、交换和出售深海样品的，依据国家有关法律法规予以处理。

第三十五条 在样品汇交、保管和使用过程中，发生泄密事件的，按照国家保密法律法规处理。

第六章 附则

第三十六条 涉密深海样品信息及使用成果的汇交、保管、信息发布、共享利用等，执行国家保密相关管理规定。

第三十七条 搭载深海海底区域资源勘探、开发和相关环境保护、科学技术研究、资源调查航次获取的各类样品，称"搭载样品"。搭载样品的汇交依经费来源，在满足任务需求的前提下，参照国家深海样品或其他深海样品执行。

第三十八条 国家鼓励本办法规定之外的其他深海科学技术研究、环境保护活动取得的深海样品参照本办法汇交。

第三十九条 本办法下列术语的含义：

深海样品，与"深海实物样本"同义，是指深海海底区域资源勘探、开发和相关环境保护、科学技术研究、资源调查活动所获取的各类矿石、岩石、沉积物、海水、生物等实物资料。

样品使用成果，是指对深海样品进行分析测试、描述鉴定、处理加工所获取的描述记录、鉴定报告、分析数据、光薄片、分析副样等。

第四十条 本办法由国家海洋局负责解释。

第四十一条 本办法自发布之日起施行。

附件 13

深海海底区域资源勘探开发
资料管理暂行办法

国家海洋局（2017 年 12 月 29 日发布）

第一章　总则

第一条　为规范在深海海底区域资源勘探、开发和相关环境保护、科学技术研究、资源调查活动中所获取资料的管理，充分发挥深海资料作用，保护深海资料汇交人权益，促进深海科学技术交流、合作及成果共享，依据《中华人民共和国深海海底区域资源勘探开发法》、《中华人民共和国保守国家秘密法》、《中华人民共和国档案法》等有关法律法规，制定本办法。

第二条　中华人民共和国公民、法人或者其他组织从事深海海底区域资源勘探、开发和相关环境保护、科学技术研究、资源调查活动获取的各类深海资料的汇交、登记、保管、使用和国际交换等，适用本办法。

第三条　国家实行深海资料统一汇交与集中管理制度，积极推进深海资料共享利用，保障汇交人的合法权益。

第四条　国家海洋局主管全国深海资料汇交工作，负责全国深海资料管理的监督与协调。履行下列职责：

（一）组织制定深海资料管理的指导政策、相关制度和技术标准；

（二）负责审定深海资料分类定级的相关标准；

（三）负责审定对外公布的深海资料目录。

第五条　国家海洋局深海资料管理机构负责全国深海资料的具体管理工作，履行下列职责：

（一）研究、拟订深海资料有关具体管理措施和技术标准规范；

（二）负责全国深海资料的接收、汇集、整理、处理、保管和服务，办理深海资料汇交证明，编制和定期发布深海资料目录清单，建立和维护深海资料数据库；

（三）开展深海资料管理与应用技术研究，研发面向深海海底区域活动应用需求的信息产品；

（四）负责建设、维护和业务化运行深海资料与信息管理共享服务平台，根据有关规定及时提供资料与信息服务；

（五）配合相关部门实施深海资料国际交换任务；

（六）定期向国家海洋局提交工作报告，接受国家海洋局档案部门监督和指导。

第二章　资料汇交

第六条　从事深海海底区域资源勘探、开发和相关环境保护、科学技术研究、资源调查活动的公民、法人或者其他组织，应当按照本办法的规定向深海资料管理机构汇交深海资料，并保证所汇交的资料种类齐全，内容完整，真实可靠，符合标准。

第七条　按照经费来源及承担任务类型，深海资料分为以下两类：

（一）由国家财政经费支持，从事深海海底区域资源勘探、开发和相关环境保护、科学技术研究、资源调查以及涉外合作与交流等活动中获取的各类深海资料（以下称"国家深海资料"）。

（二）由其他来源经费支持，从事深海海底区域资源勘探、开发和相关环境保护、科学技术研究、资源调查活动以及涉外合作与交流等活动获取的各类深海资料（以下称"其他深海资料"）。

第八条　深海资料按照以下内容进行汇交：

（一）国家深海资料

1. 原始资料。深海海底区域资源勘探、开发和相关环境保护、科学技术研究、资源调查活动产生的现场记录、仪器自记录原始数据和配置文件、处理形成的标准化数据以及仪器附带软件和相关技术说明材料等资料；国际交换与合作资料；搜集和购置资料等。

2. 成果资料。在原始资料基础上加工形成的数据产品、图件产品、相关报告，以及相关技术说明材料。

3. 实物样品信息。实物样品的数量、保管状况的目录清单及使用深海实物样品进行分析、测试、鉴定等所获取的资料。

（二）其他深海资料

汇交各类原始资料、成果资料和实物样品信息的目录清单。对涉及国家利益和战略需求的深海资料，应当按照国家深海资料的汇交内容进行汇交。国家鼓励其他深海资料参照国家深海资料汇交内容进行汇交。

第九条　深海资料按照以下时限进行汇交：

（一）国家深海资料

1. 深海海底区域资源勘探、开发和相关环境保护、科学技术研究、资源调查活动产生的原始资料及其成果资料，应按照航次设计、项目实施方案和相关资料管理规定中的时限进行汇交。

2. 通过外事活动、国际合作或交流获取的深海资料，在活动结束后 1 个月内汇交。

3. 使用财政资金购置的深海资料，应在每年 3 月份汇交上年度资料。

4. 实物样品信息，应在每年 3 月份汇交上年度目录清单。样品分析测试数据，原则上在活动/任务/项目结束后一年内完成汇交。

（二）其他深海资料

原则上参照国家深海资料汇交时限汇交，具体汇交时限可由汇交人与深海资料管理机构协商确定。

第十条　深海资料采用集中或者单独报送的方式进行汇交，报送应是纸介质和电子介质两类载体的复制件。对于具备网络条件的，也可通过专网进行传输。

第十一条　深海资料按照以下程序进行汇交：

（一）国家深海资料

1. 资料准备。汇交单位按照相应的技术标准规范，完成需汇交资料的整理和内部查验。

2. 资料交接。汇交单位与深海资料管理机构进行资料交接，深海资料管理机构开具深海资料交接凭证。

3. 技术查验。深海资料管理机构对接收的深海资料从齐全性、完整性、规范性、可读性、安全性及数据质量等方面开展技术查验，并将发现的问题及时反馈汇交单位。

汇交单位须在接到反馈后的 20 个工作日内给予答复和解决，并完成重交或者补交。

4. 技术查验报告。深海资料管理机构于资料交接后 1 个月内向国家海洋局提交技术查验报告，并抄送资料汇交单位。必要时，组织专家对汇交资料进行抽查和评审。

5. 汇交证明。国家海洋局批准技术查验报告后，深海资料管理机构在 5 个工作日内开具深海资料汇交证明。

（二）其他深海资料

1. 资料准备。汇交单位按照相应的技术标准规范，完成需汇交资料目录清单或资料的整理和内部查验。

2. 资料交接。汇交单位与深海资料管理机构进行资料目录清单或资料交接，深海资料管理机构开具深海资料交接凭证。

第三章　资料保管

第十二条　深海资料管理机构对各类深海资料进行分类管理，定期复制，并同城和异地备份，永久保存。对符合归档条件的资料，应定期向中国海洋档案馆移交。

第十三条　深海资料管理机构须配备专业技术人员，配置深海资料保管设施，建立健全深海资料的接收、整理、保管和利用等管理制度，具备建立深海资料信息系统和提供深海资料社会化网络服务的能力。

深海资料管理机构应当利用现代信息化技术，对接收的深海资料进行分析、审核、处理、加工和挖掘分析，建立深海资料数据库和深海资料与信息共享服务平台。

第十四条　汇交人可对汇交资料中暂不宜向社会公开的数据资料申请设置保护期。

（一）国家深海资料，涉及国家利益、战略需求等方面设置保护期，由汇交人向深海资料管理机构提出书面申请，经国家海洋局审定后由深海资料管理机构提供资料保护，保护期一般为申请审定后两年。

（二）其他深海资料，可由汇交人与深海资料管理机构协商设置保护期，保护期从汇交之日起算，一般不超过三年。

（三）特殊情况下确需延长保护期的深海资料，可由汇交人向深海资料管理机构提出书面申请，经国家海洋局审定后延长保护期，保护期原则上不得超过五年。

第十五条　汇交人享有深海资料的优先使用权。未经汇交人书面同意或国家海洋局审定，深海资料管理机构不得向他人提供保护期内的资料。国家因深海安全和公共利益需要，可以无偿利用保护期内的深海资料。

第四章　资料申请与使用

第十六条　国家海洋局是深海资料使用申请的监管部门，审定非公开资料使用申请。深海资料管理机构负责深海资料使用申请的受理和查验，统一归口提供资料和相关技术服务。

第十七条　深海资料按照公开资料和非公开资料两类进行使用管理，公开资料是指经国家海洋局审定，由深海资料管理机构按照规定在深海资料公众平台上提供免费下载的资料。非公开资料是指涉及国家政治、经济利益，属于国家秘密及保护期内的资料，仅在特定的用户范围和应用领域内使用。

第十八条　深海资料管理机构应及时编制深海公开资料目录，经国家海洋局审定后发布。

深海资料管理机构负责建立深海资料公众服务平台，提供公开资料的下载服务和技术指导，并负责深海资料公众服务平台的维护和资料更新。

第十九条　下列情况可以申请使用非公开的深海资料：

（一）承担国家深海资源评价或综合评价工作的；

（二）承担国家科研项目的；

（三）开展公务活动的有关政府部门；

（四）与国家海洋局合作开展的有关业务和科研项目；

（五）经国家海洋局书面授权，可以获取深海资料的教育机构和社会团体；

（六）在不违反国家有关法律法规前提下，用于商业活动、国际合作交流等活动的。

第二十条　申请使用非公开深海资料，按照以下程序进行：

（一）资料申请。需要使用非公开深海资料的单位和个人，需向深海资料管理机构提出申请，并提交下列材料：

1. 深海资料使用申请书；

2. 单位证明、申请人身份证明；

3. 经办人身份证明及复制件，授权委托证明；

4. 经批准的申请深海资料所用项目的任务合同书、实施方案、已经掌握的相关资料等材料。

（二）形式查验。深海资料管理机构收到申请材料后，在 3 个工作日内对申请材料是否齐全、规范、合法进行形式查验。未通过形式查验的，通知申请人，并说明需要补充的材料。

（三）技术查验。通过形式查验的，深海资料管理机构针对所申请使用的深海资料，在 15 个工作内完成技术查验。

1. 资料使用目的、使用期限是否合理；

2. 资料的要素、范围、精度和比例尺是否客观；

3. 其他内容。

（四）征求意见。属于保护期的资料，深海资料管理机构需要征求资料汇交人的意见。

（五）查验结果。通过技术查验的，深海资料管理机构出具技术查验报告，报国家海洋局审定。未通过技术查验的，退还申请材料。

第二十一条　深海资料管理机构根据国家海洋局答复意见，与申请人确定资料交付方式和资料使用要求，并在 15 个工作日内完成资料交付。在交付资料的同时，申请人与深海资料管理机构签订资料接收与使用协议。

第二十二条　申请人在深海资料使用过程中，应严格遵守签订的使用协议，未经同意，任何单位和个人不得超越申请用途和范围使用所获资料，不得以任何形式自行将深海资料转让、交换和发布等。

资料使用过程中，申请人对资料安全负责，深海资料管理机构根据资料使用协议和相关要求，对资料保管和使用情况进行监督检查。

申请人出版研究成果应依法维护汇交人合法权益。

第二十三条　深海资料的国际交换由国家海洋局统一管理，具体国际交换业务由深海资料管理机构组织实施。凡属于"公开使用的资料"，深海资料管理机构可直接参加国际交流或对外提供，并将参加国际交换的资料目录清单报国家海洋局备案；凡属于"非公开使用的资料"应经国家海洋局审定后提供，其中属于发明、发现或保密的资料，按国家有关政策和规定办理。

第五章　　法律责任

第二十四条　汇交资料存在严重问题且不予解决的，不得再次申请使用深海资料，直至按照要求完成全部资料汇交之日止。

未按本办法汇交有关资料副本、实物样品信息的，按照《中华人民共和国深海海底区域资源勘探开发法》第二十四条追究责任。

第二十五条　未能妥善保管深海资料造成损失或严重影响的，视情节轻重，依据国家有关法律法规对保管单位相关管理人员和直接责任人予以处理。

第二十六条　资料申请人超越申请用途和范围使用所获资料，或者违规转让、交换和发布使用深海资料的，依据国家有关法律法规予以处理。

第二十七条　在资料汇交、保管和使用过程中，发生泄密事件的，按照国家保密法律法规处理。

第六章　　附则

第二十八条　涉密深海资料的汇交、保管与申请使用，执行国家保密相关管理规定。

第二十九条　国家鼓励本办法规定之外的其他深海科学技术研究、环境保护活动取得的深海资料参照本办法汇交。

第三十条　本办法所称深海资料，是指深海海底区域资源勘探、开发和相关环境保护、科学技术研究、资源调查活动中所获取的各种资料，包括纸介质和电磁介质存储的数据、文字、图表、声像等原始资料副本、成果资料副本和实物样品信息。

第三十一条　本办法由国家海洋局负责解释。

第三十二条　本办法自发布之日起实施。

附件 14

我国海洋维权执法 35 年 （1983—2018）

1983 年，改革开放之初，《中华人民共和国海洋环境保护法》于这一年 3 月 1 日生效。中国海洋环境监视监测船队（以下简称"中国海监"）应运而生。35 年来，海洋执法人员在渔业捕捞海域、海洋工程现场、偏远无居民海岛……"冲锋陷阵"，守护海洋资源、保护海洋环境。

"碧海"行动：重点查办大案要案

近年来，我国海洋执法队伍持续开展"碧海"专项行动，重点查处海洋工程、海洋倾废、海洋石油勘探开发、海洋保护区、海砂开采和陆源入海排污口等领域的重大环境违法行为，切实贯彻落实新修订的《中华人民共和国海洋环境保护法》《中华人民共和国野生动物保护法》。

"碧海"行动重点查处破坏海洋资源环境大案要案。2013 年 4 月 19 日，执法人员在我国东海某海域抓获到一艘非法捕捞红珊瑚船只，现场搜出约 10 千克疑似白色珊瑚。

该案经浙江省台州市椒江区人民法院一审判决，13 名嫌疑人因偷盗红珊瑚 7.239 5 千克（估价 289 万余元），被判处 1 年半至 6 年不等的有期徒刑。这是我国首例因非法猎捕、杀害国家一级重点保护动物红珊瑚获实刑的案件。此案的判决对依法保护珍稀海洋生物具有重要意义。

打击盗采海砂是海洋环境执法的重点之一。2016 年年底，"非法采矿罪"司法解释出台后，辽宁海洋执法人员参与查办的 3 起采砂案件，是我国首次办理的非法采砂入刑的案件，对违法开采者形成极大震慑。

目前，我国沿海各级海洋执法机构正按照党的十九大提出的"实行最严格的海洋生态环境保护制度，实施陆海统筹的近岸海域综合治理"部署要求，制定和完善海洋行政执法相关制度，积极运用陆岸巡查、船舶巡航、航空巡视、卫星遥感等多元执法手段，监管覆盖所有执法检查对象，确保对各类违法行为的及时发现和有效查处。

"海盾"行动：重拳打击非法围填海

"海盾"行动以加强围填海全过程监管、区域建设用海规划执法管理和构筑物用海监管普查为重点任务。

面对广阔海域，"海盾"专项执法的一大特点是运用"科技眼"实行全天候监视。

党的十八大以来，辽宁、福建、海南省海监总队依托卫星遥感、海域动态监测、无人机航拍等手段，采集海岸高分辨率影像数据，为海域执法提供影像资料；江苏省海监总队积极推进互联网+海监模式，筹划研发海洋检查执法综合管理系统；福建部分海监支队研发出海上移动执法指挥系统，实现了现场执法证据实时传输，确保执法监督全覆盖。高科技手段和部门协作在海域执法过程中发挥了重要作用。

全国海域违法大案要案的查办水平，以及违法用海分类处理、精细化因案施策程度持续提升，确保了"海盾"行动的扎实推进。

2017年，天津海监总队与有关海上执法单位达成合作意向，与大沽口海事局、滨海新区公安边防支队签署全面战略合作框架协议，开展多层面的海域使用监督检查，实现联合执法。山东配合"海盾"专项行动，在全省部署"蓝剑"行动，重点检查已建或在建项目擅自改变海域用途、范围等违法行为。浙江部分海监支队成功推动将"违法用海是否得到有效查处"列入地方考核管理体系，减少了办案阻力。为确保重点案件查处顺利，部分省份还专门成立了办案督察组。

"海盾"行动中，沿海各地频出重拳打击大面积非法围填海行为。2017年，"海盾"个案最高决定罚款额19.8亿元，是《中华人民共和国海域使用管理法》实施以来案值最高案件，有效提升了"海盾"行动影响力和震慑力。

"蓝色风暴"剑指填海"阴霾"

2017年，一场"蓝色风暴"剑指我国沿海各省（区）当前围填海存在的"失序、失度、失衡"等突出问题。这是国务院授权、国家海洋督察组开展的，以围填海为重点的第一批和第二批专项督察。

截至2017年年底，第一批围填海专项督察处理结果显示，辽宁、河北、江苏、福建、广西、海南6省（区）政府已办结来电、来信举报1 083件，责令整改842件，立案处罚262件，罚款12.47亿元，拘留1人，约谈110人，问责22人，向社会传递出主管部门对破坏海洋生态行为"零容忍"的明确信号。

围填海督察不是走过场。驻省督察期间，督察组直接受理群众来电、来信举报的有关问题，每日转交地方政府并督办。督察组下沉地市期间，每到一市，根据需要调阅材料，与相关负责人谈话，核实有关问题，同时深入一线，出海登岛，到用海项目现场实地核查。并调用执法船艇、海监飞机、遥感卫星，实现了"海陆空"立体巡查。

针对围填海乱象，国家海洋主管部门实施了"史上最严"围填海管控措施。广而告之，违法且严重破坏海洋生态环境的围海，分期分批，一律拆除；围填海形成的、长期闲置的土地，一律依法收归国有；通过围填海进行商业地产开发的，一律禁止；渤海海域的围填海，一律禁止。

2017年出台的《海岸线保护与利用管理办法》明确要求全面构筑岸线利用的生态红线，强化生态"安检"，对触及自然岸线保有率指标和海岸线红线的用海活动一律一票否决，力求2020年全国自然岸线保有率不低于35%。

执法飞机为海监插上翅膀

中国海监北海、东海、南海航空执法支队是我国海洋执法队伍中的一支重要力量。海岛巡查、海域管理、海上救援、海洋灾害调查，都有他们的身影，海监飞机愈来愈发挥着不可替代的作用。

2017年，根据《海洋督察方案》及围填海专项督察行动的任务要求，各航空支队积极配合国家海洋督察组，与现场督察小组、海监船舶同步实施"海陆空"立体检查，圆满完成了既定任务。

2018年2月17日，东海航空支队完成了"桑吉"轮沉没事故海域海洋环境航空遥感监视监测首飞任务。自2017年1月6日"桑吉"轮事故发生以来，东海航空支队克服冬季大风寒潮和降雨等不利天气影响，利用海监固定翼飞机和直升机先后执行了15个架次监视监测任务，获取了宝贵的现场监视监测数据。

2016年，南海航空支队制作了南海区首套《海岸线向海一侧新增陆域遥感监测图集》。通过图集，执法人员可以快速、准确地提取违法用海疑点、疑区位置和面积信息，对用海项目进行准确的定量分析。有了海监飞机的协助，海域变化尽收眼底，执法效能大大提高。

创建法治海洋新局面

过去5年，"海盾""碧海""无居民海岛保护"等专项执法行动取得了显著成效，共查处违法案件8 800余起，处罚金额226.7亿元。国家海洋管理部门不断加强依法治海顶层设计，将海洋生态保护红线、生态补偿等一系列重要制度和实践，以法律形式予以固化。福建、广西、海南分别围绕海岸带管理、海岛保护、珊瑚礁保护等专门制定了地方性法规。

　　全国各级海洋执法部门全面深化依法治海实践。加强海洋行政执法。围绕海岸线保护、围填海管控、"湾长制"实施、排污总量控制等重点，强化行政执法。组织开展深海大洋行政执法、渔业执法等专项行动，实现重大用海项目执法检查全覆盖。

　　在党的十八大、十九大精神的指导下，全国各级海洋执法机构坚持人与海洋和谐共生新理念，实行最严格的海洋生态环境保护制度，实施陆海统筹的近岸海域综合治理，满足人民对碧海蓝天、洁净沙滩、放心海产品的需要。

　　来源：中国海洋报 原题：维权执法护蔚蓝——中国海洋事业改革开放40年系列报道之执法篇
　　作者：王自堃